"十三五"国家重点出版物出版规划项目

卓越工程能力培养与工程教育专业认证系列规划教材
（电气工程及其自动化、自动化专业）

"十二五"普通高等教育本科国家级规划教材

普通高等教育"十一五"国家级规划教材

电力电子技术

第版

U0257589

主　编　刘进军　王兆安

参　编　杨　旭　卓　放　裴云庆

　　　　王　跃　雷万钧

机 械 工 业 出 版 社

本书是在"十一五""十二五"普通高等教育国家级规划教材《电力电子技术》(第 5 版)(王兆安、刘进军主编,机械工业出版社 2009 年出版,曾荣获中国机械工业科学技术二等奖)的基础上修订的。相对于第 5 版,本次修订补充了最新内容,并对原有内容做了适当调整。本书的内容包括各种电力电子器件、整流电路、逆变电路、直流-直流变流电路、交流-交流变流电路、脉宽调制及相关控制技术、软开关技术、电力电子器件的应用技术、电力电子技术的应用等。本书对电力电子技术的基本原理和基础内容进行了精选,体现了近年来最新的技术发展。采用该书的西安交通大学"电力电子技术"课程是首批国家精品课程、首批国家精品资源共享课、首批国家级一流本科课程,多家课程网站有本教材的电子资源可供选用。书中配有二维码,读者可使用移动设备 App 中的"扫一扫"功能查看相关资源。书末附有教学实验。

本书适用于教育部公布的普通高等学校本科专业目录中的电气类和自动化类等相关本科专业,也可供相近专业选用或供工程技术人员参考。原采用《电力电子技术》(第 5 版)作为教材的院校,可改用本书作为教材。

本书配有中英文电子课件等教学资源,欢迎选用本书作教材的教师登录 www.cmpedu.com 下载或发邮件到 cmp_luyida@163.com 联系编辑索取。

图书在版编目(CIP)数据

电力电子技术/刘进军,王兆安主编. —6 版. —北京:机械工业出版社,2022.6(2025.3 重印)

"十二五"普通高等教育本科国家级规划教材

ISBN 978-7-111-70337-2

Ⅰ.①电… Ⅱ.①刘…②王… Ⅲ.①电力电子技术–高等学校–教材 Ⅳ.①TM1

中国版本图书馆 CIP 数据核字(2022)第 042688 号

机械工业出版社(北京市百万庄大街 22 号 邮政编码 100037)
策划编辑:路乙达 于苏华 责任编辑:路乙达
责任校对:张晓蓉 张 薇 封面设计:鞠 杨
责任印制:常天培
北京机工印刷厂有限公司印刷
2025 年 3 月第 6 版第 7 次印刷
184mm×260mm · 20 印张 · 493 千字
标准书号:ISBN 978-7-111-70337-2
定价:55.00 元

电话服务 网络服务
客服电话:010-88361066 机 工 官 网:www.cmpbook.com
　　　　　010-88379833 机 工 官 博:weibo.com/cmp1952
　　　　　010-68326294 金 书 网:www.golden-book.com
封底无防伪标均为盗版 机工教育服务网:www.cmpedu.com

本教材第 5 版自 2009 年出版以来，一直受到广大读者的欢迎和好评，绝大部分高等院校的电气工程及其自动化专业和相关专业都采用本书作为教材。这使得第 5 版每年的发行量迅速提升到 10 万册以上，也使得本教材的累计发行量达到 250 万册以上，一直是国内应用最广的电力电子技术教材。

过去的十多年，电力电子技术仍然保持了非常迅猛的发展态势。特别是本教材的第 5 版问世以来，电力电子技术取得了长足的发展和进步。因此，适时对教材进行更新，是保证教学内容持续跟踪新技术发展的重要工作。本教材第 6 版就是顺应电力电子技术的最新发展变化而编写的。

经过反复讨论，并征求高校"电力电子技术"课程有关教师的意见，第 6 版教材的修订中遵循了以下三条主要原则。

一是保持了由第 4 版初步确立、经第 5 版进一步完善的教材内容次序与篇章结构框架的整体安排。具体就是除了绪论和结束语之外，中间的主体部分依次按照器件（第 2 章）、电路（第 3~6 章）、控制（第 7、8 章）、器件应用技术（第 9 章）与电路应用系统（第 10 章）这几部分展开。而电路部分也保持了第 5 版确立的整流（第 3 章）、逆变（第 4 章）、直流-直流（第 5 章）、交流-交流（第 6 章）的内容顺序。这是综合电气工程领域本科生为主体的需求，结合内容的先易后难、前后呼应与循序渐进的思想，考虑再三所确定的。

二是根据学科技术的最新发展，适当增减、修改了不少内容。除了数据更新以外，第 6 版教材内容改动较大的地方包括以下几处：第 2 章对基于宽禁带材料的电力半导体器件进行了详细的介绍并单独列为一节；第 4 章增加了对模块化多电平变换器的介绍；第 5 章中对非隔离型直流-直流变流器的编写思路进行了全新的调整；第 6 章增加了对隔离型交流-交流变流器的简要介绍；第 7 章除了对脉宽调制方法的分类进行了更合理的梳理之外，还增加了对空间矢量脉宽调制方法的详细介绍并单独列为一节，同时对多重化逆变电路和多电平逆变电路的脉宽调制方法进行了增补和完善，厘清了滞环控制与其他脉宽调制方法及其他跟踪控制技术的关系；第 8 章增加了采用谐振变流器实现软开关的内容；第 9 章增加了有关宽禁带电力半导体器件的驱动技术和 IGBT 器件串联技术的介绍；第 10 章增加了一些电力电子电路最新应用的介绍。需要指出的是，为了阐明空间矢量脉宽调制方法的原理，第 7 章也用了一定的篇幅讲述三相变量的空间矢量表示方法和坐标变换，希望也能对读者从空间矢量的角度认识、思考和解决三相系统的其他问题有所帮助。

三是坚持了自教材第 4 版以来所确定的作为电力电子技术领域入门课程教材的定位。教材保持了条理清晰、深入浅出的写作风格，在保证内容简洁的同时，注重对电力电子技术领域一般规律的总结与思想方法的培养。

　　教材第 6 版的第 1 章和结束语由王兆安和刘进军执笔，第 2、4、7、9 章和第 10.6 节及附录 B 由刘进军执笔，第 3 章和第 10.1 节由卓放执笔，第 5 章和第 10.3 节由王跃执笔，第 10.7 节和第 10.8 节由王跃和雷万钧共同执笔，第 6 章、第 10.2 节和第 10.5 节由裴云庆执笔，第 8 章和第 10.4 节由杨旭执笔。教学实验、附录 A 和参考文献的更新由雷万钧负责，全书由刘进军统稿。西安交通大学电力电子与新能源技术研究中心的青年教师何英杰、王来利、杜思行、王康平、张帆等人提供了新增内容的部分图表和材料，多名研究生参与了新增图表和多媒体材料的整理工作。

　　以黄俊教授、葛文运教授为代表的本教材第 1 版和第 2 版的主要作者对本教材做出了历史性的贡献，值得后辈永远铭记。在此，教材第 6 版的全体作者谨向本教材第 1 版和第 2 版的所有作者致以崇高的敬意和衷心的感谢。

作者
2021 年 12 月于
西安交通大学

课程思政微视频

第 5 版前言

本教材第 4 版出版以来，受到读者的广泛欢迎和好评，每年的发行量 5~6 万册，绝大部分高等院校都采用本书作为教材，其累计发行量(含前 3 版)已超过 90 万册。该教材于 2002 年荣获"全国普通高等学校优秀教材一等奖"的称号，是普通高等教育"九五"国家级重点教材。

电力电子技术是一门发展非常迅速的技术，本教材的第 4 版自 2000 年出版以来，电力电子技术取得了长足的进步和发展。为此，有必要对教材内容进行更新和调整，第 5 版教材就是在这种背景下诞生的，同时也被列入了"十一五"国家级规划教材。

如第 4 版前言所述，本教材的第 1 和第 2 版《半导体变流技术》，其内容都是以半控型器件晶闸管为主展开的。第 3 版顺应了学科名称的变化，教材更名为《电力电子变流技术》，增加了全控型器件的内容，但全书仍以晶闸管为主要内容。第 4 版才真正完成了从半控型器件到全控型器件的过渡，教材也更名为《电力电子技术》。从第 3 版到第 4 版教材的变化很大，是完全重新编写的。应该说，在教材第 4 版出版后的 8 年里，虽然电力电子技术发生了不小的变化，但是作为大学的教材，尤其是作为专业基础课的教材，应保持相对的稳定，不能变化过快。因此，本教材的第 5 版大量地保留了第 4 版的内容，将原来的概述部分改为第 1 章绪论。考虑到学生学习方便，将原第 1 章电力电子器件的后几节单独成第 9 章放到了后面。对第 4 版教材的主体部分，即原第 2~5 章的顺序重新调整，将原第 8 章的组合变流电路的部分内容充实后改成了应用，充分体现了电力电子技术的工程性和应用性。

本教材第 5 版的第 1、4、7 章和结束语由王兆安编写，第 2、9 章和第 10.6 节由刘进军编写，第 3 章和第 10.1 节由卓放编写，第 5 章、第 10.3 节和第 10.7 节由王跃编写，第 6 章、第 10.2 节和第 10.5 节由裴云庆编写，第 8 章和第 10.4 节以及教学实验由杨旭编写。全书由王兆安、刘进军统稿。

黄俊教授是本教材第 1 版和第 2 版的主编、第 3 版的第一作者、第 4 版的第二主编，对本教材做出了历史性的贡献。由于年事已高，黄俊教授已不再参加第 5 版的编写工作，也不再署名，但他仍给本教材的作者以很大的指导和支持。同时他还承担了本书的审稿工作。

葛文运教授是本教材第 1 版和第 2 版的主要作者之一，在教材第 5 版的成书过程中，葛文运教授承担了组织工作，在校稿等工作中葛老师付出了辛勤的劳动和汗水。

在此，本版教材的全体作者谨向黄俊教授和葛文运教授致以崇高的敬意。同时对本教材第 1 版和第 2 版的其他作者表示衷心的感谢。

西安交通大学电力电子与新能源技术研究中心秘书阎欢为本教材的编辑出版做了大量的组织协调工作，还绘制了部分插图，在此表示衷心的感谢。

作者
2008 年 12 月于
西安交通大学

目 录

A——安培；安培表；晶闸管的阳极

a——调制度

a，b，c——三相电源

b——晶体管基极

BU_{cbo}——晶体管发射极开路时集电极和基极间反向击穿电压

BU_{ceo}——晶体管基极开路时集电极和发射极间击穿电压

BU_{cer}——晶体管发射极和基极间接电阻时集电极和发射极间击穿电压

BU_{ces}——晶体管发射极和基极短路时集电极和发射极间击穿电压

BU_{cex}——晶体管发射结反向偏置时集电极和发射极间击穿电压

C——电容器；电容量

C——IGBT 集电极

c——晶体管集电极

C_{in}——MOSFET 输入电容

C_{iss}——MOSFET 漏源短路时的输入电容

C_{oss}——MOSFET 共源极输出电容

C_{rss}——MOSFET 反向转移电容

D——MOSFET 漏极

D——畸变功率；占空比

di/dt——晶闸管通态电流临界上升率

du/dt——晶闸管断态电压临界上升率

E——IGBT 发射极

E——直流电源电动势

e——晶体管发射极

e_L——电感的自感电动势

E_M——电动机反电动势

F——电容量的单位(法)

f——频率

G——发电机；MOSFET 栅极；晶闸管门极；GTO 门极；IGBT 栅极

G_{fs}——MOSFET 跨导

h_{FE}——晶体管直流电流增益

HRI_n——n 次谐波电流含有率

I——整流后负载电流的有效值

I_1——变压器一次相电流有效值

i_1——变压器一次相电流瞬时值

I_2——变压器二次相电流有效值

i_2——变压器二次相电流瞬时值

I_{ATO}——GTO 最大可关断阳极电流

i_b——晶体管基极电流

i_e——晶体管集电极电流

I_c——IGBT 集电极电流

I_{ceo}——晶体管集电极与发射极间漏电流

I_{cM}——晶体管集电极最大允许电流

I_{cs}——晶体管集电极饱和电流

I_{VD}——流过整流管的电流有效值

I_D——MOSFET 漏极直流电流

I_d——整流电路的直流输出电流平均值

i_{VD}——流过整流管的电流瞬时值

i_d——整流电路的直流输出电流瞬时值

I_{dVD}——流过整流管的平均电流

I_{DM}——MOSFET 漏极电流幅值

I_{DR}——流过续流二极管的电流有效值

i_{DR}——流过续流二极管的电流瞬时值

I_{dVT}——流过晶闸管的平均电流

i_e——晶体管发射极电流

$I_{F(AV)}$——电力二极管的正向平均电流

I_{FSM}——电力二极管的浪涌电流

I_G——晶闸管、GTO 的门极电流

I_H——晶闸管的维持电流

I_L——晶闸管的擎住电流

I'_n——变压器一次线电流中的 n 次谐波有效值

i_o——输出电流；负载电流

I_o——负载电流有效值

i_p——两组整流桥之间的环流（平衡电

流)瞬时值

I_R——整流后输出电流中谐波电流有效值

I_{VT}——流过晶闸管的电流有效值

i_{VT}——流过晶闸管的电流瞬时值

$I_{VT(AV)}$——晶闸管的通态平均电流

I_{VTSM}——晶闸管的浪涌电流

i^*——指令电流

K——晶闸管的阴极

K——常数

L——电感；电感量；电抗器符号

L_B——从二次侧计算时变压器漏感

L_p——平衡电抗器

M——电动机

m——相数；一个周期的脉波数

n——电动机转速

n_N——电动机额定转速

N——线圈匝数；载波比

N——负(组)；三相电源中点

P——功率；有功功率

P——正(组)

p——极对数

P_{CM}——IGBT 集电极最大耗散功率

P_{eM}——晶体管集电极最大耗散功率

P_d——整流电路输出直流功率

P_G——直流发电机功率

P_M——直流电动机反电动势功率

P_R——电阻上消耗的功率

P_{SB}——晶体管二次击穿功率

Q——无功功率

R——电阻器；电阻

R_B——从变压器二次侧计算的变压器等效电阻

R_M——直流电动机电枢电阻

S——视在功率

S——MOSFET 源极；功率开关器件

s——秒

S_r——电力二极管的恢复系数

t——时间

t_d——晶体管、GTO 开通时的延迟时间；电力二极管关断延迟时间

$t_{d(on)}$——MOSFET、IGBT 开通时的延迟时间

$t_{d(off)}$——MOSFET、IGBT 关断时的延迟时间

t_f——电力半导体器件关断时的下降时间

t_{fi}——MOSFET、IGBT 等器件关断时的电流下降时间

t_{fv}——MOSFET、IGBT 等器件开通时的电压下降时间

t_{gr}——晶闸管正向阻断恢复时间

t_{gt}——晶闸管的开通时间

THD_i——电流谐波总畸变率

T_{JM}——电力二极管、晶体管的最高工作结温

t_{off}——晶体管、GTO、MOSFET、IGBT 的关断时间

t_{on}——晶体管、GTO、MOSFET、IGBT 的开通时间

t_q——晶闸管的关断时间

t_r——电力半导体器件开通时的上升时间

t_{ri}——MOSFET、IGBT 等器件开通时的电流上升时间

t_{rv}——MOSFET、IGBT 等器件关断时的电压上升时间

t_{rr}——电力二极管反向恢复时间；晶闸管反向阻断恢复时间

t_s——晶体管、GTO 关断时的存储时间

t_t——GTO 关断时的尾部时间

t_8——并联谐振逆变电路触发引前时间

$T_{\alpha\beta\gamma/abc}$——空间矢量由 abc 坐标转换为 $\alpha\beta\gamma$ 坐标的变换矩阵

$T_{abc/\alpha\beta\gamma}$——空间矢量由 $\alpha\beta\gamma$ 坐标转换为 abc 坐标的变换矩阵

$T_{dqo/\alpha\beta\gamma}$——空间矢量由 $\alpha\beta\gamma$ 坐标转换为 dqo 坐标的变换矩阵

$T_{\alpha\beta\gamma/dqo}$——空间矢量由 dqo 坐标转换为 $\alpha\beta\gamma$ 坐标的变换矩阵

$T_{dqo/abc}$——空间矢量由 abc 坐标转换为 dqo 坐标的变换矩阵

$T_{abc/dqo}$——空间矢量由 dqo 坐标转换为 abc 坐标的变换矩阵

T_s——变流器的开关周期

U、V、W——逆变器输出端

U——整流电路负载电压有效值

U_1——变压器一次相电压有效值

u_1——变压器一次相电压瞬时值

U_{1L}——变压器一次线电压有效值

U_2——变压器二次相电压有效值

U_{2L}——变压器二次线电压有效值

u_c——载波电压

U_{ces}——晶体管饱和时集电极和发射极间的管压降

U_{CES}——IGBT 最大集射极间电压

u_{co}——控制电压

U_d——整流电路输出电压平均值；逆变电路的直流侧电压

u_{VD}——整流管两端电压瞬时值

u_d——整流电路输出电压瞬时值

u_{DR}——续流二极管两端电压瞬时值

U_{DRM}——晶闸管的断态重复峰值电压

U_{DS}——MOSFET 漏极和源极间电压

$U_{d\alpha}$——延迟角为 α 时整流电压平均值

$U_{d\beta}$——延迟角为 β 时逆变电压平均值

U_F——电力二极管的正向压降

U_{FP}——电力二极管的正向电压过冲

u_g——晶闸管门极电压瞬时值

u_{GE}——IGBT 栅极和发射极间电压

$u_{GE(th)}$——IGBT 的开启电压

U_{GS}——MOSFET 栅极和源极间电压

U_i——DC-DC 电路输入电压

u_k——整流变压器的阻抗电压

u_L——电抗器两端电压瞬时值

U_n——整流电路输出电压中的 n 次谐波有效值

U_{nm}——整流电路输出电压中的 n 次谐波电压最大值

U_o——DC-DC 电路输出电压

u_o——负载电压

u_r——信号波电压

u_p——峰值电压

U_R——整流电路输出电压中谐波电压有效值

U_{RP}——电力二极管的反向电压过冲

U_{RRM}——电力二极管、晶闸管的反向重复峰值电压

u_s——同步电压

U_T——MOSFET 的开启电压

U_{TO}——电力二极管门槛电压

U_{TM}——晶闸管通态(峰值)电压

U_{UN}——逆变电路负载 U 相相电压有效值

U_{UV}——逆变电路负载 U 相和 V 相间线电压有效值

V——晶体管；IGBT；电力 MOSFET

VD——整流管

VD_R——续流二极管

VS——硅稳压管

VT——晶闸管；GTO

$\left.\begin{array}{l}\vec{V}_1、\vec{V}_2、\vec{V}_3、\\ \vec{V}_4、\vec{V}_5、\vec{V}_6、\\ \vec{V}_0、\vec{V}_n、\vec{V}_{n+1}\end{array}\right\}$——三相桥式电压型逆变电路交流侧端口可产生的线电压空间矢量

$\vec{v}_{ref}$——期望产生的三相线电压空间矢量

X——电抗器的电抗值

X_B——从二次侧计算时的变压器漏抗

X_p——平衡电抗器的电抗

$\vec{x}$——表示为空间矢量的三相变量

$x_a、x_b、x_c$——三相变量的各相变量瞬时值，三相变量对应空间矢量的三维空间直角坐标系各分量的值

$x_\alpha、x_\beta、x_\gamma$——三相变量对应空间矢量的 $\alpha\beta\gamma$ 坐标系各分量的值

$x_d、x_q、x_o$——三相变量对应空间矢量的 dqo 坐标系各分量的值

$\vec{x}_{abc}$——空间直角坐标系下的空间矢量

$\vec{x}_{\alpha\beta\gamma}$——$\alpha\beta\gamma$ 坐标系下的空间矢量

$\vec{x}_{dqo}$——dqo 坐标系下的空间矢量

Z——复数阻抗

Z_1——基波阻抗

Z_n——n 次谐波的阻抗

α——晶闸管的触发延迟角；晶体管共基极电流放大系数

β——晶闸管的逆变控制角；晶体管电流放大系数

β_{min}——最小逆变角

β_{off}——GTO 电流关断增益

δ——晶闸管的停止导电角；并联谐振逆变电路触发引前角；波形畸

变率

γ——换相重叠角；纹波因数；输出电压比

θ——晶闸管的导通角；空间矢量 dgo 坐标系的 d 轴与 $\alpha\beta\gamma$ 坐标系的 α 轴之间的夹角

φ——位移因数角；相位滞后角；负载阻抗角

ω——角频率

ω_c——载波角频率

ω_r——信号波角频率

ν——基波因数

λ——功率因数

ϕ——磁通

σ——三角化率

第1章

绪　论

对于电力电子技术尚不了解的人一开始会有这样一些问题：什么是电力电子技术？它的发展经历了哪些阶段？目前主要应用在哪些领域？对这些问题的初步讲解将使读者对电力电子技术有一个大致的了解。本章的内容就是试图使读者对电力电子技术有一个初步的了解。此外，对本教材编写指导思想和基本内容的说明有助于读者更好的学习这门课程。

1.1　什么是电力电子技术

顾名思义，可以粗略地理解，所谓电力电子技术就是应用于电力领域的电子技术。电子技术包括信息电子技术和电力电子技术两大分支。通常所说的模拟电子技术和数字电子技术都属于信息电子技术。电力电子技术所针对的"电力"和"电力系统"所指的"电力"是有一定差别的。两者都指"电能"，但后者更具体，特指电力网的"电能"，前者则更一般些。具体地说，电力电子技术就是对电能进行变换和控制的电子技术。更具体一点，电力电子技术是通过对电子运动的控制对电能进行变换和控制的电子技术。其中，用来实现对电子的运动进行控制的器件叫电力电子器件。目前所用的电力电子器件均由半导体材料制成，故也称电力半导体器件。电力电子技术所变换的"电力"，功率可以大到数百兆瓦甚至吉瓦，也可以小到数瓦甚至是毫瓦级。信息电子技术主要用于信息处理，而电力电子技术则主要用于电力变换，这是二者本质上的不同。

通常所用的电力有交流和直流两种。从公用电网直接得到的电力一般是交流，从蓄电池和干电池得到的电力是直流。从这些电源得到的电力往往不能直接满足用户要求，需要进行电力变换。如表 1-1 所示，电力变换通常可分为四大类，即交流变直流（AC-DC）、直流变交流（DC-AC）、直流变直流（DC-DC）和交流变交流（AC-AC）。交流变直流称为整流，直流变交流称为逆变。直流变直流是指由某个电压（或电流）幅度的直流变为另一个幅度的直流，可用直流斩波电路实现。交流变交流可以是电压或电力的变换，称作交流电力控制，也可以是频率或相数的变换。有的读者认为，整流和逆变较好理解，而直流变直流和交流变交流则较难理解。实际上直流变直流并非电力种类的变换，而是电压（或电流）幅度的变换，即一种直流电压（或电流）变为另一种直流电压（或电流）；交流变交流除了电压或电流幅度的变换外，还多了另一些可能，即频率或相数的变换。进行上述电力变换的技术称为变流技术。

表1-1　电力变换的种类

输出＼输入	交流（AC）	直流（DC）
直流（DC）	整流	直流斩波
交流（AC）	交流电力控制、变频、变相	逆变

通常把电力电子技术分为电力电子器件制造技术和变流技术两个分支。变流技术也称为电力电子器件的应用技术，它包括用电力电子器件构成各种电力变换电路和对这些电路进行控制的技术，以及由这些电路构成电力电子装置和电力电子系统的技术。"变流"不只指交直流之间的变换，也包括上述的直流变直流和交流变交流的变换。

如果没有晶闸管、电力晶体管、IGBT等电力电子器件，也就没有电力电子技术，而电力电子技术主要用于电力变换。因此可以认为，电力电子器件的制造技术是电力电子技术的基础，而变流技术则是电力电子技术的核心。电力电子器件制造技术的理论基础是半导体物理，而变流技术的理论基础是电路理论和控制理论。

电力电子学（Power Electronics）这一名称是在20世纪60年代出现的（比晶闸管的出现晚）。1974年，美国学者W. Newell用图1-1的倒三角形对电力电子学进行了描述，认为电力电子学是由电力学、电子学和控制理论三个学科交叉而形成的。这一观点被全世界普遍接受。

"电力电子学"和"电力电子技术"是分别从学术和工程技术两个不同的角度来称呼的，其实际内容并没有很大的不同。

电力电子技术和电子学的关系是显而易见的，如图1-1所示。信息电子学可分为电子器件和电子电路两大分支，这分别与电力电子器件和电力电子电路相对应。电力电子器件的制造技术和用于信息变换的电子器件制造技术的理论基础（都是基于半导体理论）是一样的，其大多数工艺也是相同的。特别是现代电力电子器件的制造大都使用集成电路制造工艺，采用微电子制造技术，许多设备都和微电子器件制造设备通用，这说明二者同根同源。电力电子电路和电子电路的许多分析方法也是一致

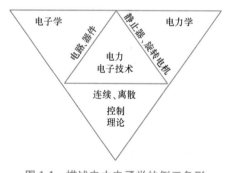

图1-1　描述电力电子学的倒三角形

的，只是二者应用目的不同。前者用于电力变换和控制，后者用于信息处理。广义而言，电子电路中的功率放大和功率输出部分也可算做电力电子电路。此外，电力电子电路广泛用于包括电视机、计算机在内的各种电子装置中，其电源部分都是电力电子电路。在信息电子技术中，半导体器件既可处于放大状态，也可处于开关状态；而在电力电子技术中，为避免功率损耗过大，电力电子器件总是工作在开关状态，这成为电力电子技术区别于信息电子技术的一个重要特征。

电力电子技术广泛用于电气工程中，这就是电力电子学和电力学的主要关系。"电力学"这个术语在我国已不太应用，这里可用"电气科学"或"电气工程"取而代之。各种电力电子装置广泛应用于高压直流输电、静止无功补偿、电力机车牵引、交直流电机传动、

电解、励磁、电加热、高性能交直流电源等之中，因此，无论是国内还是国外，通常把电力电子技术归属于电气工程学科。电力电子技术是电气工程学科中的一个最为活跃的分支。电力电子技术的不断进步给电气工程的现代化以巨大的推动力，是电气工程这一相对古老学科保持活力的重要源泉。

在我国的研究生教育学科分类中，电气工程是一个一级学科，它包含了五个二级学科，即电力系统及其自动化、电机与电器、高电压与绝缘技术、电力电子与电力传动、电工理论与新技术。其中电力电子与电力传动是由电力电子技术和电力传动自动化两个二级学科合并而成的。由于现代电力传动主要采用的是电力电子技术，因此将二者合并是有其道理的。图1-2 用两个三角形对电气工程进行了描述。其中大三角形描述了电气工程一级学科和其他学科的关系，小三角形则描述了电气工程一级学科内各分支之间的关系。从图 1-2 的大三角形来看，和电气工程关系密切的其他学科主要是信息科学和能源科学。这里所说的信息科学是广义的信息科学，也就是所谓的弱电，即电子信息工程（也包括通信，但可以不包括计算机科学和工程）。电气工程研究的主要是电能，而信息科学则是研究（如何利用电磁来）处理信息。因此，二者既有所不同，但又同根同源。而且，电气工程的发展越来越依赖于电子信息技术的进步。在美国及其他发达国家，大学中的电气工程系已经完全包含了电子信息技术的内容，甚至电子信息技术已经喧宾夺主，成了电气工程的主体。无论如何，电气工程与电子信息工程二者你中有我、我中有你，相互融合，这已成为科学技术发展的一种必然趋势。

但是，如果从应用领域看，电气工程则又和能源科学密切相关。电能是能源的一种，而且是使用、输送和控制最为方便的能源，也是人类研究较为充分的一种能源。在可以预见的将来，还没有一种能源有可能取代电能。而人类在任何时候都不可能离开能源，能源为人类提供动力，是人类永恒的研究对象。因此，人类如果关注能源，就必须关注电能，也就必须关注电气工程。正因为电气工程和能源科学有如此密切的关系，国家在划分专业或行业时，常常把电力和动力放在一起。

在图 1-2 的小三角形所描述的电气工程内部结构中，电工理论是电气工程的基础，主要包括电路理论和电磁场理论。这些理论是物理学中的电学和磁学的发展和延伸。电气装备制造既包括发电机、电动机、变压器等电机设备的制造，也包括开关、用电设备等电器设备的制造，还包括电力电子设备的制造、各种电气控制装置的制造以及电工材料、电气绝缘等内容。电气装备的应用则是指上述设备和装置的应用。电力系统的运行主要包括电力网的运行和控制、电气自动化以及各种电气装备和系统的运行等方面。当然，制造和运行是不可能截然分

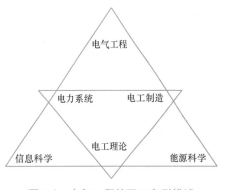

图 1-2　电气工程的双三角形描述

开的，电气设备在制造时必须考虑其运行，而电力系统是由各种电气设备组成的，系统的良好运行当然依靠良好的设备。

在电气工程的五个二级学科中，电力电子技术处于十分特殊的地位。电力电子技术和其他几个二级学科的关系都十分密切，甚至可以说，其他几个二级学科的发展都有赖于电力电子技术的发展。正是由于电力电子技术的迅速发展，才使电气工程始终保持着强大的活力。

控制理论广泛用于电力电子技术中，它使电力电子装置和系统的性能不断满足人们日益增长的需求。电力电子技术可以看成是弱电控制强电的技术，是弱电和强电之间的接口。而控制理论则是实现这种接口的一条强有力的纽带。

另外，控制理论是自动化技术的理论基础，二者密不可分，而电力电子装置则是自动化技术的基础装置和重要支撑技术。

电力电子技术是20世纪后半叶诞生和发展的一门崭新的技术。在21世纪，电力电子技术仍以迅猛的速度发展。以计算机为核心的信息科学将是21世纪起主导作用的科学技术之一，这是毫无疑义的。有人预言，电力电子技术和运动控制一起，将和计算机技术共同成为未来人类社会的两大支柱。如果把计算机比作人的大脑。那么，可以把电力电子技术比做人的消化系统和循环系统。消化系统对能量进行转换（把电网或其他电源提供的"粗电"变成适合于人们使用的"精电"），再由以心脏为中心的循环系统把转换后的能量传送到大脑和全身。电力电子技术连同运动控制一起，还可比作人的肌肉和四肢，使人能够运动和从事劳动。只有聪明的大脑，没有灵巧的四肢甚至不能运动的人是难以从事工作的。可见，电力电子技术在未来人类社会中将会起着十分重要的作用，有着十分光明的未来。

1.2 电力电子技术的发展史

电力电子器件的发展对电力电子技术的发展起着决定性的作用，因此，电力电子技术的发展史是以电力电子器件的发展史为纲的。图1-3给出了电力电子技术的发展史。

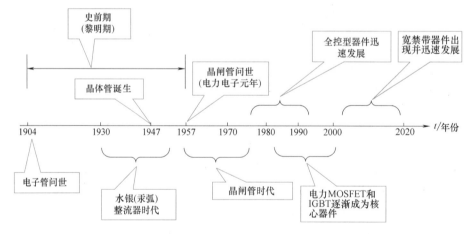

图1-3 电力电子技术的发展史

一般认为，电力电子技术的诞生是以1957年美国通用电气公司研制出第一个晶闸管为标志的。但在晶闸管出现以前，用于电力变换的电子技术就已经存在了。晶闸管出现前的时期可称为电力电子技术的史前期或黎明期。

1904年出现了电子管，它能在真空中对电子流进行控制，并应用于通信和无线电，从而开启了电子技术应用的先河。后来出现了水银整流器，它把水银封于管内，利用对其蒸气的点弧可对大电流进行控制，其性能和晶闸管已经非常相似。当然，水银整流器所用的水银对人体有害，另外，水银整流器的电压降落也很高，很不理想。20世纪30年代~50年代，是水银整流器发展迅速并大量应用的时期。在这一时期，水银整流器广泛用于电化学工业、电气铁道直流变电所以及轧钢用直流电动机的传动，甚至用于直流输电。同时，各种整流电路、逆变电路、周波变流电路的理论已经发展成熟并广为应用。在晶闸管出现以后的相当长一段时期内，所使用的电路形式仍然是这些形式。

在这一时期，把交流变为直流的方法除水银整流器外，还有发展更早的电动机-直流发电机组，即变流机组。和旋转变流机组相对应，静止变流器的称呼从水银整流器开始而沿用至今。

1947 年，美国著名的贝尔实验室发明了基于半导体材料的晶体管，引发了电子技术的一场革命。最先用于电力领域的半导体器件是硅二极管。晶闸管出现后，由于其优越的电气性能和控制性能，使之很快就取代了水银整流器和旋转变流机组，并且其应用范围迅速扩大。电化学工业、铁道电气机车、钢铁工业（轧钢用电气传动、感应加热等）、电力工业（直流输电、无功补偿等）的迅速发展也给晶闸管的发展提供了用武之地。电力电子技术的概念和基础就是由于晶闸管及晶闸管变流技术的发展而确立的。

晶闸管是通过对门极的控制能够使其导通而不能使其关断的器件，属于半控型器件。对晶闸管电路的控制方式主要是相位控制方式，简称相控方式。晶闸管的关断通常依靠电网电压等外部条件来实现，这就使得晶闸管的应用受到了很大的局限。

20 世纪 70 年代后期，以门极可关断晶闸管（GTO）、电力双极型晶体管（BJT）和电力场效应晶体管（Power-MOSFET）为代表的全控型器件迅速发展。这些器件都属于全控型器件。全控型器件的特点是，通过对门极（基极、栅极）的控制既可使其开通又可使其关断。此外，这些器件的开关速度普遍高于晶闸管，可用于开关频率较高的电路。这些优越的特性使电力电子技术的面貌焕然一新，把电力电子技术推进到一个新的发展阶段。

与晶闸管电路的相位控制方式相对应，采用全控型器件的电路的主要控制方式为脉冲宽度调制（PWM）方式。相对于相位控制方式，可称之为斩波控制方式，简称斩控方式。PWM 控制技术在电力电子变流技术中占有十分重要的位置，它在逆变、直流斩波、整流、交流-交流控制等所有电力电子电路中均可应用。它使电路的控制性能大为改善，使以前难以实现的功能也得以实现，对电力电子技术的发展产生了深远的影响。

在 20 世纪 80 年代后期，以绝缘栅极双极型晶体管（IGBT）为代表的复合型器件异军突起。IGBT 属于全控型器件，它是 MOSFET 和 BJT 的复合。它把 MOSFET 的驱动功率小、开关速度快的优点和 BJT 的通态压降小、载流能力大、可承受电压高的优点集于一身，性能十分优越，使之成为现代电力电子技术的主导器件。与 IGBT 相对应，MOS 控制晶闸管（MCT）和集成门极换流晶闸管（IGCT）可以看作是 MOSFET 和 GTO 的复合，它们也综合了 MOSFET 和 GTO 两种器件的优点。其中 IGCT 获得了相当的成功，已经获得大量应用。

为了使电力电子装置的结构紧凑、体积减小，常常把若干个电力电子器件及必要的辅助元件做成模块的形式，这给应用带来了很大的方便。后来，又把驱动、控制、保护电路和电力电子器件集成在一起，构成电力电子集成电路（PIC）。目前电力电子集成电路的功率都还较小，电压也较低，它面临着电压隔离（主电路为高压，而控制电路为低压）、热隔离（主电路发热严重）、电磁干扰（开关器件通断高压大电流，它和控制电路处于同一芯片）等几大难题，但这代表了电力电子技术发展的一个重要方向。

目前，电力电子集成技术的发展十分迅速，除以 PIC 为代表的单片集成技术外，电力电子集成技术发展的焦点是混合集成技术，即把不同的单个芯片集成封装在一起。这样，虽然功率密度不如单片集成，但却为解决上述几大难题提供了很大的方便。这里，封装技术就成了关键技术。除单片集成和混合集成外，系统集成也是电力电子集成技术的一个重要方面，特别是对于大功率集成技术更是如此。

随着全控型电力电子器件的不断进步，电力电子电路的工作频率也不断提高。同时，电力电子器件的开关损耗也随之增大。为了减小开关损耗，软开关技术便应运而生，零电压开关（ZVS）和零电流开关（ZCS）就是软开关的最基本形式。理论上讲采用软开关技术可使开关损耗降为零，可以提高效率。另外，它也使得开关频率得以进一步提高，从而提高了电力电子装置的功率密度。

进入21世纪后，基于碳化硅、氮化镓等新型半导体材料的电力电子器件逐渐开始应用。目前，碳化硅二极管以其优越的性能已获得了广泛的应用，氮化镓和碳化硅的场效应晶体管也开始得到应用，碳化硅IGBT也在紧锣密鼓地研制、开发。可以预料，以性能更优越的半导体材料的研制，推动新型电力电子器件和相应电力电子电路与装置的应用和发展，将一直是电力电子技术持续进步的重要路径之一。

1.3 电力电子技术的应用

电力电子技术的应用范围十分广泛。它不仅用于一般工业，也广泛用于交通运输、电力系统、通信系统、计算机系统、新能源系统等，在照明、空调等家用电器及其他领域中也有着广泛的应用。以下分几个主要应用领域加以叙述。

1. 一般工业

工业中大量应用各种交直流电动机。直流电动机有良好的调速性能，为其供电的可控整流电源或直流斩波电源都是电力电子装置。近年来，由于电力电子变频技术的迅速发展，使得交流电动机的调速性能可与直流电动机相媲美，交流调速技术逐渐大量应用并占据了主导地位。大至数千千瓦的各种轧钢机，小到几百瓦的数控机床的伺服电动机，以及矿山牵引等场合都广泛采用电力电子交流调速技术。一些对调速性能要求不高的大型鼓风机等近年来也采用了变频装置，以达到节能的目的。还有些并不特别要求调速的电动机，为了避免起动时的电流冲击而采用了软起动装置，这种软起动装置也是电力电子装置。由于电动机的应用十分广泛，其所消耗的电力甚至达到了发电厂所发电力的60%以上，以至于有人认为，电力传动是电力电子技术的"主战场"。

电化学工业大量使用直流电源，电解铝、电解食盐水等都需要大容量整流电源。电镀装置也需要整流电源。

电力电子技术还大量用于冶金工业中的高频或中频感应加热电源、淬火电源及直流电弧炉电源等场合。

2. 交通运输

电气化铁道中广泛采用电力电子技术。电气机车中的直流机车采用整流装置，交流机车采用变频装置。直流斩波器也广泛用于铁道车辆。在磁悬浮列车中，电力电子技术更是一项关键技术。除牵引电动机传动外，车辆中的各种辅助电源也都离不开电力电子技术。

电动汽车的电动机依靠电力电子装置进行电力变换和驱动控制，其电池的充放电也离不开电力电子装置。一台高级汽车中需要许多控制电动机，它们也要靠变频器和斩波器驱动并控制。

飞机、船舶需要很多不同要求的电源和驱动，因此航空和航海都离不开电力电子技术。

如果把电梯也算做交通运输，那么它也需要电力电子技术。以前的电梯大都采用直流调速系统，而近年来交流变频调速已成为主流。

3. 电力系统

电力电子技术在电力系统中有着非常广泛的应用。据估计，发达国家在用户最终使用的电能中，有60%以上的电能至少经过一次以上电力电子变流装置的处理。电力系统在通向现代化的进程中，电力电子技术是关键技术之一。可以毫不夸张地说，如果离开电力电子技术，电力系统的现代化就是不可想象的。

直流输电在长距离、大容量输电时有很大的优势，其送电端的整流阀和受电端的逆变阀都采用晶闸管变流装置，而轻型直流输电则主要采用全控型的 IGBT 器件。近年发展起来的柔性交流输电（FACTS）也是依靠电力电子装置才得以实现的。

无功补偿和谐波抑制对电力系统有重要的意义。晶闸管控制电抗器（TCR）、晶闸管投切电容器（TSC）都是重要的无功补偿装置。采用全控型器件（如 IGBT）的静止无功发生器（SVG）、有源电力滤波器（APF）等新型电力电子装置具有更为优越的无功功率和谐波补偿的性能。在配电网系统，电力电子装置还可用于防止电网瞬时停电、瞬时电压跌落、闪变等，以进行电能质量控制，改善供电质量。

在变电所中，给操作系统提供可靠的交直流操作电源，给蓄电池充电等都需要电力电子装置。

4. 电子装置用电源

各种电子装置一般都需要不同电压等级的直流电源供电。通信设备中的程控交换机所用的直流电源以前用晶闸管整流电源，现在已改为采用全控型器件的高频开关电源。大型计算机所需的工作电源、微型计算机内部的电源现在也都采用高频开关电源。在各种电子装置中，以前大量采用线性稳压电源供电，由于高频开关电源体积小、重量轻、效率高，现在已逐渐取代了线性电源。因为各种信息技术装置都需要电力电子装置提供电源，所以可以说信息电子技术离不开电力电子技术。在有大型计算机等场合，常常需要不间断电源（Uninterruptible Power Supply，UPS）供电，不间断电源实际就是典型的电力电子装置。

5. 家用电器

照明在家用电器中占有十分突出的地位。由于电力电子照明电源体积小、发光效率高、可节省大量能源，通常采用电力电子装置供电的光源被称为"节能灯"，它基本已取代传统的直接由电网交流电供电的白炽灯和荧光灯。而目前在全面普及的发光效率更高的发光二极管（LED）灯，则更是必须以电力电子电源来驱动。

变频空调器是家用电器中应用电力电子技术的典型例子。电视机、音响设备、家用计算机等电子设备的电源部分也都需要电力电子技术。此外，不少洗衣机、电冰箱、微波炉等电器也应用了电力电子技术。

电力电子技术广泛用于家用电器使得它和人们的生活变得十分贴近。

6. 其他

除上述用途外，几乎所有的领域都离不开电力电子技术。

航天飞行器中的各种电子仪器需要电源，载人航天器中为了人的生存和工作，也离不开各种电源，这些都必须采用电力电子技术。

传统的发电方式是火力发电、水力发电以及后来兴起的核能发电。能源危机后，特别是全球为应对气候变化的影响而提出"碳减排"计划之后，各种新能源、可再生能源及新型发电方式越来越受到重视。其中风力发电、太阳能发电的发展最为迅速，燃料电池更是备受关注。太阳能发电和风力发电受能量来源和发电原理的制约，其发电间歇性明显且发出的电力质量较差，常需要储能装置缓冲能量，也需要改善电能质量，这就需要电力电子技术。当需要和电力系统联网时，更离不开电力电子技术。

为了合理地利用水力发电、风力发电和太阳能发电资源，近年来抽水储能发电站受到重视。其中的大型电动机的起动和调速都需要电力电子技术。超导储能是未来的一种储能方式，它需要强大的直流电源供电，这也离不开电力电子技术。

核聚变反应堆在产生强大磁场和注入能量时，需要大容量的脉冲电源，这种电源就是电力电子装置。科学实验或某些特殊场合，常常需要一些特种电源，这也是电力电子技术的用武之地。

以前电力电子技术的应用偏重于中、大功率。现在，在1千瓦以下，甚至几十瓦以下的功率范围内，电力电子技术的应用越来越广，其地位也越来越重要。这已成为一个重要的发展趋势，值得引起人们的注意。

总之，电力电子技术的应用范围十分广泛。从人类对宇宙和大自然的探索，到国民经济的各个领域，再到人们的衣食住行，到处都能感受到电力电子技术的存在和巨大魅力。这也激发了一代又一代的学者和工程技术人员学习、研究电力电子技术并使其飞速发展。

电力电子装置提供给负载的是各种不同的直流电源、恒频交流电源以及变频交流电源，因此也可以说，电力电子技术研究的就是电源技术。

电力电子技术对节省电能有重要意义。特别在大型风机、水泵采用变频调速方面，在使用量十分庞大的照明电源等方面，电力电子技术的节能效果十分显著，因此它也被称为是节能技术。

1.4　本教材的内容简介和使用说明

与前三版教材相比，本教材的第4版完成了以晶闸管电路为主体内容向以采用全控型器件的电路为主体内容的转移，第5版则在第4版的基础上得以进一步完善。在第5版教材问世12年来，电力电子技术又有了迅速的发展，对于这些新的进展，有必要在教材第6版中得以体现。本教材的第6版就是在这种背景下产生的。当然，教材中的问题也在第6版中更正。

本教材内容除第1章绪论外，可分为四大部分。

第一部分是电力电子器件，即第2章和第9章。第2章是全书的基础，主要介绍各种电力电子器件的基本结构、工作原理、主要参数、应用特性。该章内容是以器件的应用为目的而展开的，基本上不涉及器件的制造工艺。在各种器件中，以晶闸管、IGBT、电力MOSFET这三种目前应用最为广泛的器件为重点。而第9章则是电力电子器件应用的共性问题，包括各种器件的驱动、控制、保护以及串并联等问题。

第二部分是各种基本的电力电子电路，包括第 3~6 章。这部分内容是全书的主体，其内容是按表 1-1 的分类展开的。电力电子电路的种类繁多，本教材力求避免对各种电路的机械罗列。科学的分类对正确把握各种电路的共性和个性有很大的帮助。另外，在内容的介绍中，突出共同的分析方法对理解电路的工作原理十分有益。例如，电力电子电路是非线性的，但当电路中各开关器件通断状态一定时，又可按线性电路来分析。这一基本分析方法对各种电力电子电路都是适用的。

第三部分由第 7、8 章构成，分别介绍了脉宽调制（PWM）技术和软开关技术。PWM 控制技术中没有新的电路拓扑出现，但由于采用了 PWM 技术这一新的控制方法，使电力电子电路的性能有了很大的改善，一些以前难以实现的控制策略借助这一技术而得以实现。PWM 控制方法对电力电子技术的发展产生了深刻的影响，它适用于表 1-1 中所列的各种电力变换电路，这也是将其单独列为一章的重要原因。软开关技术是近年出现的一种新技术，它对提高工作频率、提高功率密度、提高效率都有重要意义。软开关电路一般并不改变原来的基本电路，而是在其基础上附加了一些电路，从而实现软开关。软开关技术也适用于各种电力电子电路，第 8 章将介绍这一技术的基本内容。

第四部分主要为第 10 章，介绍了电力电子装置的应用。电力电子技术既是一门技术基础课程，也是实用性和工程性很强的一门技术。因此，专门有一章介绍应用是很有必要的，希望读者对电力电子技术的应用予以足够的重视。这一章的内容也体现了本教材第 5 版以来的版本与以前版本的重大差异。

为了便于读者学习，在大部分章的最后都有小结，对全章的要点和重点进行总结，有助于读者从总体上把握全章内容。各章前言说明了本章的地位及概要，相信对读者理解本章的内容大有裨益。

本教材在编写时力求体现科学性、先进性、系统性、实用性，并且贯穿循序渐进、宜于教学的原则。

电力电子技术有很强的实践性，因此实验在教学中占据着十分重要的位置。本教材正文后附有"教学实验"部分，精选了五个最基本、有较高实用价值的实验。有条件的院校最好让学生全部做完五个实验，条件不具备的至少要做三个实验，以使学生对电力电子装置有一定的感性认识，并锻炼学生的工程实践能力。如果完全不做实验，那就意味着这所学校还不具备开设这门课程的条件。

术语在一门课程的学习中起着"纲"的作用。为使读者方便地查阅术语的涵义，书末附有中英文"术语索引"。

本教材的课内教学学时为 48~64 学时（包含实验，每个实验 2 学时），对本课程设置学时较少的院校，课堂教学内容可适当删减。

在学习本课程前，学生应学过"电路"和"电子技术基础"两门课程，最好也学过"自动控制理论"，并能熟练掌握示波器等电子仪器的使用方法。此外，本教材的附录中介绍了与电力电子技术有关的学术组织、学术会议和学术期刊的简单情况，供读者参考，相信这些内容对读者步入电力电子技术的殿堂会有所帮助。

第 2 章

电力电子器件

就像在学习电子技术基础时，晶体管和集成电路等电子器件是模拟和数字电子电路的基础一样，电力电子器件则是电力电子电路的基础。因而掌握各种常用电力电子器件的特性和正确使用方法是学好电力电子技术的基础。本章将在对电力电子器件的概念、特点和分类等问题做简要概述之后，分别介绍各种常用电力电子器件的工作原理、基本特性、主要参数以及选择和使用中应注意的一些问题。

2.1 电力电子器件概述

2.1.1 电力电子器件的概念和特征

在电气设备或电力系统中，直接承担电能的变换或控制任务的电路被称为主电路（Main Power Circuit）。电力电子器件（Power Electronic Device）是指可直接用于处理电能的主电路中，实现电能的变换或控制的电子器件。同在学习电子技术基础时广泛接触的处理信息的电子器件一样，广义上电力电子器件也可分为电真空器件和半导体器件两类。但是，自20世纪50年代以来，除了在频率很高（如微波）的大功率高频电源中还在使用真空管外，基于半导体材料的电力电子器件已逐步取代了以前的汞弧整流器（Mercury Arc Rectifier）、闸流管（Thyratron）等电真空器件，成为电能变换和控制领域的绝对主力。因此，电力电子器件也往往专指电力半导体器件。与普通半导体器件一样，目前电力半导体器件所采用的主要材料仍然是硅。

由于电力电子器件直接用于处理电能的主电路，因而同处理信息的电子器件相比，它一般具有如下特征：

1）电力电子器件所能处理电功率的大小，也就是其承受电压和电流的能力，是其最重要的参数。其处理电功率的能力小至毫瓦级，大至兆瓦级，一般都远大于处理信息的电子器件。

2）因为处理的电功率较大，为了减小本身的损耗，提高效率，电力电子器件一般都工作在开关状态。导通时（通态）阻抗很小，接近于短路，管压降接近于零，而电流由外电路决定；阻断时（断态）阻抗很大，接近于断路，电流几乎为零，而管子两端电压由外电路决定；就像普通晶体管的饱和与截止状态一样。因而，电力电子器件的动态特性（也就是开关特性）和参数，也是电力电子器件特性很重要的方面，有时甚至上升为第一位的重要方面。而在模拟电子电路中，电子器件一般都工作在线性放大状态，数字电子电路中的电子器件虽然一般也工作在开关状态，但其目的是利用开关状态表示不同的信息。正因为如此，常常将一个电力电子器件或者外特性像一个开关的几个电力电子器件的组合称为电力电子开关，或者电力半导体开关。做电路分析时，为简单起见，也往往用理想开关来代替。广义上讲，电力电子开关有时候也指由电力电子器件组成的在电力系统中起开关作用的电气装置，这在第 6 章中将予以介绍。

3）在实际应用中，电力电子器件往往需要由信息电子电路来控制。由于电力电子器件所处理的电功率较大，因此普通的信息电子电路信号一般不能直接控制电力电子器件的导通或关断，需要一定的中间电路对这些信号进行适当的放大，这就是所谓的电力电子器件的驱动电路。

4）尽管工作在开关状态，电力电子器件自身的功率损耗通常仍远大于信息电子器件，因而为了保证不致于因损耗散发的热量导致器件温度过高而损坏，不仅在器件封装上比较讲究散热设计，而且在其工作时一般都还需要安装散热器。这是因为电力电子器件在导通或者阻断状态下，并不是理想的短路或者断路。导通时器件上有一定的通态压降，阻断时器件上有微小的断态漏电流流过。尽管其数值都很小，但分别与数值较大的通态电流和断态电压相作用，就形成了电力电子器件的通态损耗和断态损耗。此外，还有在电力电子器件由断态转为通态（开通过程）或者由通态转为断态（关断过程）的转换过程中产生的损耗，分别称为开通损耗和关断损耗，统称开关损耗。对某些器件来讲，驱动电路向其注入的功率也是造成器件发热的原因之一。除一些特殊的器件外，通常电力电子器件的断态漏电流都极其微小，因而通态损耗是电力电子器件功率损耗的主要成因。当器件的开关频率较高时，开关损耗会随之增大而可能成为器件功率损耗的主要因素。

2.1.2　应用电力电子器件的系统组成

如图 2-1 所示，电力电子器件在实际应用中，一般是由控制电路、驱动电路和以电力电子器件为核心的主电路组成一个系统。由信息电子电路组成的控制电路按照系统的工作要求形成控制信号，通过驱动电路去控制主电路中电力电子器件的导通或者关断，来完成整个系统的功能。因此，从宏观的角度讲，电力电子电路也被称为电力电子系统。在有的电力电子系统中，需要检测主电路或者应用现场的信号，再根据这些信号并按照系统的工作要求来形成控制信号，这就还需要有检测电路。广义上人们往往将检测电路和驱动电路这些主电路以外的电路都归为控

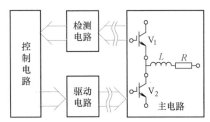

图 2-1　电力电子器件在实际
应用中的系统组成

制电路，粗略地说，电力电子系统是由主电路和控制电路组成的。主电路中的电压和电流一般都较大，而控制电路的元器件只能承受较小的电压和电流，因此在主电路和控制电路连接的路径上，如驱动电路与主电路的连接处，或者驱动电路与控制信号的连接处，以及主电路与检测电路的连接处，一般需要进行电气隔离，而通过其他手段如光、磁等来传递信号。此外，由于主电路中往往有电压和电流的过冲，而电力电子器件一般比主电路中普通的元器件

要昂贵，但承受过电压和过电流的能力却要差一些，因此，在主电路和控制电路中附加一些保护电路，以保证电力电子器件和整个电力电子系统正常可靠运行，也是非常必要的。

从图 2-1 中还可以看出，电力电子器件一般都有三个端子（也称为极或引脚），其中两个端子是连接在主电路中流通主电路电流的端子，而第三端被称为控制端（或控制极）。电力电子器件的导通或者关断是通过在其控制端和一个主电路端子之间施加一定的信号来控制的，这个主电路端子是驱动电路和主电路的公共端，一般是主电路电流流出电力电子器件的那个端子。

2.1.3 电力电子器件的分类

按照电力电子器件能够被控制电路信号所控制的程度，可以将电力电子器件分为以下三类：

1）通过控制信号可以控制其导通而不能控制其关断的电力电子器件被称为半控型器件，这类器件主要是指晶闸管（Thyristor）及其大部分派生器件，器件的关断完全是由其在主电路中承受的电压和电流决定的。

2）通过控制信号既可以控制其导通，又可以控制其关断的电力电子器件被称为全控型器件，由于与半控型器件相比，可以由控制信号控制其关断，因此又称为自关断器件。这类器件品种很多，目前最常用的是绝缘栅双极晶体管（Insulated-Gate Bipolar Transistor，IGBT）和电力场效应晶体管（Power MOSFET，简称为电力 MOSFET）。

3）也有不能用控制信号来控制其通断的电力电子器件，因此也就不需要驱动电路，这就是电力二极管，又被称为不可控器件。这种器件只有两个端子，其基本特性与信息电子电路中的二极管一样，器件的导通和关断完全是由其在主电路中承受的电压和电流决定的。

按照驱动电路加在电力电子器件控制端和公共端之间信号的性质，可以将电力电子器件（电力二极管除外）分为电流驱动型和电压驱动型两类。如果是通过从控制端注入或者抽出电流来实现导通或者关断的控制，这类电力电子器件被称为电流驱动型电力电子器件，或者电流控制型电力电子器件。如果是仅通过在控制端和公共端之间施加一定的电压信号就可实现导通或者关断的控制，这类电力电子器件则被称为电压驱动型电力电子器件，或者电压控制型电力电子器件。由于电压驱动型器件实际上是通过加在控制端上的电压在器件的两个主电路端子之间产生可控的电场来改变流过器件的电流大小和通断状态的，所以电压驱动型器件又被称为场控器件，或者场效应器件。

根据驱动电路加在电力电子器件控制端和公共端之间有效信号的波形，又可将电力电子器件（电力二极管除外）分为脉冲触发型和电平控制型两类。如果是通过在控制端施加一个电压或电流的脉冲信号来实现器件的开通或者关断的控制，一旦已进入导通或阻断状态且主电路条件不变的情况下，器件就能够维持其导通或阻断状态，而不必通过继续施加控制端信号来维持其状态，这类电力电子器件被称为脉冲触发型电力电子器件。如果必须通过持续在控制端和公共端之间施加一定电平的电压或电流信号来使器件开通并维持在导通状态，或者关断并维持在阻断状态，这类电力电子器件则被称为电平控制型电力电子器件。

此外，同处理信息的电子器件类似，电力电子器件还可以按照器件内部电子和空穴两种载流子参与导电的情况分为单极型器件、双极型器件和复合型器件三类。由一种载流子参与导电的器件称为单极型器件（也称为多子器件）；由电子和空穴两种载流子参与导电的器件称为双极型器件（也称为少子器件）；由单极型器件和双极型器件集成混合而成的器件则被称为复合型器件，也称混合型器件。

以上各种分类方法需要在下面各节学习各种具体电力电子器件时加深体会，本章将在结尾处对各种器件的类属和特点进行归纳和总结。

2.1.4　本章内容和学习要点

以下各节将按照不可控器件、半控型器件、典型全控型器件和其他新型器件的顺序，分别介绍各种电力电子器件的工作原理、基本特性、主要参数以及选择和使用中应注意的一些问题。而电力电子器件的驱动、保护和串、并联使用等实际应用时的具体问题将在介绍完各种电力电子电路之后，在第 9 章集中讲述。在这样的安排下，前面各章所学习过的电力电子器件和电路的基本知识将有助于在第 9 章中理解器件实际应用于电路时的具体问题。

这里要指出的是，和学习和选用晶体管和集成电路等信息电子电路器件时一样，在学习电力电子器件时，最重要的是掌握其基本特性。此外，在学习和将来选用电力电子器件时，还应该注意了解各国、各厂家对各种电力电子器件具体型号的命名方法，特别是要了解每种器件各个主要参数和特性曲线的意义，在使用时更要熟练掌握所选器件的具体参数和特性曲线，以及对这些参数和曲线进行修正的方法。掌握电力电子器件的型号命名法，以及其参数和特性曲线的使用方法，是在实际中正确应用电力电子器件的两个基本要求。

此外，了解电力电子器件的半导体物理结构和基本工作原理，对于更好地理解和掌握这些器件的特性和使用方法很有帮助。许多电力电子器件都有其相对应的用于处理信息的电子器件。例如，电力二极管、电力晶体管（Giant Transistor，GTR）和电力场效应晶体管就分别与处理信息的二极管、双极型晶体管和场效应晶体管相对应。从半导体物理结构和工作原理上来讲，这些电力电子器件与其在信息电子器件中的对应者基本是相同的；但是为了能承受高电压和大电流，这些电力电子器件又具有与其对应的信息电子器件所不同之处。而不同的电力电子器件在半导体物理结构上用来形成承受高电压和大电流能力的办法也有相同之处。这些都应该在学习电力电子器件的半导体物理结构和基本工作原理时加以注意。

还应该说明的是，由于电力电子电路的工作特点和具体情况的不同，可能会对与电力电子器件用于同一主电路的其他电路元件，如变压器、电感、电容、电阻等，有不同于普通电路的要求。本书不专门设章节介绍这个问题，但将在讲述各种具体电路时在适当的地方加以讨论。

2.2　不可控器件——电力二极管

电力二极管（Power Diode）自 20 世纪 50 年代初期就获得应用，当时也被称为半导体整流器（Semiconductor Rectifier，SR），并已开始逐步取代汞弧整流器。虽然是不可控器件，但电力二极管结构和原理简单，工作可靠，所以至今仍然大量应用于许多电气设备当中。通过后面对电力电子电路的学习还会了解到，在采用全控型器件的电路中电力二极管往往是不可缺少的，特别是开通和关断速度很快的快恢复二极管和肖特基二极管，具有不可替代的地位。

2.2.1　PN结与电力二极管的工作原理

电力二极管的基本结构和工作原理与信息电子电路中的二极管是一样的，都是以半导体PN结为基础的。电力二极管实际上是由一个面积较大的PN结和两端引线以及封装组成的，图2-2示出了电力二极管的外形、基本结构和电气图形符号。从外形上看，电力二极管可以有螺栓型、平板型等适合安装在金属连接件上的，以及单列引线片状、轴向引线圆柱等适合直插在印制电路板上的多种封装。

为了下文乃至以后各节讨论方便，这里将PN结的有关概念和二极管的基本工作原理做一简单回顾。

如图2-3所示，N型半导体和P型半导体结合后构成PN结。由于N区和P区交界处电子和空穴的浓度差别，造成了各区的多数载流子（多子）向另一区移动的扩散运动，到对方区内成为少数载流子（少子），从而在界面两侧分别留下了带正、负电荷但不能任意移动的杂质离子。这些不能移动的正、负电荷被称为空间电荷。空间电荷建立的电场被称为内电场或自建电场，其方向是阻止扩散运动的，另一方面又吸引对方区内的少子（对本区而言则为多子）向本区运动，这就是所谓的漂移运动。扩散运动和漂移运动既相互联系又是一对矛盾，最终达到动态平衡，正、负空间电荷量达到稳定值，形成了一个稳定的由空间电荷构成的范围，被称为空间电荷区，按所强调的角度不同也被称为耗尽层、阻挡层或势垒区。

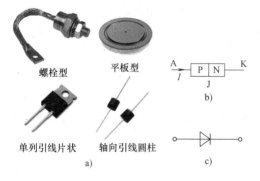

图2-2　电力二极管的外形、基本结构和电气图形符号
a）外形　b）基本结构　c）电气图形符号

图2-3　PN结的形成

当PN结外加正向电压（正向偏置），即外加电压的正端接P区、负端接N区时，外加电场与PN结自建电场方向相反，使得多子的扩散运动大于少子的漂移运动，形成扩散电流，在内部造成空间电荷区变窄，而在外电路上则形成自P区流入而从N区流出的电流，称为正向电流 I_F。当外加电压升高时，自建电场将进一步被削弱，扩散电流进一步增加。这

就是 PN 结的正向导通状态。

当 PN 结外加反向电压时（反向偏置），外加电场与 PN 结自建电场方向相同，使得少子的漂移运动大于多子的扩散运动，形成漂移电流，在内部造成空间电荷区变宽，而在外电路上则形成自 N 区流入而从 P 区流出的电流，称为反向电流 I_R。但是少子的浓度很小，在温度一定时漂移电流的数值趋于恒定，被称为反向饱和电流 I_S，一般仅为微安数量级，因此反向偏置的 PN 结表现为高阻态，几乎没有电流流过，被称为反向截止状态。

这就是 PN 结的单向导电性，二极管的基本原理就在于 PN 结的单向导电性这个主要特征。

为了建立承受高电压和大电流的能力，电力二极管具体的半导体物理结构和工作原理具有如下不同于信息电子电路二极管之处。

首先，电力二极管内部结构断面示意如图 2-4 所示，电力二极管大都是垂直导电结构，即电流在硅片内流动的总体方向是与硅片表面垂直的。而信息电子电路中的二极管一般是横向导电结构，即电流在硅片内流动的总体方向是与硅片表面平行的。垂直导电结构使得硅片中通过电流的有效面积增大，可以显著提高二极管的通流能力。

其次，电力二极管在 P 区和 N 区之间多了一层低掺杂 N 区（在半导体物理中用 N⁻ 表示），也称为漂移区（Drift Region）。低掺杂 N 区由于掺杂浓度低而接近于无掺杂的纯半导体材料即本征半导体（Intrinsic Semiconductor），

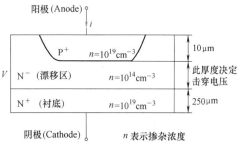

图 2-4　电力二极管内部结构断面示意图

因此，电力二极管的结构也被称为 PiN 结构。由于掺杂浓度低，低掺杂 N 区就可以承受很高的电压而不致被击穿，因此低掺杂 N 区越厚，电力二极管能够承受的反向电压就越高。

当然，低掺杂 N 区由于掺杂浓度低而具有的高电阻率对于电力二极管的正向导通是不利的。这个矛盾是通过电导调制效应（Conductivity Modulation）来解决的。当 PN 结上流过的正向电流较小时，二极管的电阻主要是作为基片的低掺杂 N 区的欧姆电阻，其阻值较高且为常量，因而管压降随正向电流的上升而增加；当 PN 结上流过的正向电流较大时，由 P 区注入并积累在低掺杂 N 区的少子空穴浓度将很大，为了维持半导体的电中性条件，其多子浓度也相应大幅度增加，使得其电阻率明显下降，也就是电导率大大增加，这就是电导调制效应。电导调制效应使得电力二极管在正向电流较大时压降仍然很低，维持在 1V 左右，所以正向偏置的电力二极管表现为低阻态。

PN 结具有一定的反向耐压能力，但当施加的反向电压过大时，反向电流将会急剧增大，破坏 PN 结反向偏置为截止的工作状态，这就叫反向击穿。反向击穿按照机理不同有雪崩击穿和齐纳击穿两种形式。反向击穿发生时，只要外电路中采取了措施，将反向电流限制在一定范围内，则当反向电压降低后 PN 结仍可恢复原来的状态。但如果反向电流未被限制住，使得反向电流和反向电压的乘积超过了 PN 结允许的耗散功率，就会因热量散发不出去而导致 PN 结温度上升，直至过热而烧毁，这就是热击穿。

PN 结中的电荷量随外加电压而变化，呈现电容效应，称为结电容 C_J，又称为微分电容。结电容按其产生机制和作用的差别分为势垒电容 C_B 和扩散电容 C_D。势垒电容只在外加电压变化时才起作用，外加电压频率越高，势垒电容作用越明显。势垒电容的大小与 PN 结截面积成正比，与阻挡层厚度成反比；而扩散电容仅在正向偏置时起作用。在正向偏置时，当正向电压较低时，势垒电容为结电容的主要成分；正向电压较高时，扩散电容为结电容的主要成分。结电容影响 PN 结的工作频率，特别是在高速开关的状态下，可能使其单向导电性变差，甚至不能工作，应用时应加以注意。

由于电力二极管正向导通时要流过很大的电流，其电流密度较大，因而额外载流子的注入水平较高，电导调制效应不能忽略，而且其引线和焊接电阻的压降等都有明显的影响；由于其承受的电流变化率 $\mathrm{d}i/\mathrm{d}t$ 较大，因此其引线和器件自身的电感效应也会有较大影响；此外，尽管有电导调制效应，为了提高反向耐压而设置的低掺杂 N 区也或多或少会造成正向压降比信息电子电路中的普通二极管大一些。在下面介绍的工作特性和具体参数中将会注意到这一点。

2.2.2 电力二极管的基本特性

1. 静态特性

电力二极管的静态特性主要是指其伏安特性，如图 2-5 所示。当电力二极管承受的正向电压大到一定值（门槛电压 U_{TO}），正向电流才开始明显增加，处于稳定导通状态。与正向电流 I_F 对应的电力二极管两端的电压 U_F 即为其正向电压降。当电力二极管承受反向电压时，只有少子引起的微小而数值恒定的反向漏电流。

2. 动态特性

因为结电容的存在，电力二极管在零偏置（外加电压为零）、正向偏置和反向偏置这三种状态之间转换的时候，必然经历一个过渡过程。在这些过渡过程中，PN 结的一些区域需要一定时间来调整其带电状态，因而其电压-电流特性不能用前面的伏安特性来描述，而

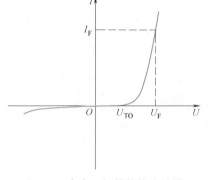

图 2-5 电力二极管的伏安特性

是随时间变化的，这就是电力二极管的动态特性，并且往往专指反映通态和断态之间转换过程的开关特性。这个概念虽然由电力二极管引出，但可以推广至其他各种电力电子器件。

图 2-6a 给出了电力二极管由正向偏置转换为反向偏置时其动态过程的波形。当原处于正向导通状态的电力二极管的外加电压突然从正向变为反向时，该电力二极管并不能立即关断，而是需经过一段短暂的时间才能重新获得反向阻断能力，进入截止状态。在关断之前有较大的反向电流出现，并伴随有明显的反向电压过冲。这是因为正向导通时在 PN 结两侧储存的大量少子需要被清除掉以达到反向偏置稳态的缘故。

设 t_F 时刻外加电压突然由正向变为反向，正向电流在此反向电压作用下开始下降，下降速率由反向电压大小和电路中的电感决定，而管压降由于电导调制效应基本变化不大，直至正向电流降为零的时刻 t_0。此时电力二极管由于在 PN 结两侧（特别是多掺杂 N 区）储存有大量少子的缘故而并没有恢复反向阻断能力，这些少子在外加反向电压的作用下被抽取出

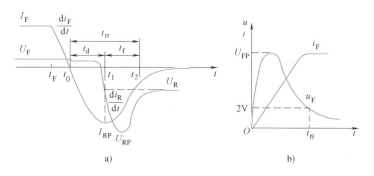

图 2-6　电力二极管的动态过程波形

a）正向偏置转换为反向偏置　b）零偏置转换为正向偏置

电力二极管，因而流过较大的反向电流。当空间电荷区附近的储存少子即将被抽尽时，管压降变为负极性，于是开始抽取离空间电荷区较远的浓度较低的少子。因而在管压降极性改变后不久的 t_1 时刻，反向电流从其最大值 I_{RP} 开始下降，空间电荷区开始迅速展宽，电力二极管开始重新恢复对反向电压的阻断能力。在 t_1 时刻以后，由于反向电流迅速下降，在外电路电感的作用下会在电力二极管两端产生比外加反向电压大得多的反向电压过冲 U_{RP}。在电流变化率接近于零的 t_2 时刻（有的标准定为电流降至 $25\% I_{RP}$ 的时刻），电力二极管两端承受的反向电压才降至外加电压的大小，电力二极管完全恢复对反向电压的阻断能力。时间 $t_d = t_1 - t_0$ 被称为延迟时间，$t_f = t_2 - t_1$ 被称为电流下降时间，而时间 $t_{rr} = t_d + t_f$ 则被称为电力二极管的反向恢复时间。其下降时间与延迟时间的比值 t_f / t_d 被称为恢复特性的软度，或者恢复系数，用 S_r 表示。S_r 越大则恢复特性越软，实际上就是反向电流下降时间相对较长，因而在同样的外电路条件下造成的反向电压过冲 U_{RP} 较小。

图 2-6b 给出了电力二极管由零偏置转换为正向偏置时其动态过程的波形。可以看出，在这一动态过程中，电力二极管的正向压降也会先出现一个过冲 U_{FP}，经过一段时间才趋于接近稳态压降的某个值（如 2V）。这一动态过程时间被称为正向恢复时间 t_{fr}。出现电压过冲的原因是：

1）电导调制效应起作用所需的大量少子需要一定的时间来储存，在达到稳态导通之前管压降较大。

2）正向电流的上升会因器件自身的电感而产生较大压降。电流上升率越大，U_{FP} 越高。

当电力二极管由反向偏置转换为正向偏置时，除上述时间外，势垒电容电荷的调整也需要更多时间来完成。

2.2.3　电力二极管的主要参数

1. 正向平均电流 $I_{F(AV)}$

$I_{F(AV)}$ 指电力二极管长期运行时，在指定的管壳温度（简称壳温，用 T_C 表示）和散热条件下，其允许流过的最大工频正弦半波电流的平均值。在此电流下，因管子的正向压降引起的损耗造成的结温升高不会超过所允许的最高工作结温（见主要参数 4）。这也是标称其额定电流的参数。可以看出，正向平均电流是按照"电流的发热效应在允许的范围内"这个原则来定义的，因此在使用时应按照工作中实际波形的电流与电力二极管所允许的最大正弦半波电流在流过电力二极管时所造成的发热效应相等，即两个波形电流的有效值相等的原则来选取电力二极管的电流定额，并应留有一定的裕量。如果某电力二极管的正向平均电流为 $I_{F(AV)}$，即它允许流过的最大工频正弦半波电流的平均值为 $I_{F(AV)}$，由正弦半波波形的平均值与有效值的关系为 1:1.57 可知，该电力二极管允许流过的最大电流有效值为 $1.57\,I_{F(AV)}$。反之，如果已知某电力二极管在电路中需要流过某种波形电流的有效值为 I_D，则至少应该选取额定电流（正向平均电流）为 $I_D/1.57$ 的电力二极管，当然还要考虑一定的裕量。不过，应该注意的是，当用在频率较高的场合时，电力二极管的发热原因除了正向电流造成的通态损耗外，其开关损耗也往往不能忽略；当采用反向漏电流较大的电力二极管时，其断态损耗造成的发热效应也不小。在选择电力二极管正向电流定额时，这些都应加以考虑。

2. 正向压降 U_F

U_F 指电力二极管在指定温度下，流过某一指定的稳态正向电流时对应的正向压降。有时候，其参数表中也给出在指定温度下流过某一瞬态正向大电流时电力二极管的最大瞬时正向压降。

3. 反向重复峰值电压 U_{RRM}

U_{RRM} 指对电力二极管所能重复施加的反向最高峰值电压。通常是其雪崩击穿电压 U_B 的 2/3。使用时，往往按照电路中电力二极管可能承受的反向最高峰值电压的两倍来选定此项参数。

4. 最高工作结温 T_{JM}

结温是指管芯 PN 结的平均温度，用 T_J 表示。最高工作结温是指在 PN 结不致损坏的前提下所能承受的最高平均温度，用 T_{JM} 表示。T_{JM} 通常在 125～175℃ 之间。

5. 反向恢复时间 t_{rr}

t_{rr} 的介绍见 2.2.2 节。

6. 浪涌电流 I_{FSM}

I_{FSM} 指电力二极管所能承受的最大的连续一个或几个工频周期的过电流。

2.2.4 电力二极管的主要类型

电力二极管在许多电力电子电路中都有广泛的应用。在后面的章节中将会看到，电力二极管可以在交流-直流变换电路中作为整流元件，也可以在电感元件的电能需要适当释放的电路中作为续流元件，还可以在各种变流电路中作为电压隔离、钳位或保护元件。在应用时，应根据不同场合的不同要求，选择不同类型的电力二极管。下面按照正向压降、反向耐压、反向漏电流等性能，特别是反向恢复特性的不同，介绍几种常用的电力二极管。当然，从根本上讲，性能上的不同都是由半导体物理结构和工艺上的差别造成的，只不过这些结构和工艺差别不是本书所关心的主要问题，有兴趣的读者可以参考专门论述半导体物理和器件的文献。

1. 普通二极管

普通二极管（General Purpose Diode）又称整流二极管（Rectifier Diode），多用于开关频率不高（1kHz 以下）的整流电路中。其反向恢复时间较长，一般在 5μs 以上，这在开关频率不高时并不重要，在参数表中甚至不列出这一参数。但其正向电流定额和反向电压定额却可以达到很高，分别可达数千安和数千伏以上。

2. 快恢复二极管

恢复过程很短，特别是反向恢复过程很短（一般在 5μs 以下）的二极管被称为快恢复二极管（Fast Recovery Diode，FRD），简称快速二极管。工艺上多采用了掺金措施，结构上有的仍采用 PN 结型结构，但大都采用对此加以改进的 PiN 结构。特别是采用外延型 PiN 结构的所谓快恢复外延二极管（Fast Recovery Epitaxial Diodes，FRED），其反向恢复时间更短（可低于 50ns），正向压降也很低（0.9V 左右）。不管是什么结构，快恢复二极管从性能上可分为快速恢复和超快速恢复两个等级。前者反向恢复时间为数百纳秒或更长，后者则在100ns 以下，甚至达到 20~30ns。

3. 肖特基二极管

以金属和半导体接触形成的势垒为基础的二极管称为肖特基势垒二极管（Schottky Barrier Diode，SBD），简称为肖特基二极管。肖特基二极管属于多子器件，在信息电子电路中早就得到了应用，但直到 20 世纪 80 年代以来，由于工艺的发展才使其得以在电力电子电路中广泛应用。与以 PN 结为基础的电力二极管相比，肖特基二极管的优点在于：反向恢复时间很短（10~40ns），正向恢复过程中也不会有明显的电压过冲；在反向耐压较低的情况下其正向压降也很小，明显低于快恢复二极管。因此，其开关损耗和正向导通损耗都比快速二极管还要小，效率高。肖特基二极管的弱点在于：当所能承受的反向耐压提高时其正向压降也会高得不能满足要求，因此多用于 200V 以下的低压场合；反向漏电流较大且对温度敏感，因此反向稳态损耗不能忽略，而且必须更严格地限制其工作温度。

2.3　半控型器件——晶闸管

晶闸管（Thyristor）是晶体闸流管的简称，又称作可控硅整流器（Silicon Controlled Rectifier，SCR），过去简称为可控硅。在电力二极管开始得到应用后不久，1956 年美国贝尔实验室（Bell Laboratories）发明了晶闸管，1957 年美国通用电气公司（General Electric）开发出世界上第一只晶闸管产品，并于 1958 年实现产品商业化。由于晶闸管开通时刻可以控制，而且各方面性能均明显胜过以前的汞弧整流器，因而受到普遍欢迎，从此开辟了电力电子技术迅速发展和广泛应用的崭新时代，其标志就是以晶闸管为代表的电力半导体器件的广泛应用，有人称之为继晶体管发明和应用之后的又一次电子技术革命。自 20 世纪 80 年代以来，晶闸管的地位开始被各种性能更好的全控型器件所取代，但是由于其所能承受的电压和电流容量仍然是目前电力电子器件中最高的，而且工作可靠，因此在大容量的应用场合仍然具有比较重要的地位。

晶闸管这个名称往往专指晶闸管的一种基本类型——普通晶闸管。但从广义上讲，晶闸管还包括许多类型的派生器件。本节将主要介绍普通晶闸管的工作原理、基本特性和主要参数，然后对其各种派生器件也作一简要介绍。

2.3.1　晶闸管的结构与工作原理

图 2-7 所示为晶闸管的外形、结构和电气图形符号。从外形上来看，晶闸管也主要有螺栓型和平板型两种封装结构，均引出阳极 A、阴极 K 和门极（控制端）G 三个连接端。对

于螺栓型封装，通常螺栓是其阳极，做成螺栓状是为了能与散热器紧密连接且安装方便；另一侧较粗的端子为阴极，细的为门极。平板型封装的晶闸管可由两个散热器将其夹在中间，两个平面分别是阳极和阴极，引出的细长端子为门极。此外，多个晶闸管（电力二极管）封装在一起，也往往采用单面散热的模块封装结构。

晶闸管内部是 PNPN 四层半导体结构，分别命名为 P_1、N_1、P_2、N_2 四个区。P_1 区引出阳极 A，N_2 区引出阴极 K，P_2 区引出门极 G。四个区形成 J_1、J_2、J_3 三个 PN 结。如果正向电压（阳极高于阴极）加到器件上，则 J_2 处于反向偏置状态，器件 A、K 两端之间处于阻断状态，只能流过很小的漏电流；如果反向电压加到器件上，则 J_1 和 J_3 反偏，该器件也处于阻断状态，仅有极小的反向漏电流通过。

晶闸管导通的工作原理可以用双晶体管模型来解释，如图 2-8 所示。如在器件上取一倾斜的截面，则晶闸管可以看作由 $P_1N_1P_2$ 和 $N_1P_2N_2$ 构成的两个晶体管 V_1、V_2 组合而成。如果外电路向门极注入电流 I_G，也就是注入驱动电流，则 I_G 流入晶体管 V_2 的基极，即产生集电极电流 I_{c2}，它构成晶体管 V_1 的基极电流，放大成集电极电流 I_{c1}，又进一步增大 V_2 的基极电流，如此形成强烈的正反馈，最后 V_1 和 V_2 进入完全饱和状态，即晶闸管导通。此时如果撤掉外电路注入门极的电流 I_G，晶闸管由于内部已形成了强烈的正反馈会仍然维持导通状态。而若要使晶闸管关断，必须去掉阳极所加的正向电压，或者给阳极施加反压，或者设法使流过晶闸管的电流降低到接近于零的某一数值以下，晶闸管才能关断。所以，对晶闸管的驱动过程更多的是称为触发，产生注入门极的触发电流 I_G 的电路称为门极触发电路。也正是由于通过其门极只能控制其开通，不能控制其关断，晶闸管才被称为半控型器件。

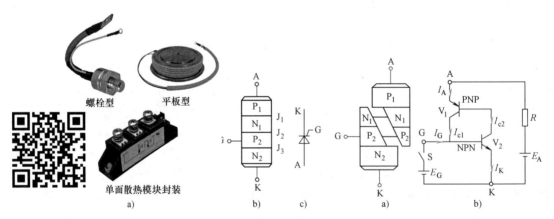

图 2-7　晶闸管的外形、结构和电气图形符号　　图 2-8　晶闸管的双晶体管模型及其工作原理
a) 外形　b) 结构　c) 电气图形符号　　　　　　a) 双晶体管模型　b) 工作原理

按照晶体管工作原理，可列出如下方程：

$$I_{c1} = \alpha_1 I_A + I_{CBO1} \tag{2-1}$$

$$I_{c2} = \alpha_2 I_K + I_{CBO2} \tag{2-2}$$

$$I_K = I_A + I_G \tag{2-3}$$

$$I_A = I_{c1} + I_{c2} \tag{2-4}$$

式中，α_1 和 α_2 分别是晶体管 V_1 和 V_2 的共基极电流增益；I_{CBO1} 和 I_{CBO2} 分别是 V_1 和 V_2 的共

基极漏电流。由式（2-1）~式（2-4）可得

$$I_A = \frac{\alpha_2 I_G + I_{CBO1} + I_{CBO2}}{1 - (\alpha_1 + \alpha_2)} \qquad (2-5)$$

晶体管的特性是：在低发射极电流下 α 是很小的，而当发射极电流建立起来之后，α 迅速增大。因此，在晶体管阻断状态下，$I_G = 0$，而 $\alpha_1 + \alpha_2$ 是很小的。由上式可看出，此时流过晶闸管的漏电流只是稍大于两个晶体管漏电流之和。如果注入触发电流使各个晶体管的发射极电流增大以致 $\alpha_1 + \alpha_2$ 趋近于 1 的话，流过晶闸管的电流 I_A（阳极电流）将趋近于无穷大，从而实现器件饱和导通。当然，由于外电路负载的限制，I_A 实际上会维持有限值。

晶闸管在以下几种情况下也可能被触发导通：阳极电压升高至相当高的数值造成雪崩效应；阳极电压上升率 du/dt 过高；结温较高；光直接照射硅片，即光触发。这些情况除了由于光触发可以保证控制电路与主电路之间的良好绝缘而应用于高压电力设备中之外，其他都因不易控制而难以应用于实践。只有门极触发是最精确、迅速而可靠的控制手段。光触发的晶闸管称为光控晶闸管（Light Triggered Thyristor，LTT），将在晶闸管的派生器件中简单介绍。

2.3.2　晶闸管的基本特性

1. 静态特性

总结前面介绍的工作原理，可以简单归纳晶闸管正常工作时的特性如下：

1）当晶闸管承受反向电压时，不论门极是否有触发电流，晶闸管都不会导通。

2）当晶闸管承受正向电压时，仅在门极有触发电流的情况下晶闸管才能开通。

3）晶闸管一旦导通，门极就失去控制作用，不论门极触发电流是否还存在，晶闸管都保持导通。

4）若要使已导通的晶闸管关断，只能利用外加电压和外电路的作用使流过晶闸管的电流降到接近于零的某一数值以下。

以上特点反映到晶闸管的伏安特性上如图 2-9 所示。位于第Ⅰ象限的是正向特性，位于第Ⅲ象限的是反向特性。当 $I_G = 0$ 时，如果在器件两端施加正向电压，则晶闸管处于正向阻断状态，只有很小的正向漏电流流过。如果正向电压超过临界极限即正向转折电压 U_{bo}，则漏电流急剧增大，器件开通（由高阻区经虚线负阻区到低阻区）。随着门极电流幅值的增大，正向转折电压降低。导通后的晶闸管特性和二极管的正向特性相仿。即使通过较大的阳

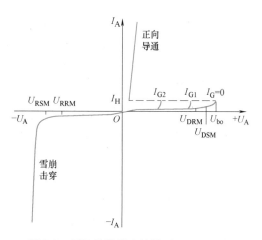

图 2-9　晶闸管的伏安特性（$I_{G2} > I_{G1} > I_G$）

极电流，晶闸管本身的压降也很小，在 1V 左右。导通期间，如果门极电流为零，并且阳极电流降至接近于零的某一数值 I_H 以下，则晶闸管又回到正向阻断状态。I_H 称为维持电流。当在晶闸管上施加反向电压时，其伏安特性类似二极管的反向特性。晶闸管处于反向阻断状

态时，只有极小的反向漏电流通过。当反向电压超过一定限度，到反向击穿电压后，外电路如无限制措施，则反向漏电流急剧增大，导致晶闸管发热损坏。

晶闸管的门极触发电流是从门极流入晶闸管，从阴极流出的。阴极是晶闸管主电路与控制电路的公共端。门极触发电流也往往是通过触发电路在门极和阴极之间施加触发电压而产生的。从晶闸管的结构图可以看出，门极和阴极之间是一个 PN 结 J_3，其伏安特性称为门极伏安特性。为了保证可靠、安全的触发，门极触发电路所提供的触发电压、触发电流和功率都应限制在晶闸管门极伏安特性曲线中的可靠触发区内。

2. 动态特性

晶闸管开通和关断的动态过程的物理机理是很复杂的，这里只能对其过程作一简单介绍。图 2-10 给出了晶闸管开通和关断过程的波形。其开通过程描述的是使门极在坐标原点时刻开始受到理想阶跃电流触发的情况；而关断过程描述的是对已导通的晶闸管，外电路所加电压在某一时刻突然由正向变为反向（如图中点画线波形）的情况。

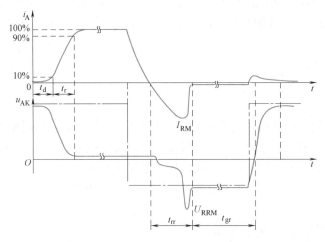

图 2-10　晶闸管的开通和关断过程波形

（1）开通过程　由于晶闸管内部的正反馈过程需要时间，再加上外电路电感的限制，晶闸管受到触发后，其阳极电流的增长不可能是瞬时的。从门极电流阶跃时刻开始，到阳极电流上升到稳态值的 10%，这段时间称为延迟时间 t_d，与此同时晶闸管的正向压降也在减小。阳极电流从 10% 上升到稳态值的 90% 所需的时间称为上升时间 t_r，开通时间 t_{gt} 即定义为两者之和，即

$$t_{gt} = t_d + t_r \tag{2-6}$$

普通晶闸管延迟时间为 $0.5 \sim 1.5 \mu s$，上升时间为 $0.5 \sim 3 \mu s$。其延迟时间随门极电流的增大而减小。上升时间除反映晶闸管本身特性外，还受到外电路电感的严重影响。延迟时间和上升时间还与阳极电压的大小有关。提高阳极电压可以增大晶体管 V_2 的电流增益 α_2，从而使正反馈过程加速，延迟时间和上升时间都可显著缩短。

（2）关断过程　由于外电路电感的存在，原处于导通状态的晶闸管当外加电压突然由正向变为反向时，其阳极电流在衰减时必然也是有过渡过程的。阳极电流将逐步衰减到零，然后同电力二极管的关断动态过程类似，在反方向会流过反向恢复电流，经过最大值

I_{RM}后，再反方向衰减。同样，在恢复电流快速衰减时，由于外电路电感的作用，会在晶闸管两端引起反向的尖峰电压U_{RRM}。最终反向恢复电流衰减至接近于零，晶闸管恢复其对反向电压的阻断能力。从正向电流降为零，到反向恢复电流衰减至接近于零的时间，就是晶闸管的反向阻断恢复时间t_{rr}。反向恢复过程结束后，由于载流子复合过程比较慢，晶闸管要恢复其对正向电压的阻断能力还需要一段时间，这叫作正向阻断恢复时间t_{gr}。在正向阻断恢复时间内，如果重新对晶闸管施加正向电压，晶闸管会重新正向导通，而不是受门极电流控制而导通。所以实际应用中，应对晶闸管施加足够长时间的反向电压，使晶闸管充分恢复其对正向电压的阻断能力，电路才能可靠工作。晶闸管的电路换向关断时间t_q定义为t_{rr}与t_{gr}之和，即

$$t_q = t_{rr} + t_{gr} \tag{2-7}$$

普通晶闸管的关断时间约几百微秒。

2.3.3　晶闸管的主要参数

普通晶闸管在反向稳态下，一定是处于阻断状态。而与电力二极管不同的是，晶闸管在正向工作时不但可能处于导通状态，也可能处于阻断状态。因此，在提到晶闸管的参数时，断态和通态都是为了区分正向的不同状态，因此"正向"二字可省去。此外，各项主要参数的给出往往是与晶闸管的结温相联系的，在实际应用时都应注意参考器件参数和特性曲线的具体规定。

1. 电压定额

（1）**断态重复峰值电压**U_{DRM}　断态重复峰值电压是在门极断路而结温为额定值时，允许重复加在器件上的正向峰值电压（见图 2-9）。国标规定重复频率为 50Hz，每次持续时间不超过 10ms。规定断态重复峰值电压U_{DRM}为断态不重复峰值电压（即断态最大瞬时电压）U_{DSM}的 90%。断态不重复峰值电压应低于正向转折电压U_{bo}，所留裕量大小由生产厂家自行规定。

（2）**反向重复峰值电压**U_{RRM}　反向重复峰值电压是在门极断路而结温为额定值时，允许重复加在器件上的反向峰值电压（见图 2-9）。规定反向重复峰值电压U_{RRM}为反向不重复峰值电压（即反向最大瞬态电压）U_{RSM}的 90%。反向不重复峰值电压应低于反向击穿电压，所留裕量大小由生产厂家自行规定。

（3）**通态（峰值）电压**U_{TM}　这是晶闸管通以某一规定倍数的额定通态平均电流时的瞬态峰值电压。

通常取晶闸管的U_{DRM}和U_{RRM}中较小的标值作为该器件的额定电压。选用时，额定电压要留有一定裕量，一般取额定电压为正常工作时晶闸管所承受峰值电压的 2~3 倍。

2. 电流定额

（1）**通态平均电流**$I_{T(AV)}$　国标规定通态平均电流为晶闸管在环境温度为 40℃和规定的冷却状态下，稳定结温不超过额定结温时所允许流过的最大工频正弦半波电流的平均值。这也是标称其额定电流的参数。同电力二极管的正向平均电流一样，这个参数是按照正向电流造成的器件本身的通态损耗的发热效应来定义的。因此在使用时同样应像电力二极管那样，按照实际波形的电流与晶闸管所允许的最大正弦半波电流（其平均值即

通态平均电流 $I_{T(AV)}$）所造成的发热效应相等（即有效值相等）的原则来选取晶闸管的此项电流定额，并应留一定的裕量。一般取其通态平均电流为按此原则所得计算结果的 1.5～2 倍。例如，需要某晶闸管实际承担的某波形电流有效值为 400A，则可选取额定电流（通态平均电流）为 400A/1.57＝255A 的晶闸管（根据正弦半波波形平均值与有效值之比为 1：1.57），再考虑裕量，比如将计算结果放大到 2 倍左右，则可选取额定电流 500A 的晶闸管。

（2）维持电流 I_H　维持电流是指使晶闸管维持导通所必需的最小电流，一般为几十到几百毫安。I_H 与结温有关，结温越高，则 I_H 越小。

（3）擎住电流 I_L　擎住电流是晶闸管刚从断态转入通态并移除触发信号后，能维持导通所需的最小电流。对同一晶闸管来说，通常 I_L 约为 I_H 的 2～4 倍。

（4）浪涌电流 I_{TSM}　浪涌电流是指由于电路异常情况引起的并使结温超过额定结温的不重复性最大正向过载电流。浪涌电流有上下两个级，这个参数可作为设计保护电路的依据。

3. 动态参数

除开通时间 t_{gt} 和关断时间 t_q 外，还有以下动态参数。

（1）断态电压临界上升率 du/dt　是指在额定结温和门极开路的情况下，不导致晶闸管从断态到通态转换的外加电压最大上升率。如果在阻断的晶闸管两端所施加的电压具有正向的上升率，则在阻断状态下相当于一个电容的 J_2 结会有充电电流流过，被称为位移电流。此电流流经 J_3 结时，起到类似门极触发电流的作用。如果电压上升率过大，使充电电流足够大，就会使晶闸管误导通。使用中实际电压上升率必须低于此临界值。

（2）通态电流临界上升率 di/dt　是指在规定条件下，晶闸管能承受而无有害影响的最大通态电流上升率。如果电流上升太快，则晶闸管刚一开通，便会有很大的电流集中在门极附近的小区域内，从而造成局部过热而使晶闸管损坏。

2.3.4　晶闸管的派生器件

1. 快速晶闸管

快速晶闸管（Fast Switching Thyristor，FST）包括所有专为快速应用而设计的晶闸管，有常规的快速晶闸管和工作在更高频率的高频晶闸管，可分别应用于 400Hz 和 10kHz 以上的斩波或逆变电路中。由于对普通晶闸管的管芯结构和制造工艺进行了改进，快速晶闸管的开关时间以及 du/dt 和 di/dt 的耐量都有了明显改善。从关断时间来看，普通晶闸管一般为数百微秒，快速晶闸管为数十微秒，而高频晶闸管则为 10μs 左右。与普通晶闸管相比，高频晶闸管的不足在于其电压和电流定额都不易做高。由于工作频率较高，选择快速晶闸管和高频晶闸管的通态平均电流时不能忽略其开关损耗的发热效应。

2. 双向晶闸管

双向晶闸管（Triode AC Switch，TRIAC 或 Bidirectional Triode Thyristor）可以认为是一对反并联联结的普通晶闸管的集成，其电气图形符号和伏安特性如图 2-11 所示。它有两个主电极 T_1 和 T_2，一个门极 G。门极使器件在主电极的正反两方向均可触发导通，所以双向晶闸管在第 I 和第 III 象限有对称的伏安特性。双向晶闸管与一对反并联晶闸管相比是经济的，而且控制电路比较简单，所以在交流调压电路、固态继电器（Solid State Relay，SSR）和交流电动机调速等领域应用较多。由于双向晶闸管通常用在交流电路中，因此不用平均值而用有效值来表示其额定电流值。

3. 逆导晶闸管

逆导晶闸管（Reverse Conducting Thyristor，RCT）是将晶闸管反并联一个二极管制作在同一管芯上的功率集成器件，这种器件不具有承受反向电压的能力，一旦承受反向电压即开通。逆导晶闸管的电气图形符号和伏安特性如图 2-12 所示。与普通晶闸管相比，逆导晶闸管具有正

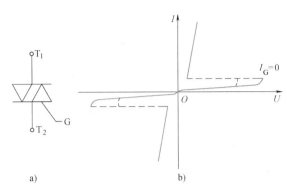

图 2-11　双向晶闸管的电气图形符号和伏安特性
a）电气图形符号　b）伏安特性

向压降小、关断时间短、高温特性好、额定结温高等优点，可用于不需要阻断反向电压的电路中。逆导晶闸管的额定电流有两个，一个是晶闸管电流，另一个是与之反并联的二极管的电流。

4. 光控晶闸管

光控晶闸管（Light Triggered Thyristor，LTT）又称光触发晶闸管，是利用一定波长的光照信号触发导通的晶闸管，其电气图形符号和伏安特性如图 2-13 所示。小功率光控晶闸管只有阳极和阴极两个端子，大功率光控晶闸管则还带有光缆，光缆上装有作为触发光源的发光二极管或半导体激光器。由于采用光触发保证了主电路与控制电路之间的绝缘，而且可以避免电磁干扰的影响，因此光控晶闸管目前在高压大功率的场合，如高压直流输电和高压核聚变装置中，占据重要的地位。

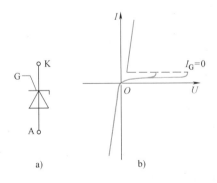

图 2-12　逆导晶闸管的电气
图形符号和伏安特性
a）电气图形符号　b）伏安特性

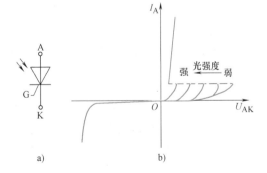

图 2-13　光控晶闸管的电气图形符号和伏安特性
a）电气图形符号　b）伏安特性

2.4　典型全控型器件

在晶闸管问世后不久，门极可关断晶闸管就已经出现。20 世纪 80 年代以来，信息电子

技术与电力电子技术在各自发展的基础上相结合而产生了一代高频化、全控型、采用集成电路制造工艺的电力电子器件，从而将电力电子技术又带入了一个崭新时代。门极可关断晶闸管、电力晶体管、电力场效应晶体管和绝缘栅双极晶体管就是全控型电力电子器件的典型代表。虽然目前门极可关断晶闸管和电力晶体管早已被性能更优越的电力场效应晶体管和绝缘栅双极晶体管所取代，但是简要学习门极可关断晶闸管和电力晶体管的基本知识，对掌握电力场效应晶体管和绝缘栅双极晶体管也会有所帮助。

2.4.1 门极可关断晶闸管

GTO（Gate-Turn-Off Thyristor）是门极可关断晶闸管的简称，严格地讲也是晶闸管的一种派生器件，但可以通过在门极施加负的脉冲电流使其关断，因而属于全控型器件。

1. GTO 的结构和工作原理

GTO 和普通晶闸管一样，是 PNPN 四层半导体结构，外部也是引出阳极、阴极和门极。但和普通晶闸管不同的是，GTO 是一种多元的功率集成器件。虽然外部同样引出三个极，但内部则包含数十个甚至数百个共阳极的小 GTO 元，这些 GTO 元的阴极和门极则在器件内部并联在一起。这种特殊结构是为了便于实现门极控制关断而设计的。图 2-14a 和 b 分别给出了典型的 GTO 各单元阴极、门极间隔排列的图形和其并联单元结构的断面示意图，图 2-14c 是 GTO 的电气图形符号。

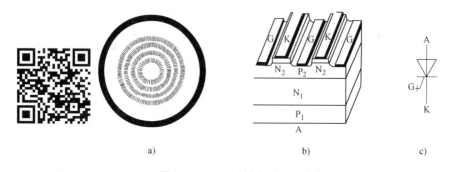

图 2-14　GTO 的内部结构和电气图形符号

a）各单元的阴极、门极间隔排列的图形　b）并联单元结构断面示意图　c）电气图形符号

与普通晶闸管一样，GTO 的工作原理仍然可以用如图 2-8 所示的双晶体管模型来分析。由 $P_1N_1P_2$ 和 $N_1P_2N_2$ 构成的两个晶体管 V_1、V_2 分别具有共基极电流增益 α_1 和 α_2。由普通晶闸管的分析可以看出，$\alpha_1+\alpha_2=1$ 是器件临界导通的条件。当 $\alpha_1+\alpha_2>1$ 时，两个等效晶体管过饱和而使器件导通；当 $\alpha_1+\alpha_2<1$ 时，不能维持饱和导通而关断。GTO 与普通晶闸管不同的是：

1）在设计器件时使得 α_2 较大，这样晶体管 V_2 控制灵敏，GTO 易于关断。

2）使得导通时的 $\alpha_1+\alpha_2$ 更接近于 1。普通晶闸管设计为 $\alpha_1+\alpha_2\geq1.15$，而 GTO 设计为 $\alpha_1+\alpha_2\approx1.05$，这样使 GTO 导通时饱和程度不深，更接近于临界饱和，从而为门极控制关断提供了有利条件。当然，负面的影响是导通时管压降增大了。

3）多元集成结构使每个 GTO 元阴极面积很小，门极和阴极间的距离大为缩短，使得 P_2 基区所谓的横向电阻很小，从而使从门极抽出较大的电流成为可能。

所以，GTO 的导通过程与普通晶闸管是一样的，有同样的正反馈过程，只不过导通时饱和程度较浅。而关断时，给门极加负脉冲，即从门极抽出电流，则晶体管 V_2 的基极电流 I_{b2} 减小，使 I_K 和 I_{c2} 减小，I_{c2} 的减小又使 I_A 和 I_{c1} 减小，又进一步减小 V_2 的基极电流，如此也形成强烈的正反馈。当两个晶体管发射极电流 I_A 和 I_K 的减小使 $\alpha_1 + \alpha_2 < 1$ 时，器件退出饱和而关断。

GTO 的多元集成结构除了对关断有利外，也使得其比普通晶闸管开通过程更快，承受 $\mathrm{d}i/\mathrm{d}t$ 的能力更强。

2. GTO 的动态特性

图 2-15 给出了 GTO 开通和关断过程中门极电流 i_G 和阳极电流 i_A 的波形。与普通晶闸管类似，开通过程中需要经过延迟时间 t_d 和上升时间 t_r。关断过程有所不同，需要经历抽取饱和导通时储存的大量载流子的时间——储存时间 t_s，从而使等效晶体管退出饱和状态；然后则是等效晶体管从饱和区退至放大区，阳极电流逐渐减小时间——下降时间 t_f；最后还有残存载流子复合所需时间——尾部时间 t_t。

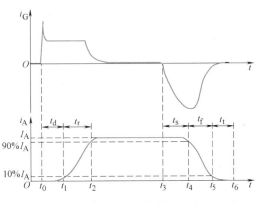

图 2-15　GTO 的开通和关断过程电流波形

通常 t_f 比 t_s 小得多，而 t_t 比 t_s 要长。门极负脉冲电流幅值越大，前沿越陡，抽走储存载流子的速度越快，t_s 就越短。使门极负脉冲的后沿缓慢衰减，在 t_t 阶段仍能保持适当的负电压，则可以缩短尾部时间。

3. GTO 的主要参数

GTO 的许多参数都和普通晶闸管相应的参数意义相同。这里只简单介绍一些意义不同的参数。

（1）最大可关断阳极电流 I_{ATO}　这也是用来标称 GTO 额定电流的参数。这一点与普通晶闸管用通态平均电流作为额定电流是不同的。

（2）电流关断增益 β_{off}　最大可关断阳极电流与门极负脉冲电流最大值 I_{GM} 之比称为电流关断增益，即

$$\beta_{off} = \frac{I_{ATO}}{I_{GM}} \tag{2-8}$$

β_{off} 一般很小，只有 5 左右，这是 GTO 的一个主要缺点。一个 1000A 的 GTO，关断时门极负脉冲电流的峰值达 200A，这是一个相当大的数值。

（3）开通时间 t_{on}　开通时间指延迟时间与上升时间之和。GTO 的延迟时间一般为 1～2μs，上升时间则随通态阳极电流值的增大而增大。

（4）关断时间 t_{off}　关断时间一般指储存时间和下降时间之和，而不包括尾部时间。GTO 的储存时间随阳极电流的增大而增大，下降时间一般小于 2μs。

另外需要指出的是，不少 GTO 都制造成逆导型，类似于逆导晶闸管。当需要承受反向电压时，应和电力二极管串联使用。

2.4.2 电力晶体管

电力晶体管（Giant Transistor，GTR）按英文直译为巨型晶体管，是一种耐高电压、大电流的双极结型晶体管（Bipolar Junction Transistor，BJT），所以英文有时候也称为 Power BJT。在电力电子技术的范围内，GTR 与 BJT 这两个名称是等效的。

1. GTR 的结构和工作原理

GTR 与普通的双极结型晶体管基本原理是一样的，这里不再详述。但是对 GTR 来说，最主要的特性是耐压高、电流大、开关特性好，而不像小功率的用于信息处理的双极结型晶体管那样注重单管电流放大系数、线性度、频率响应以及噪声和温漂等性能参数。因此，GTR 通常采用至少由两个晶体管按达林顿接法组成的单元结构，同 GTO 一样采用集成电路工艺将许多这种单元并联而成。单管的 GTR 结构与普通的双极结型晶体管是类似的。GTR 是由三层半导体（分别引出集电极、基极和发射极）形成的两个 PN 结（集电结和发射结）构成，多采用 NPN 结构。图 2-16a 和 b 分别给出了 NPN 型 GTR 的内部结构断面示意图和电气图形符号。注意，表示半导体类型字母的右上角标"+"表示高掺杂浓度，"−"表示低掺杂浓度。

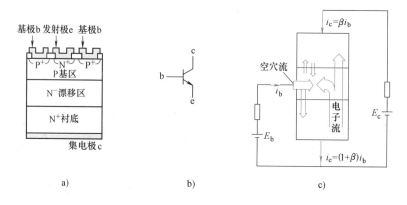

图 2-16 GTR 的结构、电气图形符号和内部载流子的流动

a）内部结构断面示意图 b）电气图形符号 c）内部载流子的流动

可以看出，与信息电子电路中的普通双极结型晶体管相比，GTR 多了一个 N⁻ 漂移区（低掺杂 N 区）。这与电力二极管中低掺杂 N 区的作用一样，是用来承受高电压的。而且，GTR 导通时也是靠从 P 区向 N⁻ 漂移区注入大量的少子形成的电导调制效应来减小通态电压和损耗的。

在应用中，GTR 一般采用共发射极接法，图 2-16c 给出了在此接法下 GTR 内部主要载流子流动情况示意图。集电极电流 i_c 与基极电流 i_b 之比为

$$\beta = \frac{i_c}{i_b} \tag{2-9}$$

β 称为 GTR 的电流放大系数，它反映了基极电流对集电极电流的控制能力。当考虑到集电极和发射极间的漏电流 I_{ceo} 时，i_c 和 i_b 的关系为

$$i_c = \beta i_b + I_{ceo} \qquad\qquad (2-10)$$

GTR 的产品说明书中通常给出的是直流电流增益 h_{FE}，它是在直流工作的情况下，集电极电流与基极电流之比。一般可认为 $\beta \approx h_{FE}$。单管 GTR 的 β 值比处理信息用的小功率晶体管小得多，通常为 10 左右，采用达林顿接法可以有效地增大电流增益。

2. GTR 的基本特性

（1）静态特性　图 2-17 给出了 GTR 在共发射极接法时的典型输出特性，明显地分为我们所熟悉的截止区、放大区和饱和区三个区域。在电力电子电路中，GTR 工作在开关状态，即工作在截止区或饱和区。但在开关过程中，即在截止区和饱和区之间过渡时，一般要经过放大区。

（2）动态特性　GTR 是用基极电流来控制集电极电流的，图 2-18 给出了 GTR 开通和关断过程中基极电流和集电极电流波形的关系。

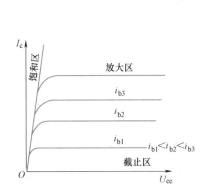

图 2-17　GTR 在共发射极接法时的典型输出特性

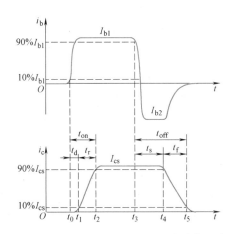

图 2-18　GTR 的开通和关断过程中的电流波形

与 GTO 类似，GTR 开通时需要经过延迟时间 t_d 和上升时间 t_r，二者之和为开通时间 t_{on}；关断时需要经过储存时间 t_s 和下降时间 t_f，二者之和为关断时间 t_{off}。延迟时间主要是由发射结势垒电容和集电结势垒电容充电产生的。增大基极驱动电流 i_b 的幅值并增大 di_b/dt，可以缩短延迟时间，同时也可以缩短上升时间，从而加快开通过程。储存时间是用来除去饱和导通时储存在基区的载流子的，是关断时间的主要部分。减小导通时的饱和深度以减小储存的载流子，或者增大基极抽取负电流 I_{b2} 的幅值和负偏压，可以缩短储存时间，从而加快关断速度。当然，减小导通时的饱和深度的负面作用是会使集电极和发射极间的饱和导通压降 U_{ces} 增加，从而增大通态损耗，这是一对矛盾。

GTR 的开关时间在几微秒以内，比晶闸管短很多，也短于 GTO。

3. GTR 的主要参数

除了前面述及的一些参数，如电流放大倍数 β、直流电流增益 h_{FE}、集电极与发射极间漏电流 I_{ceo}、集电极和发射极间饱和压降 U_{ces}、开通时间 t_{on} 和关断时间 t_{off} 以外，对 GTR 主要关心的参数还包括：

（1）最高工作电压　GTR 上所加的电压超过规定值时，就会发生击穿。击穿电压不仅和晶体管本身的特性有关，还与外电路的接法有关。有发射极开路时集电极和基极间的反向

击穿电压 BU_{cbo}；基极开路时集电极和发射极间的击穿电压 BU_{ceo}；发射极与基极间用电阻连接或短路连接时集电极和发射极间的击穿电压 BU_{cer} 和 BU_{ces}，以及发射结反向偏置时集电极和发射极间的击穿电压 BU_{cex}。这些击穿电压之间的关系为 $BU_{cbo} > BU_{cex} > BU_{ces} > BU_{cer} > BU_{ceo}$。实际使用 GTR 时，为了确保安全，最高工作电压要比 BU_{ceo} 低得多。

（2）集电极最大允许电流 I_{cM}　通常规定直流电流放大系数 h_{FE} 下降到规定值的 $1/2 \sim 1/3$ 时，所对应的 I_c 为集电极最大允许电流。实际使用时要留有较大裕量，只能用到 I_{cM} 的一半或稍多一点。

（3）集电极最大耗散功率 P_{cM}　这是指在最高工作温度下允许的耗散功率。产品说明书中在给出 P_{cM} 时总是同时给出壳温 T_C，间接表示了最高工作温度。

4. GTR 的二次击穿现象与安全工作区

当 GTR 的集电极电压升高至前面所述的击穿电压时，集电极电流迅速增大，这种首先出现的击穿是雪崩击穿，被称为**一次击穿**。出现一次击穿后，只要 I_c 不超过与最大允许耗散功率相对应的限度，GTR 一般不会损坏，工作特性也不会有什么变化。但是实际应用中常常发现一次击穿发生时如不有效地限制电流，I_c 增大到某个临界点时会突然急剧上升，同时伴随着电压的陡然下降，这种现象称为**二次击穿**。二次击穿常常立即导致器件的永久损坏，或者工作特性明显衰变，因而对 GTR 危害极大。

将不同基极电流下二次击穿的临界点连接起来，就构成了二次击穿临界线，临界线上的点反映了二次击穿功率 P_{SB}。这样，GTR 工作时不仅不能超过最高电压 U_{ceM}、集电极最大电流 I_{cM} 和最大耗散功率 P_{cM}，也不能超过二次击穿临界线。这些限制条件就规定了 GTR 的安全工作区（Safe Operating Area，SOA），如图 2-19 的阴影区所示。

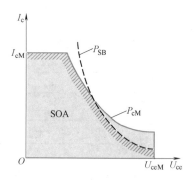

图 2-19　GTR 的安全工作区

2.4.3　电力场效应晶体管

就像小功率的用于信息处理的场效应晶体管（Field Effect Transistor，FET）分为结型和绝缘栅型一样，电力场效应晶体管也有这两种类型，但通常主要指绝缘栅型中的 MOS 型（Metal Oxide Semiconductor FET），简称**电力 MOSFET**（Power MOSFET），或者更精练地简称 MOS 管或 MOS。至于结型电力场效应晶体管（Junction FET，JFET），有人称之为静电感应晶体管（Static Induction Transistor，SIT），将在下一节做简要介绍。这里主要讲述电力 MOSFET。

电力 MOSFET 是用栅极电压来控制漏极电流的，因此它的第一个显著特点是驱动电路简单，需要的驱动功率小；第二个显著特点是开关速度快、工作频率高。另外，电力 MOSFET 的热稳定性优于 GTR。但是电力 MOSFET 电流容量小，耐压低，多用于功率不超过 10kW 的电力电子装置。

1. 电力 MOSFET 的结构和工作原理

MOSFET 的种类和结构繁多，按导电沟道可分为 P 沟道和 N 沟道。当栅极电压为零时漏源极之间就存在导电沟道的称为**耗尽型**（常通型）；对于 N（P）沟道器件，栅极电压大于（小于）零时才存在导电沟道的称为增强型（常闭型）。在电力 MOSFET 中，主要是 N 沟道增强型。

电力 MOSFET 在导通时只有一种极性的载流子（多子）参与导电，是单极型晶体管。其导电机理与小功率 MOS 管相同，但结构上有较大区别。小功率 MOS 管是一次扩散形成的器件，其导电沟道平行于芯片表面，是横向导电器件。而目前电力 MOSFET 大都采用了垂直导电结构，所以又称为 **VMOSFET**（Vertical MOSFET），这大大提高了 MOSFET 器件的耐电压和耐电流能力。按垂直导电结构的差异，电力 MOSFET 又分为利用 V 形槽实现垂直导电的 VVMOSFET（Vertical V-groove MOSFET）和具有垂直导电双扩散 MOS 结构的 VDMOSFET（Vertical Double-diffused MOSFET）。这里主要以 VDMOS 器件为例进行讨论。

电力 MOSFET 也是多元集成结构，一个器件由许多个小 MOSFET 元组成。每个元的形状和排列方法，不同生产厂家采用了不同的设计，甚至因此对其产品取了不同的名称。具体的单元形状有六边形、正方形等，也有矩形单元按"品"字形排列的。

图 2-20a 给出了 N 沟道增强型 VDMOS 中一个单元的截面图；电力 MOSFET 的电气图形符号如图 2-20b 所示；图 2-20c 给出了电力 MOSFET 常采用的单列引线片状封装外形，以及多个电力 MOSFET 器件封装在一起常用的单面散热模块封装外形。

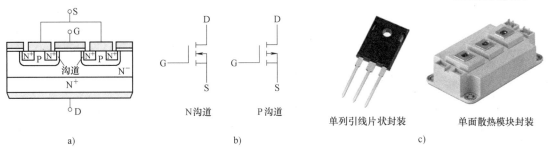

图 2-20　电力 MOSFET 的结构、电气图形符号和外形
a）内部结构断面示意图　b）电气图形符号　c）外形

当漏极接电源正端、源极接电源负端、栅极和源极间电压为零时，P 基区与 N 漂移区之间形成的 PN 结 J_1 反偏，漏源极之间无电流流过。如果在栅极和源极之间加一正电压 U_{GS}，由于栅极是绝缘的，所以并不会有栅极电流流过。但栅极的正电压却会将其下面 P 区中的空穴推开，而将 P 区中的少子——电子吸引到栅极下面的 P 区表面。当 U_{GS} 大于某一电压值 U_T 时，栅极下 P 区表面的电子浓度将超过空穴浓度，从而使 P 型半导体反型而成 N 型半导体成为反型层，该反型层形成 N 沟道而使 PN 结 J_1 消失，漏极和源极导电。电压 U_T 称为开启电压（或阈值电压），U_{GS} 超过 U_T 越多，导电能力越强，漏极电流 I_D 越大。

同其他电力半导体器件与对应的信息电子器件的关系一样，与信息电子电路中的 MOSFET 相比，电力 MOSFET 多了一个 N⁻ 漂移区（低掺杂 N 区），这是用来承受高电压的。不过，电力 MOSFET 是多子导电器件，栅极和 P 区之间是绝缘的，无法像电力二极管和 GTR 那样在导通时靠从 P 区向 N⁻ 漂移区注入大量的少子形成的电导调制效应来减小通态电压和损耗。因此电力 MOSFET 虽然可以通过增加 N⁻ 漂移区的厚度来提高承受电压的能力，但是由此带来的通态电阻增大和损耗增加也是非常明显的。所以目前一般电力 MOSFET 产品设计的耐压能力都在 1000V 以下。

2. 电力 MOSFET 的基本特性

（1）静态特性　漏极直流电流 I_D 和栅源间电压 U_{GS} 的关系反映了输入电压和输出电流的关系，称为 **MOSFET** 的**转移特性**，如图 2-21a 所示。从图中可知，I_D 较大时，I_D 与 U_{GS} 的关系近似线性，曲线的斜率被定义为 MOSFET 的跨导 G_{fs}，即

$$G_{fs} = \frac{dI_D}{dU_{GS}} \tag{2-11}$$

MOSFET 是电压控制型器件，其输入阻抗极高，输入电流非常小。

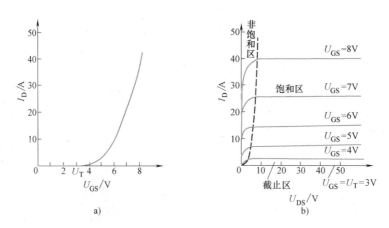

图 2-21　电力 **MOSFET** 的转移特性和输出特性

a）转移特性　b）输出特性

图 2-21b 是 MOSFET 的漏极伏安特性，即输出特性。从图中同样可以看到熟悉的截止区（对应于 GTR 的截止区）、饱和区（对应于 GTR 的放大区）、非饱和区（对应于 GTR 的饱和区）三个区域。这里饱和与非饱和的概念与 GTR 不同。饱和是指漏源电压增加时漏极电流不再增加，非饱和是指漏源电压增加时漏极电流相应增加。电力 MOSFET 工作在开关状态，即在截止区和非饱和区之间来回转换。

由于电力 MOSFET 本身结构所致，在其漏极和源极之间由 P 区、N⁻ 漂移区和 N⁺ 区形成了一个与 MOSFET 反向并联的寄生二极管，具有与电力二极管一样的 PiN 结构。它与 MOSFET 构成了一个不可分割的整体，使得在漏、源极间加反向电压时器件导通。因此，使用电力 MOSFET 时应注意这个寄生二极管的影响。

电力 MOSFET 的通态电阻 R_{on} 具有正温度系数，这一点对器件并联时的均流有利。

（2）动态特性　用图 2-22a 所示电路来测试电力 MOSFET 的开关特性。图中 u_p 为矩形脉冲电压信号源（波形见图 2-22b），R_s 为信号源内阻，R_G 为栅极电阻，Z_L 为漏极负载电阻，R_F 用于检测漏极电流。

因为电力 MOSFET 存在输入电容 C_{in}，所以当脉冲电压 u_p 的前沿到来时，C_{in} 有充电过程，栅极电压 u_{GS} 呈指数曲线上升，如图 2-22b 所示。当 u_{GS} 上升到开启电压 U_T 时，开始出

现漏极电流 i_D。从 u_p 前沿时刻到 $u_{GS} = U_T$ 并开始出现 i_D 的时刻这段时间，称为开通延迟时间 $t_{d(on)}$。此后，i_D 随 u_{GS} 的上升而上升。漏极电流 i_D 从零上升到稳态值的时间，称为电流上升时间 t_{ri}。漏极电流 i_D 上升到稳态值时，栅极电压 u_{GS} 上升到 U_{GSP}，而漏极电压 u_{DS} 开始下降。漏极电压 u_{DS} 下降的时间称为电压下降时间 t_{fv}。在漏极电压下降的过程中，栅极电压 u_{GS} 将维持在 U_{GSP} 这个值并形成一个平台，直到电压下降时间结束才继续以指数曲线上升到其稳态值。实际上，电压下降时间具体的物理过程是连接在栅极的信号源给栅极和漏极之间的极间电容（又称密勒电容 Miller Capacitance）反向充电，从而使漏极电压 u_{DS} 下降而栅极电压 u_{GS} 维持在 U_{GSP} 不变。U_{GSP} 的大小和 i_D 的稳态值有关。u_{GS} 在这段时间内基本维持不变的波形又称为密勒平台（Miller Plateau）。这里，电力 MOSFET 的开通时间 t_{on} 可以定义为开通延迟时间、电流上升时间及电压下降时间之和，即

$$t_{on} = t_{d(on)} + t_{ri} + t_{fv} \tag{2-12}$$

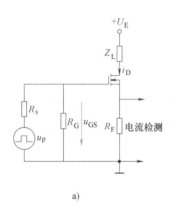

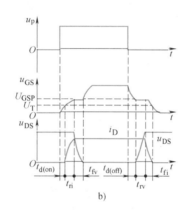

a)　　　　　　　　　　　　　　b)

图 2-22　电力 MOSFET 的开关过程

a）测试电路　b）开关过程波形

电力 MOSFET 的关断过程基本上是与其开通过程顺序相反而且电压和电流变化趋势也相反的过程，包括关断延迟时间 $t_{d(off)}$、电压上升时间 t_{rv} 和电流下降时间 t_{fi}。当脉冲电压 u_p 下降到零时，栅极输入电容 C_{in} 通过信号源内阻 R_s 和栅极电阻 R_G（$\gg R_s$）开始放电，栅极电压 u_{GS} 按指数曲线下降，当下降到 U_{GSP} 时，漏极电压 u_{DS} 才开始上升，这段时间称为关断延迟时间 $t_{d(off)}$。此后，经过电压上升时间（栅极电压 u_{GS} 维持在 U_{GSP}）和电流下降时间，直到 $u_{GS} < U_T$ 时沟道消失，i_D 下降到零。关断延迟时间、电压上升时间和电流下降时间之和可以定义为 MOSFET 的关断时间 t_{off}，即

$$t_{off} = t_{d(off)} + t_{rv} + t_{fi} \tag{2-13}$$

为了能准确测量，严格地讲，开关过程中的各段时间与其他器件一样通常是由电流或电压到达稳态值的 10%、90% 等定量大小的时刻来定义的，但是在很多情况下为了能简洁、定性地描述开关过程，也往往像图 2-22 那样用电压和电流到达绝对零电平或稳态值的时刻来示意。

从上面的开关过程可以看出，MOSFET 的开关速度和其输入电容的充放电有很大关系。使用者虽然无法降低 C_{in} 的值，但可以降低栅极驱动电路的内阻 R_s，从而减小栅极回路的充

放电时间常数, 加快开关速度。另外, 通过第 8、9 章等后续内容的学习还可以看到, 这些开关过程的波形都是在一定的主电路结构、控制方式、缓冲电路以及主电路寄生参数等条件下形成的, 一旦这些条件发生变化, 开关过程的波形和时序的许多重要细节都会发生变化, 如器件所受的电压和电流波形的最大值和暂态过程、电压和电流重叠时间的长短、能量损耗等, 这些都要在设计采用这些器件的实际电路时加以注意。

通过以上讨论还可以看出, 由于 MOSFET 只靠多子导电, 不存在少子储存效应, 因而其关断过程是非常迅速的。MOSFET 的开关时间在 $10 \sim 100\mathrm{ns}$ 之间, 其工作频率可达 $100\mathrm{kHz}$ 以上, 是主要电力电子器件中最高的。此外, 虽然电力 MOSFET 是场控器件, 在静态时几乎不需要输入电流, 但是, 在开关过程中需要对输入电容充放电, 仍需要一定的驱动功率。开关频率越高, 所需要的驱动功率越大。

3. 电力 MOSFET 的主要参数

除前面已涉及的跨导 G_{fs}、开启电压 U_{T} 以及开关过程中的各时间参数之外, 电力 MOSFET 还有以下主要参数:

（1）漏极电压 U_{DS} 这是标称电力 MOSFET 电压定额的参数。

（2）漏极直流电流 I_{D} 和漏极脉冲电流幅值 I_{DM} 这是标称电力 MOSFET 电流定额的参数。

（3）栅源电压 U_{GS} 栅源之间的绝缘层很薄, $|U_{\mathrm{GS}}| > 20\mathrm{V}$ 将导致绝缘层击穿。

（4）极间电容 MOSFET 的三个电极之间分别存在极间电容 C_{GS}、C_{GD} 和 C_{DS}。一般生产厂家提供的是漏源极短路时的输入电容 C_{iss}、共源极输出电容 C_{oss} 和反向转移电容 C_{rss}。它们之间的关系是

$$C_{\mathrm{iss}} = C_{\mathrm{GS}} + C_{\mathrm{GD}} \tag{2-14}$$

$$C_{\mathrm{rss}} = C_{\mathrm{GD}} \tag{2-15}$$

$$C_{\mathrm{oss}} = C_{\mathrm{DS}} + C_{\mathrm{GD}} \tag{2-16}$$

前面提到的输入电容可以近似用 C_{iss} 代替。这些电容都是非线性的。

漏源间的耐压、漏极最大允许电流和最大耗散功率决定了电力 MOSFET 的安全工作区。一般来说, 电力 MOSFET 不存在二次击穿问题, 这是它的一大优点。在实际使用中, 仍应注意留适当的裕量。

对高压电力 MOSFET（耐压 300V 以上）来说, 其通态电阻 90% 以上是来自用于承受高电压的低掺杂 N 区的, 因此如何在保持耐高压能力的同时减小低掺杂 N 区的通态电阻是其技术创新的一个核心课题。目前最新的产品采用了我国科学家陈星弼教授提出的被称为"超级结"（Super Junction）的概念, 比如市场上著名的 CoolMOS 系列产品。其基本思想是采用特殊工艺在 P 区下面的低掺杂 N 区中形成一个与 P 区相连的 P 型柱状体, 这样在电力 MOSFET 处于阻断状态时, P 区与低掺杂 N 区之间将形成一个很大的反偏 PN 结, 其空间电荷区几乎覆盖了全部低掺杂 N 区。电力 MOSFET 的电压阻断能力完全由这个没有载流子的空间电荷区提供, 低掺杂 N 区的掺杂浓度因此可以提高一个数量级从而大幅减小其通态电阻。

对低压电力 MOSFET 来说, 目前主要采用沟槽技术（Trench Technology）, 即门极不再是与硅片表面平行的平板形状, 而是垂直深入在低掺杂 N 区开的槽中。这样一方面可以减小每个 MOSFET 单元所占的面积从而提高集成度, 减小总的沟道电阻和极间电容; 另一方

面也可以减小低掺杂 N 区的通态电阻，使得低压电力 MOSFET 的通态和开关损耗都大幅减小。此外，当设计耐压越低时，器件中硅片与金属管脚之间的连接以及其他封装环节形成的电阻在器件总的通态电阻中所占的比重也越来越大，因此封装技术的创新也是低压电力 MOSFET 的一个重要发展方向。

2.4.4　绝缘栅双极晶体管

GTR 和 GTO 是双极型电流驱动器件，由于具有电导调制效应，其通流能力很强，但开关速度较慢，所需驱动功率大，驱动电路复杂。而电力 MOSFET 是单极型电压驱动器件，开关速度快，输入阻抗高，热稳定性好，所需驱动功率小而且驱动电路简单。将这两类器件相互取长补短适当结合而成的复合器件，通常称为 Bi-MOS 器件。绝缘栅双极晶体管（Insulated-Gate Bipolar Transistor，IGBT 或 IGT）综合了 GTR 和 MOSFET 的优点，因而具有良好的特性。因此，自从其 1986 年开始投入市场，就迅速扩展了其应用领域，目前已取代了原来GTR 和 GTO 的市场，成为中、大功率电力电子设备的主导器件，并在继续努力提高电压和电流容量。

1. IGBT 的结构和工作原理

IGBT 也是三端器件，具有栅极 G、集电极 C 和发射极 E。图 2-23a 给出了一种由 N 沟道 VDMOSFET 与双极型晶体管组合而成的 IGBT 的基本结构。与图 2-20a 对照可以看出，IGBT 比 VDMOSFET 多一层 P^+ 注入区，因而形成了一个大面积的 P^+N 结 J_1。这样使得 IGBT 导通时由 P^+ 注入区向 N^- 漂移区发射少子，从而实现对漂移区电导率进行调制，使得 IGBT 具有很强的通流能力，解决了在电力 MOSFET 中无法解决的 N^- 漂移区追求高耐压与追求低通态电阻之间的矛盾。其简化等效电路如图 2-23b 所示，由图可以看出，这是用双极型晶体管与 MOSFET 组成的达林顿结构，相当于一个由 MOSFET 驱动的厚基区 PNP 晶体管。图中 R_N 为晶体管基区内的调制电阻。因此，IGBT 的驱动原理与电力 MOSFET 基本相同，是一种场控器件。其开通和关断是由栅极和发射极间的电压 u_{GE} 决定的，当 u_{GE} 为正且大于开启电压 $U_{GE(th)}$ 时，MOSFET 内形成沟道，并为晶体管提供基极电流进而使 IGBT 导通。由于前面提到的电导调制效应，使得电阻 R_N 减小，这样高耐压的 IGBT 也具有很小的通态压降。当栅极与发射极间施加反向电压或不加信号时，MOSFET 内的沟道消失，晶体管的基极电流被切断，使得 IGBT 关断。

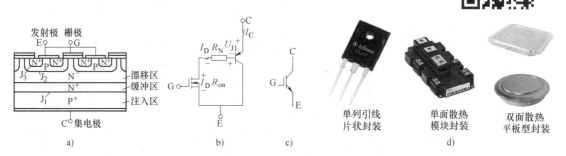

图 2-23　IGBT 的结构、简化等效电路和电气图形符号和外形

a）内部结构断面示意图　b）简化等效电路　c）电气图形符号　d）外形

以上所述 PNP 晶体管与 N 沟道 MOSFET 组合而成的 IGBT 称为 N 沟道 IGBT，记为 N-IGBT，其电气图形符号如图 2-23c 所示。相应的还有 P 沟道 IGBT，记为 P-IGBT，其电气图形符号与图 2-23c 箭头相反。实际当中 N 沟道 IGBT 应用较多，因此下面仍以其为例进行介绍。图 2-23d 给出了 IGBT 常采用的单列引线片状封装外形，多个 IGBT 器件封装在一起常用的单面散热模块封装外形和双面散热平板型封装外形。IGBT 的平板型封装外形虽然与晶闸管、电力二极管的平板型封装外形很像，但其内部却不像晶闸管、电力二极管那样是一片大圆芯片，而是由多个 IGBT 芯片并联而成。

2. IGBT 的基本特性

（1）静态特性　图 2-24a 所示为 IGBT 的转移特性，它描述的是集电极电流 I_C 与栅射电压 U_{GE} 之间的关系，与电力 MOSFET 的转移特性类似。开启电压 $U_{GE(th)}$ 是 IGBT 能实现电导调制而导通的最低栅射电压。$U_{GE(th)}$ 随温度升高而略有下降，温度每升高 1℃，其值下降 5mV 左右。在 +25℃ 时，$U_{GE(th)}$ 的值一般为 2~6V。

图 2-24b 所示为 IGBT 的输出特性，也称伏安特性，它描述的是以栅射电压为参考变量时，集电极电流 I_C 与集射极间电压 U_{CE} 之间的关系。此特性与 GTR 的输出特性相似，不同的是参考变量，IGBT 为栅射电压 U_{GE}，而 GTR 为基极电流 I_B。IGBT 的输出特性也分为三个区域：正向阻断区、有源区和饱和区。这分别与 GTR 的截止区、放大区和饱和区相对应。此外，当 $u_{CE}<0$ 时，IGBT 为反向阻断工作状态。在电力电子电路中，IGBT 工作在开关状态，因而是在正向阻断区和饱和区之间来回转换。

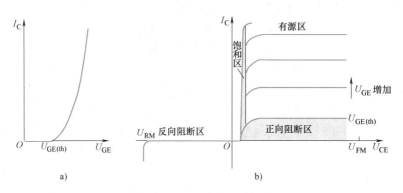

图 2-24　IGBT 的转移特性和输出特性
a）转移特性　b）输出特性

（2）动态特性　图 2-25 给出了 IGBT 开关过程的波形图。IGBT 的开通过程与电力 MOSFET 的开通过程很相似，这是因为 IGBT 在开通过程中大部分时间是作为 MOSFET 来运行的。如图 2-25 所示，从驱动电压 u_{GE} 的前沿上升至其幅值的 10% 的时刻，到集电极电流 i_C 上升至其幅值的 10% 的时刻，这段时间为开通延迟时间 $t_{d(on)}$。而 i_C 从 $10\%I_{CM}$ 上升至 $90\%I_{CM}$ 所需时间为电流上升时间 t_{ri}。集射电压 u_{CE} 的下降过程 t_{fv} 分为 t_{fv1} 和 t_{fv2} 两段。前者为 IGBT 中 MOSFET 单独工作的电压下降过程，在该过程中栅极电压 u_{GE} 维持不变，即处在密勒平台；后者为 MOSFET 和 PNP 晶体管同时工作的电压下降过程。由于 u_{CE} 下降时 IGBT 中 MOSFET 的栅漏电容增加，而且 IGBT 中的 PNP 晶体管由放大状态转入饱和状态也需要一个过程，因此 t_{fv2} 段电压下降过程变缓。只有在 t_{fv2} 段结束时，IGBT 才完全进入饱和状态。同样，开通时

间 t_{on} 可以定义为开通延迟时间与电流上升时间及电压下降时间之和。

IGBT 关断时与电力 MOSFET 的关断过程也相似。从驱动电压 u_{GE} 的脉冲后沿下降到其幅值的 90% 的时刻起,到集射电压 u_{CE} 上升至幅值的 10%,这段时间为关断延迟时间 $t_{d(off)}$。随后是集射电压 u_{CE} 上升时间 t_{rv},在这段时间内栅极电压 u_{GE} 维持不变。集电极电流从 $90\%I_{CM}$ 下降至 $10\%I_{CM}$ 的这段时间为电流下降时间 t_{fi}。电流下降时间可以分为 t_{fi1} 和 t_{fi2} 两段。其中 t_{fi1} 对应 IGBT 内部的 MOSFET 的关断过程,这段时间集电极电流 i_C 下降较快;t_{fi2} 对应 IGBT 内部的 PNP 晶体管的关断过程,这段时间内 MOSFET 已经关断,IGBT 又无反向电压,所以 N 基区内的少子复合缓慢,造成 i_C 下降较慢。t_{fi2} 对应的

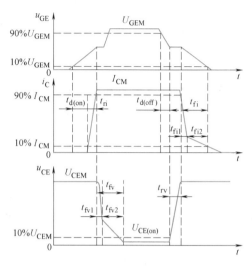

图 2-25　IGBT 的开关过程

集电极电流被形象地称为拖尾电流(Tailing Current)。由于此时集射电压已经建立,较长的电流下降时间会产生较大的关断损耗。为解决这一问题,可以与 GTR 一样通过减轻饱和程度来缩短电流下降时间,不过同样也需要与通态压降折中。关断延迟时间、电压上升时间和电流下降时间之和可以定义为关断时间 t_{off}。

可以看出,由于 IGBT 中双极型 PNP 晶体管的存在,虽然带来了电导调制效应的好处,但也引入了少子储存现象,因而 IGBT 的开关速度要低于电力 MOSFET。此外,IGBT 的击穿电压、通态压降和关断时间也是需要折中的参数。高压器件的 N 基区必须有足够宽度和较高电阻率,这会引起通态压降增大和关断时间延长。

还应该指出的是,同电力 MOSFET 一样,IGBT 的开关速度受其栅极驱动电路内阻的影响,其开关过程波形和时序的许多重要细节(如 IGBT 所承受的最大电压和电流、器件能量损耗等)也受到主电路结构、控制方式、缓冲电路以及主电路寄生参数等条件的影响,都应该在设计采用这些器件的实际电路时加以注意。

3. IGBT 的主要参数

除了前面提到的各参数之外,IGBT 的主要参数还包括:

(1)最大集射极间电压 U_{CES}　这是由器件内部的 PNP 晶体管所能承受的击穿电压所确定的。

(2)最大集电极电流　包括额定直流电流 I_C 和 1ms 脉宽最大电流 I_{CP}。

(3)最大集电极功耗 P_{CM}　在正常工作温度下允许的最大耗散功率。

IGBT 的特性和参数特点可以总结如下:

1)IGBT 开关速度高,开关损耗小。有关资料表明,在电压为 1000V 以上时,IGBT 的开关损耗只有 GTR 的 1/10,与电力 MOSFET 相当。

2)在相同电压和电流定额的情况下,IGBT 的安全工作区比 GTR 大,而且具有耐脉冲电流冲击的能力。

3)高压时 IGBT 的通态压降比 VDMOSFET 低,特别是在电流较大的区域。

4）IGBT 的输入阻抗高，其输入特性与电力 MOSFET 类似。

5）与电力 MOSFET 和 GTR 相比，IGBT 的耐压和通流能力还可以进一步提高，同时可保持开关频率高的特点。

4. IGBT 的擎住效应和安全工作区

回顾图 2-23 所示的 IGBT 结构可以发现，在 IGBT 内部寄生着一个 N^-PN^+ 晶体管和作为主开关器件的 P^+N^-P 晶体管组成的寄生晶闸管。其中 NPN 晶体管的基极与发射极之间存在体区短路电阻，P 形体区的横向空穴电流会在该电阻上产生压降，相当于对 J_3 结施加一个正向偏置。在额定集电极电流范围内，这个偏置很小，不足以使 J_3 开通，然而一旦 J_3 开通，栅极就会失去对集电极电流的控制作用，导致集电极电流增大，造成器件功耗过高而损坏。这种电流失控的现象，就像普通晶闸管被触发以后，即使撤销触发信号晶闸管仍然因进入正反馈过程而维持导通的机理一样，因此被称为擎住效应或自锁效应。引发擎住效应的原因，可能是集电极电流过大（静态擎住效应），也可能是 du_{CE}/dt 过大（动态擎住效应），温度升高也会加重发生擎住效应的危险。

动态擎住效应比静态擎住效应所允许的集电极电流还要小，因此所允许的最大集电极电流实际上是根据动态擎住效应而确定的。

根据最大集电极电流、最大集射极间电压和最大集电极功耗可以确定 IGBT 在导通工作状态的参数极限范围，即正向偏置安全工作区（Forward Biased Safe Operating Area，FBSOA）；根据最大集电极电流、最大集射极间电压和最大允许电压上升率 du_{CE}/dt，可以确定 IGBT 在阻断工作状态下的参数极限范围，即反向偏置安全工作区（Reverse Biased Safe Operating Area，RBSOA）。

擎住效应曾经是限制 IGBT 电流容量进一步提高的主要因素之一，但经过多年的努力，自 20 世纪 90 年代中后期开始，这个问题已得到了很好的解决。

此外，为满足实际电路的要求，IGBT 往往与反并联的快速二极管封装在一起，制成模块，甚至制作在同一芯片上，成为逆导器件，选用时应加以注意。IGBT 器件仍在不断地发展创新。从早期的以 P^+ 注入区为衬底而实施其后所有半导体工艺的穿通（Punch Through，PT）型 IGBT，到转为以低掺杂 N 漂移区为衬底而实施其后所有半导体工艺的非穿通（Non Punch Through，NPT）型 IGBT，再到目前在 NPT 工艺的基础上应用类似于 PT 的电场穿过低掺杂 N 漂移区的场终止（Field Stop）技术（有的厂家称为 Soft PT 或 Light PT），同时结合沟槽技术的应用，IGBT 已先后经历了几代产品的更迭，各方面的性能不断提高，广泛应用于目前中、大功率的各种应用场合。

2.5　其他全控型器件

2.5.1　MOS 控制晶闸管 MCT

MCT（MOS Controlled Thyristor）是将 MOSFET 与晶闸管组合而成的复合型器件。MCT 将 MOSFET 的高输入阻抗、低驱动功率、快速的开关过程和晶闸管的高电压大电流、低导通压降的特点结合起来，也是 Bi-MOS 器件的一种。一个 MCT 器件由数以万计的 MCT 元组成，每个元的组成为：一个 PNPN 晶闸管，一个控制该晶闸管开通的 MOSFET 和一个控制该晶闸管关断的 MOSFET。

MCT 具有高电压、大电流、高载流密度、低通态压降的特点，其通态压降只有 GTR 的 1/3 左右，硅片的单位面积连续电流密度在各种器件中是最高的。另外，MCT 可承受极高的 di/dt 和 du/dt，使得其保护电路可以简化。MCT 的开关速度超过 GTR，开关损耗也小。

总之，MCT 曾一度被认为是一种最有发展前途的电力电子器件。因此，20 世纪 80 年代以来一度成为研究的热点。但经过多年的努力，其关键技术问题没有大的突破，电压和电流容量都远未达到预期的数值，未能投入实际应用。而其竞争对手——IGBT 却进展飞速，所以，目前从事 MCT 研究的人不是很多。

2.5.2　静电感应晶体管 SIT

SIT（Static Induction Transistor）诞生于 1970 年，实际上是一种结型场效应晶体管。将用于信息处理的小功率 SIT 器件的横向导电结构改为垂直导电结构，即可制成大功率的 SIT 器件。SIT 是一种多子导电的器件，其工作频率与电力 MOSFET 相当，甚至超过电力 MOSFET，而功率容量也比电力 MOSFET 大，因而适用于高频大功率场合，目前已在雷达通信设备、超声波功率放大、脉冲功率放大和高频感应加热等专业领域获得了较多的应用。

但是 SIT 在栅极不加任何信号时是导通的，而栅极加负偏压时关断，被称为正常导通型（常通型）器件，使用不太方便；此外，SIT 通态电阻较大，使得通态损耗也大。SIT 可以做成正常关断型（常闭型）器件，但通态损耗将更大。因而 SIT 还未在大多数电力电子设备中得到广泛应用。

2.5.3　静电感应晶闸管 SITH

SITH（Static Induction Thyristor）诞生于 1972 年，是在 SIT 的漏极层上附加一层与漏极层导电类型不同的发射极层而得到的，就像 IGBT 可以看作是电力 MOSFET 与 GTR 复合而成的器件一样，SITH 也可以看作是 SIT 与 GTO 复合而成。因为其工作原理也与 SIT 类似，门极和阳极电压均能通过电场控制阳极电流，因此 SITH 又被称为场控晶闸管（Field Controlled Thyristor，FCT）。由于比 SIT 多了一个具有少子注入功能的 PN 结，因而 SITH 本质上是两种载流子导电的双极型器件，具有电导调制效应，通态压降低、通流能力强。其很多特性与 GTO 类似，但开关速度比 GTO 高得多，是大容量的快速器件。

SITH 一般也是正常导通型，但也有正常关断型。此外，其制造工艺比 GTO 复杂得多，电流关断增益较小，因而其应用范围还有待拓展。

2.5.4　集成门极换流晶闸管 IGCT

IGCT（Integrated Gate-Commutated Thyristor）即集成门极换流晶闸管，有的厂家也称为 GCT（Gate-Commutated Thyristor），是 20 世纪 90 年代后期出现的新型电力电子器件。IGCT 实质上是将一个平板型的 GTO 与由很多个并联的电力 MOSFET 器件和其他辅助元件组成的 GTO 门极驱动电路，采用精心设计的互联结构和封装工艺集成在一起。IGCT 的容量与普通 GTO 相当，但开关速度比普通的 GTO 快 10 倍，而且可以简化普通 GTO 应用时庞大而复杂的缓冲电路，只不过其所需的驱动功率仍然很大。在 IGCT 产品刚推出的几年中，由于其电压和电流容量大于当时 IGBT 的水平而很受关注，但 IGBT 的电压和电流容量很快赶了上来，而且市场上一直只有个别厂家在提供 IGCT 产品，因此 IGCT 的前景目前还很难预料。

2.6 功率集成电路与集成电力电子模块

完成了半导体工艺加工的电力电子器件都是半导体芯片或圆片的形式，后续还要经过封装工艺过程，将芯片固定在导热的金属基板上，外加一个保护外壳，并在外壳内将芯片上相应器件的端子区域与引出到外壳之外的金属管脚（或端子、极板）以某种形式的导体连接起来，才成为完整的电力电子器件。因此，电力电子器件的研究和开发广义上包含芯片技术和封装技术两部分。

自 20 世纪 80 年代中后期开始，在电力电子器件研制和开发中的一个共同趋势是模块化。正如前面有些地方提到的，按照典型电力电子电路所需要的拓扑结构，将多个相同的电力电子器件芯片或多个相互配合使用的不同电力电子器件芯片封装在一个模块中，可以缩小装置体积，降低成本，提高可靠性。更重要的是，对工作频率较高的电路，还可以大大减小线路电感，从而简化对保护和缓冲电路（将在 9.2 节详述）的要求。这种模块被称为功率模块（Power Module），或者按照主要器件的名称命名，如 IGBT 模块（IGBT Module）。

图 2-26 给出了典型的基于铝丝键合（焊接）内部互联封装技术的功率模块内部结构侧视示意图和打开顶部外壳后内部结构的俯视照片。另一种较典型封装技术是基于压接式的内部互连，外观往往是可以双面散热的平板型结构，一般用于多芯片并联的、可承受大电流的器件，或者单个大圆芯片可承受大电流的器件（如晶闸管、GTO 等）。

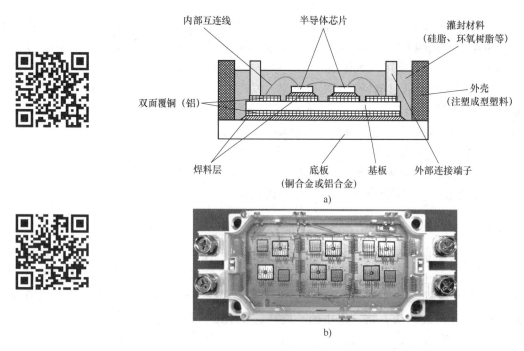

图 2-26 铝丝键合（焊接）功率模块内部封装结构侧视示意图和俯视照片
a) 侧视示意图 b) 俯视照片

更进一步，如果将电力电子器件与逻辑、控制、保护、传感、检测、自诊断等信息电子电路制作在同一芯片上，则称为功率集成电路（Power Integrated Circuit，PIC）。与功率集成电路类似的还有许多名称，但实际上各自有所侧重。为了强调功率集成电路是所有器件和电路都集成在一个芯片上而又称之为电力电子电路的单片集成（Monolithic Integration）。高压集成电路（High Voltage IC，HVIC）一般指横向高压器件与逻辑或模拟控制电路的单片集成。智能功率集成电路（Smart Power IC，SPIC）一般指纵向功率器件与逻辑或模拟控制电路的单片集成。

同一芯片上高低压电路之间的绝缘问题以及温升和散热的有效处理，是功率集成电路的主要技术难点，短期内难以有大的突破。因此，目前功率集成电路的研究、开发和实际产品应用主要集中在小功率的场合，如便携式电子设备、家用电器、办公设备电源等。在这种情况下，前面所述的功率模块中所采用的将不同器件芯片和电路芯片通过专门设计的引线或导体连接起来并封装在一起的思路，则在很大程度上回避了这两个难点，有人称之为电力电子电路的封装集成。

采用封装集成思想的电力电子电路也有许多名称，也是各自有所侧重。智能功率模块（Intelligent Power Module，IPM）往往专指 IGBT 及其辅助器件与其保护和驱动电路的封装集成，也称智能 IGBT（Intelligent IGBT）。电力 MOSFET 也有类似的模块。若是将电力电子器件与其控制、驱动、保护等所有信息电子电路都封装在一起，则往往称之为集成电力电子模块（Integrated Power Electronics Module，IPEM）。对中、大功率的电力电子装置来讲，往往不是一个模块就能胜任的，通常需要像搭积木一样由多个模块组成，这就是所谓的电力电子积块（Power Electronics Building Block，PEBB）。封装集成为处理高低压电路之间的绝缘问题以及温升和散热问题提供了有效思路，许多电力电子器件生产厂家和科研机构都投入到有关的研究和开发之中，因而最近几年获得了迅速发展。目前最新的智能功率模块产品已大量用于电机驱动、汽车电子乃至高速子弹列车牵引这样的大功率场合。

功率集成电路和集成电力电子模块都是具体的电力电子集成技术。电力电子集成技术可以带来很多好处，比如装置体积减小、可靠性提高、用户使用更为方便以及制造、安装和维护的成本大幅降低等，而且实现了电能和信息的集成，具有广阔的应用前景。

2.7 基于宽禁带材料的电力电子器件

到目前为止，硅一直是电力电子器件所采用的主要半导体材料。其主要原因是人们早已掌握了低成本、大批量制造大尺寸、低缺陷、高纯度的单晶硅材料的技术，以及随后对其进行半导体加工的各种工艺技术，人们对硅器件的研究和开发投入也是巨大的。但是，硅器件的各方面性能已随其结构设计和制造工艺的不断完善而越来越接近其由材料特性决定的理论极限（虽然随着器件技术的不断创新这个极限一再被突破）。很多人认为，依靠硅器件继续完善和提高电力电子装置与系统性能的潜力已十分有限。因此，有越来越多的人将注意力投向基于宽禁带半导体材料的电力电子器件。

固体中电子的能量具有不连续的量值，电子都分布在一些相互之间不连续的能带（Energy Band）上。价电子所在能带与自由电子所在能带之间的间隙称为禁带（Energy Gap）或带隙（Band Gap）。禁带的宽度实际上反映了被束缚的价电子要成为自由电子所必须额外获得的能量。硅的禁带宽度为 1.12 电子伏特（eV），而宽禁带半导体材料是指禁带宽度在 3.0eV 及以上的半导体材料，典型的是碳化硅（SiC）、氮化镓（GaN）、金刚石（C）等材料。

通过对半导体物理知识的学习可知，由于具有比硅宽得多的禁带宽度，宽禁带半导体材料一般都具有比硅高得多的临界雪崩击穿电场强度和载流子饱和漂移速度、较高的热导率和更高的工作温度及熔点。因此，基于宽禁带半导体材料（如碳化硅）的电力电子器件将具有比硅器件高得多的耐受高电压的能力、低得多的通态电阻、更快的动态响应速度、更好的导热性能和热稳定性以及更强的耐受高温和射线辐射的能力，许多方面的性能都是呈数量级的提高。表 2-1 给出了典型宽禁带半导体材料与硅材料特性的具体数值对比。

表 2-1　典型宽禁带半导体材料与硅材料特性的具体数值对比

材料	硅	碳化硅	氮化镓	金刚石
带隙/eV	1.1	3.3	3.39	5.5
击穿电场/$10^8 V \cdot m^{-1}$	0.3	2.5	3.3	10
载流子饱和漂移速度/$10^7 cm \cdot s^{-1}$	1	2	2	3
热导率/W $(cm \cdot K)^{-1}$	1.5	2.7	2.1	22
熔点/℃	1410	>2700	1700	3800

但是，宽禁带电力电子器件的发展曾一直受制于材料的提炼以及随后的半导体制造工艺的困难。直到 20 世纪 90 年代，碳化硅的材料提炼以及随后的半导体制造工艺终于有所突破。而氮化镓器件理论上具有比碳化硅器件更好的高压、高频特性，但高品质氮化镓材料的提炼极其困难，迄今未有大的突破。不过，氮化镓的半导体制造工艺自 20 世纪 90 年代以来也有所发展，因而可以在其他材料（如硅、碳化硅）的衬底（Substrate）上实施氮化镓半导体加工工艺来制造相应的器件。碳化硅器件和氮化镓器件自 20 世纪末以来得到非常迅速的发展，21 世纪初开始有相应产品推入市场，在电力电子电路和装置中批量采用。特别是近 10 年来，由于性能全面优于硅器件，宽禁带器件应用于电力电子装置中的总体效益逐渐超过其与硅器件之间的价格差异造成的成本增加，宽禁带器件在电力电子技术领域的推广、应用速度明显加快，显现出未来可能替代大部分硅器件的趋势。

可以想象，本章前面所述硅材料各种电力电子器件，如电力二极管、电力场效应晶体管、栅极绝缘双极型晶体管、晶闸管等，其各自不同的内部结构和原理同样也适用于宽禁带材料，按照这个思路可以研制、开发与硅器件对应的宽禁带材料各种电力电子器件。事实上，20 世纪末以来宽禁带材料电力电子器件的发展大体就是沿着这个思路在器件内部结构和工艺上由简单到复杂不断推进的，当然也吸取了以前硅器件发展历程中的各种经验教训。目前，各器件制造企业向市场推出的宽禁带电力电子器件主要是碳化硅器件和氮化镓器件，已经形成批量产品应用的主要是肖特基二极管和场效应晶体管两大类型。

肖特基二极管结构比较简单，所以在宽禁带电力电子器件中最先得到开发和产品化。其基本思路是要利用肖特基二极管反向恢复速度快、基本没有反向恢复电流的优势，同时由于宽禁带材料可以弥补硅材料肖特基二极管反向耐压不高的弱点，宽禁带肖特基二极管又可以在正向通态电阻很小的情况下达到较高的反向耐压，所以逐步推出了硅肖特基二极管达不到的 300V、600V、1200V 电压等级器件产品，性能全面优于同电压等级的硅结型（P-i-N）二极管。在进一步提升反向耐压能力时，为解决反向漏电流增大的问题，有些厂家还推出了结势垒肖特基二极管（Junction Barrier Schottky Diode，JBS Diode）器件。其结构和基本原理实际上是肖特基二极管和结型二极管的结合，反向恢复特性因此低于前者而高于后者。可以想象，宽禁带结势垒肖特基二极管性能仍将远优于同电压等级的硅结型二极管。

场效应晶体管是目前研发和应用中最受关注的另一类宽禁带电力电子器件。其基本思路仍然是利用场效应晶体管的优势，再加上宽禁带材料相对硅材料的更高耐压特性、更小的通态电阻和更快的动态特性，制造出相同电压等级下静态和动态性能都远优于硅场效应晶体管（1000V 以下电压等级）和硅 IGBT（1000V 以上电压等级）的宽禁带场效应晶体管。与硅场效应晶体管实际应用产品主要是金属氧化物半导体型（MOSFET）不一样，在宽禁带场效应晶体管研发和产品应用中，结型场效应晶体管（JFET）和金属氧化物半导体场效应晶体管都很受重视，它们都表现出远优于同电压等级硅器件的性能。

另外，与硅场效应晶体管主要以增强型（常闭型）为主不一样的是，在宽禁带场效应晶体管研发和产品应用中，增强型（常闭型）和耗尽型（常通型）都很受关注。耗尽型的

宽禁带场效应晶体管尽管应用起来比增强型稍复杂一些，往往需要采用与耗尽型的低压硅 MOSFET 器件组合成如图 2-27 所示的共源共栅结构，整体就可以按一个等效的增强型器件使用，但总体性能仍远优于同电压等级的单个硅器件。场效应晶体管的共源共栅结构对双极型晶体管来说就是共射共基结构，英文简称 Cascode。Cascode 这个名称源自真空电子管时代的信号放大器领域，是词组 cascade to cathode 的组合简化。Cascode 结构是两个三极管（不论是电子管还是晶体管）级联组合结构中的一种特定结构，"共源共栅"的名称则专指这种特定结构连接的两个

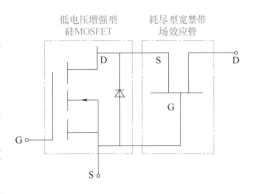

图 2-27　增强型低压硅 MOSFET 与耗尽型宽禁带场效应晶体管组合成共源共栅结构

场效应晶体管，表示级联的前后两级场效应晶体管（如图 2-27 中前级的增强型硅 MOSFET 和后级的耗尽型宽禁带 JFET）分别是共源放大器和共栅放大器的输入输出信号连接形式。

从表 2-1 可以看出，氮化镓材料的性能优于碳化硅材料，因此宽禁带电力电子器件中同电压等级的氮化镓器件性能优于碳化硅器件。但因氮化镓衬底材料提炼问题目前尚未突破，比较成熟的仍然是在其他材料的衬底上进行后序的半导体工艺，因此实现垂直导电结构困难，器件耐高电压的水平难以提升。所以目前市场上的氮化镓器件以横向导电结构为主，电压一般在 600V 等级以下。而碳化硅器件产品目前则主攻 600V 以上电压等级的市场。

金刚石在目前所知的宽禁带半导体材料中性能是最好的，很多人称之为最理想的或最具前景的电力半导体材料。但是金刚石材料提炼以及随后的半导体制造工艺也是最困难的，虽

然全球范围内已有不少团队持续进行了多年的前期研究，但目前尚未提出非常有效的思路和办法，距离基于金刚石材料的电力电子器件批量产品的出现还有很长的路要走。

本 章 小 结

本章已将各种主要电力电子器件的基本结构、工作原理、基本特性和主要参数等问题做了全面的介绍。至此，可以将所介绍过的电力电子器件分别归入本章开头所列的几种器件类型中。

按照器件内部电子和空穴两种载流子参与导电的情况，属于单极型电力电子器件的有：肖特基二极管、电力MOSFET和SIT等；属于双极型电力电子器件的有：基于PN结的电力二极管、晶闸管、GTO和GTR等；属于复合型电力电子器件的有：IGBT、SITH和MCT等。

如果不考虑某器件是否是由两种器件复合而成，由于复合型器件中也是两种载流子导电，因此也有人将它们归为广义的双极型器件。图2-28给出了电力电子器件按照这种分类形成的"树"。

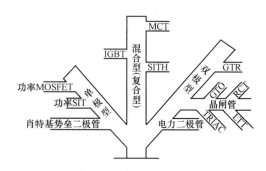

图 2-28　电力电子器件分类"树"

稍加注意不难发现，单极型器件和复合型器件都是电压驱动型器件，而双极型器件均为电流驱动型器件。电压驱动型器件的共同特点是：输入阻抗高，所需驱动功率小，驱动电路简单，工作频率高。电流驱动型器件的共同特点是：具有电导调制效应，因而通态压降低，导通损耗小，但工作频率较低，所需驱动功率大，驱动电路也比较复杂。

另一个有关器件类型的规律是，从器件需要驱动电路提供的控制信号的波形来看，电压驱动型器件都是电平控制型器件，而电流驱动型器件则有的是电平控制型器件（如GTR），有的是脉冲触发型器件（如晶闸管和GTO）。

在20世纪80年代全控型电力电子器件刚刚兴起时，各种器件竞争激烈，孰优孰劣，不甚明朗。但经过多年的技术创新和较量，特别是20世纪90年代中期以来，逐渐形成了小功率（10kW以下）场合或器件耐压1000V以下的以电力MOSFET为主，中、大功率或器件耐压1000V以上的场合以IGBT为主的压倒性局面。而且基于硅材料的电力MOSFET和IGBT中的技术创新仍然在继续，将不断推出性能更好的产品。很多专家都认为，在未来20年内，硅基电力MOSFET和IGBT都将保持其在电力电子技术中的重要地位。

目前在100MVA以上或者数百千伏以上的应用场合，如果不需要自关断能力，那么晶闸管仍然是首选器件，特别是在第10章中将要提到的高压直流输电装置和柔性交流输电装置等在电力系统输电设备中的应用。当然，随着IGBT和IGCT耐受电压和电流能力的不断提升、成本的不断下降和可靠性的不断提高，它们都在不断夺取传统上属于晶闸管的应用领域，因为采用全控型器件的电力电子装置从原理上讲，总体性能一般都优于采用晶闸管的电力电子装置。

宽禁带半导体材料由于其各方面性能优于硅材料，因而是很有前景的电力半导体材料，在光电器件、射频微波、高温电子、抗辐射电子等应用领域也受到特别的瞩目。近 20 年来各种宽禁带半导体材料（特别是碳化硅和氮化镓）在提炼和制造工艺方面的研究有较大发展，越来越多的半导体厂家给予了很大的投入。宽禁带肖特基二极管产品和场效应晶体管产品已开始批量应用于各种电力电子装置。

在研究与开发方面，对氮化镓器件的耐压水平和碳化硅 IGBT 器件、碳化硅晶闸管器件在进行集中攻关。假以时日，宽禁带材料电力电子器件很有可能会全面取代硅材料电力电子器件。已有文献根据对各种电力电子器件发展历程的总结和对未来发展趋势的预测，给出了如图 2-29 所示的电力电子器件产品市场表现与销量的发展走势示意图。

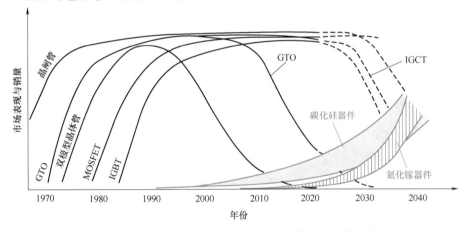

图 2-29　电力电子器件产品市场表现与销量发展走势示意图

习题及思考题

1. 与信息电子电路中的二极管相比，电力二极管具有怎样的结构特点才使得它具有耐受高电压和大电流的能力？

2. 使晶闸管导通的条件是什么？

3. 维持晶闸管导通的条件是什么？怎样才能使晶闸管由导通变为关断？

4. 图 2-30 中阴影部分为晶闸管处于通态区间的电流波形，各波形的电流最大值均为 I_m，试计算各波形的电流平均值 I_{d1}、I_{d2}、I_{d3} 与电流有效值 I_1、I_2、I_3。

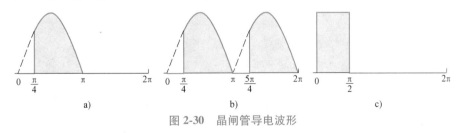

图 2-30　晶闸管导电波形

5. 上题中如果不考虑安全裕量，问 100A 的晶闸管能送出平均电流 I_{d1}、I_{d2}、I_{d3} 各为多少？这时，相应的电流最大值 I_{m1}、I_{m2}、I_{m3} 各为多少？

6. GTO 和普通晶闸管同为 PNPN 结构，为什么 GTO 能够自关断，而普通晶闸管不能？

7. 与信息电子电路中的 MOSFET 相比，电力 MOSFET 具有怎样的结构特点才具有耐受高电压和大电流的能力?

8. 试分析 IGBT 和电力 MOSFET 在内部结构和开关特性上的相似与不同之处。

9. 试分析电力电子集成技术可以带来哪些益处。功率集成电路与集成电力电子模块实现集成的思路有何不同?

10. 试列举典型的宽禁带半导体材料。基于这些宽禁带半导体材料的电力电子器件在哪些方面性能优于硅器件?

11. 试分析目前两种典型的宽禁带电力电子器件的性能特点。

12. 试列举你所知道的电力电子器件,并从不同的角度对这些电力电子器件进行分类。目前常用的全控型电力电子器件有哪些?

第 3 章

整流电路

整流电路（Rectifier）是电力电子电路中出现最早的一种，它的作用是将交流电能变为直流电能供给直流用电设备。整流电路的应用十分广泛，例如直流电动机，电镀、电解电源，同步发电机励磁，通信系统电源等。

整流电路可从各种角度进行分类，主要分类方法有：按组成的器件可分为不可控、半控、全控三种；按电路结构可分为桥式电路和零式电路；按交流输入相数分为单相电路和多相电路；按变压器二次电流的方向是单向还是双向，分为单拍电路和双拍电路。

本章首先讨论最基本最常用的几种可控整流电路，分析和研究其工作原理、基本数量关系，以及负载性质对整流电路的影响，然后集中分析变压器漏抗对整流电路的影响；详细讨论应用极其广泛的电容滤波的二极管整流电路；在上述分析讨论的基础上，对整流电路的谐波和功率因数进行分析；应用于大功率场合的整流电路有其特点，本章也将进行介绍；最后介绍整流电路相位控制的具体实现。

学习整流电路的工作原理时，要根据电路中的开关器件通、断状态及交流电源电压波形和负载的性质，分析其输出直流电压、电路中各元器件的电压和电流波形。在重点掌握各种整流电路中波形分析方法的基础上，得到整流输出电压与移相控制角之间的关系。

3.1 可控整流电路

可控整流电路根据交流侧电路的输入相数可分为单相、三相及多相可控整流电路。典型的单相可控整流电路包括单相半波可控整流电路、单相整流电路、单相全波可控整流电路及单相桥式半控整流电路等。

3.1.1 单相半波可控整流电路

1. 带电阻负载的工作情况

图 3-1 所示为单相半波可控整流电路（Single Phase Half Wave Controlled Rectifier）的原理图及带电阻负载时的工作波形。图 3-1a 中，可控整流电路的交流侧接单相电源；变压器 T 起变换电压和隔离的作用，其一次电压和二次电压瞬时值分别用 u_1 和 u_2 表示，有效值分别

用 U_1 和 U_2 表示，其中 U_2 的大小根据需要的直流输出电压 u_d 的平均值 U_d 确定。

在工业生产中，很多负载呈现电阻特性，如电阻加热炉，电解、电镀装置等。电阻负载的特点是电压与电流成正比，两者波形相同。

在分析整流电路工作时，认为晶闸管（开关器件）为理想器件，即晶闸管导通时其管压降等于零，晶闸管阻断时其漏电流等于零。除非特意研究晶闸管的开通、关断过程，一般认为晶闸管的开通与关断过程瞬时完成。

在晶闸管 VT 处于断态时，电路中无电流，负载电阻两端电压为零，u_2 全部施加于 VT 两端。如在 u_2 正半周 VT 承受正向阳极电压期间的 ωt_1 时刻给 VT 门极加触发脉冲，如图 3-1c 所示，则 VT 开通。忽略晶闸管通态电压，则直流输出电压瞬时值 u_d 与 u_2 相等。至 $\omega t = \pi$ 即 u_2 降为零时，电路中电流亦降至零，VT 关断，之后 u_d、i_d 均为零。图 3-1d、e 分别给出了 u_d 和晶闸管两端电压 u_{VT} 的波形。i_d 的波形与 u_d 波形相同。

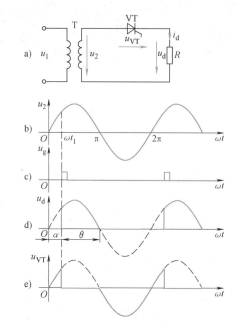

图 3-1 单相半波可控整流电路及波形

改变触发时刻，u_d 和 i_d 波形随之改变，直流输出电压 u_d 为极性不变但瞬时值变化的脉动直流，其波形只在 u_2 正半周内出现，故称"半波"整流。加之电路中采用了可控器件——晶闸管，且交流输入为单相，故该电路称为单相半波可控整流电路。整流电压 u_d 波形在一个电源周期中只脉动 1 次，故该电路为单脉波整流电路。

从晶闸管开始承受正向阳极电压起，到施加触发脉冲止的电角度称为触发延迟角，用 α 表示，也称触发角或控制角。晶闸管在一个电源周期中处于通态的电角度称为导通角，用 θ 表示，$\theta = \pi - \alpha$。直流输出电压平均值为

$$U_d = \frac{1}{2\pi} \int_{\alpha}^{\pi} \sqrt{2} U_2 \sin\omega t\, \mathrm{d}(\omega t) = \frac{\sqrt{2} U_2}{2\pi}(1+\cos\alpha) = 0.45 U_2 \frac{1+\cos\alpha}{2} \tag{3-1}$$

$\alpha = 0$ 时，整流输出电压平均值为最大，用 U_{d0} 表示，$U_d = U_{d0} = 0.45 U_2$。随着 α 增大，U_d 减小，当 $\alpha = \pi$ 时，$U_d = 0$，该电路中 VT 的 α 移相范围为 0°~180°。可见，调节 α 即可控制 U_d 的大小。这种通过控制触发脉冲的相位来控制直流输出电压大小的方式称为相位控制方式，简称相控方式。

2. 带阻感负载的工作情况

实际生产中，更常见的负载是既有电阻也有电感，当负载中感抗 ωL 与电阻 R 相比不可忽略时即为阻感负载。若 $\omega L \gg R$，则负载主要呈现为电感，称为电感负载，例如电机的励磁绕组。

电感对电流变化有抗拒作用。流过电感器件的电流变化时，在其两端产生感应电动势 $L\frac{\mathrm{d}i}{\mathrm{d}t}$，它的极性是阻止电流变化的，即当电流增加时，它的极性阻止电流增加，当电流减小

时，它的极性反过来阻止电流减小。这使得流过电感的电流不能发生突变，这是阻感负载的特点，也是理解整流电路带阻感负载工作情况的关键之一。

图 3-2 为带阻感负载的单相半波可控整流电路及其波形。当晶闸管 VT 处于断态时，电路中电流 $i_d=0$，负载上电压为 0，u_2 全部加在 VT 两端。在 ωt_1 时刻，即触发角 α 处，触发 VT 使其开通，u_2 加于负载两端，因电感 L 的存在使 i_d 不能突变，i_d 从 0 开始增加，如图 3-2e 所示，同时 L 的感应电动势试图阻止 i_d 增加。这时，交流电源一方面供给电阻 R 消耗的能量，另一方面供给电感 L 吸收的磁场能量。到 u_2 由正变负的过零点处，i_d 已经处于减小的过程中，但尚未降到零，因此 VT 仍处于通态。此后，L 中储存的能量逐渐释放，一方面供给电阻消耗的能量，另一方面供给变压器二次绕组吸收的能量，从而维持 i_d 流动。至 ωt_2 时刻，电感能量释放完毕，i_d 降至零，VT 关断并立即承受反压，如图 3-2f 晶闸管 VT 两端电压 u_{VT} 波形所示。由图 3-2d 的 u_d 波形还可看出，由于电感的存在延迟了 VT 的关断时刻，使 u_d 波形出现负的部分，与带电阻负载时相比，其平均值 U_d 下降。

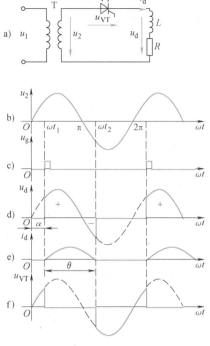

图 3-2 带阻感负载的单相半波可控整流电路及其波形

由以上分析可以总结出电力电子电路的一个基本特点，进而引出电力电子电路分析的一条基本思路。

电力电子电路中存在非线性的电力电子器件，决定了电力电子电路是非线性电路。如果忽略开通过程和关断过程，电力电子器件通常只工作于通态或断态，非通即断。若将器件理想化，看作理想开关，即通态时认为开关闭合，其阻抗为零；断态时认为开关断开，其阻抗为无穷大，则电力电子电路就成为分段线性电路。在器件通断状态的每一种组合情况下，电路均为由电阻（R）、电感（L）、电容（C）及电压源（E）组成的线性 $RLCE$ 电路，即器件的每种状态组合对应一种线性电路拓扑，器件通断状态变化时，电路拓扑发生改变。这是电力电子电路的一个基本特点。

这样，在分析电力电子电路时，可通过将器件理想化，将电路简化为分段线性电路，分段进行分析计算。

以前述单相半波电路为例。电路中只有晶闸管 VT 一个电力电子器件，当 VT 处于断态时，相当于电路在 VT 处断开，$i_d=0$。当 VT 处于通态时，相当于 VT 短路。两种情况的等效电路如图 3-3 所示。

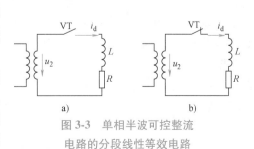

图 3-3 单相半波可控整流电路的分段线性等效电路
a）VT 处于关断状态 b）VT 处于导通状态

VT 处于通态时，如下方程成立

$$L \frac{\mathrm{d}i_\mathrm{d}}{\mathrm{d}t} + Ri_\mathrm{d} = \sqrt{2}\, U_2 \sin\omega t \tag{3-2}$$

在 VT 导通时刻，有 $\omega t = \alpha$，$i_\mathrm{d} = 0$，这是式（3-2）的初始条件。求解式（3-2）并将初始条件代入可得

$$i_\mathrm{d} = -\frac{\sqrt{2}\, U_2}{Z} \sin(\alpha - \varphi) \mathrm{e}^{-\frac{R}{\omega L}(\omega t - \alpha)} + \frac{\sqrt{2}\, U_2}{Z} \sin(\omega t - \varphi) \tag{3-3}$$

式中，$Z = \sqrt{R^2 + (\omega L)^2}$；$\varphi = \arctan \dfrac{\omega L}{R}$。由式（3-3）可得出图 3-2e 所示的 i_d 波形。

当 $\omega t = \theta + \alpha$ 时，$i_\mathrm{d} = 0$，代入式（3-3）并整理得

$$\sin(\alpha - \varphi) \mathrm{e}^{-\frac{\theta}{\tan\varphi}} = \sin(\theta + \alpha - \varphi) \tag{3-4}$$

当 α、φ 均已知时，可由式（3-4）求出 θ。式（3-4）为超越方程，可采用迭代法借助计算机进行求解。

当负载阻抗角 φ 或触发角 α 不同时，晶闸管的导通角也不同。若 φ 为定值，α 越大，在 u_2 正半周电感 L 储能越少，维持导电的能力就越弱，θ 越小。若 α 为定值，φ 越大，则 L 储能越多，θ 越大，且 φ 越大，在 u_2 负半周 L 维持晶闸管导通的时间就越接近晶闸管在 u_2 正半周导通的时间，u_d 中负的部分越接近正的部分，平均值 U_d 越接近零，输出的直流电流平均值也越小。

为解决上述矛盾，在整流电路的负载两端并联一个二极管，称为续流二极管，用 VD_R 表示，如图 3-4a 所示。图 3-4b~g 是该电路的典型工作波形。

与没有续流二极管时的情况相比，在 u_2 正半周时两者工作情况是一样的。当 u_2 过零变负时，VD_R 导通，u_d 为零。此时为负的 u_2 通过 VD_R 向 VT 施加反压使其关断，L 储存的能量保证了电流 i_d 在 L—R—VD_R 回路中流通，此过程通常称为续流。u_d 波形如图 3-4c 所示，如忽略二极管的通态电压，则在续流期间 u_d 为 0，u_d 中不再出现负的部分，这与电阻负载时基本相同。但与电阻负载时相比，i_d 的波形是不一样的。若 L 足够大，$\omega L \gg R$，即负载为电感负载，在 VT 关断期间，VD_R 可持续导通，使 i_d 连续，且 i_d 波形接近一条水平线，如图 3-4d 所示。在一周期内，$\omega t = \alpha \sim \pi$ 期间，VT 导通，其导通角为 $\pi - \alpha$，i_d 流过 VT，晶闸管电流 i_VT 的波形如图 3-4e 所示，其余时间 i_d 流过

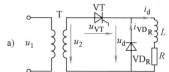

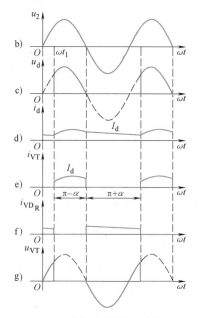

图 3-4　单相半波带阻感负载有续流二极管的电路及波形

VD_R，续流二极管电流 i_{VD_R} 波形如图 3-4f 所示，VD_R 的导通角为 $\pi + \alpha$。若近似认为 i_d 为一条

水平线，恒为 I_d，则流过晶闸管的电流平均值 I_{dVT} 和有效值 I_{VT} 分别为

$$I_{dVT} = \frac{\pi - \alpha}{2\pi} I_d \tag{3-5}$$

$$I_{VT} = \sqrt{\frac{1}{2\pi} \int_{\alpha}^{\pi} I_d^2 \mathrm{d}(\omega t)} = \sqrt{\frac{\pi - \alpha}{2\pi}} I_d \tag{3-6}$$

续流二极管的电流平均值 I_{dVD_R} 和有效值 I_{VD_R} 分别为

$$I_{dVD_R} = \frac{\pi + \alpha}{2\pi} I_d \tag{3-7}$$

$$I_{VD_R} = \sqrt{\frac{1}{2\pi} \int_{\pi}^{2\pi + \alpha} I_d^2 \mathrm{d}(\omega t)} = \sqrt{\frac{\pi + \alpha}{2\pi}} I_d \tag{3-8}$$

晶闸管两端电压波形 u_{VT} 如图 3-4g 所示，其移相范围为 0°～180°，其承受的最大正反向电压均为 u_2 的峰值即 $\sqrt{2}\,U_2$。续流二极管承受的电压为 $-u_d$，其最大反向电压为 $\sqrt{2}\,U_2$，亦为 u_2 的峰值。

单相半波可控整流电路的特点是简单，但输出脉动大，变压器二次电流中含直流分量，造成变压器铁心直流磁化。为使变压器铁心不饱和，需增大铁心截面积，增大了设备的容量。实际上很少应用此种电路。分析该电路的主要目的在于利用其简单易学的特点，建立起整流电路的基本概念。

3.1.2 单相桥式全控整流电路

单相整流电路中应用较多的是单相桥式全控整流电路（Single Phase Bridge Controlled Rectifier），如图 3-5a 所示，所接负载为电阻负载，下面首先分析这种情况。

1. 带电阻负载的工作情况

在单相桥式全控整流电路中，晶闸管 VT_1 和 VT_4 组成一对桥臂，VT_2 和 VT_3 组成另一对桥臂。在 u_2 正半周（即 a 点电位高于 b 点电位），若四个晶闸管均不导通，负载电流 i_d 为零，u_d 也为零，VT_1、VT_4 串联承受电压 u_2，设 VT_1 和 VT_4 的漏电阻相等，则各承受 u_2 的一半。若在触发角 α 处给 VT_1 和 VT_4 加触发脉冲，VT_1 和 VT_4 即导通，电流从电源 a 端经 VT_1、R、VT_4 流回电源 b 端。当 u_2 过零时，流经晶闸管的电流也降到零，VT_1 和 VT_4 关断。

在 u_2 负半周，仍在触发角 α 处触发 VT_2 和 VT_3（VT_2 和 VT_3 的 $\alpha = 0$ 处为 $\omega t = \pi$），VT_2 和 VT_3 导通，电流从电源 b 端流出，经 VT_3、R、VT_2 流回电源 a 端。到 u_2 过零时，电流又降为零，VT_2 和 VT_3 关断。此后又是 VT_1 和 VT_4 导通，如此循环地工作下去，整

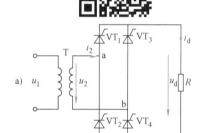

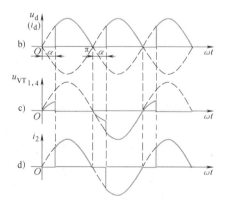

图 3-5 单相桥式全控整流电路
带电阻负载时的电路及波形

流电压 u_d 和晶闸管 VT_1、VT_4 两端电压波形分别如图 3-5b 和 c 所示。晶闸管承受的最大正向电压和反向电压分别为 $\frac{\sqrt{2}}{2}U_2$ 和 $\sqrt{2}U_2$。

由于在交流电源的正负半周都有整流输出电流流过负载，故该电路为 全波整流。在 u_2 一个周期内，整流电压波形脉动 2 次，脉动次数多于半波整流电路，该电路属于双脉波整流电路。变压器二次绕组中，正负两个半周电流方向相反且波形对称，平均值为零，即直流分量为零，如图 3-5d 所示，不存在变压器直流磁化问题，变压器绕组的利用率也高。

整流电压平均值为

$$U_d = \frac{1}{\pi}\int_\alpha^\pi \sqrt{2}U_2\sin\omega t\,\mathrm{d}(\omega t) = \frac{2\sqrt{2}U_2}{\pi}\frac{1+\cos\alpha}{2} = 0.9U_2\frac{1+\cos\alpha}{2} \tag{3-9}$$

$\alpha=0°$ 时，$U_d=U_{d0}=0.9U_2$；$\alpha=180°$ 时，$U_d=0$。可见，α 的移相范围为 $0°\sim180°$。

向负载输出的直流电流平均值为

$$I_d = \frac{U_d}{R} = \frac{2\sqrt{2}U_2}{\pi R}\frac{1+\cos\alpha}{2} = 0.9\frac{U_2}{R}\frac{1+\cos\alpha}{2} \tag{3-10}$$

晶闸管 VT_1、VT_4 和 VT_2、VT_3 轮流导通，流过晶闸管的电流平均值只有输出直流电流平均值的一半，即

$$I_{dVT} = \frac{1}{2}I_d = 0.45\frac{U_2}{R}\frac{1+\cos\alpha}{2} \tag{3-11}$$

为选择晶闸管、变压器容量、导线截面积等定额，需考虑发热问题，为此需计算电流有效值。流过晶闸管的电流有效值为

$$I_{VT} = \sqrt{\frac{1}{2\pi}\int_\alpha^\pi\left(\frac{\sqrt{2}U_2}{R}\sin\omega t\right)^2\mathrm{d}(\omega t)} = \frac{U_2}{\sqrt{2}R}\sqrt{\frac{1}{2\pi}\sin2\alpha+\frac{\pi-\alpha}{\pi}} \tag{3-12}$$

变压器二次电流有效值 I_2 与输出直流电流有效值 I 相等，为

$$I = I_2 = \sqrt{\frac{1}{\pi}\int_\alpha^\pi\left(\frac{\sqrt{2}U_2}{R}\sin\omega t\right)^2\mathrm{d}(\omega t)} = \frac{U_2}{R}\sqrt{\frac{1}{2\pi}\sin2\alpha+\frac{\pi-\alpha}{\pi}} \tag{3-13}$$

由式（3-12）和式（3-13）可见

$$I_{VT} = \frac{1}{\sqrt{2}}I \tag{3-14}$$

不考虑变压器的损耗时，要求变压器的容量为 $S=U_2I_2$。

2. 带阻感负载的工作情况

电路如图 3-6a 所示。为便于讨论，假设电路已工作于稳态，i_d 的平均值不变。

u_2 的波形如图 3-6b 所示，在 u_2 的正半周期，触发角 α 处给晶闸管 VT_1 和 VT_4 加触发脉冲使其开通，$u_d=u_2$。负载中有电感存在使负载电流不能突变，电感对负载电流起平波作用，假设负载电感很大，负载电流 i_d 连续且波形近似为一水平线，其波形如图 3-6d 所示。u_2 过零变负时，由于电感的作用晶闸管 VT_1 和 VT_4 中仍流过电流 i_d，并不关断。至 $\omega t=\pi+\alpha$ 时刻，给 VT_2 和 VT_3 加触发脉冲，因 VT_2 和 VT_3 本已承受正电压，故两管导通。VT_2 和 VT_3 导通后，u_2 通过 VT_2 和 VT_3 分别向 VT_1 和 VT_4 施加反压使 VT_1 和 VT_4 关断，流过 VT_1 和

VT$_4$ 的电流迅速转移到 VT$_2$ 和 VT$_3$ 上，此过程称为换相，亦称换流。至下一周期重复上述过程，如此循环下去，u_d 的波形如图 3-6c 所示，其平均值为

$$U_d = \frac{1}{\pi} \int_{\alpha}^{\pi+\alpha} \sqrt{2} U_2 \sin\omega t \mathrm{d}(\omega t) = \frac{2\sqrt{2}}{\pi} U_2 \cos\alpha$$

$$= 0.9 U_2 \cos\alpha \qquad (3\text{-}15)$$

当 $\alpha = 0°$ 时，$U_{d0} = 0.9 U_2$；$\alpha = 90°$ 时，$U_d = 0$。晶闸管移相范围为 $0° \sim 90°$。

单相桥式全控整流电路带阻感负载时，晶闸管 VT$_1$、VT$_4$ 的电压波形如图 3-6h 所示，晶闸管承受的最大正反向电压均为 $\sqrt{2} U_2$。

晶闸管导通角 θ 与 α 无关，均为 $180°$，其电流波形如图 3-6e、f 所示，平均值和有效值分别为：

$$I_{dVT} = \frac{1}{2} I_d \quad \text{和} \quad I_{VT} = \frac{1}{\sqrt{2}} I_d = 0.707 I_d。$$

变压器二次电流 i_2 的波形为正负各 $180°$ 的矩形波，如图 3-6g 所示，其相位由触发角 α 决定，有效值 $I_2 = I_d$。

3. 带反电动势负载时的工作情况

当负载为蓄电池、直流电动机的电枢（忽略其中的电感）等时，负载可看成是一个直流电压源，对于整流电路，它们就是反电动势负载，如图 3-7a 所示。下面分析接反电动势—电阻负载时的情况。

当忽略主电路各部分的电感时，只有在 u_2 瞬时值的绝对值大于反电动势即 $|u_2| > E$ 时，才有晶闸管承受正电压，有导通的可能。晶闸管导通之后，$u_d = u_2$，$i_d = \dfrac{u_d - E}{R}$，直至 $|u_2| = E$，i_d 即降至 0，使得晶闸管关断，此后 $u_d = E$。与电阻负载时相比，晶闸管提前了 δ 电角度停止导电，如图 3-7b 所示，δ 称为停止导电角。

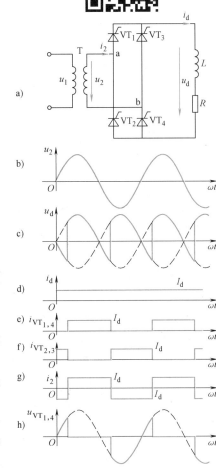

图 3-6　单相桥式全控整流电路带阻感负载时的电路及波形

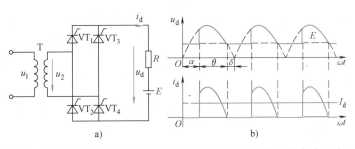

图 3-7　单相桥式全控整流电路接反电动势—电阻负载时的电路及波形

$$\delta = \arcsin\frac{E}{\sqrt{2}\,U_2} \tag{3-16}$$

在触发角 α 相同时，整流输出电压比电阻负载时大。

如图 3-7b 所示，i_d 波形在一周期内有部分时间为 0 的情况，称为**电流断续**。与此对应，若 i_d 波形不出现为 0 的点的情况，称为**电流连续**。当 $\alpha<\delta$，触发脉冲到来时，晶闸管承受负电压，不可能导通。为了使晶闸管可靠导通，要求触发脉冲有足够的宽度，保证当 $\omega t=\delta$ 时刻有晶闸管开始承受正电压时，触发脉冲仍然存在。这样，相当于触发角被推迟为 δ。

负载为直流电动机时，如果出现电流断续，则电动机的机械特性将很软。从图 3-7b 可看出，导通角 θ 越小，则电流波形的底部就越窄。电流平均值与电流波形的面积成比例，因而为了增大电流平均值，必须增大电流峰值，这要求较多地降低反电动势。因此，当电流断续时，随着 I_d 的增大，转速 n（与反电动势成比例）降落较大，机械特性较软，相当于整流电源的内阻增大。较大的电流峰值在电动机换向时容易产生火花。同时，对于相等的电流平均值，若电流波形底部越窄，则其有效值越大，要求电源的容量也大。

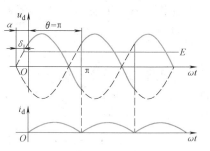

为了克服以上缺点，一般在主电路的直流输出侧串联一个平波电抗器，用来减少电流的脉动和延长晶闸管导通的时间。有了电感，当 u_2 小于 E 时甚至 u_2 值变负时，晶闸管仍可导通。只要电感量足够大就能使电流连续，晶闸管每次导通180°，这时整流电压 u_d 的波形和负载电流 i_d 的波形与电感负载电流连续时的波形相同，u_d 的计算公式亦一样。针对电动机在低速轻载运行时电流连续的临界情况，给出 u_d 和 i_d 波形如图 3-8 所示。

图 3-8 单相桥式全控整流电路带反电动势负载串平波电抗器，电流连续的临界情况

为保证电流连续所需的电感量 L 可由下式求出：

$$L = \frac{2\sqrt{2}\,U_2}{\pi\omega I_{d\min}} = 2.87\times10^{-3}\frac{U_2}{I_{d\min}} \tag{3-17}$$

式中，U_2 的单位为 V；$I_{d\min}$ 的单位为 A；ω 是工频角频率；L 为主电路总电感量，其单位为 H。

例 3-1 单相桥式全控整流电路，$U_2=100\mathrm{V}$，负载中 $R=2\Omega$，L 值极大，反电动势 $E=60\mathrm{V}$，当 $\alpha=30°$时，要求：

① 作出 u_d、i_d 和 i_2 的波形；

② 求整流输出平均电压 U_d、电流 I_d，变压器二次电流有效值 I_2；

③ 考虑安全裕量，确定晶闸管的额定电压和额定电流。

解：① u_d、i_d 和 i_2 的波形如图 3-9 所示。

② 整流输出平均电压 U_d、电流 I_d，变压器二次电流有效值 I_2 分别为

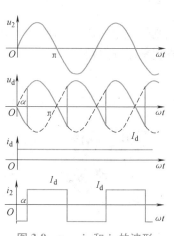

图 3-9 u_d、i_d 和 i_2 的波形

$$U_d = 0.9U_2\cos\alpha = 0.9\times100\times\cos30°\text{V} = 77.97\text{V}$$
$$I_d = (U_d - E)/R = (77.97-60)/2\text{A} = 9\text{A}$$
$$I_2 = I_d = 9\text{A}$$

③ 晶闸管承受的最大反向电压为

$$\sqrt{2}\,U_2 = 100\sqrt{2}\,\text{V} = 141.4\text{V}$$

流过每个晶闸管电流的有效值为

$$I_{VT} = I_d/\sqrt{2} = 6.36\text{A}$$

故晶闸管的额定电压为

$$U_N = (2\sim3)\times141.4\text{V} = 283\sim424\text{V}$$

晶闸管的额定电流为

$$I_N = (1.5\sim2)\times6.36\text{A}/1.57 = 6\sim8\text{A}$$

晶闸管额定电压和电流的具体数值可按晶闸管产品系列参数选取。

3.1.3 单相全波可控整流电路

单相全波可控整流电路（Single Phase Full Wave Controlled Rectifier）也是一种实用的单相可控整流电路，又称单相双半波可控整流电路。其带电阻负载时的电路如图 3-10a 所示。

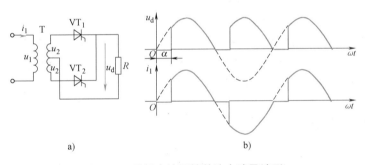

图 3-10　单相全波可控整流电路及波形

在图 3-10 中，变压器 T 带中心抽头，在 u_2 正半周，VT$_1$ 工作，变压器二次绕组上半部分流过电流；在 u_2 负半周，VT$_2$ 工作，变压器二次绕组下半部分流过反方向的电流。图 3-10b 给出了 u_d 和变压器一次电流 i_1 的波形。由波形可知，单相全波可控整流电路的 u_d 波形与单相桥式全控整流电路一样，交流输入端电流波形一样，变压器也不存在直流磁化的问题。当接其他负载时，有相同的结论。因此，单相全波可控整流电路与单相桥式全控整流电路从直流输出端或从交流输入端看均是基本一致的。两者的区别在于：

1）单相全波可控整流电路中变压器为二次绕组带中心抽头，结构较复杂。绕组及铁心对铜、铁等材料的消耗比单相桥式全控整流电路多，在如今有色金属资源有限的情况下，这是不利的。

2）单相全波可控整流电路中只用两个晶闸管，比单相桥式全控整流电路少两个，相应地，晶闸管的门极驱动电路也少两个。但是在单相全波可控整流电路中，晶闸管承受的最大电压为 $2\sqrt{2}\,U_2$，是单相桥式全控整流电路的两倍。

3）单相全波可控整流电路中，导电回路只含一个晶闸管，比单相桥式全控整流电路少一个，因而管压降也少一个。

从上述2）、3）考虑，单相全波可控整流电路有利于在低输出电压的场合应用。

3.1.4　单相桥式半控整流电路

在单相桥式全控整流电路中，每一个导电回路中有两个晶闸管，即用两个晶闸管同时导通以控制导电的回路。实际上为了对每个导电回路进行控制，只需一个晶闸管就可以了，另一个晶闸管可以用二极管代替，从而简化整个电路。把图3-6a中的晶闸管 VT_2、VT_4 换成二极管 VD_2、VD_4，即成为图3-11a的单相桥式半控整流电路（先不考虑 VD_R）。

半控电路与全控电路在电阻负载时的工作情况相同，这里无须讨论。以下针对电感负载进行讨论。

与全控电路时相似，假设负载中电感很大，且电路已工作于稳态。在 u_2 正半周，触发角 α 处给晶闸管 VT_1 加触发脉冲，u_2 经 VT_1 和 VD_4 向负载供电。u_2 过零变负时，因电感作用使电流连续，VT_1 继续导通。但因a点电位低于b点电位，使得电流从 VD_4 转移至 VD_2，VD_4 关断，电流不再流经变压器二次绕组，而是由 VT_1 和 VD_2 续流。此阶段，忽略器件的通态压降，则 $u_d = 0$，不像全控电路那样出现 u_d 为负的情况。

在 u_2 负半周，触发角 α 时刻触发 VT_3，VT_3 导通，则向 VT_1 加反压使之关断，u_2 经 VT_3 和 VD_2 向负载供电。u_2 过零变正时，VD_4 导通，VD_2 关断。VT_3 和 VD_4 续流，u_d 又为零。此后重复以上过程。

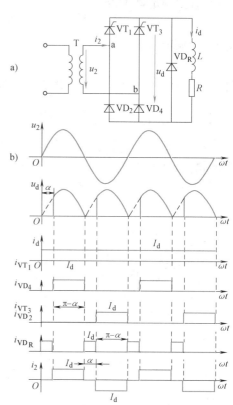

图3-11　单相桥式半控整流电路，有续流二极管、阻感负载时的电路及波形

该电路在实际应用中需加设续流二极管 VD_R，以避免可能发生的失控现象。实际运行中，若无续流二极管，则当 α 突然增大至180°或触发脉冲丢失时，会发生一个晶闸管持续导通而两个二极管轮流导通的情况，这使 u_d 成为正弦半波，即半周期 u_d 为正弦，另外半周期 u_d 为零，其平均值保持恒定，相当于单相半波不可控整流电路时的波形，称为失控。例如当 VT_1 导通时切断触发电路，则当 u_2 变负时，由于电感的作用，负载电流由 VT_1 和 VD_2 续流，当 u_2 又为正时，因 VT_1 是导通的，u_2 又经 VT_1 和 VD_4 向负载供电，出现失控现象。

有续流二极管 VD_R 时，续流过程由 VD_R 完成，在续流阶段晶闸管关断，这就避免了某一个晶闸管持续导通从而导致失控的现象。同时，续流期间导电回路中只有一个管压降，少了一个管压降，有利于降低损耗。

有续流二极管时电路中各部分的波形如图 3-11b 所示。

单相桥式半控整流电路的另一种接法如图 3-12 所示，相当于把图 3-6a 中的 VT_3 和 VT_4 换为二极管 VD_3 和 VD_4，这样可以省去续流二极管 VD_R，续流由 VD_3 和 VD_4 来实现。

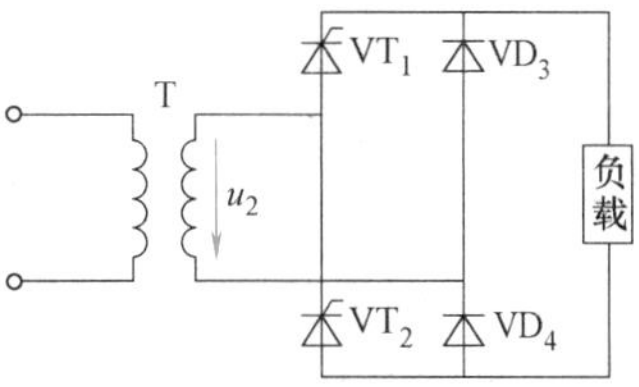

图 3-12 单相桥式半控
整流电路的另一接法

3.1.5 三相半波可控整流电路

当整流负载容量较大，或要求直流电压脉动较小、易滤波时，应采用三相整流电路，其交流侧由三相电源供电。三相可控整流电路中，最基本的是三相半波可控整流电路，应用最为广泛的是三相桥式全控整流电路、双反星形可控整流电路以及十二脉波可控整流电路等，均可在三相半波的基础上进行分析。本节首先分析三相半波可控整流电路，然后分析三相桥式全控整流电路。双反星形、十二脉波整流电路等将在 3.4 节中讲述。

下面分析三相半波可控整流电路的工作情况。

1. 电阻负载

三相半波可控整流电路如图 3-13a 所示。为得到中性线，变压器二次侧必须接成星形，而一次侧接成三角形，避免三次谐波流入电网。三个晶闸管分别接入 a、b、c 三相电源，它们的阴极连接在一起，称为共阴极接法，这种接法触发电路有公共端，连线方便。

假设将电路中的晶闸管换作二极管，并用 VD 表示，该电路就成为三相半波不可控整流电路，以下首先分析其工作情况。此时，三个二极管对应的相电压中哪一个的值最大，则该相所对应的二极管导通，并使另两相的二极管承受反压关断，输出整流电压即为该相的相电压，波形如图 3-13d 所示。在一个周期中，器件工作情况如下：在 $\omega t_1 \sim \omega t_2$ 期间，a 相电压最高，VD_1 导通，$u_d = u_a$；在 $\omega t_2 \sim \omega t_3$ 期间，b 相电压最高，VD_2 导通，$u_d = u_b$；在 $\omega t_3 \sim \omega t_4$ 期间，c 相电压最高，VD_3 导通，$u_d = u_c$。此后，在下一周期相当于 ωt_1 的位置即 ωt_4 时刻，VD_1 又导通，重复前一周期的工作情况。如此，一周期中 VD_1、VD_2、VD_3 轮流导通，每管各导通 120°。u_d 波形为三个相电压在正半周期的包络线。

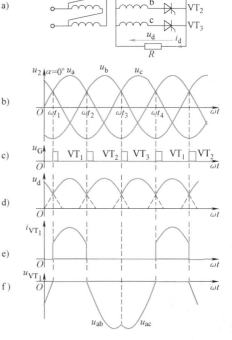

图 3-13 三相半波可控整流电路共阴极
接法电阻负载时的电路及 $\alpha = 0°$ 时的波形

在相电压的交点 ωt_1、ωt_2、ωt_3 处，均出现了二极管换相，即电流由一个二极管向另一个二极管转移，称这些交点为自然换相点。自然换相点是各相晶闸管能触发导通的最早时刻，将其作为计算各晶闸管触发角 α 的起点，即 $\alpha = 0°$，要改变触发角只能是在此基础上增大它，即沿时间坐标轴向右移。若在自然换相点处触发相应的晶闸管导通，则电路的工作情况与以上分析的二极管整流工作情况一样。回顾 3.1 节的单相可控整流电路可知，各种单相可控整流电路的自然换相点是变压器二次电压 u_2 的过零点。

当 $\alpha = 0°$ 时，变压器二次侧 a 相绕组和晶闸管 VT_1 的电流波形如图 3-13e 所示，另两相电流波形形状相同，相位依次滞后 120°，可见变压器二次绕组电流有直流分量。

图 3-13f 是 VT_1 的电压波形，由三段组成：第 1 段，VT_1 导通期间，为一段管压降，可近似为 $u_{VT_1} = 0$；第 2 段，在 VT_1 关断后，VT_2 导通期间，$u_{VT_1} = u_a - u_b = u_{ab}$，为一段线电压；第 3 段，在 VT_3 导通期间，$u_{VT_1} = u_a - u_c = u_{ac}$ 为另一段线电压。即晶闸管电压由一段管压降和两段线电压组成。由图可见，$\alpha = 0°$ 时，晶闸管承受的两段线电压均为负值，随着 α 增大，晶闸管承受的电压中正的部分逐渐增多。其他两管上电压波形形状相同，相位依次差 120°。

增大 α 值，将脉冲后移，整流电路的工作情况相应地发生变化。

图 3-14 是 $\alpha = 30°$ 时的波形。从输出电压、电流的波形可看出，这时负载电流处于连续和断续的临界状态，各相仍导电 120°。

如果 $\alpha > 30°$，例如 $\alpha = 60°$ 时，整流电压的波形如图 3-15 所示，当导通一相的相电压过零变负时，该相晶闸管关断。此时下一相晶闸管虽承受正电压，但它的触发脉冲还未到，不会导通，因此输出电压、电流均为零，直到触发脉冲出现为止。这种情况下，负载电流断续，各晶闸管导通角为 90°，小于 120°。

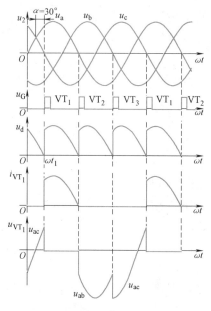

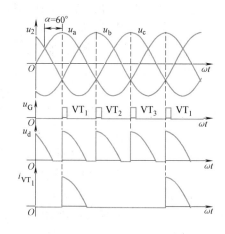

图 3-14　三相半波可控整流电路，
电阻负载，$\alpha = 30°$ 时的波形

图 3-15　三相半波可控整流电路，
电阻负载，$\alpha = 60°$ 时的波形

若触发角 α 继续增大，整流电压将越来越小，$\alpha = 150°$ 时，整流输出电压为零。故电阻负载时 α 的移相范围为 0°～150°。

整流电压平均值的计算分两种情况:

1) $\alpha \leqslant 30°$时,负载电流连续,有

$$U_d = \frac{1}{\frac{2\pi}{3}} \int_{\frac{\pi}{6}+\alpha}^{\frac{5\pi}{6}+\alpha} \sqrt{2} U_2 \sin\omega t \mathrm{d}（\omega t）= \frac{3\sqrt{6}}{2\pi} U_2 \cos\alpha = 1.17 U_2 \cos\alpha \qquad （3-18）$$

当 $\alpha = 0$ 时,U_d 最大,为 $U_d = U_{d0} = 1.17 U_2$。

2) $\alpha > 30°$时,负载电流断续,晶闸管导通角减小,此时有

$$U_d = \frac{1}{\frac{2\pi}{3}} \int_{\frac{\pi}{6}+\alpha}^{\pi} \sqrt{2} U_2 \sin\omega t \mathrm{d}（\omega t）= \frac{3\sqrt{2}}{2\pi} U_2 \left[1 + \cos\left(\frac{\pi}{6}+\alpha\right)\right] = 0.675 U_2 \left[1 + \cos\left(\frac{\pi}{6}+\alpha\right)\right]$$

$$（3-19）$$

U_d / U_2 随 α 变化的规律如图 3-16 中的曲线 1 所示。

负载电流平均值为

$$I_d = \frac{U_d}{R} \qquad （3-20）$$

由图 3-14 不难看出,晶闸管承受的最大反向电压为变压器二次线电压峰值,即

$$U_{RM} = \sqrt{2} \times \sqrt{3} U_2 = \sqrt{6} U_2 = 2.45 U_2 \qquad （3-21）$$

由于晶闸管阴极与零点间的电压即为整流输出电压 u_d,其最小值为零,而晶闸管阳极与零点间的最高电压等于变压器二次相电压的峰

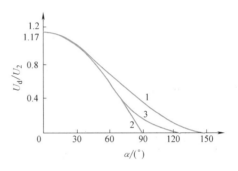

图 3-16　三相半波可控整流电路 U_d / U_2 与 α 的关系
1—电阻负载　2—电感负载　3—电阻电感负载

值,因此晶闸管阳极与阴极间的最大电压等于变压器二次相电压的峰值,即

$$U_{FM} = \sqrt{2} U_2 \qquad （3-22）$$

2. 阻感负载

如果负载为阻感负载,且 L 值很大,则如图 3-17 所示,整流电流 i_d 的波形基本是平直的,流过晶闸管的电流接近矩形波。

$\alpha \leqslant 30°$时,整流电压波形与电阻负载时相同,因为两种负载情况下,负载电流均连续。

$\alpha > 30°$时,例如 $\alpha = 60°$时的波形如图 3-17 所示。当 u_2 过零时,由于电感的存在,阻止电流下降,因而 VT_1 继续导通,直到下一相晶闸管 VT_2 的触发脉冲到来,才发生换流,由 VT_2 导通向负载供电,同时向 VT_1 施加反压使其关断。这种情况下 u_d 波形中出现负的部分,若 α 增大,u_d 波形中负的部分将增多,至 $\alpha = 90°$时,u_d 波形中正负面积相等,u_d 的平均值为零。可见阻感负载时的移相范围为 $0° \sim 90°$。

由于负载电流连续,U_d 可由式(3-18)求出,即

$$U_d = 1.17 U_2 \cos\alpha$$

U_d / U_2 与 α 成余弦关系,如图 3-16 中曲线 2 所示。如果负载中的电感量不是很大,则当 $\alpha > 30°$后,与电感量足够大的情况相比较,u_d 中负的部分可能减少,整流电压平均值 U_d

略为增加，U_d/U_2 与 α 的关系将介于图 3-16 中的曲线 1 和 2 之间，曲线 3 给出了这种情况的一个例子。

变压器二次电流即晶闸管电流的有效值为

$$I_2 = I_{VT} = \frac{1}{\sqrt{3}} I_d = 0.577 I_d \qquad (3-23)$$

由此可求出晶闸管的额定电流为

$$I_{VT(AV)} = \frac{I_{VT}}{1.57} = 0.368 I_d \qquad (3-24)$$

晶闸管两端电压波形如图 3-17 所示，由于负载电流连续，晶闸管最大正反向电压峰值均为变压器二次线电压峰值，即

$$U_{FM} = U_{RM} = 2.45 U_2 \qquad (3-25)$$

图 3-17 中所给 i_d 波形有一定的脉动，与分析单相整流电路阻感负载时图 3-6 所示的 i_d 波形有所不同。这是电路工作的实际情况，因为负载中电感量不可能也不必非常大，往往只要能保证负载电流连续即可，这样 i_d 实际上是有波动的，不是完全平直的水平线。通常，为简化分析及定量计算，可以将 i_d 近似为一条水平线，这样的近似对分析和计算的准确性并不产生很大影响。

三相半波可控整流电路的主要缺点在于其变压器二次电流中含有直流分量，因此其应用较少。

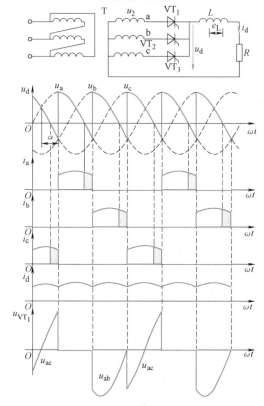

图 3-17　三相半波可控整流电路，阻感负载时的电路及 $\alpha = 60°$ 时的波形

3.1.6　三相桥式全控整流电路

目前在各种整流电路中，应用最为广泛的是三相桥式全控整流电路，其原理如图 3-18 所示，习惯将其中阴极连接在一起的三个晶闸管（VT_1、VT_3、VT_5）称为共阴极组；阳极连接在一起的三个晶闸管（VT_4、VT_6、VT_2）称为共阳极组。此外，习惯上希望晶闸管按从 1 至 6 的顺序导通。为此将晶闸管按图示的顺序编号，即共阴极组中与 a、b、c 三相电源相接的三个晶闸管分别为 VT_1、VT_3、VT_5，共阳极组中与 a、b、c 三相电源相接的三个晶闸管分别为 VT_4、VT_6、VT_2。从后面的分析可知，按此编号，晶闸管的导通顺序为 VT_1—VT_2—VT_3—VT_4—VT_5—VT_6。以下首先分析带电阻负载时的工作情况。

1. 电阻负载时的工作情况

可以采用与分析三相半波可控整流电路时类

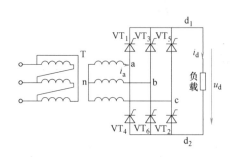

图 3-18　三相桥式全控整流电路原理图

似的方法，假设将电路中的晶闸管换作二极管，这种情况也就相当于晶闸管触发角 $\alpha = 0°$ 时的情况。此时，对于共阴极组的三个晶闸管，阳极所接交流电压值最大的一个导通。而对于共阳极组的三个晶闸管，则是阴极所接交流电压值最小（或者说负得最多）的一个导通。这样，任意时刻共阳极组和共阴极组中各有一个晶闸管处于导通状态，施加于负载上的电压为某一线电压。此时电路工作波形如图 3-19 所示。

$\alpha = 0°$ 时，各晶闸管均在自然换相点处换相。由图中变压器二次绕组相电压与线电压波形的对应关系看出，各自然换相点既是相电压的交点，同时也是线电压的交点。在分析 u_d 的波形时，既可从相电压波形分析，也可以从线电压波形分析。

从相电压波形看，共阴极组晶闸管导通时，以变压器二次侧的中点 n 为参考点，整流输出电压 u_{d1} 为相电压在正半周的包络线；共阳极组导通时，整流输出电压 u_{d2} 为相电压在负半周的包络线，总的整流输出电压 $u_d = u_{d1} - u_{d2}$，是两条包络线间的差值，将其对应到线电压波形上，即为线电压在正半周的包络线。

直接从线电压波形看，由于共阴极组中处于通态的晶闸管对应的是最大（正得最多）的相电压，而共阳极组中处于通态的晶闸管对应的是最小（负得最多）的相电压，输出整流电压 u_d 为这两个相电压相减，是线电压中最大的一个，因此输出整流电压 u_d 波形为线电压在正半周期的包络线。

为了说明各晶闸管的工作情况，将波形中的一个周期等分为六段，每段为 $60°$，如图 3-19 所示，每一段中导通的晶闸管及输出整流电压的情况如表 3-1 所示。由该表可见，六个晶闸管的导通顺序为 $VT_1 — VT_2 — VT_3 — VT_4 — VT_5 — VT_6$。

表 3-1　三相桥式全控整流电路电阻负载 $\alpha = 0°$ 时晶闸管工作情况

时　　段	I	II	III	IV	V	VI
共阴极组中导通的晶闸管	VT_1	VT_1	VT_3	VT_3	VT_5	VT_5
共阳极组中导通的晶闸管	VT_6	VT_2	VT_2	VT_4	VT_4	VT_6
整流输出电压 u_d	$u_a - u_b = u_{ab}$	$u_a - u_c = u_{ac}$	$u_b - u_c = u_{bc}$	$u_b - u_a = u_{ba}$	$u_c - u_a = u_{ca}$	$u_c - u_b = u_{cb}$

从触发角 $\alpha = 0°$ 时的情况可以总结出三相桥式全控整流电路的一些特点如下：

1）每个时刻均需两个晶闸管同时导通，形成向负载供电的回路，其中一个晶闸管是共阴极组的，一个是共阳极组的，且不能为同一相的晶闸管。

2）对触发脉冲的要求：六个晶闸管的脉冲按 $VT_1 — VT_2 — VT_3 — VT_4 — VT_5 — VT_6$ 的顺序，相位依次差 $60°$；共阴极组 VT_1、VT_3、VT_5 的脉冲依次差 $120°$，共阳极组 VT_4、VT_6、VT_2 也依次差 $120°$；同一相的上下两个桥臂，即 VT_1 与 VT_4、VT_3 与 VT_6、VT_5 与 VT_2，脉冲相差 $180°$。

3）整流输出电压 u_d 一周期脉动六次，每次脉动的波形都一样，故该电路为六脉波整流电路。

4）在整流电路合闸启动过程中或电流断续时，为确保电路的正常工作，需保证同时导通的两个晶闸管均有脉冲。为此，可采用两种方法：一种是使脉冲宽度大于 $60°$（一般取 $80° \sim 100°$），称为宽脉冲触发；另一种方法是，在触发某个晶闸管的同时，给前一个晶闸管补发脉冲，即用两个窄脉冲代替宽脉冲，两个窄脉冲的前沿相差 $60°$，脉宽一般为 $20° \sim 30°$，称为双脉冲触发。双脉冲电路较复杂，但要求的触发电路输出功率小。宽脉冲触发电路虽可少输出一半脉冲，但为了不使脉冲变压器饱和，需将铁心体积做得较大，绕组匝数较多，导致漏感增大，脉冲前沿不够陡，对于晶闸管串联使用不利。虽可用去磁绕组改善这种情况，但又使触发电路复杂化。因此，常用的是双脉冲触发。

5）$\alpha=0°$ 时晶闸管承受的电压波形如图 3-19 所示。图中仅给出 VT_1 的电压波形。将此波形与三相半波时图 3-13 中的 VT_1 电压波形比较可见，两者是相同的，晶闸管承受最大正、反向电压的关系也与三相半波时一样。

图 3-19 还给出了晶闸管 VT_1 流过电流 i_{VT_1} 的波形，由此波形可以看出，晶闸管一周期中有 120° 处于通态，240° 处于断态，由于负载为电阻，故晶闸管处于通态时的电流波形与相应时段的 u_d 波形相同。

当触发角 α 改变时，电路的工作情况将发生变化。图 3-20 给出了 $\alpha=30°$ 时的波形。从 ωt_1 时刻开始把一个周期等分为六段，每段为 60°。与 $\alpha=0°$ 时的情况相比，一周期中 u_d 波形仍由六段线电压构成，每一段导通晶闸管的编号等仍符合表 3-1 的规律。区别在于，晶闸管起始导通时刻推迟了 30°，组成 u_d 的每一段线电压因此推迟 30°，u_d 平均值降低。晶闸管电压波形也相应发生了变化。图中同时给出了变压器二次侧 a 相电流 i_a 的波形，该波形的特点是，在 VT_1 处于通态的 120° 期间，i_a 为正，i_a 波形的形状与同时段的 u_d 波形相同，在 VT_4 处于通态的 120° 期间，i_a 波形的形状也与同时段的 u_d 波形相同，但为负值。

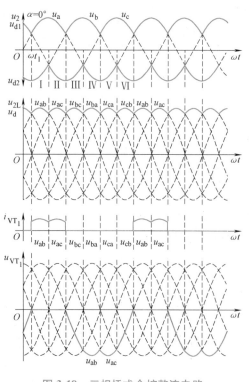

图 3-19　三相桥式全控整流电路
带电阻负载 $\alpha=0°$ 时的波形

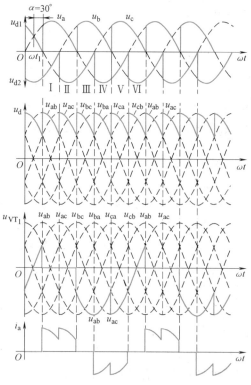

图 3-20　三相桥式全控整流
电路带电阻负载 $\alpha=30°$ 时的波形

图 3-21 给出了 $\alpha=60°$ 时的波形，电路工作情况仍可对照表 3-1 分析。u_d 波形中每段线电压的波形继续向后移，u_d 平均值继续降低。$\alpha=60°$ 时 u_d 出现了为零的点。

由以上分析可见，当 $\alpha\leqslant60°$ 时，u_d 波形均连续，对于电阻负载，i_d 波形与 u_d 波形的形状是一样的，也连续。

当 $\alpha>60°$ 时，如 $\alpha=90°$ 时电阻负载情况下的工作波形如图 3-22 所示，此时 u_d 波形每 $60°$ 中有 $30°$ 为零，这是因为电阻负载时 i_d 波形与 u_d 波形一致，一旦 u_d 降至零，i_d 也降至零，流过晶闸管的电流即降至零，晶闸管关断，输出整流电压 u_d 为零，因此 u_d 波形不能出现负值。图 3-22 还给出了晶闸管电流 i_{VT_1} 和变压器二次电流 i_a 的波形。

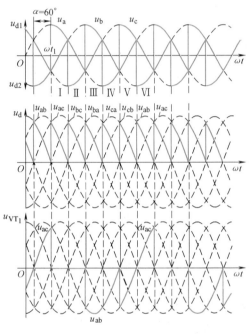 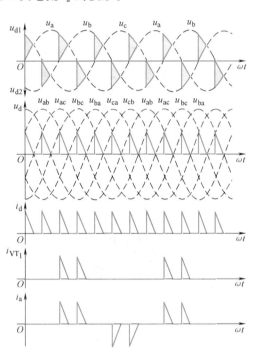

图 3-21　三相桥式全控整流电路
带电阻负载 $\alpha=60°$ 时的波形

图 3-22　三相桥式全控整流电路
带电阻负载 $\alpha=90°$ 时的波形

如果 α 角继续增大至 $120°$，整流输出电压 u_d 波形将全为零，其平均值也为零，可见带电阻负载时三相桥式全控整流电路 α 角的移相范围是 $0°\sim120°$。

2. 阻感负载时的工作情况

三相桥式全控整流电路大多用于向阻感负载和反电动势阻感负载供电（即用于直流电动机传动），下面主要分析阻感负载时的情况，对于带反电动势阻感负载的情况，只需在阻感负载的基础上掌握其特点，即可把握其工作情况。

当 $\alpha\leqslant60°$ 时，u_d 波形连续，电路的工作情况与带电阻负载时十分相似，各晶闸管的通断情况、输出整流电压 u_d 波形、晶闸管承受的电压波形等都一样。区别在于由于负载不同，同样的整流输出电压加到负载上，得到的负载电流 i_d 波形不同，电阻负载时 i_d 波形与 u_d 波形形状一样。而阻感负载时，由于电感的作用，使得负载电流波形变得平直，当电感足够大的时候，负载电流的波形可近似为一条水平线。图 3-23 和图 3-24 分别给出了三相桥式全控整流电路带阻感负载 $\alpha=0°$ 和 $\alpha=30°$ 时的波形。

图 3-23 中除给出 u_d 波形和 i_d 波形外，还给出了晶闸管 VT_1 电流 i_{VT_1} 的波形，可与图 3-19 带电阻负载时的情况进行比较。由波形图可见，在晶闸管 VT_1 导通段，i_{VT_1} 波形由负载电流 i_d 波形决定。

图 3-24 中除给出 u_d 波形和 i_d 波形外，还给出了变压器二次侧 a 相电流 i_a 的波形，可与图 3-20 带电阻负载时的情况进行比较。

当 $\alpha>60°$ 时，阻感负载时的工作情况与电阻负载时不同，电阻负载时 u_d 波形不会出现负的部分，而阻感负载时，由于电感 L 的作用，u_d 波形会出现负的部分。图 3-25 给出了 $\alpha=90°$ 时的波形。若电感 L 值足够大，u_d 中正负面积将基本相等，u_d 平均值近似为零。这表明，带阻感负载时，三相桥式全控整流电路的触发角 α 移相范围为 $0°\sim90°$。

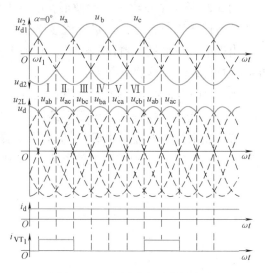

图 3-23　三相桥式全控整流电路
带阻感负载 $\alpha=0°$ 时的波形

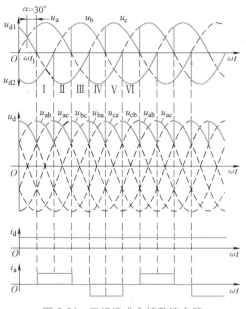

图 3-24　三相桥式全控整流电路
带阻感负载 $\alpha=30°$ 时的波形

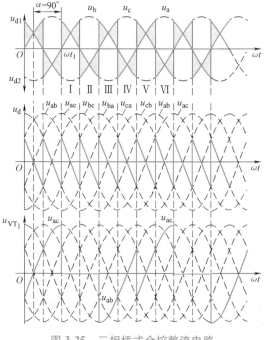

图 3-25　三相桥式全控整流电路
带阻感负载 $\alpha=90°$ 时的波形

3. 定量分析

在以上的分析中已经说明，整流输出电压 u_d 的波形在一周期内脉动六次，且每次脉动的波形相同，因此在计算其平均值时，只需对一个脉波（即 1/6 周期）进行计算即可。此外，以线电压的过零点作为时间坐标的零点，于是可得到当整流输出电压连续时（即带阻感负载时，或带电阻负载 $\alpha \leqslant 60°$ 时）的平均值为

$$U_d = \frac{1}{\frac{\pi}{3}} \int_{\frac{\pi}{3}+\alpha}^{\frac{2\pi}{3}+\alpha} \sqrt{6} U_2 \sin\omega t \mathrm{d}\,(\omega t) = 2.34 U_2 \cos\alpha \tag{3-26}$$

带电阻负载且 $\alpha > 60°$ 时，整流电压平均值为

$$U_d = \frac{3}{\pi} \int_{\frac{\pi}{3}+\alpha}^{\pi} \sqrt{6} U_2 \sin\omega t \mathrm{d}\,(\omega t) = 2.34 U_2 \left[1+\cos\left(\frac{\pi}{3}+\alpha\right)\right] \tag{3-27}$$

输出电流平均值为 $I_d = U_d / R$。

当整流变压器为图 3-18 所示采用星形接法，带阻感负载时，变压器二次电流波形如图 3-24 所示，为正负半周各宽 120°、前沿相差 180° 的矩形波，其有效值为

$$I_2 = \sqrt{\frac{1}{2\pi}\left(I_d^2 \times \frac{2}{3}\pi + (-I_d)^2 \times \frac{2}{3}\pi\right)} = \sqrt{\frac{2}{3}}\, I_d = 0.816 I_d \tag{3-28}$$

晶闸管电压、电流等的定量分析与三相半波时一致。

三相桥式全控整流电路接反电动势阻感负载时，在负载电感足够大足以使负载电流连续的情况下，电路工作情况与电感性负载时相似，电路中各处电压、电流波形均相同，仅在计算 I_d 时有所不同，接反电动势阻感负载时的 I_d 为

$$I_d = \frac{U_d - E}{R} \tag{3-29}$$

式中，R 和 E 分别为负载中的电阻值和反电动势的值。

3.2　变压器漏感对整流电路的影响

在前面分析整流电路时，均未考虑包括变压器漏感在内的交流侧电感的影响，认为换相是瞬时完成的。但实际上变压器绕组总有漏感，该漏感可用一个集中的电感 L_B 表示，并将其折算到变压器二次侧。由于电感对电流的变化起阻碍作用，电感电流不能突变，因此换相过程不能瞬间完成，而是会持续一段时间。

下面以三相半波为例分析考虑变压器漏感时的换相过程以及有关参量的计算，然后将结论推广到其他的电路形式。

图 3-26 为考虑变压器漏感时的三相半波可控整流电路带电感负载的电路图及波形。假设负载中电感很大，负载电流为水平线。

该电路在交流电源的一周期内有三次晶闸管换相过程，因各次换相情况一样，这里只分析从 VT_1 换相至 VT_2 的过程。在 ωt_1 时刻之前 VT_1 导通，ωt_1 时刻触发 VT_2，VT_2 导通，此时因 a、b 两相均有漏感，故 i_a、i_b 均不能突变，于是 VT_1 和 VT_2 同时导通，相当于将 a、b 两相短路，两相间电压差为 $u_b - u_a$，它在两相组成的回路中产生环流 i_k 如图所示。由于回路中有两个漏感，$i_k = i_b$ 是逐渐增大的，而 $i_a = I_d - i_k$ 是逐渐减小的。当 i_k 增大到等于 I_d 时，$i_a = 0$，

VT_1 关断，换流过程结束。换相过程持续的时间用电角度 γ 表示，称为**换相重叠角**。

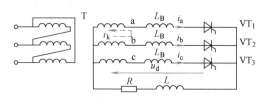

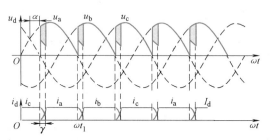

图 3-26 考虑变压器漏感时的
三相半波可控整流电路及波形

在上述换相过程中，整流输出电压瞬时值为

$$u_d = u_a + L_B \frac{di_k}{dt} = u_b - L_B \frac{di_k}{dt} = \frac{u_a + u_b}{2} \tag{3-30}$$

由式（3-30）可知，在换相过程中，整流电压 u_d 为同时导通的两个晶闸管所对应的两个相电压的平均值，由此可得 u_d 波形如图 3-26 所示。与不考虑变压器漏感时相比，每次换相 u_d 波形均少了阴影标出的一块，导致 u_d 平均值降低，降低的多少用 ΔU_d 表示，称为**换相压降**。

$$\Delta U_d = \frac{1}{\dfrac{2\pi}{3}} \int_{\frac{5\pi}{6}+\alpha}^{\frac{5\pi}{6}+\alpha+\gamma} (u_b - u_d) \, d(\omega t) = \frac{3}{2\pi} \int_{\frac{5\pi}{6}+\alpha}^{\frac{5\pi}{6}+\alpha+\gamma} \left[u_b - \left(u_b - L_B \frac{di_k}{dt} \right) \right] d(\omega t)$$

$$= \frac{3}{2\pi} \int_{\frac{5\pi}{6}+\alpha}^{\frac{5\pi}{6}+\alpha+\gamma} L_B \frac{di_k}{dt} d(\omega t) = \frac{3}{2\pi} \int_0^{I_d} \omega L_B di_k = \frac{3}{2\pi} X_B I_d \tag{3-31}$$

式中，X_B 是漏感为 L_B 的变压器每相折算到二次侧的漏抗，$X_B = \omega L_B$。

对于换相重叠角 γ 的计算，可从下式［可由式（3-30）得出］开始：

$$\frac{di_k}{dt} = \frac{u_b - u_a}{2L_B} = \frac{\sqrt{6}\, U_2 \sin\left(\omega t - \dfrac{5\pi}{6}\right)}{2L_B} \tag{3-32}$$

由式（3-32）得

$$\frac{di_k}{d\omega t} = \frac{\sqrt{6}\, U_2}{2X_B} \sin\left(\omega t - \frac{5\pi}{6}\right) \tag{3-33}$$

进而得出

$$i_k = \int_{\frac{5\pi}{6}+\alpha}^{\omega t} \frac{\sqrt{6}\, U_2}{2X_B} \sin\left(\omega t - \frac{5\pi}{6}\right) d(\omega t) = \frac{\sqrt{6}\, U_2}{2X_B} \left[\cos\alpha - \cos\left(\omega t - \frac{5\pi}{6}\right) \right] \tag{3-34}$$

当 $\omega t = \alpha + \gamma + \dfrac{5\pi}{6}$ 时，$i_k = I_d$，于是

$$I_d = \frac{\sqrt{6}\,U_2}{2X_B}\left[\cos\alpha - \cos(\alpha+\gamma)\right] \tag{3-35}$$

$$\cos\alpha - \cos(\alpha+\gamma) = \frac{2X_B I_d}{\sqrt{6}\,U_2} \tag{3-36}$$

由此式即可计算出换相重叠角 γ。对上式进行分析得出 γ 随其他参数变化的规律为

1）I_d 越大，则 γ 越大。

2）X_B 越大，γ 越大。

3）当 $\alpha \leqslant 90°$ 时，α 越小，γ 越大。

对于其他整流电路，可用同样的方法进行分析，本书中不再一一叙述，但将结果列于表 3-2 中，以方便读者使用。表中所列 m 脉波整流电路的公式为通用公式，适用于各种整流电路。对于表中未列出的电路，可用该公式导出。

根据以上分析及结果，再经进一步分析可得出以下变压器漏感对整流电路影响的一些结论：

1）出现换相重叠角 γ，整流输出电压平均值 U_d 降低。

表 3-2　各种整流电路换相压降和换相重叠角的计算

电路形式	单相全波	单相全控桥	三相半波	三相全控桥	m 脉波整流电路
ΔU_d	$\dfrac{X_B}{\pi}I_d$	$\dfrac{2X_B}{\pi}I_d$	$\dfrac{3X_B}{2\pi}I_d$	$\dfrac{3X_B}{\pi}I_d$	$\dfrac{mX_B}{2\pi}I_d$ [①]
$\cos\alpha - \cos(\alpha+\gamma)$	$\dfrac{I_d X_B}{\sqrt{2}\,U_2}$	$\dfrac{2I_d X_B}{\sqrt{2}\,U_2}$	$\dfrac{2X_B I_d}{\sqrt{6}\,U_2}$	$\dfrac{2X_B I_d}{\sqrt{6}\,U_2}$	$\dfrac{I_d X_B}{\sqrt{2}\,U_2\sin\dfrac{\pi}{m}}$ [①,②]

[①] 单相桥式全控整流电路的换相过程中，环流 i_k 是从 $-I_d$ 变为 I_d，电流按 $2I_d$ 代入。

[②] 三相桥等效为相电压等于 $\sqrt{3}\,U_2$ 的六脉波整流电路，故其 $m=6$，相电压按 $\sqrt{3}\,U_2$ 代入。

2）整流电路的工作状态增多，例如三相桥的工作状态由 6 种增加至 12 种：（VT$_1$、VT$_2$）$\rightarrow$（VT$_1$、VT$_2$、VT$_3$）$\rightarrow$（VT$_2$、VT$_3$）$\rightarrow$（VT$_2$、VT$_3$、VT$_4$）$\rightarrow$（VT$_3$、VT$_4$）$\rightarrow$（VT$_3$、VT$_4$、VT$_5$）$\rightarrow$（VT$_4$、VT$_5$）$\rightarrow$（VT$_4$、VT$_5$、VT$_6$）$\rightarrow$（VT$_5$、VT$_6$）$\rightarrow$（VT$_5$、VT$_6$、VT$_1$）$\rightarrow$（VT$_6$、VT$_1$）$\rightarrow$（VT$_6$、VT$_1$、VT$_2$）$\rightarrow\cdots$。

3）晶闸管的 $\mathrm{d}i/\mathrm{d}t$ 减小，有利于晶闸管的安全开通。有时人为串入进线电抗器以抑制晶闸管的 $\mathrm{d}i/\mathrm{d}t$。

4）换相时晶闸管电压出现缺口，产生正的 $\mathrm{d}u/\mathrm{d}t$，可能使晶闸管误导通，为此必须加吸收电路。

5）换相使电网电压出现缺口，成为干扰源。

例 3-2　三相桥式不可控整流电路，阻感负载，$R=5\Omega$，$L=\infty$，$U_2=220\mathrm{V}$，$X_B=0.3\Omega$，求 U_d、I_d、I_{VD}、I_2 和 γ 的值并绘出 u_d、i_{VD_1} 和 i_{2a} 的波形。

解：三相桥式不可控整流电路相当于三相桥式可控整流电路 $\alpha=0°$ 时的情况。

$$U_d = 2.34U_2\cos\alpha - \Delta U_d$$

$$\Delta U_{\mathrm{d}} = \frac{3 X_{\mathrm{B}} I_{\mathrm{d}}}{\pi}$$

$$I_{\mathrm{d}} = \frac{U_{\mathrm{d}}}{R}$$

解方程组得

$$U_{\mathrm{d}} = \frac{2.34 U_2 \cos\alpha}{1 + \dfrac{3 X_{\mathrm{B}}}{\pi R}} = 486.9 \mathrm{V}$$

$$I_{\mathrm{d}} = 97.38 \mathrm{A}$$

又因为

$$\cos\alpha - \cos(\alpha + \gamma) = \frac{2 I_{\mathrm{d}} X_{\mathrm{B}}}{\sqrt{6} U_2}$$

即得出

$$\cos\gamma = 0.892$$

换流重叠角

$$\gamma = 26.93°$$

二极管电流平均值和变压器二次电流的有效值分别为

$$I_{\mathrm{VD_1}} = \frac{I_{\mathrm{d}}}{3} = \frac{97.38 \mathrm{A}}{3} = 32.46 \mathrm{A}$$

$$I_{2\mathrm{a}} = \sqrt{\frac{2}{3}} I_{\mathrm{d}} = 79.51 \mathrm{A}$$

u_{d}、$i_{\mathrm{VD_1}}$ 和 $i_{2\mathrm{a}}$ 的波形如图 3-27 所示。

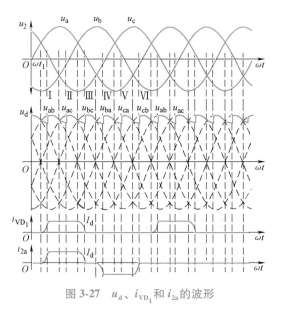

图 3-27　u_{d}、$i_{\mathrm{VD_1}}$ 和 $i_{2\mathrm{a}}$ 的波形

3.3　整流电路的谐波和功率因数

20 多年来，随着电力电子技术的飞速发展，各种电力电子装置在电力系统、工业、交通、家庭等众多领域中的应用日益广泛，由此带来的谐波（Harmonics）和无功（Reactive Power）问题也日益严重，引起了越来越广泛的关注。许多电力电子装置要消耗无功功率，会对公用电网带来不利影响：

1）无功功率会导致电流增大和视在功率增加，导致设备容量增加。

2）无功功率增加，会使总电流增加，从而使设备和线路的损耗增加。

3）无功功率使线路压降增大，冲击性无功负载还会使电压剧烈波动。

电力电子装置还会产生谐波，对公用电网产生危害，包括：

1）谐波使电网中的元件产生附加的谐波损耗，降低发电、输电及用电设备的效率，大量的三次谐波流过中性线会使线路过热甚至发生火灾。

2）谐波影响各种电气设备的正常工作，使电机产生机械振动、噪声和过热，使变压器局部严重过热，使电容器和电缆等设备过热、绝缘老化、寿命缩短以至损坏。

3）谐波会引起电网中局部的并联谐振和串联谐振，从而使谐波放大，会使上述 1）和 2）两项的危害大大增加，甚至引起严重事故。

4）谐波会导致继电保护和自动装置的误动作，并使电气测量仪表计量不准确。

5）谐波会对邻近的通信系统产生干扰，轻者产生噪声，降低通信质量；重者导致信息丢失，使通信系统无法正常工作。

由于公用电网中的谐波电压和谐波电流对用电设备和电网本身都会造成很大的危害，世界许多国家都发布了限制电网谐波的国家标准，或由权威机构制定限制谐波的规定。制定这些标准和规定的基本原则是限制谐波源注入电网的谐波电流，把电网谐波电压控制在允许范围内，使接在电网中的电气设备能免受谐波干扰而正常工作。世界各国所制定的谐波标准大都比较接近。我国于 1993 年发布了国家标准（GB/T 14549—1993）《电能质量　公用电网谐波》，并从 1994 年 3 月 1 日起开始实施。

3.3.1　谐波和无功功率分析基础

1. 谐波

在供用电系统中，通常总是希望交流电压和交流电流呈正弦波形。正弦波电压可表示为

$$u(t) = \sqrt{2}\,U\sin(\omega t + \varphi_\mathrm{u}) \tag{3-37}$$

式中，U 为电压有效值；φ_u 为初相角；ω 为角频率，$\omega = 2\pi f = 2\pi/T$，f 为频率，T 为周期。

当正弦波电压施加在线性无源元件电阻、电感和电容上时，其电流和电压分别为比例、积分和微分关系，仍为同频率的正弦波。但当正弦波电压施加在非线性电路上时，电流就变为非正弦波，非正弦电流在电网阻抗上产生压降，会使电压波形也变为非正弦波。当然，非正弦电压施加在线性电路上时，电流也是非正弦波。对于周期为 $T = 2\pi/\omega$ 的非正弦电压 $u(\omega t)$，一般满足狄里赫利条件，可分解为如下形式的傅里叶级数

$$u(\omega t) = a_0 + \sum_{n=1}^{\infty} (a_n \cos n\omega t + b_n \sin n\omega t) \tag{3-38}$$

式中

$$a_0 = \frac{1}{2\pi} \int_0^{2\pi} u(\omega t)\,\mathrm{d}(\omega t)$$

$$a_n = \frac{1}{\pi} \int_0^{2\pi} u(\omega t)\cos n\omega t\,\mathrm{d}(\omega t)$$

$$b_n = \frac{1}{\pi} \int_0^{2\pi} u(\omega t)\sin n\omega t\,\mathrm{d}(\omega t)$$

$$n = 1,\ 2,\ 3,\ \cdots$$

或

$$u(\omega t) = a_0 + \sum_{n=1}^{\infty} c_n \sin(n\omega t + \varphi_n) \tag{3-39}$$

式中，c_n、φ_n 和 a_n、b_n 的关系为

$$c_n = \sqrt{a_n^2 + b_n^2}$$

$$\varphi_n = \arctan\left(\frac{a_n}{b_n}\right)$$

$$a_n = c_n \sin\varphi_n$$

$$b_n = c_n \cos\varphi_n$$

在式（3-38）或式（3-39）的傅里叶级数中，频率与工频相同的分量称为基波（Fundamental），频率为基波频率整数倍（大于1）的分量称为谐波，谐波次数为谐波频率和基波频率的整数比。以上公式及定义均以非正弦电压为例，对于非正弦电流的情况也完全适用，把式中 $u(\omega t)$ 转成 $i(\omega t)$ 即可。

n 次谐波电流含有率以 HRI_n（Harmonic Ratio for I_n）表示

$$HRI_n = \frac{I_n}{I_1} \times 100\% \tag{3-40}$$

式中，I_n 为 n 次谐波电流有效值；I_1 为基波电流有效值。

电流谐波总畸变率 THD_i（Total Harmonic Distortion）定义为

$$THD_i = \frac{I_h}{I_1} \times 100\% \tag{3-41}$$

式中，I_h 为总谐波电流有效值。

2. 功率因数

正弦电路中，电路的有功功率就是其平均功率

$$P = \frac{1}{2\pi}\int_0^{2\pi} uid(\omega t) = UI\cos\varphi \tag{3-42}$$

式中，U、I 分别为电压和电流的有效值；φ 为电流滞后于电压的相位差。

视在功率为电压、电流有效值的乘积，即

$$S = UI \tag{3-43}$$

无功功率定义为

$$Q = UI\sin\varphi \tag{3-44}$$

功率因数 λ 定义为有功功率 P 和视在功率 S 的比值，即

$$\lambda = \frac{P}{S} \tag{3-45}$$

此时无功功率 Q 与有功功率 P、视在功率 S 之间有如下关系：

$$S^2 = P^2 + Q^2 \tag{3-46}$$

在正弦电路中，功率因数是由电压和电流的相位差 φ 决定的，其值为

$$\lambda = \cos\varphi \tag{3-47}$$

在非正弦电路中，有功功率、视在功率、功率因数的定义均和正弦电路相同，功率因数仍由式（3-45）定义。公共电网中，通常电压的波形畸变很小，而电流波形的畸变可能很大。因此，不考虑电压畸变，研究电压波形为正弦波、电流波形为非正弦波的情况有很大的实际意义。

设正弦波电压有效值为 U，畸变电流有效值为 I，基波电流有效值及与电压的相位差分别为 I_1 和 φ_1。这时有功功率为

$$P = UI_1\cos\varphi_1 \tag{3-48}$$

功率因数为

$$\lambda = \frac{P}{S} = \frac{U I_1 \cos\varphi_1}{U I} = \frac{I_1}{I}\cos\varphi_1 = \nu\cos\varphi_1 \tag{3-49}$$

式中，ν 为基波电流有效值和总电流有效值之比，$\nu = I_1/I$，称为基波因数；$\cos\varphi_1$ 称为位移因数或基波功率因数。可见，功率因数由基波电流相移和电流波形畸变这两个因素共同决定。

含有谐波的非正弦电路的无功功率情况比较复杂，定义很多，但至今尚无被广泛接受的科学而权威的定义。一种简单的定义是仿照式（3-46）给出的

$$Q = \sqrt{S^2 - P^2} \tag{3-50}$$

这样定义的无功功率 Q 反映了能量的流动和交换，目前被广泛接受，但该定义对无功功率的描述很粗糙。

也可仿照式（3-44）定义无功功率，为与式（3-50）区别，采用符号 Q_{f}，忽略电压中的谐波时有

$$Q_{\mathrm{f}} = U I_1 \sin\varphi_1 \tag{3-51}$$

在非正弦情况下，$S^2 \neq P^2 + Q_{\mathrm{f}}^2$，因此引入畸变功率 D，使得

$$S^2 = P^2 + Q_{\mathrm{f}}^2 + D^2 \tag{3-52}$$

比较式（3-50）和式（3-52），可得

$$Q^2 = Q_{\mathrm{f}}^2 + D^2 \tag{3-53}$$

忽略电压谐波时

$$D = \sqrt{S^2 - P^2 - Q_{\mathrm{f}}^2} = U \sqrt{\sum_{n=2}^{\infty} I_n^2} \tag{3-54}$$

这种情况下，Q_{f} 为基波电流所产生的无功功率；D 是谐波电流产生的无功功率。

3.3.2　带阻感负载时可控整流电路交流侧谐波和功率因数分析

1. 单相桥式全控整流电路

忽略换相过程和电流脉动时，带阻感负载的单相桥式整流电路如图 3-6a 所示。直流电感 L 为足够大时变压器二次电流波形近似为理想方波，如图 3-6g 所示，将电流波形分解为傅里叶级数，可得

$$i_2 = \frac{4}{\pi} I_{\mathrm{d}} \left(\sin\omega t + \frac{1}{3}\sin3\omega t + \frac{1}{5}\sin5\omega t + \cdots \right)$$

$$= \frac{4}{\pi} I_{\mathrm{d}} \sum_{n=1,3,5,\cdots} \frac{1}{n}\sin n\omega t = \sum_{n=1,3,5,\cdots} \sqrt{2} I_n \sin n\omega t \tag{3-55}$$

其中基波和各次谐波有效值为

$$I_n = \frac{2\sqrt{2} I_{\mathrm{d}}}{n\pi} \qquad n = 1,3,5,\cdots \tag{3-56}$$

可见，电流中仅含奇次谐波，各次谐波有效值与谐波次数成反比，且与基波有效值的比值为谐波次数的倒数。

功率因数的计算也很简单。由式（3-56）得基波电流有效值为

$$I_1 = \frac{2\sqrt{2}}{\pi} I_{\mathrm{d}} \tag{3-57}$$

由 3.1.2 节的分析可知，i_2 的有效值 $I = I_{\mathrm{d}}$，结合式 (3-57) 可得基波因数为

$$\nu = \frac{I_1}{I} = \frac{2\sqrt{2}}{\pi} \approx 0.9 \tag{3-58}$$

从图 3-6 可以明显看出，电流基波与电压的相位差就等于控制角 α，故位移因数为

$$\lambda_1 = \cos\varphi_1 = \cos\alpha \tag{3-59}$$

所以，功率因数为

$$\lambda = \nu\lambda_1 = \frac{I_1}{I}\cos\varphi_1 = \frac{2\sqrt{2}}{\pi}\cos\alpha \approx 0.9\cos\alpha \tag{3-60}$$

2. 三相桥式全控整流电路

阻感负载的三相桥式整流电路忽略换相过程和电流脉动时如图 3-18 所示。同样，交流侧电抗为零，直流电感 L 为足够大。以 $\alpha = 30°$ 为例，交流侧电压和电流波形如图 3-24 中 u_{ab} 和 i_{a} 波形所示。此时，电流为正负半周各 120° 的方波，三相电流波形相同，且依次相差 120°，其有效值与直流电流的关系为

$$I = \sqrt{\frac{2}{3}} I_{\mathrm{d}} \tag{3-61}$$

同样可将电流波形分解为傅里叶级数。以 a 相电流为例，将电流负、正两半波的中点作为时间零点，则有

$$i_{\mathrm{a}} = \frac{2\sqrt{3}}{\pi} I_{\mathrm{d}} \left(\sin\omega t - \frac{1}{5}\sin 5\omega t - \frac{1}{7}\sin 7\omega t + \frac{1}{11}\sin 11\omega t + \frac{1}{13}\sin 13\omega t - \cdots \right)$$

$$= \frac{2\sqrt{3}}{\pi} I_{\mathrm{d}}\sin\omega t + \frac{2\sqrt{3}}{\pi} I_{\mathrm{d}} \sum_{\substack{n=6k\pm1 \\ k=1,2,3,\cdots}} (-1)^k \frac{1}{n}\sin n\omega t = \sqrt{2} I_1\sin\omega t + \sum_{\substack{n=6k\pm1 \\ k=1,2,3,\cdots}} (-1)^k \sqrt{2} I_n\sin n\omega t \tag{3-62}$$

由式 (3-62) 可得电流基波 I_1 和各次谐波有效值 I_n 分别为

$$\begin{cases} I_1 = \dfrac{\sqrt{6}}{\pi} I_{\mathrm{d}} \\[2ex] I_n = \dfrac{\sqrt{6}}{n\pi} I_{\mathrm{d}} \qquad n = 6k\pm1, \ k = 1,2,3,\cdots \end{cases} \tag{3-63}$$

由此可得以下结论：电流中仅含 $6k\pm1$ （k 为正整数）次谐波，各次谐波有效值与谐波次数成反比，且与基波有效值的比值为谐波次数的倒数。

由式 (3-61) 和式 (3-63) 可得基波因数为

$$\nu = \frac{I_1}{I} = \frac{3}{\pi} \approx 0.955 \tag{3-64}$$

同样从图 3-24 可明显看出电流基波与电压的相位差仍为 α，故位移因数仍为

$$\lambda_1 = \cos\varphi_1 = \cos\alpha \tag{3-65}$$

功率因数即为

$$\lambda = \nu\lambda_1 = \frac{I_1}{I}\cos\varphi_1 = \frac{3}{\pi}\cos\alpha \approx 0.955\cos\alpha \tag{3-66}$$

3.3.3 电容滤波的不可控整流电路交流侧谐波和功率因数分析

1. 电容滤波的单相不可控整流电路

近年来，在交-直-交变频器、不间断电源、开关电源（详见第 8 章）等应用场合中，大都采用不可控整流电路经电容滤波后提供整流电源，对于小功率的则可采用单相交流输入电路。目前大量普及的微机、电视机等家电产品所采用的开关电源中，其整流部分就是如图 3-28a 所示的单相桥式不可控整流电路。图 3-28b 为电路工作波形。假设该电路已工作于稳态，同时由于实际中作为负载的后级电路稳态时消耗的直流平均电流是一定的，所以分析中以电阻 R 作为负载。

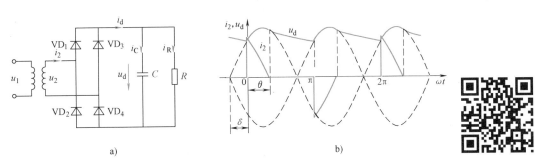

图 3-28 电容滤波的单相桥式不可控整流电路及其工作波形
a）电路　b）工作波形

该电路的基本工作过程是，在 u_2 正半周过零点至 $\omega t = 0$ 期间，因 $u_2 < u_d$，故二极管均不导通，此阶段电容 C 向 R 放电，提供负载所需电流，同时 u_d 下降。至 $\omega t = 0$ 之后，u_2 将要超过 u_d，使得 VD_1 和 VD_4 开通，$u_d = u_2$，交流电源向电容充电，同时向负载 R 供电。

设 VD_1 和 VD_4 导通的时刻与 u_2 过零点相距 δ 角，则

$$u_2 = \sqrt{2}\,U_2\sin(\omega t + \delta) \tag{3-67}$$

在 VD_1 和 VD_4 导通期间，以下方程成立：

$$\begin{cases} u_d(0) = \sqrt{2}\,U_2\sin\delta \\ u_d(0) + \dfrac{1}{C}\displaystyle\int_0^t i_C\,\mathrm{d}t = u_2 \end{cases} \tag{3-68}$$

式中，$u_d(0)$ 为 VD_1、VD_4 开始导通时刻直流侧电压值。

将 u_2 代入并求解得

$$i_C = \sqrt{2}\,\omega C U_2\cos(\omega t + \delta) \tag{3-69}$$

而负载电流为

$$i_R = \frac{u_2}{R} = \frac{\sqrt{2}\,U_2}{R}\sin(\omega t + \delta) \tag{3-70}$$

于是

$$i_d = i_C + i_R = \sqrt{2}\,\omega C U_2\cos(\omega t + \delta) + \frac{\sqrt{2}\,U_2}{R}\sin(\omega t + \delta) \tag{3-71}$$

设 VD_1 和 VD_4 的导通角为 θ ，则当 $\omega t = \theta$ 时， VD_1 和 VD_4 关断。将 $i_d(\theta) = 0$ 代入式（3-71），得

$$\tan(\theta+\delta) = -\omega RC \tag{3-72}$$

电容被充电到 $\omega t = \theta$ 时， $u_d = u_2 = \sqrt{2}\,U_2 \sin(\theta+\delta)$ ， VD_1 和 VD_4 关断。电容开始以时间常数 RC 按指数函数放电。当 $\omega t = \pi$ ，即放电经过 $\pi - \theta$ 角时， u_d 降至开始充电时的初值 $\sqrt{2}\,U_2 \sin\delta$ ，另一对二极管 VD_2 和 VD_3 导通，此后 u_2 又向 C 充电，与 u_2 正半周的情况一样。由于二极管导通后 u_2 开始向 C 充电时的 u_d 与二极管关断后 C 放电结束时的 u_d 相等，故下式成立：

$$\sqrt{2}\,U_2 \sin(\theta+\delta)\, e^{-\frac{\pi-\theta}{\omega RC}} = \sqrt{2}\,U_2 \sin\delta \tag{3-73}$$

注意到 $\delta+\theta$ 为第 2 象限的角，由式（3-72）和式（3-73）得

$$\pi - \theta = \delta + \arctan(\omega RC) \tag{3-74}$$

$$\frac{\omega RC}{\sqrt{(\omega RC)^2+1}}\, e^{-\frac{\arctan(\omega RC)}{\omega RC}}\, e^{-\frac{\delta}{\omega RC}} = \sin\delta \tag{3-75}$$

在 ωRC 已知时，即可由式（3-75）求出 δ ，进而由式（3-74）求出 θ 。显然 δ 和 θ 仅由乘积 ωRC 决定。图 3-29 给出了根据以上两式求得的 δ 和 θ 角随 ωRC 变化的曲线。

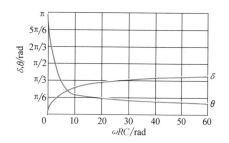

图 3-29 δ、θ 随 ωRC 变化的曲线

二极管 VD_1 和 VD_4 关断的时刻，即 ωt 达到 θ 的时刻，还可用另一种方法确定。显然，在 u_2 达到峰值之前， VD_1 和 VD_4 是不会关断的。 u_2 过了峰值之后， u_2 和电容电压 u_d 都开始下降。从物理意义上讲， VD_1 和 VD_4 的关断时刻，就是两个电压下降速度相等的时刻，一个是电源电压的下降速度 $|du_2/d(\omega t)|$ ，另一个是假设二极管 VD_1 和 VD_4 关断而电容开始单独向电阻放电时电压的下降速度 $|du_d/d(\omega t)|_p$ （下标 p 表示假设）。前者等于该时刻 u_2 导数的绝对值，而后者等于该时刻 u_d 与 ωRC 的比值。据此即可确定 θ 。主要的数量关系如下：

1）输出电压平均值。空载时， $R = \infty$ ，放电时间常数为无穷大，输出电压最大， $U_d = \sqrt{2}\,U_2$ 。

整流电压平均值 U_d 可根据前述波形及有关计算公式推导得出，但推导烦琐，故此处直接给出 U_d 与输出到负载的电流平均值 I_R 之间的关系如图 3-30 所示。空载时， $U_d = \sqrt{2}\,U_2$ ；重载时， R 很小，电容放电很快，几乎失去储能作用。随负载加重， U_d 逐渐趋近于 $0.9U_2$ ，即趋近于电阻负载时的特性。

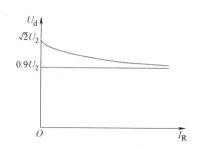

图 3-30 电容滤波的单相不可控整流电路输出电压与输出电流的关系

通常在设计时根据负载的情况选择电容 C 值，使 $RC \geqslant \dfrac{3 \sim 5}{2} T$ ， T 为交流电源的周期，此时输出电压为

$$U_d \approx 1.2 U_2 \tag{3-76}$$

2）电流平均值。输出电流平均值 I_R 为

$$I_R = \frac{U_d}{R} \tag{3-77}$$

在稳态时，电容 C 在一个电源周期内吸收的能量和释放的能量相等，其电压平均值保持不变。相应地，流经电容的电流在一周期内的平均值为零，又由 $i_d = i_C + i_R$ 得出

$$I_d = I_R \tag{3-78}$$

在一个电源周期中，i_d 有两个波头，分别轮流流过 VD_1、VD_4 和 VD_2、VD_3。反过来说，流过某个二极管的电流 i_{VD} 只是两个波头中的一个，故其平均值为

$$I_{dVD} = \frac{I_d}{2} = \frac{I_R}{2} \tag{3-79}$$

3）二极管承受的电压。二极管承受的反向电压最大值为变压器二次电压最大值，即 $\sqrt{2}\,U_2$。

实用的单相不可控整流电路带电容滤波时，通常串联滤波电感抑制冲击电流，或因电网侧有电感而具有相同的作用。这种电路可统一看作感容滤波的电路，如图 3-31 所示，以下讨论的是这种情况。此时，典型的交流侧电流波形如图 3-31b 所示，可对该电流进行傅里叶分解，但所得数学表达式十分复杂，因此本书不给出具体的数学表达式，而是直接给出有关的结论。

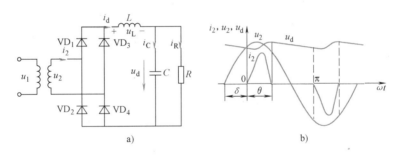

图 3-31　感容滤波的单相桥式不可控整流电路及其工作波形

a）电路　b）工作波形

电容滤波的单相不可控整流电路交流侧谐波组成有如下规律：

1）谐波次数为奇次。

2）谐波次数越高，谐波幅值越小。

3）与带阻感负载的单相桥式全控整流电路相比，谐波与基波的关系是不固定的，ωRC 越大，则谐波越大，而基波越小。这是因为，ωRC 越大，意味着负载越轻，二极管的导通角越小，则交流侧电流波形的底部就越窄，波形畸变也越严重。

4）$\omega\sqrt{LC}$ 越大，则谐波越小，这是因为串联电感 L 抑制冲击电流从而抑制了交流电流的畸变。

关于功率因数的结论如下：

1）通常位移因数是滞后的，并且随负载加重（ωRC 减小），滞后的角度增大；随着滤波电感增大，滞后的角度也增大。

2）谐波受负载（ωRC）的影响，随 ωRC 增大，谐波增大，而基波减少，也就使基波因数减小，使得总的功率因数降低。同时，谐波受滤波电感的影响，滤波电感越大，谐波越少，基波因数越大，总功率因数越大。

2. 电容滤波的三相不可控整流电路

对于一些中、大功率的逆变器、斩波器等电路，在前级的 AC/DC 变换中，可采用电容滤波的三相不可控整流电路，最常用的是三相桥式结构，图 3-32 给出了其电路及理想的工作波形。

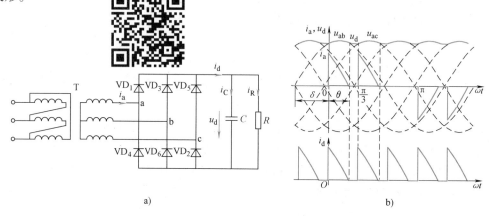

图 3-32　电容滤波的三相桥式不可控整流电路及其工作波形

a）电路　b）工作波形

该电路中，当某一对二极管导通时，输出直流电压等于交流侧线电压中最大的一个，该线电压既向电容供电，也向负载供电。当没有二极管导通时，由电容向负载放电，u_d 按指数规律下降。

设二极管在距线电压过零点 δ 角处开始导通，并以二极管 VD_6 和 VD_1 开始同时导通的时刻为时间零点，则线电压为

$$u_{ab} = \sqrt{6}\,U_2\sin(\omega t + \delta)$$

相电压为

$$u_a = \sqrt{2}\,U_2\sin\left(\omega t + \delta - \frac{\pi}{6}\right)$$

在 $t = 0$ 时，二极管 VD_6 和 VD_1 开始同时导通，直流侧电压等于 u_{ab}；下一次同时导通的一对管子是 VD_1 和 VD_2，直流侧电压等于 u_{ac}。这两段导通过程之间的交替有两种情况，一种是在 VD_1 和 VD_2 同时导通之前 VD_6 和 VD_1 是关断的，交流侧向直流侧的充电电流 i_d 是断续的，如图 3-32 所示；另一种是 VD_1 一直导通，交替时由 VD_6 导通换相至 VD_2 导通，i_d 是连续的。介于二者之间的临界情况是，VD_6 和 VD_1 同时导通的阶段与 VD_1 和 VD_2 同时导通的阶段在 $\omega t + \delta = 2\pi/3$ 处恰好衔接起来，i_d 恰好连续。由前面所述"电压下降速度相等"的原则，可以确定临界条件。假设在 $\omega t + \delta = 2\pi/3$ 的时刻"速度相等"恰好发生，则有

$$\left|\frac{\mathrm{d}\left[\sqrt{6}\,U_2\sin(\omega t + \delta)\right]}{\mathrm{d}(\omega t)}\right|_{\omega t + \delta = \frac{2\pi}{3}} = \left|\frac{\mathrm{d}\left\{\sqrt{6}\,U_2\sin\frac{2\pi}{3}\mathrm{e}^{-\frac{1}{\omega RC}\left[\omega t - \left(\frac{2\pi}{3} - \delta\right)\right]}\right\}}{\mathrm{d}(\omega t)}\right|_{\omega t + \delta = \frac{2\pi}{3}} \tag{3-80}$$

可得

$$\omega RC = \sqrt{3}$$

这就是临界条件。$\omega RC > \sqrt{3}$ 和 $\omega RC < \sqrt{3}$ 分别是电流 i_d 断续和连续的条件。图 3-33a、b 分别给出了 ωRC 等于和小于 $\sqrt{3}$ 时的电流波形。对一个确定的装置来讲，通常只有 R 是可变的，它的大小反映了负载的轻重。因此可以说，在轻载时直流侧获得的充电电流是断续的，重载时是连续的，分界点就是 $R = \sqrt{3}/\omega C$。

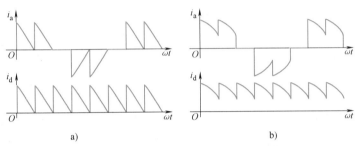

a)   b)

图 3-33   电容滤波的三相桥式整流电路当 $\omega RC \leqslant \sqrt{3}$ 时的电流波形
a) $\omega RC = \sqrt{3}$ b) $\omega RC < \sqrt{3}$

$\omega RC > \sqrt{3}$ 时，交流侧电流和电压波形如图 3-32b 所示，其中 δ 和 θ 的求取可仿照单相电路的方法。θ 和 δ 确定之后，即可推导出交流侧线电流 i_a 的表达式，在此基础上可对交流侧电流进行谐波分析。由于推导过程十分烦琐，这里不再详述。

以上分析的是理想的情况，未考虑实际电路中存在的交流侧电感以及为抑制冲击电流而串联的电感。当考虑上述电感时，电路的工作情况发生变化，其电路和交流侧电流波形如图 3-34 所示，其中图 3-34a 为电路原理图，图 3-34b、c 分别为轻载和重载时的交流侧电流波形。将电流波形与不考虑电感时的波形比较可知，有电感时，电流波形的前沿平缓了许多，有利于电路的正常工作。随着负载的加重，电流波形与电阻负载时的交流侧电流波形逐渐接近。主要数量关系如下：

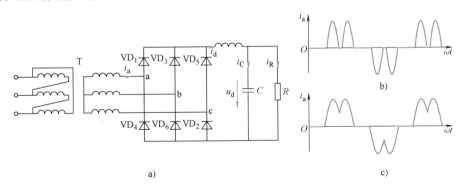

a)

图 3-34   考虑电感时电容滤波的三相桥式整流电路及其波形
a) 电路原理   b) 轻载时的交流侧电流波形   c) 重载时的交流侧电流波形

1) 输出电压平均值。空载时，输出电压平均值最大，为 $U_d = \sqrt{6}\,U_2 \approx 2.45 U_2$。随着负载加重，输出电压平均值减小，至 $\omega RC = \sqrt{3}$ 进入 i_d 连续情况后，输出电压波形成为线电压的包络线，其平均值为 $U_d = 2.34U_2$。可见，U_d 在 $2.34U_2 \sim 2.45U_2$ 之间变化。

与电容滤波的单相桥式不可控整流电路相比，U_d 的变化范围小得多，当负载加重到一定程度后，U_d 就稳定在 $2.34U_2$ 不变了。

2）电流平均值。输出电流平均值 I_R 为

$$I_R = \frac{U_d}{R} \tag{3-81}$$

与单相电路情况一样，电容电流 i_C 平均值为零，因此

$$I_d = I_R \tag{3-82}$$

在一个电源周期中，i_d 有六个波头，流过每一个二极管的是其中的两个波头，因此二极管电流平均值为 I_d 的 $1/3$，即

$$I_{dVD} = \frac{I_d}{3} = \frac{I_R}{3} \tag{3-83}$$

3）二极管承受的电压。二极管承受的最大反向电压为线电压的峰值，为 $\sqrt{6}\,U_2$。

考虑到实际应用的电容滤波三相不可控整流电路中通常有滤波电感，这种情况下，其交流侧谐波组成有如下规律：

1）谐波次数为 $6k\pm1$ 次，$k = 1，2，3，\cdots$。

2）谐波次数越高，谐波幅值越小。

3）谐波与基波的关系是不固定的，负载越轻（ωRC 越大），则谐波越大，基波越小；滤波电感越大（$\omega\sqrt{LC}$ 越大），则谐波越小，而基波越大。

关于功率因数的结论如下：

1）位移因数通常是滞后的，但与单相时相比，位移因数更接近 1。

2）随负载加重（ωRC 减小），总的功率因数提高；同时，随滤波电感加大，总功率因数也提高。

3.3.4　整流输出电压和电流的谐波分析

整流电路的输出电压是周期性的非正弦函数，其中主要成分为直流，同时包含各种频率的谐波，这些谐波对于负载的工作是不利的。

设当 $\alpha = 0°$ 时，m 脉波整流电路的整流电压如图 3-35 所示（以 $m = 3$ 为例）。将纵坐标选在整流电压的峰值处，则在 $-\pi/m \sim \pi/m$ 区间，整流电压的表达式为

$$u_{d0} = \sqrt{2}\,U_2\cos\omega t \tag{3-84}$$

对该整流输出电压进行傅里叶级数分解，得到

$$u_{d0} = U_{d0} + \sum_{n=mk}^{\infty} b_n\cos n\omega t = U_{d0}\left(1 - \sum_{n=mk}^{\infty} \frac{2\cos k\pi}{n^2-1}\cos n\omega t\right) \tag{3-85}$$

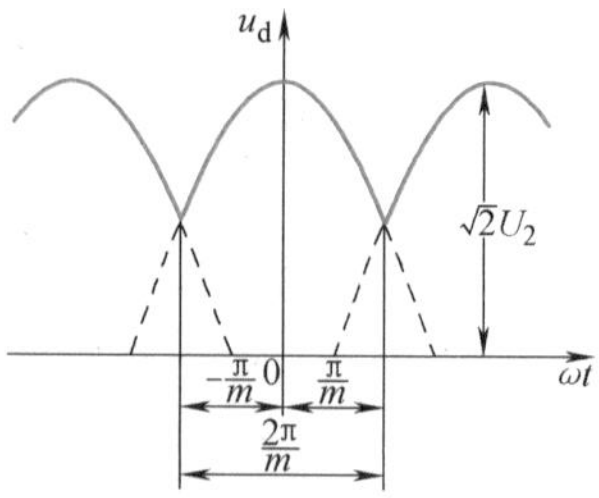

图 3-35　$\alpha = 0°$ 时，m 脉波整流电路的整流电压波形

式中，$k = 1，2，3，\cdots$；且

$$U_{d0} = \sqrt{2}\,U_2\,\frac{m}{\pi}\sin\frac{\pi}{m} \tag{3-86}$$

$$b_n = -\frac{2\cos k\pi}{n^2-1} U_{d0} \tag{3-87}$$

为了描述整流电压 u_{d0} 中所含谐波的总体情况，定义电压纹波因数为 u_{d0} 中谐波分量有效值 U_R 与整流电压平均值 U_{d0} 之比

$$\gamma_u = \frac{U_R}{U_{d0}} \tag{3-88}$$

其中

$$U_R = \sqrt{\sum_{n=mk}^{\infty} U_n^2} = \sqrt{U^2 - U_{d0}^2} \tag{3-89}$$

而

$$U = \sqrt{\frac{m}{2\pi} \int_{-\frac{\pi}{m}}^{\frac{\pi}{m}} (\sqrt{2}U_2\cos\omega t)^2 \mathrm{d}(\omega t)} = U_2 \sqrt{1 + \frac{\sin\frac{2\pi}{m}}{\frac{2\pi}{m}}} \tag{3-90}$$

将式（3-89）、式（3-90）和式（3-86）代入式（3-88），得

$$\gamma_u = \frac{U_R}{U_{d0}} = \frac{\left(\frac{1}{2} + \frac{m}{4\pi}\sin\frac{2\pi}{m} - \frac{m^2}{\pi^2}\sin^2\frac{\pi}{m}\right)^{\frac{1}{2}}}{\frac{m}{\pi}\sin\frac{\pi}{m}} \tag{3-91}$$

表 3-3 给出了不同脉波数 m 时的电压纹波因数值。

表 3-3　不同脉波数 m 时的电压纹波因数值

m	2	3	6	12	∞
γ_u（%）	48.2	18.27	4.18	0.994	0

负载电流的傅里叶级数可由整流电压的傅里叶级数求得

$$i_d = I_d + \sum_{n=mk}^{\infty} d_n\cos(n\omega t - \varphi_n) \tag{3-92}$$

当负载为 R、L 和反电动势 E 串联时，式（3-92）中

$$I_d = \frac{U_{d0} - E}{R} \tag{3-93}$$

n 次谐波电流的幅值 d_n 为

$$d_n = \frac{b_n}{z_n} = \frac{b_n}{\sqrt{R^2 + (n\omega L)^2}} \tag{3-94}$$

n 次谐波电流的滞后角 φ_n 为

$$\varphi_n = \arctan\frac{n\omega L}{R} \tag{3-95}$$

由式（3-85）和式（3-92）可得出 $\alpha = 0°$ 时的整流电压、电流中的谐波有如下规律：

1）m 脉波整流电压 u_{d0} 的谐波次数为 mk（$k = 1,2,3,\cdots$）次，即 m 的倍数次；整流电流的谐波由整流电压的谐波决定，也为 mk 次。

2）当 m 一定时，随谐波次数增大，谐波幅值迅速减小，表明最低次（m 次）谐波是最主要的，其他次数的谐波相对较少；当负载中有电感时，负载电流谐波幅值 d_n 的减小更为迅速。

3）m 增加时，最低次谐波次数增大，且幅值迅速减小，电压纹波因数迅速下降。

以上是 $\alpha = 0°$ 时的情况分析。若 α 不为 $0°$，则 m 脉波整流电压谐波的一般表达式十分复杂，本书对此不再详述。下面给出三相桥式整流电路的结果，说明谐波电压与 α 角的关系。

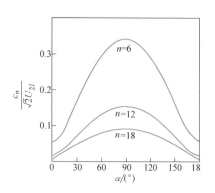

图 3-36　三相桥式全控整流电路
电流连续时，以 n 为参变量的

$$\frac{c_n}{\sqrt{2}\,U_{2l}} \text{与}\ \alpha\ \text{的关系}$$

三相桥式整流电路的整流电压分解为傅里叶级数为

$$u_d = U_d + \sum_{n=6k}^{\infty} c_n \cos\left(n\omega t - \theta_n\right) \tag{3-96}$$

利用前面介绍的傅里叶分析方法，可求得以 n 为参变量，n 次谐波幅值$\left(\text{取标幺值}\ \dfrac{c_n}{\sqrt{2}\,U_{2l}}\right)$对 α 的关系如图 3-36 所示。

由图 3-36 可见，当 α 从 $0°\sim90°$ 变化时，u_d 的谐波幅值随 α 增大而增大，$\alpha = 90°$ 时谐波幅值最大。α 从 $90°\sim180°$ 之间，电路工作于有源逆变状态（见 3.7 节），u_d 的谐波幅值随 α 增大而减小。

3.4　大功率可控整流电路

3.4.1　带平衡电抗器的双反星形可控整流电路

在电解电镀等工业应用中，经常需要低电压大电流（例如几十伏，几千至几万安）的可调直流电源。如果采用三相桥式电路，整流器件的数量很多，还有两个管压降损耗，降低了效率。在这种情况下，可采用带平衡电抗器的双反星形可控整流电路，如图 3-37 所示。该电路可简称双反星形电路。

整流变压器的二次侧每相有两个匝数相同、极性相反的绕阻，分别接成两组三相半波电路，即 a、b、c 一组，a′、b′、c′ 一组。a 与 a′ 绕在同一相铁心上，图 3-37 中 "·" 表示同名端。同样，b 与 b′、c 与 c′ 都绕在同一相铁心上，故得名双反星形电路。变压器二次侧两绕组的极性相反可消除铁心的直流磁化，设置电感量为 L_p 的平衡电抗器是为保证两组三相半波整流电路能同时导电，每组承担一半负载。因此，与三相桥式电路相比，在采用相同晶闸管的条件下，双反星形电路的输出电流可大一倍。

当两组三相半波电路的控制角 $\alpha = 0°$ 时，两组整流电压、电流的波形如图 3-38 所示。

在图 3-38 中，两组的相电压互差 $180°$，因而相电流亦互差 $180°$。其幅值相等，都是 $I_d/2$。以 a 相而言，相电流 i_a 与 i_a' 出现的时刻虽不同，但它们的平均值都是 $I_d/6$。因为平均电流相等而绕组的极性相反，所以直流安匝互相抵消。因此本电路是利用绕组的极性相反来消除直流磁通势的。

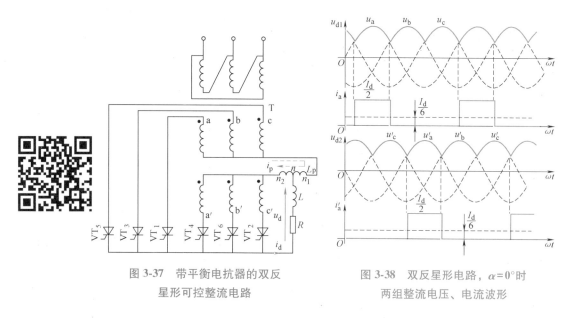

图 3-37　带平衡电抗器的双反　　　　图 3-38　双反星形电路，$\alpha = 0°$ 时

星形可控整流电路　　　　　　　两组整流电压、电流波形

　　在这种并联电路中，在两个星形的中点之间接有带中间抽头的平衡电抗器，这是因为两个直流电源并联运行时，只有当两个电源的电压平均值和瞬时值均相等时，才能使负载电流平均分配。在双反星形电路中，虽然两组整流电压的平均值 U_{d1} 和 U_{d2} 是相等的，但是它们的脉动波相差 60°，它们的瞬时值是不同的，如图 3-39a 所示。现在把六个晶闸管的阴极连接在一起，因而两个星形的中点 n_1 和 n_2 之间的电压便等于 u_{d1} 和 u_{d2} 之差，其波形是三倍频的近似三角波，如图 3-39b 所示。这个电压加在平衡电抗器 L_p 上，产生电流 i_p，它通过两组星形自成回路，不流到负载中去，称为环流或平衡电流。考虑到 i_p 后，每组三相半波承担的电流分别为 $I_d/2 \pm i_p$。为了使两组

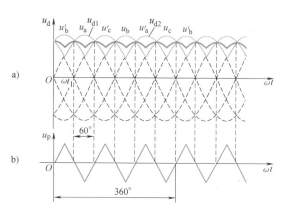

图 3-39　平衡电抗器作用下输出
电压的波形和平衡电抗器上电压的波形

电流尽可能平均分配，一般使 L_p 值足够大，以便限制环流在其负载额定电流的 1% ~ 2% 以内。

　　在图 3-37 的双反星形电路中，如不接平衡电抗器，即成为六相半波整流电路，在任一瞬间只能有一个晶闸管导电，其余五个晶闸管均承受反压而阻断，每个管子最大的导通角为 60°，每个管子的平均电流为 $I_d/6$。

　　当 $\alpha = 0°$ 时，六相半波整流电路的 U_d 为 $1.35U_2$，比三相半波时的 $1.17U_2$ 略大些，其波形如图 3-39a 的包络线所示。由于六相半波整流电路因晶闸管导电时间短，变压器利用率低，故极少采用。可见，双反星形电路与六相半波电路的区别在于有无平衡电抗器，对平衡电抗器作用的理解是掌握双反星形电路原理的关键。

下面分析由于平衡电抗器的作用，使得两组三相半波整流电路同时导电的原理。

在图 3-39a 中取任一瞬间如 ωt_1，这时 u'_b 及 u_a 均为正值，然而 u'_b 大于 u_a，如果两组三相半波整流电路中点 n_1 和 n_2 直接相连，则必然只有 b'相的晶闸管能导电。接了平衡电抗器后，n_1、n_2 间的电位差加在 L_p 的两端，它补偿了 u'_b 和 u_a 的电动势差，使得 u'_b 和 u_a 相的晶闸管能同时导电，如图 3-40 所示。由于在 ωt_1 时电压 u'_b 比 u_a 高，VT_6 导通，此电流在流经 L_p 时，L_p 上要感应一电动势 u_p，它的方向是要阻止电流增大（见图 3-40 标出的极性）。可以导出平衡电抗器两端电压和整流输出电压的数学表达式如下：

$$u_p = u_{d2} - u_{d1} \tag{3-97}$$

$$u_d = u_{d2} - \frac{1}{2}u_p = u_{d1} + \frac{1}{2}u_p = \frac{1}{2}(u_{d1} + u_{d2}) \tag{3-98}$$

虽然 $u'_b > u_a$，导致 $u_{d1} < u_{d2}$，但由于 L_p 的平衡作用，使得晶闸管 VT_6 和 VT_1 都承受正向电压而同时导通。随着时间推迟至 u'_b 与 u_a 的交点，由于 $u'_b = u_a$，两管继续导电，此时 $u_p = 0$。之后 $u'_b < u_a$，则流经 b'相的电流要减小，但 L_p 有阻止此电流减小的作用，u_p 的极性则与图3-40所示的相反，L_p 仍起平衡的作用，使 VT_6 继续导电，直到 $u'_c > u'_b$，电流才从 VT_6 换至 VT_2。此时变成 VT_1、VT_2 同时导电。每隔 60° 有一个晶闸管换相。每一组中的每一个晶闸管仍按三相半波的导电规律而各轮流导电 120°。这样以平衡电抗器中点作为整流电压输出的负端，其输出的整流电压瞬时值为两组三相半波整流电压瞬时值的平均值，见式（3-98），波形如图 3-39a 中粗蓝线所示。

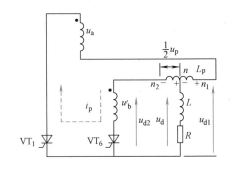

图 3-40　平衡电抗器作用下两个晶闸管同时导电的情况

将图 3-38 中 u_{d1} 和 u_{d2} 的波形用傅里叶级数展开，可得当 $\alpha = 0°$ 时的 u_{d1}、u_{d2}，即

$$u_{d1} = \frac{3\sqrt{6}\,U_2}{2\pi}\left(1 + \frac{1}{4}\cos 3\omega t - \frac{2}{35}\cos 6\omega t + \frac{1}{40}\cos 9\omega t - \cdots\right) \tag{3-99}$$

$$u_{d2} = \frac{3\sqrt{6}\,U_2}{2\pi}\left[1 + \frac{1}{4}\cos 3(\omega t - 60°) - \frac{2}{35}\cos 6(\omega t - 60°) + \frac{1}{40}\cos 9(\omega t - 60°) - \cdots\right]$$

$$= \frac{3\sqrt{6}\,U_2}{2\pi}\left(1 - \frac{1}{4}\cos 3\omega t - \frac{2}{35}\cos 6\omega t + \frac{1}{40}\cos 9\omega t - \cdots\right) \tag{3-100}$$

由式（3-97）和式（3-98）可得

$$u_p = \frac{3\sqrt{6}\,U_2}{2\pi}\left(-\frac{1}{2}\cos 3\omega t - \frac{1}{20}\cos 9\omega t - \cdots\right) \tag{3-101}$$

$$u_d = \frac{3\sqrt{6}\,U_2}{2\pi}\left(1 - \frac{2}{35}\cos 6\omega t - \cdots\right) \tag{3-102}$$

负载电压 u_d 中的谐波分量比直流分量要小得多，而且最低次谐波为六次谐波。其直流分量就是该式中的常数项，即直流平均电压 $U_{d0} = 3\sqrt{6}\,U_2/(2\pi) = 1.17U_2$。

当需要分析各种控制角时的输出波形时，可根据式（3-98）先求出两组三相半波电路的 u_{d1} 和 u_{d2} 波形，然后画出波形（u_{d1} + u_{d2}）/2。

图 3-41 画出了 $\alpha = 30°$、$\alpha = 60°$ 和 $\alpha = 90°$ 时输出电压的波形。从图中可以看出，双反星形电路的输出电压波形与三相半波电路比较，脉动程度减小了，脉动频率加大一倍，$f = 300\mathrm{Hz}$。在电感负载情况下，当 $\alpha = 90°$ 时，输出电压波形正负面积相等，$U_d = 0$，因而要求的移相范围是 $0° \sim 90°$。如果是电阻负载，则 u_d 波形不应出现负值，仅保留波形中正的部分。同样可以得出，当 $\alpha = 120°$ 时，$U_d = 0$，因而电阻负载要求的移相范围为 $0° \sim 120°$。

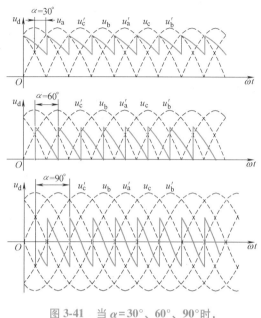

图 3-41　当 $\alpha = 30°$、$60°$、$90°$ 时，双反星形电路的输出电压波形

双反星形电路是两组三相半波电路的并联，所以整流电压平均值与三相半波整流电路的整流电压平均值相等，在不同控制角 α 时

$$U_d = 1.17U_2\cos\alpha$$

在以上分析的基础上，将双反星形电路与三相桥式电路进行比较可得出以下结论：

1）三相桥式电路是两组三相半波电路串联，而双反星形电路是两组三相半波电路并联，且后者需用平衡电抗器。

2）当变压器二次电压有效值 U_2 相等时，双反星形电路的整流电压平均值 U_d 是三相桥式电路的 1/2，而整流电流平均值 I_d 是三相桥式电路的两倍。

3）在两种电路中，晶闸管的导通及触发脉冲的分配关系是一样的，整流电压 u_d 和整流电流 i_d 的波形形状一样。

3.4.2 多重化整流电路

随着整流装置功率的进一步加大，它所产生的谐波、无功功率等对电网的干扰也随之加大，为减轻干扰，可采用多重化整流电路。将几个整流电路多重联结可以减少交流侧输入电流谐波，而对晶闸管多重整流电路采用顺序控制的方法可提高功率因数。

1. 移相多重联结

整流电路的多重联结有并联多重联结和串联多重联结。图 3-42 给出了将两个三相全控桥式整流电路并联多重联结的 12 脉波整流电路原理图，该电路中使用了平衡电抗器来平衡各组整流器的电流，其原理与双反星形电路中采用平衡电抗器是一样的。

对于交流输入电流来说，采用并联多重联结和串联多重联结的效果是相同的，以下着重讲述串联多重联结的情况。采用多重联结不仅可以减少交流输入电流的谐波，同时也可减小直流输出电压中的谐波幅值并提高纹波频率，因而可减小平波电抗器。为了简化分析，下面均不考虑变压器漏抗引起的重叠角，并假设整流变压器各绕组的线电压之比为 1：1。

图 3-43 是移相 30°构成串联二重联结电路的原理图，利用变压器二次绕组接法的不同，使两组三相交流电源间相位错开 30°，从而使输出整流电压 u_d 在每个交流电源周期中脉动 12 次，故该电路为 12 脉波整流电路。整流变压器二次绕组分别采用星形和三角形接法构成相位相差 30°、大小相等的两组电压，接至相互串联的两组整流桥。因绕组接法不同，变压器一次绕组和两组二次绕组的匝比如图所示，为 $1:1:\sqrt{3}$。图 3-44 为该电路的输入电流波形。其中图 3-44c 的 i'_{ab2} 在图 3-43 中未标出，它是第 II 组桥电流 i_{ab2} 折算到变压器一次侧 A 相绕组中的电流，图 3-44d 的总输入电流 i_A 为图 3-44a 的 i_{a1} 和图 3-44c 的 i'_{ab2} 之和。

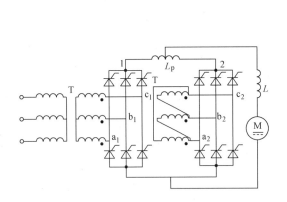

图 3-42　并联多重联结的 12 脉波整流电路

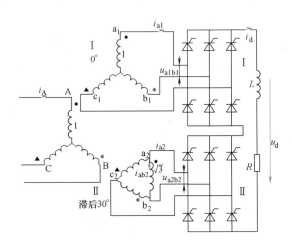

图 3-43　移相 30°串联二重联结电路

对图 3-44 波形 i_A 进行傅里叶分析，可得其基波幅值 I_{m1} 和 n 次谐波幅值 I_{mn} 分别如下：

$$I_{m1} = \frac{4\sqrt{3}}{\pi} I_d \qquad \left(\text{单桥时为} \frac{2\sqrt{3}}{\pi} I_d\right)$$

（3-103）

$$I_{mn} = \frac{1}{n} \frac{4\sqrt{3}}{\pi} I_d \quad n = 12k \pm 1, \quad k = 1, 2, 3, \cdots$$

（3-104）

即输入电流谐波次数为 $12k \pm 1$，其幅值与次数成反比而降低。

该电路的其他特性如下：

直流输出电压　$U_d = \dfrac{6\sqrt{6}\,U_2}{\pi} \cos\alpha$

位移因数　$\cos\varphi_1 = \cos\alpha$　（单桥时相同）

功率因数　$\lambda = \nu\cos\varphi_1 = 0.9886\cos\alpha$

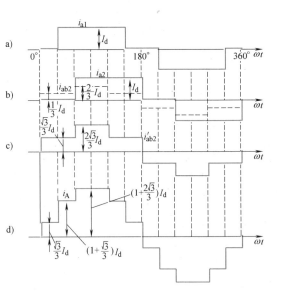

图 3-44　移相 30°串联二重联结电路的输入电流波形

根据同样的道理，利用变压器二次绕组接法的不同，互相错开 20°，可将三组桥构成串联三重联结。此时，对于整流变压器来说，采用星形、三角形组合无法移相 20°，需采用曲折接法。串联三重联结电路的整流电压 u_d 在每个电源周期内脉动 18 次，故此电路为 18 脉波整流电路。其交流侧输入电流中所含谐波更少，次数为 $18k \pm 1$ 次（$k = 1$，2，3，$\cdots$），整流电压 u_d 的脉动也更小。

输入位移因数和功率因数分别为

$$\cos\varphi_1 = \cos\alpha$$
$$\lambda = 0.9949\cos\alpha$$

若将整流变压器的二次绕组移相 15°，即可构成串联四重联结电路，此电路为 24 脉波整流电路。其交流侧输入电流谐波次数为 $24k \pm 1$ 次（$k = 1$，2，3，$\cdots$）。

输入位移因数、功率因数分别为

$$\cos\varphi_1 = \cos\alpha$$
$$\lambda = 0.9971\cos\alpha$$

从以上论述可以看出，采用多重联结的方法并不能提高位移因数，但可以使输入电流谐波大幅减小，从而也可以在一定程度上提高功率因数。

2. 多重联结电路的顺序控制

前面介绍的多重联结电路中，各整流桥交流二次输入电压错开一定相位，但工作时各桥的控制角 α 是相同的。这样可以使输入电流谐波含量大为降低。这里介绍的顺序控制则是另一种思路。这种控制方法只对多重联结的各整流桥中一个桥的 α 进行控制，其余各桥的工作状态则根据需要输出的整流电压而定，或者不工作而使该桥输出直流电压为零，或者 $\alpha = 0$ 而使该桥输出电压最大。根据所需总直流输出电压从低到高的变化，按顺序依次对各桥进行控制，因而被称为顺序控制。采用这种方法虽然并不能降低输入电流中的谐波，但是各组桥中只有一组在进行相位控制，其余各组或不工作，或位移因数为 1，因此总的功率因数得以提高。我国电气机车的整流器大多为这种方式。

图 3-45 给出了用于电气机车的三重晶闸管整流桥顺序控制的一个例子，通过这个例子来说明多重联结电路顺序控制的原理。图 3-45a 为电路图，由于电气化铁道向电气机车供电是单相的，故图中各桥均为单相桥，图 3-45b、c 分别为整流输出电压和交流输入电流的波形。当需要输出的直流电压低于 1/3 最高电压时，只对第 I 组桥的 α 进行控制，连续触发 VT_{23}、VT_{24}、VT_{33}、VT_{34} 使其导通，这样第 II、III 组桥的直流输出电压就为零。当需要输出的直流电压达到 1/3 最高电压时，第 I 组桥的 α 为 0°。需要输出电压为 1/3 ~ 2/3 最高电压时，第 I 组桥的 α 固定为 0°，第 III 组桥的 VT_{33} 和 VT_{34} 维持导通，使其输出电压为零，仅对第 II 组桥的 α 进行控制。需要输出电压为 2/3 最高电压以上时，第 I、II 组桥的 α 固定为 0°，仅对第 III 组桥的 α 进行控制。

在对上述电路中一个单元桥的 α 进行控制时，为使直流输出电压波形不含负的部分，可采取如下控制方法。

以第 I 组桥为例，当电压相位为 α 时，触发 VT_{11}、VT_{14} 使其导通并流过直流电流 I_d，在电压相位为 π 时，触发 VT_{13}，则 VT_{11} 关断，I_d 通过 VT_{13}、VT_{14} 续流，桥的输出电压为零而不出现负的部分。电压相位为 $\pi + \alpha$ 时，触发 VT_{12}，则 VT_{14} 关断，由 VT_{12}、VT_{13} 导通而输出直流电压。电压相位为 2π 时，触发 VT_{11}，则 VT_{13} 关断，由 VT_{11} 和 VT_{12} 续流，桥的输出电压为零，直至电压相位为 $2\pi + \alpha$ 时下一周期开始，重复上述过程。

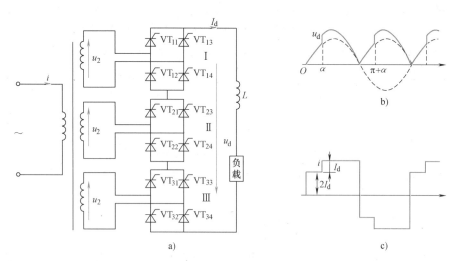

图 3-45　单相串联三重联结电路及顺序控制时的波形

图 3-45b、c 的波形是直流输出电压大于 2/3 最高电压时的总直流输出电压 u_d 和总交流输入电流 i 的波形。这时第 Ⅰ、Ⅱ 两组桥的 α 均固定在 0°，第 Ⅲ 组桥控制角为 α。从电流 i 的波形可以看出，虽然波形并未改善，仍与单相桥式全控整流电路时一样含有奇次谐波，但其基波分量比电压的滞后少，因而位移因数高，从而提高了总的功率因数。

3.5　整流电路的有源逆变工作状态

3.5.1　逆变的概念

1. 什么是逆变？为什么要逆变？

在生产实践中，存在着与整流过程相反的要求，即要求把直流电转变成交流电，这种对应于整流的逆向过程，定义为逆变（Invertion）。例如，电力机车下坡行驶时，使直流电动机作为发电机制动运行，机车的位能转变为电能，反送到交流电网中去。把直流电逆变成交流电的电路称为逆变电路。当交流侧和电网连接时，这种逆变电路称为有源逆变电路。有源逆变电路常用于直流可逆调速系统、交流绕线转子异步电动机串级调速以及高压直流输电等方面。对于可控整流电路而言，只要满足一定的条件，就可以工作于有源逆变状态。此时，电路形式并未发生变化，只是电路工作条件转变，因此将有源逆变作为整流电路的一种工作状态进行分析。为了叙述方便，下面将这种既工作在整流状态又工作在逆变状态的整流电路称为变流电路（Convertor）。

如果变流电路的交流侧不与电网连接，而直接接到负载，即把直流电逆变为某一频率或可调频率的交流电供给负载，称为无源逆变，将在第 4 章介绍。

以下先从直流发电机-电动机系统入手，研究其间电能流转的关系，再转入变流器中分析交流和直流电之间电能的流转，以掌握实现有源逆变的条件。

2. 直流发电机-电动机系统电能的流转

图 3-46 所示直流发电机-电动机系统中，M 为电动机，G 为发电机，励磁回路未画出。

控制发电机电动势的大小和极性，可实现电动机四象限的运转状态。

在图 3-46a 中，M 作电动机运行，$E_G > E_M$，电流 I_d 从 G 流向 M，I_d 的值为

$$I_d = \frac{E_G - E_M}{R_\Sigma}$$

式中，R_Σ 为主回路的电阻。由于 I_d 和 E_G 同方向，与 E_M 反方向，故 G 输出电功率 $E_G I_d$，M 吸收电功率 $E_M I_d$，电能由 G 流向 M，转变为 M 轴上输出的机械能，R_Σ 上是热耗。

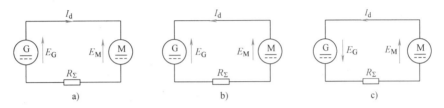

图 3-46　直流发电机-电动机之间电能的流转

a）两电动势同极性 $E_G > E_M$　b）两电动势同极性 $E_M > E_G$　c）两电动势反极性，形成短路

图 3-46b 是回馈制动状态，M 作发电机运行，此时，$E_M > E_G$，电流反向，从 M 流向 G，其值为

$$I_d = \frac{E_M - E_G}{R_\Sigma}$$

此时 I_d 和 E_M 同方向，与 E_G 反方向，故 M 输出电功率，G 则吸收电功率，R_Σ 上是热耗，M 轴上输入的机械能转变为电能反送给 G。

再看图 3-46c，这时两电动势顺向串联，向电阻 R_Σ 供电，G 和 M 均输出功率，由于 R_Σ 一般都很小，实际上形成短路，在工作中必须严防这类事故发生。

可见两个电动势同极性相接时，电流总是从电动势高的流向电动势低的，由于回路电阻很小，即使很小的电动势差值也能产生大的电流，使两个电动势之间交换很大的功率，这对分析有源逆变电路是十分有用的。

3. 逆变产生的条件

以单相全波电路代替上述发电机，给电动机供电，分析此时电路内电能的流向。设电动机 M 作电动机运行，全波电路应工作在整流状态，α 的范围在 $0 \sim \pi/2$ 之间，直流侧输出 U_d 为正值，并且 $U_d > E_M$，如图 3-47a 所示，才能输出 I_d，其值为

$$I_d = \frac{U_d - E_M}{R_\Sigma}$$

一般情况下 R_Σ 值很小，因此电路经常工作在 $U_d \approx E_M$ 的条件下，交流电网输出电功率，电动机则输入电功率。

在图 3-47b 中，电动机 M 作发电回馈制动运行，由于晶闸管器件的单向导电性，电路内 I_d 的方向依然不变，欲改变电能的输送方向，只能改变 E_M 的极性。为了防止两电动势顺向串联，U_d 的极性也必须反过来，即 U_d 应为负值，且 $|E_M| > |U_d|$，才能把电能从直流侧送到交流侧，实现逆变。这时 I_d 为

$$I_d = \frac{|E_M| - |U_d|}{R_\Sigma}$$

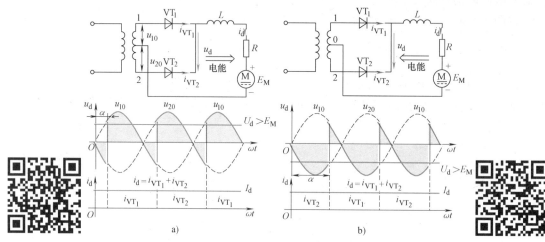

图 3-47　单相全波电路的整流和逆变

电路内电能的流向与整流时相反，电动机输出电功率，电网吸收电功率。电动机轴上输入的机械功率越大，则逆变的功率也越大，为了防止过电流，同样应满足 $E_M \approx U_d$ 条件，E_M 的大小取决于电动机转速的高低，而 U_d 可通过改变 α 来进行调节，由于逆变状态时 U_d 为负值，故 α 在逆变时的范围应在 $\pi/2 \sim \pi$ 之间。

在逆变工作状态下，虽然晶闸管的阳极电位大部分处于交流电压为负的半周期，但由于有外接直流电动势 E_M 的存在，使晶闸管仍能承受正向电压而导通。

从上述分析中，可归纳出产生逆变的条件有二：

1）要有直流电动势，其极性需和晶闸管的导通方向一致，其值应大于变流器直流侧的平均电压。

2）要求晶闸管的控制角 $\alpha > \pi/2$，使 U_d 为负值。

两者必须同时具备才能实现有源逆变。

必须指出，半控桥或有续流二极管的电路，因其整流电压 u_d 不能出现负值，也不允许直流侧出现负极性的电动势，故不能实现有源逆变。欲实现有源逆变，只能采用全控电路。

3.5.2　三相桥整流电路的有源逆变工作状态

三相有源逆变比单相有源逆变要复杂些，但我们知道整流电路带反电动势、阻感负载时，整流输出电压与控制角之间存在余弦函数关系，即

$$U_d = U_{d0} \cos\alpha$$

逆变和整流的区别仅仅是控制角 α 的不同。$0 < \alpha < \pi/2$ 时，电路工作在整流状态；$\pi/2 < \alpha < \pi$ 时，电路工作在逆变状态。

为实现逆变，需一反向的 E_M，而 U_d 在上式中因 α 大于 $\pi/2$ 已自动变为负值，完全满足逆变的条件。因而可沿用整流的办法来处理逆变时有关波形与参数计算等各项问题。

为分析和计算方便起见，通常把 $\alpha > \pi/2$ 时的控制角用 $\pi - \alpha = \beta$ 表示，β 称为逆变角。控制角 α 是以自然换相点作为计量起始点的，由此向右方计量，而逆变角 β 和控制角 α 的计量方向相反，其大小自 $\beta = 0$ 的起始点向左方计量，两者的关系是 $\alpha + \beta = \pi$，或 $\beta = \pi - \alpha$。

三相桥式电路工作于有源逆变状态，不同逆变角时的输出电压波形及晶闸管两端电压波形如图 3-48 所示。

关于有源逆变状态时各电量的计算，归纳为

$$U_d = -2.34U_2\cos\beta = -1.35U_{2l}\cos\beta \qquad (3\text{-}105)$$

输出直流电流的平均值亦可用整流的公式，即

$$I_d = \frac{U_d - E_M}{R_\Sigma}$$

在逆变状态时，U_d 和 E_M 的极性都与整流状态时相反，均为负值。

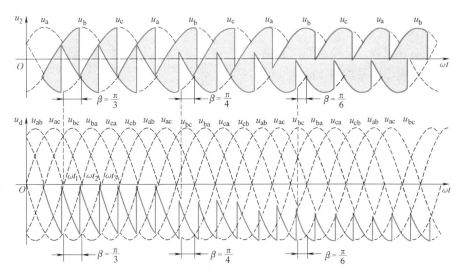

图 3-48　三相桥式整流电路工作于有源逆变状态时的电压波形

每个晶闸管导通 $2\pi/3$，故流过晶闸管的电流有效值为（忽略直流电流 i_d 的脉动）

$$I_{VT} = \frac{I_d}{\sqrt{3}} = 0.577I_d \qquad (3\text{-}106)$$

从交流电源送到直流侧负载的有功功率为

$$P_d = R_\Sigma I_d^2 + E_M I_d \qquad (3\text{-}107)$$

当逆变工作时，由于 E_M 为负值，故 P_d 一般为负值，表示功率由直流电源输送到交流电源。

在三相桥式电路中，每个周期内流经电源的线电流的导通角为 $4\pi/3$，是每个晶闸管导通角 $2\pi/3$ 的两倍，因此变压器二次线电流的有效值为

$$I_2 = \sqrt{2}I_{VT} = \sqrt{\frac{2}{3}}I_d = 0.816I_d \qquad (3\text{-}108)$$

3.5.3　逆变失败与最小逆变角的限制

逆变运行时，一旦发生换相失败，外接的直流电源就会通过晶闸管电路形成短路，或者使变流器的输出平均电压和直流电动势变成顺向串联。由于逆变电路的内阻很小，就会形成很大的短路电流，这种情况称为逆变失败，或称为逆变颠覆。

1. 逆变失败的原因

造成逆变失败的原因很多，主要有下列几种情况：

1）触发电路工作不可靠，不能适时、准确地给各晶闸管分配脉冲，如脉冲丢失、脉冲延时等，致使晶闸管不能正常换相，使交流电源电压和直流电动势顺向串联，形成短路。

2）晶闸管发生故障，在应该阻断期间，器件失去阻断能力，或在应该导通时，器件不能导通，造成逆变失败。

3）在逆变工作时，交流电源发生缺相或突然消失，由于直流电动势 E_M 的存在，晶闸管仍可导通，此时变流器的交流侧由于失去了同直流电动势极性相反的交流电压，因此直流电动势将通过晶闸管使电路短路。

4）换相的裕量角不足，引起换相失败，应考虑变压器漏抗引起重叠角对逆变电路换相的影响，如图 3-49 所示。

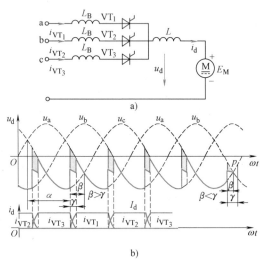

图 3-49　交流侧电抗对逆变换相过程的影响

由于换相有一过程，且换相期间的输出电压是相邻两电压的平均值，故逆变电压 U_d 要比不考虑漏抗时的更低（负的幅值更大）。存在重叠角会给逆变工作带来不利的后果，如以 VT₁ 和 VT₂ 的换相过程来分析，如图 3-49b 所示，当逆变电路工作在 $\beta>\gamma$ 时，经过换相过程后，b 相电压 u_b 仍高于 a 相电压 u_a，所以换相结束时，能使 VT₁ 承受反压而关断。如果换相的裕量角不足，即当 $\beta<\gamma$ 时，从图 3-49b 的波形中可清楚地看到，换相尚未结束，电路的工作状态到达自然换相点 p 点之后，u_a 将高于 u_b，晶闸管 VT₂ 承受反压而重新关断，使得应该关断的 VT₁ 不能关断却继续导通，且 a 相电压随着时间的推移越来越高，电动势顺向串联导致逆变失败。

综上所述，为了防止逆变失败，不仅逆变角 β 不能等于零，而且不能太小，必须限制在某一允许的最小角度内。

2. 确定最小逆变角 $\beta_{\min}$ 的依据

逆变时允许采用的最小逆变角 β 应为

$$\beta_{\min}=\delta+\gamma+\theta' \tag{3-109}$$

式中，δ 为晶闸管的关断时间 t_q 折合的电角度；γ 为换相重叠角；θ' 为安全裕量角。

晶闸管的关断时间 t_q，大的可达 $200\sim300\mu s$，折算到电角度 δ 为 $4°\sim5°$。至于重叠角 γ，它随直流平均电流和换相电抗的增加而增大。为对重叠角的范围有所了解，举例如下：

某装置整流电压为 220V，整流电流 800A，整流变压器容量为 240kV·A，短路电压比 $U_k\%$ 为 5% 的三相线路，其 γ 的值为 $15°\sim20°$。设计变流器时，重叠角可查阅有关手册，也可根据表 3-2 计算，即

$$\cos\alpha-\cos(\alpha+\gamma)=\frac{I_d X_B}{\sqrt{2}\,U_2\sin\dfrac{\pi}{m}} \tag{3-110}$$

根据逆变工作时 $\alpha=\pi-\beta$，并设 $\beta=\gamma$，式（3-110）可改写成

$$\cos\gamma = 1 - \frac{I_{\mathrm{d}}X_{\mathrm{B}}}{\sqrt{2}\,U_2\sin\dfrac{\pi}{m}} \tag{3-111}$$

重叠角 γ 与 I_{d} 和 X_{B} 有关，当电路参数确定后，重叠角就有定值。

安全裕量角 θ' 是十分需要的。当变流器工作在逆变状态时，由于种种原因，会影响逆变角，如不考虑裕量，有可能破坏 $\beta>\beta_{\min}$ 的关系，导致逆变失败。在三相桥式逆变电路中，触发器输出的六个脉冲，它们的相位角间隔不可能完全相等，有的比期望值偏前，有的偏后，这种脉冲的不对称程度一般可达 5°，若不设安全裕量角，偏后的那些脉冲相当于 β 变小，就可能小于 $\beta_{\min}$，导致逆变失败。根据一般中小型可逆直流拖动的运行经验，θ' 值约取 10°。这样最小 β 一般取 30°~35°。设计逆变电路时，必须保证 $\beta \geqslant \beta_{\min}$，因此常在触发电路中附加一保护环节，保证触发脉冲不进入小于 $\beta_{\min}$ 的区域内。

3.6　整流电路相位控制的具体实现

本章讲述的晶闸管可控整流电路是通过控制触发角 α 的大小，即控制触发脉冲起始相位来控制输出电压大小的，属于相控电路。此外，第 6 章将要讲述的交流-交流电力变换电路和交-交变频电路，当采用晶闸管相控方式时，也为相控电路。

为保证相控电路的正常工作，很重要的一点是应保证按触发角 α 的大小在正确的时刻向电路中的晶闸管施加有效的触发脉冲，这就是本节要讲述的相位控制的具体实现。由于相控电路一般使用晶闸管器件，相位控制也称为触发控制，相应的控制电路习惯称为触发电路。

需要指出的是，本节介绍的触发电路均以集成电路的形式出现，可以看作是相位控制的硬件实现。相位控制当然也可以在计算机控制系统中由软件实现。此外，本节不涉及晶闸管对触发脉冲的具体要求和脉冲的功率放大，这些将在第 9 章讲述电力电子器件的驱动电路时详细介绍。

3.6.1　集成触发器

集成电路可靠性高，技术性能好，体积小，功耗低，调试方便。随着集成电路制作水平的提高，晶闸管触发电路的集成化已逐渐普及，现已逐步取代分立式电路。目前国内常用的有 KJ 系列和 KC 系列，两者生产厂家不同，但很相似。下面以 KJ 系列为例，简单介绍三相桥式全控整流电路的集成触发器的组成。

图 3-50 为 KJ004 集成电路原理图，其中点画线框内为集成电路部分。从图中可以看出，它与分立元件的锯齿波移相触发电路相似。可分为同步、锯齿波形成、移相、脉冲形成、脉冲分选及脉冲放大几个环节。其工作原理可参照锯齿波同步的触发电路进行分析，或查阅有关的产品手册，此处不再详述。

只需用三个 KJ004 集成块和一个 KJ041 集成块，即可形成六路双脉冲，再由六个晶体管进行脉冲放大，即构成完整的三相桥式全控整流电路的集成触发电路，如图 3-51 所示。

KJ041 内部实际是由 12 个二极管构成的 6 个或门。也有厂家生产了将图 3-51 全部电路

集成的集成块。

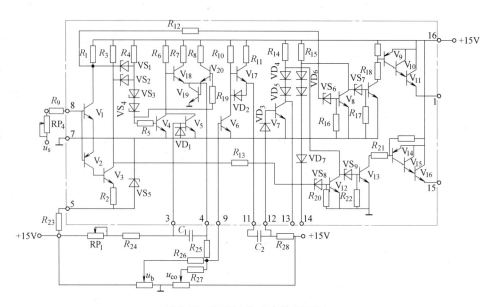

图 3-50　KJ004 集成电路原理图

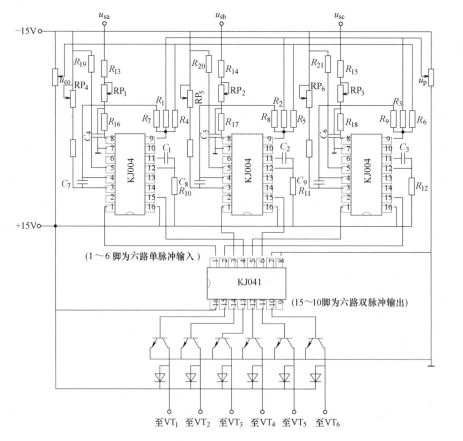

图 3-51　三相桥式全控整流电路的集成触发电路

以上触发电路均为模拟的，其优点是结构简单、可靠，但缺点是易受电网电压影响，触发脉冲的不对称度较高，可达 $3° \sim 4°$，精度低。在对精度要求高的大容量变流装置中，越来越多地采用了数字触发电路，可获得很好的触发脉冲对称度，例如基于 8 位单片机的数字触发器，其精度可达 $0.7° \sim 1.5°$。

近些年，一些新的高精度三相移相触发集成电路开始得到广泛应用，如 TC787。与 KJ（或 KC）系列集成电路相比，TC787 具有功耗小、功能强、输入阻抗高、抗干扰性能好、移相范围宽、外接元件少等优点，而且装调简便、使用可靠。一片 TC787 集成电路，可完成一片 KJ041、一片 KJ042 或五片 KJ（三片 KJ004、一片 KJ041、一片 KJ042）系列器件组合才能具有的三相移相触发功能。TC787 广泛应用于三相半控、三相全控、三相过零等电力电子、机电一体化产品的移相触发系统。

TC787 是采用标准双列直插式 18 引脚（DIP-18）的集成电路，其内部结构及工作原理框图如图 3-52 所示。由图可知，在它们内部集成有三个过零和极性检测单元、三个锯齿波形成单元、三个比较器、一个脉冲发生器、一个抗干扰锁定电路、一个脉冲形成电路、一个脉冲分配及驱动电路。工作原理可简述如下：滤波后的三相同步电压，经过零和极性检测单元检测出零点和极性，作为内部三个恒流源的控制信号；三个恒流源输出的恒值电流给三只等值电容 C_a、C_b、C_c 恒流充电，形成等斜率锯齿波；该三路锯齿波与移相控制电压 U_r 比较后取得交相点，交相点经集成电路内部的抗干扰锁定电路锁定，使交相点以后的锯齿波或移相电压的波动不影响输出；该交相信号与脉冲发生器输出的脉冲信号经脉冲形成电路处理后，形成与三相输入同步信号相位对应且与移相电压大小相适应的脉冲信号，送到脉冲分配及驱动电路。该集成电路适用于主功率器件是晶闸管的三相桥式全控整流电路，可同时产生六路相位互差 $60°$ 的调制脉冲输出，用于桥中晶闸管的移相触发。

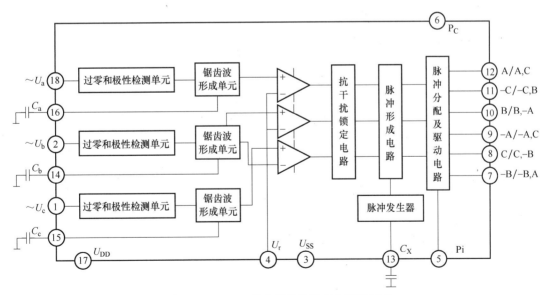

图 3-52　TC787 的内部结构及工作原理框图

图 3-53 给出了 TC787 单电源工作时的典型接线图，图中电容 $C_1 \sim C_3$ 为隔直耦合电容，而 $C_4 \sim C_6$ 为滤波电容，它与 $RP_1 \sim RP_3$ 构成滤去同步电压中毛刺的环节。另一方面，随 $RP_1 \sim RP_3$

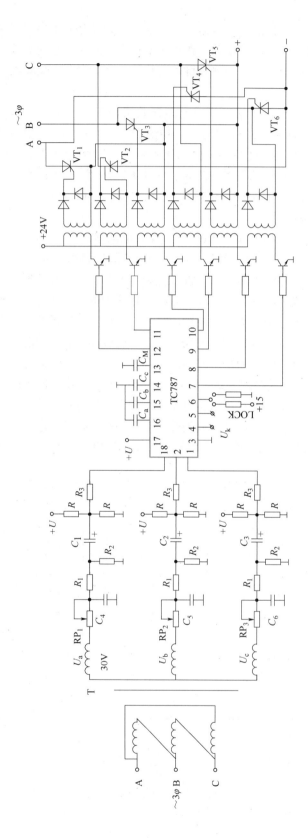

图 3-53　TC787 单电源工作时的典型接线图

三个电位器的不同调节，可实现 0°~60° 的移相，从而适应不同主变压器连接的需要。图 3-54 给出了应用电平匹配网络的另一种应用电路。图中直接将同步变压器的中点接到（1/2）电源电压上，使所用元件得以简化。

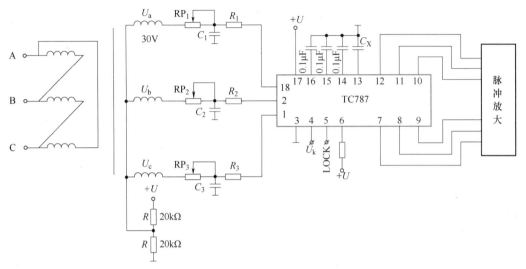

图 3-54　简化电平匹配网络的单电源使用法（同步电压有效值 $U_{\mathrm{T}} \leqslant V_+ / 2\sqrt{2}$）

3. 6. 2　晶闸管 CPLD 准数字触发器集成电路

利用可编程逻辑芯片 CPLD 也可实现晶闸管整流电路的数字触发器集成电路，通过软件编程，实现在 CPLD 芯片内部对输入脉冲的计数，产生相对同步电压相位变化的触发脉冲。CPLD 构成的集成触发器内部结构及工作原理框图如图 3-55 所示。由图可知，在它的内部包含有触发脉冲形成环节、缺相保护判断实现逻辑电路、故障保护逻辑或电路、输出驱动环节、计数器、方波发生器等功能单元。

其工作原理如下：采自三相电网或同步变压器的三相电压经过外部同步电压整形环节进行整形，将交流信号转变为方波信号，接入该触发器的六路同步信号输入端，在 CPLD 内部首先通过对六路同步电压方波上升及下降沿的检测，一方面由内部缺相保护判断实现逻辑电路检测是否缺相，若缺相则停止触发脉冲输出，并使六个输出引脚同时变为低电平，输出报警信号；另一方面由 A 相同步脉冲下降沿作为换相点识别标志 $\alpha = 0°$ 的位置，并送给 CPLD 内部计数器，作为开始计数的启动信号，以确保触发脉冲形成环节的输出对准换相点，进而输出调制脉冲。由外部 u/f 变换器电路提供频率控制信号 $CLOCK_0$，通过 CPLD 的内部计数器对此进行计数，计数到则输出对应的触发角 α 控制信号。所以，当 u/f 变换器输出频率升高时，相当于输出触发脉冲左移（对应触发角 α 减小）；当 u/f 变换器输出频率降低时，相当于输出触发脉冲右移（对应触发角 α 增大），u/f 变换器输出最高与最低脉冲频率值便决定了使用中的最大触发角 $\alpha_{\max}$ 与最小触发角 $\alpha_{\min}$。集成于 CPLD 内部的方波发生器，产生方波信号送往外部电路的脉冲宽度设定环节，经过处理输出对应每一个触发脉冲的六路脉冲列，该脉冲列与 CPLD 内部的六路触发脉冲相与，从而决定了输出六路脉冲的宽度。

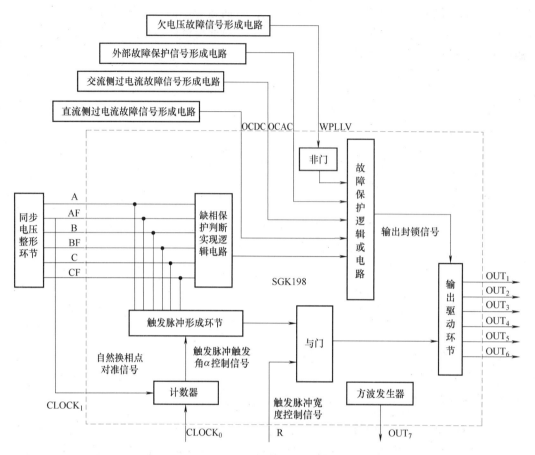

图 3-55　CPLD 构成的集成触发器内部结构及工作原理框图

—— 本 章 小 结 ——

　　整流电路是电力电子电路中出现和应用最早的形式之一，本章讲述了相控整流电路及其相关的一些问题，这些内容在本书中十分重要，也是学习后面各章的重要基础。

　　本章的主要内容及要求包括：

　　1）可控整流电路，重点掌握电力电子电路作为分段线性电路进行分析的基本思想、单相桥式全控整流电路的原理与计算、三相桥式全控整流电路的原理分析与计算、各种负载对整流电路工作情况的影响。

　　2）电容滤波的不可控整流电路的工作情况，重点了解其工作特点。

　　3）与整流电路相关的一些问题，包括：

　　① 变压器漏抗对整流电路的影响，重点建立换相压降、重叠角等概念，并掌握相关的计算，熟悉漏抗对整流电路工作情况的影响。

　　② 整流电路的谐波和功率因数分析，重点掌握谐波的概念、各种整流电路产生谐波情况的定性分析、功率因数分析的特点、各种整流电路的功率因数分析。

　　4）大功率可控整流电路的接线形式及特点，熟悉双反星形可控整流电路的工作情况，建立整流电路多重化的概念。

5）可控整流电路的有源逆变工作状态，重点掌握产生有源逆变的条件，三相可控整流电路有源逆变工作状态的分析计算，逆变失败及最小逆变角的限制等。

6）用于晶闸管可控整流电路等相控电路的相位控制，即触发电路。重点熟悉锯齿波移相的触发电路的原理，了解集成触发芯片及其组成的三相桥式全控整流电路的触发电路，建立同步的概念，掌握同步电压信号的选取方法。

习题及思考题

1. 单相半波可控整流电路对电感负载供电，$L = 20\text{mH}$，$U_2 = 100\text{V}$，求当 $\alpha = 0°$ 和 $60°$ 时的负载电流 I_d，并画出 u_d 与 i_d 波形。

2. 图 3-10 为具有变压器中心抽头的单相全波可控整流电路，问该变压器还有直流磁化问题吗？试说明：

① 晶闸管承受的最大正反向电压为 $2\sqrt{2}\,U_2$；

② 当负载为电阻或电感时，其输出电压和电流的波形与单相桥式全控整流电路时相同。

3. 单相桥式全控整流电路，$U_2 = 100\text{V}$，负载中 $R = 2\Omega$，L 值极大，当 $\alpha = 30°$ 时，要求：

① 画出 u_d、i_d 和 i_2 的波形；

② 求整流输出平均电压 U_d、电流 I_d 以及变压器二次电流有效值 I_2；

③ 考虑安全裕量，确定晶闸管的额定电压和额定电流。

4. 单相桥式半控整流电路，电阻性负载，画出整流二极管在一周期内承受的电压波形。

5. 单相桥式全控整流电路，$U_2 = 200\text{V}$，负载中 $R = 2\Omega$，L 值极大，反电动势 $E = 100\text{V}$，当 $\alpha = 45°$ 时，要求：

① 画出 u_d、i_d 和 i_2 的波形；

② 求整流输出平均电压 U_d、电流 I_d 以及变压器二次电流有效值 I_2；

③ 考虑安全裕量，确定晶闸管的额定电压和额定电流。

6. 晶闸管串联的单相桥式半控整流电路（桥中 VT_1、VT_2 为晶闸管）电路如图 3-12 所示，$U_2 = 100\text{V}$，电阻电感负载，$R = 2\Omega$，L 值很大，当 $\alpha = 60°$ 时求流过器件电流的有效值，并画出 u_d、i_d、i_{VT}、i_{VD} 的波形。

7. 在三相半波整流电路中，如果 a 相的触发脉冲消失，试画出在电阻性负载和电感性负载下整流电压 u_d 的波形。

8. 三相半波整流电路，可以将整流变压器的二次绕组分为两段成为曲折接法，每段的电动势相同，其分段布置及其矢量如图 3-56 所示，此时线圈的绕组增加了一些，铜的用料约增加 10%，问变压器铁心是否被直流磁化，为什么？

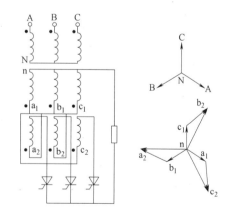

图 3-56　变压器二次绕组的曲折接法及其矢量图

9. 三相半波整流电路的共阴极接法与共阳极接法，a、b 两相的自然换相点是同一点吗？如果不是，它们在相位上差多少度？

10. 有两组三相半波可控整流电路，一组是共阴极接法，一组是共阳极接法，如果它们的触发角都是 α，那么共阴极组的触发脉冲与共阳极组的触发脉冲对同一相来说，例如都是 a 相，在相位上差多少度？

11. 三相半波可控整流电路，$U_2 = 100V$，带电阻电感负载，$R = 5\Omega$，L 值极大，当 $\alpha = 60°$ 时，要求：

① 画出 u_d、i_d 和 i_{VT_1} 的波形；

② 计算 U_d、I_d、I_{dVT} 和 I_{VT}。

12. 在三相桥式全控整流电路中，电阻性负载，如果有一个晶闸管不能导通，此时的整流电压 u_d 波形如何？如果有一个晶闸管被击穿而短路，其他晶闸管受什么影响？

13. 三相桥式全控整流电路，$U_2 = 100V$，带电阻电感负载，$R = 5\Omega$，L 值极大，当 $\alpha = 60°$ 时，要求：

① 画出 u_d、i_d 和 i_{VT_1} 的波形；

② 计算 U_d、I_d、I_{dVT} 和 I_{VT}。

14. 单相桥式全控整流电路，反电动势阻感负载，$R = 1\Omega$，$L = \infty$，$E = 40V$，$U_2 = 100V$，$L_B = 0.5mH$，当 $\alpha = 60°$ 时求 U_d、I_d 与 γ 的数值，并画出整流电压 u_d 的波形。

15. 三相半波可控整流电路，反电动势阻感负载，$U_2 = 100V$，$R = 1\Omega$，$L = \infty$，$L_B = 1mH$，求当 $\alpha = 30°$ 时、$E = 50V$ 时 U_d、I_d、γ 的值并画出 u_d 与 i_{VT_1} 和 i_{VT_2} 的波形。

16. 三相桥式不可控整流电路，阻感负载，$R = 2\Omega$，$L = \infty$，$U_2 = 100V$，$X_B = 0.1\Omega$，求 U_d、I_d、I_{VD}、I_2 和 γ 的值并画出 u_d、i_{VD} 和 i_2 的波形。

17. 三相桥式全控整流电路，反电动势阻感负载，$E = 200V$，$R = 1\Omega$，$L = \infty$，$U_2 = 220V$，$\alpha = 60°$，在 $L_B = 0$ 和 $L_B = 1mH$ 情况下，分别求 U_d、I_d 的值，后者还应求 γ 并分别画出 u_d 与 i_{VT} 的波形。

18. 单相桥式全控整流电路，其整流输出电压中含有哪些次数的谐波？其中幅值最大的是哪一次？变压器二次电流中含有哪些次数的谐波？其中主要的是哪几次？

19. 三相桥式全控整流电路，其整流输出电压中含有哪些次数的谐波？其中幅值最大的是哪一次？变压器二次电流中含有哪些次数的谐波？其中主要的是哪几次？

20. 试计算第 3 题中 i_2 的 3、5、7 次谐波分量的有效值 I_{23}、I_{25}、I_{27}。

21. 试计算第 13 题中 i_2 的 5、7 次谐波分量的有效值 I_{25}、I_{27}。

22. 试分别计算第 3 题和第 13 题电路的输入功率因数。

23. 带平衡电抗器的双反星形可控整流电路与三相桥式全控整流电路相比有何主要异同？

24. 整流电路多重化的主要目的是什么？

25. 12 脉波、24 脉波整流电路的整流输出电压和交流输入电流中各含哪些次数的谐波？

26. 使变流器工作于有源逆变状态的条件是什么？

27. 三相桥式全控变流器，反电动势阻感负载，$R = 1\Omega$，$L = \infty$，$U_2 = 220V$，$L_B = 1mH$，当 $E_M = -400V$、$\beta = 60°$ 时求 U_d、I_d 与 γ 的值，此时送回电网的有功功率是多少？

28. 单相桥式全控整流电路，反电动势阻感负载，$R = 1\Omega$，$L = \infty$，$U_2 = 100V$，$L_B = 0.5mH$，当 $E_M = -99V$、$\beta = 60°$ 时求 U_d、I_d 和 γ 的值。

29. 什么是逆变失败？如何防止逆变失败？

30. 单相桥式全控整流电路、三相桥式全控整流电路中，当负载分别为电阻负载或电感负载时，要求的晶闸管移相范围分别是多少？

第 4 章

逆变电路

与整流相对应，把直流电变成交流电称为逆变。当交流侧接在电网上，即交流侧接有电源时，称为有源逆变；当交流侧直接和负载连接时，称为无源逆变。第 3 章讲述的整流电路工作在逆变状态时的情况属有源逆变。在不加说明时，逆变电路一般多指无源逆变电路，本章讲述的就是无源逆变电路。

逆变电路经常和变频的概念联系在一起。如后面的第 6 章所述，变频电路有交-交变频和交-直-交变频两种形式。第 6 章将讲述交-交变频电路，交-直-交变频电路将在第 10 章讲述。交-直-交变频电路由交-直变换电路和直-交变换电路两部分组成，前一部分属整流电路，后一部分就是本章所要讲述的逆变电路。由于交-直-交变频电路的整流电路部分常常就采用最简单的二极管整流电路，因此交-直-交变频电路的核心部分就是逆变电路。正因为如此，发达国家常常把交-直-交变频器称为逆变器。

逆变电路的应用非常广泛。在已有的各种电源中，蓄电池、干电池、太阳电池等都是直流电源，当需要这些电源向交流负载供电时，就需要逆变电路。另外，交流电动机调速用变频器、不间断电源、感应加热电源等电力电子装置使用非常广泛，其电路的核心部分都是逆变电路。有人甚至说，电力电子技术早期曾处在整流器时代，后来则进入逆变器时代。

变流电路在工作过程中不断发生电流从一个支路向另一个支路的转移，这就是换流。换流方式在逆变电路中占有突出的地位，本章在 4.1 节先予以介绍。逆变电路可以从不同的角度进行分类。如可以按换流方式分类，按输出的相数分类，也可按直流电源的性质分类。若按直流电源的性质分类，可分为电压型和电流型两大类。本章在 4.2 节和 4.3 节分别讲述电压型逆变电路和电流型逆变电路的结构和基本工作原理。最后在 4.4 节讲述逆变电路的多重化和多电平逆变电路。

逆变电路在电力电子电路中占有十分突出的位置。本章仅讲述基本逆变电路的内容。在第 7 章脉宽调制及相关控制技术和第 10 章电力电子技术的应用中，有关逆变电路的内容会进一步展开。因此，就逆变电路而言，只学习本章的内容是不够的。在学完第 7 章后，才能掌握逆变电路的基本内容。

4.1 换流方式

在介绍换流方式之前，先简单讲述逆变电路的基本工作原理。

4.1.1　逆变电路的基本工作原理

以图4-1a的单相桥式逆变电路为例说明其最基本的工作原理。图中$S_1 \sim S_4$是桥式电路的四个臂，它们由电力电子器件及其辅助电路组成。当开关S_1、S_4闭合，S_2、S_3断开时，负载电压u_o为正；当开关S_1、S_4断开，S_2、S_3闭合时，u_o为负，其波形如图4-1b所示。这样，就把直流电变成了交流电，改变两组开关的切换频率，即可改变输出交流电的频率。这就是逆变电路最基本的工作原理。

当负载为电阻时，负载电流i_o和电压u_o的波形形状相同，相位也相同。当负载为阻感时，i_o的基波相位滞后于u_o的基波，两者波形的形状也不同，图4-1b给出的就是阻感负载时的i_o波形。设t_1时刻以前S_1、S_4导通，u_o和i_o均为正。在t_1时刻断开S_1、S_4，同时合上S_2、S_3，则u_o的极性立刻变为负。但是，因为负载中有电感，其电流极性不能立刻改变而仍维持原方向。这时负载电流从直流电源负极流出，经S_2、负载和S_3流回正极，负载电感中储存的能量向直流电源反馈，负载电流逐渐减小，到t_2时刻降为零，之后i_o才反向并逐渐增大。S_2、S_3断开，S_1、S_4闭合时的情况类似。上面是$S_1 \sim S_4$均为理想开关时的分析，实际电路的工作过程要复杂一些。

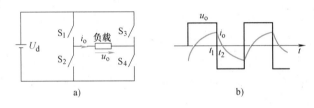

图4-1　逆变电路及其波形举例

4.1.2　换流方式分类

在图4-1的逆变电路工作过程中，在t_1时刻出现了电流从S_1到S_2，以及从S_4到S_3的转移。电流从一个支路向另一个支路转移的过程称为换流，换流也常被称为换相。在换流过程中，有的支路要从通态转移到断态，有的支路要从断态转移到通态。从断态向通态转移时，无论支路是由全控型还是半控型电力电子器件组成，只要给门极适当的驱动信号，就可以使其开通。但从通态向断态转移的情况就不同。全控型器件可以通过对门极的控制使其关断，而对于半控型器件的晶闸管来说，就不能通过对门极的控制使其关断，必须利用外部条件或采取其他措施才能使其关断。一般来说，要在晶闸管电流过零后再施加一定时间的反向电压，才能使其关断。因为使器件关断，主要是使晶闸管关断，要比使其开通复杂得多，因此，研究换流方式主要是研究如何使器件关断。

应该指出，换流并不是只在逆变电路中才有的概念，在前面讲过的整流电路以及后面将要讲到的直流-直流变换电路和交流-交流变换电路中都涉及换流问题。但在逆变电路中，换流及换流方式问题反映得最为全面和集中。因此，把换流方式安排在本章讲述。

一般来说，换流方式可分为以下几种：

1. 器件换流

利用全控型器件的自关断能力进行换流称为器件换流（Device Commutation）。在采用

IGBT、电力 MOSFET、GTO、GTR 等全控型器件的电路中，其换流方式即为器件换流。

2. 电网换流

由电网提供换流电压称为电网换流（Line Commutation）。对于第 3 章讲述的相控整流电路，无论其工作在整流状态还是有源逆变状态，都是借助于电网电压实现换流的，都属于电网换流。第 6 章 6.1.2 节三相交流调压电路和 6.3 节采用相控方式的交-交变频电路中的换流方式也都是电网换流。在换流时，只要把负的电网电压施加在欲关断的晶闸管上即可使其关断。这种换流方式不需要器件具有门极可关断能力，也不需要为换流附加任何元件，但是不适用于没有交流电网的无源逆变电路。

3. 负载换流

由负载提供换流电压称为负载换流（Load Commutation）。凡是负载电流的相位超前于负载电压的场合，都可以实现负载换流。当负载为电容性负载时，就可实现负载换流。另外，当负载为同步电动机时，由于可以控制励磁电流使负载呈现为容性，因而也可以实现负载换流。

图 4-2a 是基本的负载换流逆变电路，四个桥臂均由晶闸管组成。其负载是电阻电感串联后再和电容并联，整个负载工作在接近并联谐振状态而略呈容性。在实际电路中，电容往往是为改善负载功率因数，使其略呈容性而接入的。由于在直流侧串入了一个很大的电感 L_d，因而在工作过程中可以认为 i_d 基本没有脉动。

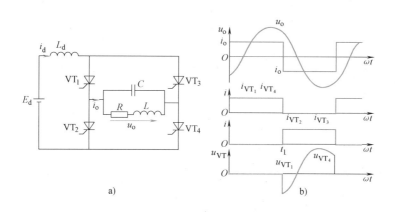

图 4-2 负载换流电路及其工作波形

电路的工作波形如图 4-2b 所示。因为直流电流近似为恒值，四个臂开关的切换仅使电流流通路径改变，所以负载电流基本呈现为矩形波。因为负载工作在对基波电流接近并联谐振的状态，故对基波的阻抗很大而对谐波的阻抗很小，因此负载电压 u_o 波形接近正弦波。设在 t_1 时刻前 VT_1、VT_4 为通态，VT_2、VT_3 为断态，u_o、i_o 均为正，VT_2、VT_3 上施加的电压即为 u_o。在 t_1 时刻触发 VT_2、VT_3 使其开通，负载电压 u_o 通过 VT_2、VT_3 分别加到 VT_4、VT_1 上，使其承受反向电压而关断，电流从 VT_1、VT_4 转移到 VT_3、VT_2。触发 VT_2、VT_3 的时刻 t_1 必须在 u_o 过零前并留有足够的裕量，才能使换流顺利完成。从 VT_2、VT_3 到 VT_4、VT_1 的换流过程和上述情况类似。

4. 强迫换流

设置附加的换流电路，给欲关断的晶闸管强迫施加反向电压或反向电流的换流方式称为

强迫换流 （Forced Commutation）。强迫换流通常利用附加电容上所储存的能量来实现，因此也称为电容换流。

在强迫换流方式中，由换流电路内电容直接提供换流电压的方式称为直接耦合式强迫换流。图 4-3 是其原理图。图中，在晶闸管 VT 处于通态时，预先给电容 C 按图中所示极性充电。如果合上开关 S，就可以使晶闸管被施加反向电压而关断。

如果通过换流电路内的电容和电感的耦合来提供换流电压或换流电流，则称为电感耦合式强迫换流。图 4-4a 和 b 是两种不同的电感耦合式强迫换流原理图。图 4-4a 中晶闸管在 LC 振荡第一个半周期内关断，图 4-4b 中晶闸管在 LC 振荡第二个半周期内关断。因为在晶闸管导通期间，两图中电容所充的电压极性不同。在图 4-4a 中，接通开关 S 后，LC 振荡电流将反向流过晶闸管 VT，与 VT 的负载电流相减，直到 VT 的合成正向电流减至零后，再流过二极管 VD。在图 4-4b 中，接通 S 后，LC 振荡电流先正向流过 VT 并和 VT 中原有负载电流叠加，经半个振荡周期 $\pi\sqrt{LC}$ 后，振荡电流反向流过 VT，直到 VT 的合成正向电流减至零后再流过二极管 VD。在这两种情况下，晶闸管都是在正向电流减至零且二极管开始流过电流时关断。二极管上的管压降就是加在晶闸管上的反向电压。

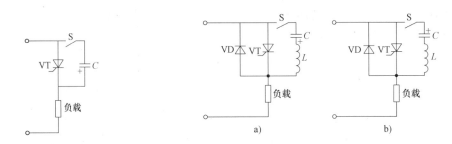

图 4-3　直接耦合式强迫换流原理图　　图 4-4　电感耦合式强迫换流原理图

像图 4-3 那种给晶闸管加上反向电压而使其关断的换流叫电压换流，而图 4-4 那种先使晶闸管电流减为零，然后通过反并联二极管使其加上反向电压的换流叫电流换流。

上述四种换流方式中，器件换流只适用于全控型器件，其余三种方式主要是针对晶闸管而言的。器件换流和强迫换流都是因为器件或变流器自身的原因而实现换流的，二者都属于自换流；电网换流和负载换流不是依靠变流器内部的原因，而是借助于外部手段（电网电压或负载电压）来实现换流的，它们属于外部换流。采用自换流方式的逆变电路称为自换流逆变电路，采用外部换流方式的逆变电路称为外部换流逆变电路。

当电流不是从一个支路向另一个支路转移，而是在支路内部终止流通而变为零，则称为熄灭。

4.2　电压型逆变电路

逆变电路根据直流侧电源性质的不同可分为两种：直流侧是电压源的称为电压型逆变电路；直流侧是电流源的称为电流型逆变电路。它们也分别被称为电压源型逆变电路（Voltage Source Inverter，VSI）和电流源型逆变电路（Current Source Inverter，CSI）。本节主要介绍各种电压型逆变电路的基本构成、工作原理和特性。

图 4-5 是电压型逆变电路的一个例子,它是图 4-1 电路的具体实现。

电压型逆变电路有以下主要特点:

1) 直流侧为电压源,或并联有大电容,相当于电压源。直流侧电压基本无脉动,直流回路呈现低阻抗。

2) 由于直流电压源的钳位作用,交流侧输出电压波形为矩形波,并且与负载阻抗角无关。而交流侧输出电流波形和相位因负载阻抗情况的不同而不同。

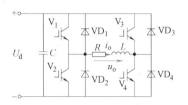

图 4-5 电压型逆变电路举例
(全桥逆变电路)

3) 当交流侧为阻感负载时需要提供无功功率,直流侧电容起缓冲无功能量的作用。为了给交流侧向直流侧反馈的无功能量提供通道,逆变桥各臂都并联了反馈二极管。

对上述有些特点的理解要在后面内容的学习中才能加深。下面分别就单相和三相电压型逆变电路进行讨论。

4.2.1 单相电压型逆变电路

1. 半桥逆变电路

半桥逆变电路原理图如图 4-6a 所示,它有两个桥臂,每个桥臂由一个可控器件和一个反并联二极管组成。在直流侧接有两个相互串联的足够大的电容,两个电容的连接点便成为直流电源的中点。负载连接在直流电源中点和两个桥臂连接点之间。

设开关器件 V_1 和 V_2 的栅极信号在一个周期内各有半周正偏,半周反偏,且二者互补。当负载为感性时,其工作波形如图 4-6b 所示。输出电压 u_o 为矩形波,其幅值为 $U_m = U_d/2$。输出电流 i_o 波形随负载情况而异。设 t_2 时刻以前 V_1 为通态,V_2 为断态。t_2 时刻给 V_1 关断信号,给 V_2 开通信号,则 V_1 关断,但感性负载中的电流 i_o 不能立即改变方向,于是 VD_2 导通续流。当 t_3 时刻 i_o 降为零时,VD_2 截止,V_2 开通,i_o 开始反向。同样,在 t_4 时刻给 V_2 关断信号,给 V_1 开通信号后,V_2 关断,VD_1 先导通续流,t_5 时刻 V_1 才开通。各段时间内导通器件的名称标于图 4-6b 的下部。

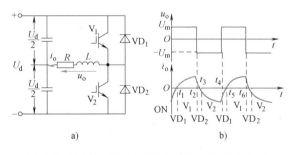

图 4-6 单相半桥电压型逆变电路及其工作波形

当 V_1 或 V_2 为通态时,负载电流和电压同方向,直流侧向负载提供能量;而当 VD_1 或 VD_2 为通态时,负载电流和电压反向,负载电感中储存的能量向直流侧反馈,即负载电感将其吸收的无功能量反馈回直流侧。反馈回的能量暂时储存在直流侧电容器中,直流侧电容器起着缓冲这种无功能量的作用。因为二极管 VD_1、VD_2 是负载向直流侧反馈能量的通道,故称为反馈二极管；又因为 VD$_1$、VD$_2$ 起着使负载电流连续的作用，因此又称为续流二极管。

当可控器件是不具有门极可关断能力的晶闸管时，必须附加强迫换流电路才能正常工作。

半桥逆变电路的优点是简单，使用器件少。其缺点是输出交流电压的幅值 U_m 仅为 $U_d/2$，且直流侧需要两个电容器串联，工作时还要控制两个电容器电压的均衡。因此，半桥电路常用于几千瓦以下的小功率逆变电源。

以下讲述的单相全桥逆变电路、三相桥式逆变电路都可看成由若干个半桥逆变电路组合而成，因此，正确分析半桥电路的工作原理很有意义。

2. 全桥逆变电路

电压型全桥逆变电路的原理图已在图 4-5 中给出，它共有四个桥臂，可以看成由两个半桥电路组合而成。把桥臂 1 和 4 作为一对，桥臂 2 和 3 作为另一对，成对的两个桥臂同时导通，两对交替各导通 180°。其输出电压 u_o 的波形和图 4-6b 的半桥电路的波形 u_o 形状相同，也是矩形波，但其幅值高出一倍，$U_m = U_d$。在直流电压和负载都相同的情况下，其输出电流 i_o 的波形当然也和图 4-6b 中的 i_o 形状相同，仅幅值增加一倍。图 4-6 中的 VD$_1$、V$_1$、VD$_2$、V$_2$ 相继导通的区间，分别对应于图 4-5 中的 VD$_1$ 和 VD$_4$、V$_1$ 和 V$_4$、VD$_2$ 和 VD$_3$、V$_2$ 和 V$_3$ 相继导通的区间。关于无功能量的交换，对于半桥逆变电路的分析也完全适用于全桥逆变电路。

全桥逆变电路是单相逆变电路中应用最多的。下面对其电压波形做定量分析。把幅值为 U_d 的矩形波 u_o 展开成傅里叶级数得

$$u_o = \frac{4U_d}{\pi}\left(\sin\omega t + \frac{1}{3}\sin3\omega t + \frac{1}{5}\sin5\omega t + \cdots\right) \tag{4-1}$$

其中，基波的幅值 U_{o1m} 和基波有效值 U_{o1} 分别为

$$U_{o1m} = \frac{4U_d}{\pi} = 1.27U_d \tag{4-2}$$

$$U_{o1} = \frac{2\sqrt{2}U_d}{\pi} = 0.9U_d \tag{4-3}$$

上述公式对于半桥逆变电路也是适用的，只是式中的 U_d 要换成 $U_d/2$。

前面分析的都是 u_o 为正负电压各为 180° 的脉冲时的情况。在这种情况下，要改变输出交流电压的有效值只能通过改变直流电压 U_d 来实现。

在阻感负载时，还可以采用移相的方式来调节逆变电路的输出电压，这种方式称为移相调压。移相调压实际上就是调节输出电压脉冲的宽度。在图 4-7a 的单相全桥逆变电路中，各 IGBT 的栅极信号仍为 180° 正偏，180° 反偏，并且 V$_1$ 和 V$_2$ 的栅极信号互补，V$_3$ 和 V$_4$ 的栅极信号互补，但 V$_3$ 的基极信号不是比 V$_1$ 落后 180°，而是只落后 $\theta(0° < \theta < 180°)$。也就是说，V$_3$、V$_4$ 的栅极信号不是分别和 V$_2$、V$_1$ 的栅极信号同相位，而是前移了 $180° - \theta$。这样，输出电压 u_o 就不再是正负各为 180° 的脉冲，而是正负各为 θ 的脉冲，各 IGBT 的栅极信号 $u_{G1} \sim u_{G4}$ 及输出电压 u_o、输出电流 i_o 的波形如图 4-7b 所示。下面对其工作过程进行具体分析。

设在 t_1 时刻前 V$_1$ 和 V$_4$ 导通，输出电压 u_o 为 U_d，t_1 时刻 V$_3$ 和 V$_4$ 栅极信号反向，V$_4$ 截

止，而因负载电感中的电流 i_o 不能突变，V_3 不能立刻导通，VD_3 导通续流。因为 V_1 和 VD_3 同时导通，所以输出电压为零。到 t_2 时刻 V_1 和 V_2 栅极信号反向，V_1 截止，而 V_2 不能立刻导通，VD_2 导通续流，和 VD_3 构成电流通道，输出电压为 $-U_d$。到负载电流过零并开始反向时，VD_2 和 VD_3 截止，V_2 和 V_3 开始导通，u_o 仍为 $-U_d$。t_3 时刻 V_3 和 V_4 栅极信号再次反向，V_3 截止，而 V_4 不能立刻导通，VD_4 导通续流，u_o 再次为零。以后的过程和前面类似。这样，输出电压 u_o 的正负脉冲宽度就各为 θ。改变 θ，就可以调节输出电压。

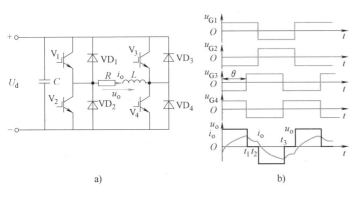

图 4-7　单相全桥逆变电路的移相调压方式

在纯电阻负载时，采用上述移相方法也可以得到相同的结果，只是 $VD_1 \sim VD_4$ 不再导通，不起续流作用。在 u_o 为零的期间，四个桥臂均不导通，负载也没有电流。

显然，上述移相调压方式并不适用于半桥逆变电路。不过在纯电阻负载时，仍可采用改变正负脉冲宽度的方法来调节半桥逆变电路的输出电压。这时，上下两桥臂的栅极信号不再是各 180° 正偏、180° 反偏并且互补，而是正偏的宽度为 θ、反偏的宽度为 $180° - \theta$，二者相位差为 180°。这时输出电压 u_o 也是正负脉冲的宽度各为 θ。

3. 带中心抽头变压器的逆变电路

图 4-8 是带中心抽头变压器逆变电路的原理图。交替驱动两个 IGBT，通过变压器的耦合给负载加上矩形波交流电压。两个二极管的作用也是给负载电感中储存的无功能量提供反馈通道。在 U_d 和负载参数相同，且变压器一次两个绕组和二次绕组的匝比为 1 : 1 : 1 的情况下，该电路的输出电压 u_o 和输出电流的波形及幅值与全桥逆变电路完全相同。因此，式（4-1）~ 式（4-3）也适用于该电路。

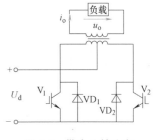

图 4-8　带中心抽头变压器的逆变电路

图 4-8 的电路虽然比全桥电路少用了一半开关器件，但器件承受的电压却为 $2U_d$，比全桥电路高一倍，且必须有一个变压器。

4.2.2　三相电压型逆变电路

用三个单相逆变电路可以组合成一个三相逆变电路。但在三相逆变电路中，应用最广的还是三相桥式逆变电路。采用 IGBT 作为开关器件的三相电压型桥式逆变电路如图 4-9 所示，可以看成由三个半桥逆变电路组成。

图 4-9 电路的直流侧通常只有一个电容器就可以了，但为了分析方便，画成串联的两个电容器并标出假想中点 N′。和单相半桥、全桥逆变电路相同，三相电压型桥式逆变电路的基本工作方式也是 180°导电方式，即每个桥臂的导电角度为 180°，同一相（即同一半桥）上下两个臂交替导电，各相开始导电的角度依次相差 120°。这样，在任一瞬间，将有三个桥臂同时导通。可能是上面一个臂下面两个臂，也可能是上面两个臂下面一个臂同时导通。因为每次换流都是在同一相上下两个桥臂之间进行，因此也被称为纵向换流。

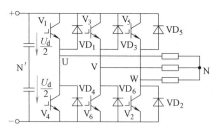

图 4-9　三相电压型桥式逆变电路

下面来分析三相电压型桥式逆变电路的工作波形。对于 U 相输出来说，当桥臂 1 导通时，$u_{UN'}=U_d/2$，当桥臂 4 导通时，$u_{UN'}=-U_d/2$。因此，$u_{UN'}$ 的波形是幅值为 $U_d/2$ 的矩形波。V、W 两相的情况和 U 相类似，$u_{VN'}$、$u_{WN'}$ 的波形形状和 $u_{UN'}$ 相同，只是相位依次差 120°。$u_{UN'}$、$u_{VN'}$、$u_{WN'}$ 的波形如图 4-10a、b、c 所示。

负载线电压 u_{UV}、u_{VW}、u_{WU} 可由下式求出

$$\begin{cases} u_{UV}=u_{UN'}-u_{VN'} \\ u_{VW}=u_{VN'}-u_{WN'} \\ u_{WU}=u_{WN'}-u_{UN'} \end{cases} \qquad (4\text{-}4)$$

图 4-10d 是依照上式画出的 u_{UV} 波形。

设负载中点 N 与直流电源假想中点 N′ 之间的电压为 $u_{NN'}$，则负载各相的相电压分别为

$$\begin{cases} u_{UN}=u_{UN'}-u_{NN'} \\ u_{VN}=u_{VN'}-u_{NN'} \\ u_{WN}=u_{WN'}-u_{NN'} \end{cases} \qquad (4\text{-}5)$$

把上面各式相加并整理可求得

$$u_{NN'}=\frac{1}{3}(u_{UN'}+u_{VN'}+u_{WN'})-\frac{1}{3}(u_{UN}+u_{VN}+u_{WN})$$

$$(4\text{-}6)$$

设负载为三相对称负载，则有 $u_{UN}+u_{VN}+u_{WN}=0$，故可得

$$u_{NN'}=\frac{1}{3}(u_{UN'}+u_{VN'}+u_{WN'}) \qquad (4\text{-}7)$$

$u_{NN'}$ 的波形如图 4-10e 所示，它也是矩形波，但其频率为 $u_{UN'}$ 频率的 3 倍，幅值为其 1/3，即为 $U_d/6$。

图 4-10f 给出了利用式（4-5）和式（4-7）绘出的 u_{UN} 的波形，u_{VN}、u_{WN} 的波形形状和 u_{UN} 相同，仅相位依次相差 120°。

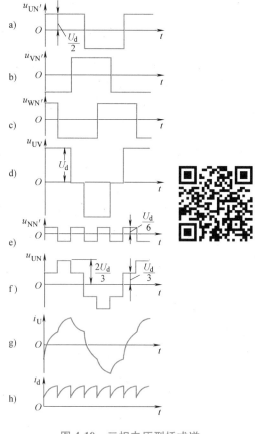

图 4-10　三相电压型桥式逆变电路的工作波形

负载参数已知时，可以由 u_{UN} 的波形求出 U 相电流 i_U 的波形。负载的阻抗角 φ 不同，i_U 的波形形状和相位都有所不同。图 4-10g 给出的是阻感负载下 $\varphi < \pi/3$ 时 i_U 的波形。桥臂 1 和桥臂 4 之间的换流过程和半桥电路相似。上桥臂 1 中的 V_1 从通态转换到断态时，因负载电感中的电流不能突变，下桥臂 4 中的 VD_4 先导通续流，待负载电流降到零，桥臂 4 中电流反向时，V_4 才开始导通。负载阻抗角 φ 越大，VD_4 导通时间就越长。$u_{UN'} > 0$ 即为桥臂 1 导电的区间，其中 $i_U < 0$ 时为 VD_1 导通，$i_U > 0$ 时为 V_1 导通；$u_{UN'} < 0$ 即为桥臂 4 导电的区间，其中 $i_U > 0$ 时为 VD_4 导通，$i_U < 0$ 时为 V_4 导通。

i_V、i_W 的波形和 i_U 形状相同，相位依次相差 120°。把桥臂 1、3、5 的电流加起来，就可得到直流侧电流 i_d 的波形，如图 4-10h 所示。可以看出，i_d 每隔 60° 脉动一次，而直流侧电压是基本无脉动的，因此逆变器从交流侧向直流侧传送的功率是脉动的，且脉动的情况和 i_d 脉动情况大体相同。这也是电压型逆变电路的一个特点。

下面对三相桥式逆变电路的输出电压进行定量分析。把输出线电压 u_{UV} 展开成傅里叶级数得

$$u_{UV} = \frac{2\sqrt{3}\,U_d}{\pi}\left(\sin\omega t - \frac{1}{5}\sin5\omega t - \frac{1}{7}\sin7\omega t + \frac{1}{11}\sin11\omega t + \frac{1}{13}\sin13\omega t - \cdots\right)$$

$$= \frac{2\sqrt{3}\,U_d}{\pi}\left[\sin\omega t + \sum_n \frac{1}{n}\,(-1)^k\sin n\omega t\right] \tag{4-8}$$

式中，$n = 6k \pm 1$，k 为自然数。

输出线电压有效值 U_{UV} 为

$$U_{UV} = \sqrt{\frac{1}{2\pi}\int_0^{2\pi} u_{UV}^2 \mathrm{d}\omega t} = 0.816U_d \tag{4-9}$$

基波幅值 U_{UV1m} 和基波有效值 U_{UV1} 分别为

$$U_{UV1m} = \frac{2\sqrt{3}\,U_d}{\pi} = 1.1U_d \tag{4-10}$$

$$U_{UV1} = \frac{U_{UV1m}}{\sqrt{2}} = \frac{\sqrt{6}}{\pi}U_d = 0.78U_d \tag{4-11}$$

下面再来对负载相电压 u_{UN} 进行分析。把 u_{UN} 展开成傅里叶级数得

$$u_{UN} = \frac{2U_d}{\pi}\left(\sin\omega t + \frac{1}{5}\sin5\omega t + \frac{1}{7}\sin7\omega t + \frac{1}{11}\sin11\omega t + \frac{1}{13}\sin13\omega t + \cdots\right)$$

$$= \frac{2U_d}{\pi}\left(\sin\omega t + \sum_n \frac{1}{n}\sin n\omega t\right) \tag{4-12}$$

式中，$n = 6k \pm 1$，k 为自然数。

负载相电压有效值 U_{UN} 为

$$U_{UN} = \sqrt{\frac{1}{2\pi}\int_0^{2\pi} u_{UN}^2 \mathrm{d}\omega t} = 0.471U_d \tag{4-13}$$

基波幅值 U_{UN1m} 和基波有效值 U_{UN1} 分别为

$$U_{UN1m} = \frac{2U_d}{\pi} = 0.637U_d \tag{4-14}$$

$$U_{UN1} = \frac{U_{UN1m}}{\sqrt{2}} = 0.45U_d \qquad (4-15)$$

在上述180°导电方式逆变器中，为了防止同一相上下两桥臂的开关器件同时导通而引起直流侧电源的短路，要采取"先断后通"的方法，即先给应关断的器件关断信号，待其关断后留一定的时间裕量，然后再给应导通的器件发出开通信号，即在两者之间留一个短暂的死区时间。死区时间的长短要视器件的开关速度而定，器件的开关速度越快，所留的死区时间就可以越短。这一"先断后通"的方法对于工作在上下桥臂通断互补方式下的其他电路也是适用的。显然，前述的单相半桥和全桥逆变电路也必须采取这一方法。

例4-1 三相桥式电压型逆变电路，180°导电方式，$U_d = 200V$。试求输出相电压的基波幅值U_{UN1m}和有效值U_{UN1}、输出线电压的基波幅值U_{UV1m}和有效值U_{UV1}、输出线电压中7次谐波的有效值U_{UV7}。

解：

$$U_{UN1} = \frac{U_{UN1m}}{\sqrt{2}} = 0.45U_d = 0.45 \times 200V = 90V$$

$$U_{UN1m} = \frac{2U_d}{\pi} = 0.637U_d = 0.637 \times 200V = 127.4V$$

$$U_{UV1m} = \frac{2\sqrt{3}U_d}{\pi} = 1.1U_d = 1.1 \times 200V = 220V$$

$$U_{UV1} = \frac{U_{UV1m}}{\sqrt{2}} = \frac{\sqrt{6}}{\pi}U_d = 0.78U_d = 0.78 \times 200V = 156V$$

$$U_{UV7} = \frac{U_{UV1}}{7} = \frac{\sqrt{6}}{7\pi}U_d = 0.11U_d = 0.11 \times 200V = 22V$$

4.3 电流型逆变电路

如前所述，直流电源为电流源的逆变电路称为电流型逆变电路。实际上理想直流电流源并不多见，一般是在逆变电路直流侧串联一个大电感，因为大电感中的电流脉动很小，因此可近似看成直流电流源。

图4-11的电流型三相桥式逆变电路就是电流型逆变电路的一个例子。图中的GTO使用反向阻断型器件。假如使用反向导电型GTO，必须给每个GTO串联二极管以承受反向电压。图中的交流侧电容器是为吸收换流时负载电感中存储的能量而设置的，是电流型逆变电路的必要组成部分。

电流型逆变电路有以下主要特点：

1）直流侧串联大电感，相当于电流源。直流侧电流基本无脉动，直流回路呈现高阻抗。

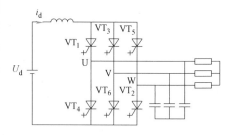

图4-11　电流型三相桥式逆变电路

2）电路中开关器件的作用仅是改变直流电流的流通路径，因此交流侧输出电流为矩形波，并且与负载阻抗角无关。而交流侧输出电压波形和相位则因负载阻抗情况的不同而不同。

　　3）当交流侧为阻感负载时需要提供无功功率，直流侧电感起缓冲无功能量的作用。因为反馈无功能量时直流电流并不反向，因此不必像电压型逆变电路那样要给开关器件反并联二极管。

　　下面仍分单相逆变电路和三相逆变电路来讲述。和讲述电压型逆变电路有所不同，前面所列举的各种电压型逆变电路都采用全控型器件，换流方式为器件换流。采用半控型器件的电压型逆变电路已很少应用。而电流型逆变电路中，采用半控型器件的电路仍应用较多，就其换流方式而言，有的采用负载换流，有的采用强迫换流。因此，在学习下面的各种电流型逆变电路时，应对电路的换流方式予以充分的注意。

4.3.1　单相电流型逆变电路

　　图 4-12 是一种单相桥式电流型逆变电路的原理图。电路由四个桥臂构成，每个桥臂的晶闸管各串联一个电抗器 L_T。L_T 用来限制晶闸管开通时的 $\mathrm{d}i/\mathrm{d}t$，各桥臂的 L_T 之间不存在互感。使桥臂 1、4 和桥臂 2、3 以 1000～2500Hz 的中频轮流导通，就可以在负载上得到中频交流电。

　　该电路是采用负载换相方式工作的，要求负载电流略超前于负载电压，即负载略呈容性。实际负载一般是电磁感应线圈，用来加热置于线圈内的钢料。图 4-12 中 R 和 L 串联即为感应线圈的等效电路。因为功率因数很低，故并联补偿电容器 C。电容 C 和 L、R 构成并联谐振电路，故这种逆变电路也被称为并联谐振式逆变电路。负载换流方式要求负载电流超前于电压，因此补偿电容应使负载过补偿，使负载电路总体上工作在容性，并略失谐的情况下。

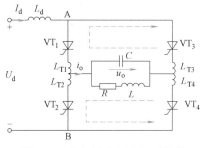

图 4-12　单相桥式电流型（并联谐振式）逆变电路

　　因为是电流型逆变电路，故其交流输出电流波形接近矩形波，其中包含基波和各奇次谐波，且谐波幅值远小于基波。因基波频率接近负载电路谐振频率，故负载电路对基波呈现高阻抗，而对谐波呈现低阻抗，谐波在负载电路上产生的压降很小，因此负载电压的波形接近正弦波。

　　图 4-13 是该逆变电路的工作波形。在交流电流的一个周期内，有两个稳定导通阶段和两个换流阶段。

　　$t_1 \sim t_2$ 之间为晶闸管 VT_1 和 VT_4 稳定导通阶段，负载电流 $i_o = I_d$，近似为恒值，t_2 时刻之前在电容 C 上，即负载上建立了左正右负的电压。

　　在 t_2 时刻触发晶闸管 VT_2 和 VT_3，因在 t_2 前 VT_2 和 VT_3 的阳极电压等于负载电压，为正值，故 VT_2 和 VT_3 导通，开始进入换流阶段。由于每个晶闸管都串有换流电抗器 L_T，故 VT_1 和 VT_4 在 t_2 时刻不能立刻关断，其电流有一个减小过程。同样，VT_2 和 VT_3 的电流也有一个增大过程。t_2 时刻后，四个晶闸管全部导通，负载电容电压经两个并联的放电回路同时放电。其中一个回路是经 L_{T1}、VT_1、VT_3、L_{T3} 回到电容 C；另一个回路是经 L_{T2}、VT_2、VT_4、L_{T4} 回到电容 C，如图 4-12 中虚线所示。在这个过程中，VT_1、VT_4 电流逐渐减小，VT_2、VT_3 电流逐渐增大。当 $t = t_4$ 时，VT_1、VT_4 电流减至零而关断，直流侧电流 I_d 全部从 VT_1、VT_4

转移到 VT_2、VT_3，换流阶段结束。$t_4 - t_2 = t_\gamma$ 称为换流时间。因为负载电流 $i_o = i_{VT_1} - i_{VT_2}$，所以 i_o 在 t_3 时刻，即 $i_{VT_1} = i_{VT_2}$ 时刻过零，t_3 时刻大体位于 t_2 和 t_4 的中点。

晶闸管在电流减小到零后，尚需一段时间才能恢复正向阻断能力。因此，在 t_4 时刻换流结束后，还要使 VT_1、VT_4 承受一段反压时间 t_β 才能保证其可靠关断。$t_\beta = t_5 - t_4$ 应大于晶闸管的关断时间 t_q。如果 VT_1、VT_4 尚未恢复阻断能力就被加上正向电压，将会重新导通，使逆变失败。

为了保证可靠换流，应在负载电压 u_o 过零前 $t_\delta = t_5 - t_2$ 时刻去触发 VT_2、VT_3。t_δ 称为触发引前时间，从图 4-13 可得

$$t_\delta = t_\gamma + t_\beta \tag{4-16}$$

从图 4-13 还可以看出，负载电流 i_o 超前于负载电压 u_o 的时间 t_φ 为

$$t_\varphi = \frac{t_\gamma}{2} + t_\beta \tag{4-17}$$

把 t_φ 表示为电角度 φ（弧度）可得

$$\varphi = \omega\left(\frac{t_\gamma}{2} + t_\beta\right) = \frac{\gamma}{2} + \beta \tag{4-18}$$

式中，ω 为电路工作角频率；γ、β 分别是 t_γ、t_β 对应的电角度；φ 也就是负载的功率因数角。

图 4-13 中 $t_4 \sim t_6$ 之间是 VT_2、VT_3 的稳定导通阶段。t_6 以后又进入从 VT_2、VT_3 导通向 VT_1、VT_4 导通的换流阶段，其过程和前面的分析类似。

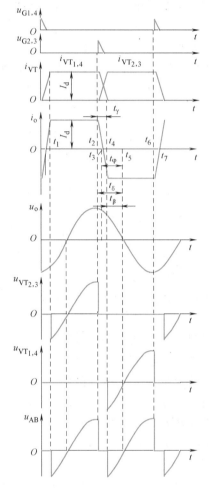

图 4-13 并联谐振式逆变电路工作波形

晶闸管的触发脉冲 $u_{G1} \sim u_{G4}$、晶闸管承受的电压 $u_{VT_1} \sim u_{VT_4}$ 以及 A、B 间的电压 u_{AB} 也都示于图 4-13 中。在换流过程中，上下桥臂的 L_T 上的电压极性相反，如果不考虑晶闸管压降，则 $u_{AB} = 0$。可以看出，u_{AB} 的脉动频率为交流输出电压频率的两倍。在 u_{AB} 为负的部分，逆变电路从直流电源吸收的能量为负，即补偿电容 C 的能量向直流电源反馈。这实际上反映了负载和直流电源之间无功能量的交换。在直流侧，L_d 起到缓冲这种无功能量的作用。

如果忽略换流过程，i_o 可近似看成矩形波，展开成傅里叶级数可得

$$i_o = \frac{4I_d}{\pi}\left(\sin\omega t + \frac{1}{3}\sin 3\omega t + \frac{1}{5}\sin 5\omega t + \cdots\right) \tag{4-19}$$

其基波电流有效值 I_{o1} 为

$$I_{o1} = \frac{4I_d}{\sqrt{2}\,\pi} = 0.9I_d \tag{4-20}$$

下面再来看负载电压有效值 U_o 和直流电压 U_d 的关系。如果忽略电抗器 L_d 的损耗，则 u_{AB} 的平均值应等于 U_d。再忽略晶闸管压降，则从图 4-13 的 u_{AB} 波形可得

$$U_d = \frac{1}{\pi} \int_{-\beta}^{\pi-(\gamma+\beta)} u_{AB}\mathrm{d}\omega t$$

$$= \frac{1}{\pi} \int_{-\beta}^{\pi-(\gamma+\beta)} \sqrt{2}\,U_o \sin\omega t\mathrm{d}\omega t$$

$$= \frac{\sqrt{2}\,U_o}{\pi}\big[\cos(\beta+\gamma)+\cos\beta\big]$$

$$= \frac{2\sqrt{2}\,U_o}{\pi}\cos\left(\beta+\frac{\gamma}{2}\right)\cos\frac{\gamma}{2}$$

一般情况下 γ 值较小，可近似认为 $\cos(\gamma/2) \approx 1$，再考虑到式（4-18）可得

$$U_d = \frac{2\sqrt{2}}{\pi}U_o\cos\varphi$$

或

$$U_o = \frac{\pi U_d}{2\sqrt{2}\cos\varphi} = 1.11\frac{U_d}{\cos\varphi} \tag{4-21}$$

在上述讨论中，为简化分析，认为负载参数不变，逆变电路的工作频率也是固定的。实际上在中频加热和钢料熔化过程中，感应线圈的参数是随时间而变化的，固定的工作频率无法保证晶闸管的反压时间 t_β 大于关断时间 t_q，可能导致逆变失败。为了保证电路正常工作，必须使工作频率能适应负载的变化而自动调整。这种控制方式称为自励方式，即逆变电路的触发信号取自负载端，其工作频率受负载谐振频率的控制而比后者高一个适当的值。与自励式相对应，固定工作频率的控制方式称为他励方式。自励方式存在着起动的问题，因为在系统未投入运行时，负载端没有输出，无法取出信号。解决这一问题的方法之一是先用他励方式，系统开始工作后再转入自励方式。另一种方法是附加预充电起动电路，即预先给电容器充电，起动时将电容能量释放到负载上，形成衰减振荡，检测出振荡信号实现自励。

4.3.2　三相电流型逆变电路

本节开始给出的图 4-11 是典型的电流型三相桥式逆变电路，这种电路的基本工作方式是 120° 导电方式。即每个臂一周期内导电 120°，按 VT_1 到 VT_6 的顺序每隔 60° 依次导通。这样，每个时刻上桥臂组的三个臂和下桥臂组的三个臂都各有一个臂导通。换流时，是在上桥臂组或下桥臂组的组内依次换流，为横向换流。

像画电压型逆变电路波形时先画电压波形一样，画电流型逆变电路波形时，总是先画电流波形。因为输出交流电流波形和负载性质无关，是正负脉冲宽度各为 120° 的矩形波。图 4-14 给出了逆变电路的三相输出交流电流波形及线电压 u_{UV} 的波形。输出电流波形和三相桥式可控整流电路在大电感负载下的交流输入电流波形形状相同。因此，它们的谐波分析表

达式也相同。输出线电压波形和负载性质有关，图 4-14 中给出的波形大体为正弦波，但叠加了一些脉冲，这是由逆变器中的换流过程而产生的。

输出交流电流的基波有效值 I_{U1} 和直流电流 I_d 的关系为

$$I_{U1} = \frac{\sqrt{6}}{\pi} I_d = 0.78 I_d \qquad (4-22)$$

和电压型三相桥式逆变电路中求输出线电压有效值的式（4-11）相比，因两者波形形状相同，所以两个公式的系数相同。

随着全控型器件的不断进步，晶闸管逆变电路的应用已越来越少，但图 4-15 所示的串联二极管式晶闸管逆变电路仍应用较多。这种电路主要用于中大功率交流电动机调速系统。

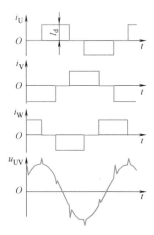

图 4-14　电流型三相桥式逆
变电路的输出波形

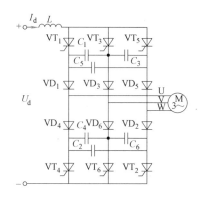

图 4-15　串联二极管式晶
闸管逆变电路

可以看出，这是一个电流型三相桥式逆变电路，因为各桥臂的晶闸管和二极管串联使用而得名。电路仍为前述的 120°导电工作方式，输出波形和图 4-14 的波形大体相同。各桥臂之间换流采用强迫换流方式，连接于各桥臂之间的电容 $C_1 \sim C_6$ 即为换流电容。下面主要对其换流过程进行分析。

设逆变电路已进入稳定工作状态，换流电容已充上电压。电容所充电压的规律是：对于共阳极晶闸管来说，电容器与导通晶闸管相连接的一端极性为正，另一端为负，不与导通晶闸管相连接的另一电容器电压为零；共阴极晶闸管与共阳极晶闸管情况类似，只是电容电压极性相反。在分析换流过程时，常用等效换流电容的概念。例如在分析从晶闸管 VT_1 向 VT_3 换流时，换流电容 C_{13} 就是 C_3 与 C_5 串联后再与 C_1 并联的等效电容。设 $C_1 \sim C_6$ 的电容量均为 C，则 $C_{13} = 3C/2$。

下面分析从 VT_1 向 VT_3 换流的过程。假设换流前 VT_1 和 VT_2 导通，C_{13} 电压 U_{C_0} 左正右负，如图 4-16a 所示。换流过程可分为恒流放电和二极管换流两个阶段。

在 t_1 时刻给 VT_3 以触发脉冲，由于 C_{13} 电压的作用，使 VT_3 导通，而 VT_1 被施以反向电压而关断。直流电流 I_d 从 VT_1 换到 VT_3 上，C_{13} 通过 VD_1、U 相负载、W 相负载、VD_2、VT_2、直流电源和 VT_3 放电，如图 4-16b 所示。因放电电流恒为 I_d，故称恒流放电阶段。在

C_{13}电压 $u_{C_{13}}$ 下降到零之前，VT_1 一直承受反压，只要反压时间大于晶闸管关断时间 t_q，就能保证可靠关断。

设 t_2 时刻 $u_{C_{13}}$ 降到零，之后在 U 相负载电感的作用下，开始对 C_{13} 反向充电。如忽略负载中电阻的压降，则在 t_2 时刻 $u_{C_{13}}=0$ 后，二极管 VD_3 受到正向偏置而导通，开始流过电流 i_V，而 VD_1 流过的充电电流为 $i_U=I_d-i_V$，两个二极管同时导通，进入二极管换流阶段，如图 4-16c 所示。随着 C_{13} 充电电压不断增高，充电电流逐渐减小，i_V 逐渐增大，到 t_3 时刻充电电流 i_U 减到零，$i_V=I_d$，VD_1 承受反压而关断，二极管换流阶段结束。

t_3 时刻以后，进入 VT_2、VT_3 稳定导通阶段，电流路径如图 4-16d 所示。

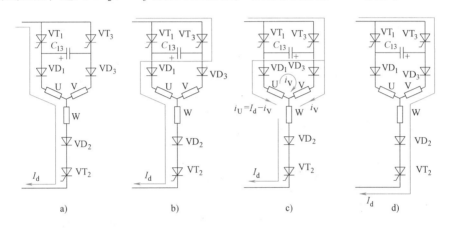

图 4-16　换流过程各阶段的电流路径

如果负载为交流电动机，则在 t_2 时刻 $u_{C_{13}}$ 降至零时，如电动机反电动势 $e_{VU}>0$，则 VD_3 仍承受反向电压而不能导通。直到 $u_{C_{13}}$ 升高到与 e_{VU} 相等后，VD_3 才承受正向电压而导通，进入 VD_3 和 VD_1 同时导通的二极管换流阶段。此后的过程与前面分析的完全相同。

图 4-17 给出了电感负载时 $u_{C_{13}}$、i_U 和 i_V 的波形。图中还给出了各换流电容电压 u_{C_1}、u_{C_3} 和 u_{C_5} 的波形。u_{C_1} 的波形当然和 $u_{C_{13}}$ 完全相同，在换流过程，u_{C_1} 从 U_{C_0} 降为 $-U_{C_0}$。C_3 和 C_5 是串联后再和 C_1 并联的，因它们的充放电电流均为 C_1 的一半，故换相过程电压变化的幅度也是 C_1 的一半。换流过程中，u_{C_3} 从零变到 $-U_{C_0}$，u_{C_5} 从 U_{C_0} 变到零。这些电压恰好符合相隔 $120°$ 后从 VT_3 到 VT_5 换流时的要求，为下次换流准备好了条件。

用电流型三相桥式逆变器还可以驱动同步电动机，利用滞后于电流相位的反电动势可以实现换流。因为同步电动机是逆变器的负载，因此这种换流方式也属于负载换流。

用逆变器驱动同步电动机时，其工作特性和调速方式都和直流电动机相似，但没有换向器，因此被称为**无换向器电**

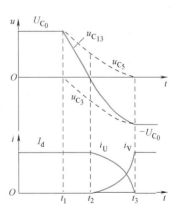

图 4-17　串联二极管式晶闸管逆变电路换流过程波形

动机。

图 4-18 是无换向器电动机的基本电路，由三相可控整流电路为逆变电路提供直流电源。逆变电路采用 120°导电方式，利用电动机反电动势实现换流。例如从 VT_1 向 VT_3 换流时，因 V 相电压高于 U 相，VT_3 导通时 VT_1 就被关断，这和有源逆变电路的工作情况十分相似。图 4-18 中 BQ 是转子位置检测器，用来检测磁极位置以决定什么时候给哪个晶闸管发出触发脉冲。图 4-19 给出了在电动状态下电路的工作波形。

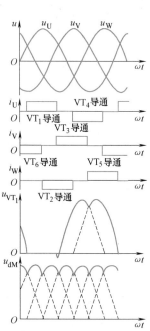

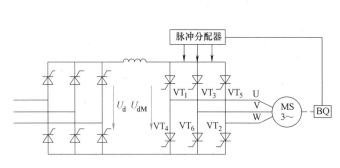

图 4-18 无换向器电动机的基本电路

图 4-19 无换向器电动机
电路工作波形

4.4 多重逆变电路和多电平逆变电路

在本章所介绍的逆变电路中，对电压型电路来说，输出电压是矩形波；对电流型电路来说，输出电流是矩形波。矩形波中含有较多的谐波，对负载会产生不利影响。为了减少矩形波中所含的谐波，常常采用多重逆变电路把几个矩形波组合起来，使之成为接近正弦波的波形。也可以改变电路结构，构成多电平逆变电路，它能够输出较多的电平，从而使输出电压向正弦波靠近。下面就这两类电路分别加以介绍。

4.4.1 多重逆变电路

多重化的概念读者并不陌生，第 3 章讲述的 12 脉波整流电路由两个三相桥式整流电路构成，是二重整流电路。通过二重化，使交流输入电流的 5、7、17、19 等次谐波被消除，直流电压中的 6、18 等次谐波也被消除，输入输出特性均明显改善。

电压型逆变电路和电流型逆变电路都可以实现多重化。下面以电压型逆变电路为例说明逆变电路多重化的基本原理。

图 4-20 是单相电压型二重逆变电路原理图，它由两个单相全桥逆变电路组成，二者输出通过变压器 T_1 和 T_2 串联起来，图 4-21 是其电路的输出波形。两个单相逆变电路的输出电压 u_1 和 u_2 都是导通 180° 的矩形波，其中包含所有的奇次谐波。现在只考查其中的 3 次谐波。如图 4-21 所示，把两个单相逆变电路导通的相位错开 $\varphi=60°$，则对于 u_1 和 u_2 中的 3 次谐波来说，它们就错开了 $3\times60°=180°$。通过变压器串联合成后，两者中所含 3 次谐波互相抵消，所得到的总输出电压中就不含 3 次谐波。从图 4-21 可以看出，u_o 的波形是导通 120° 的矩形波，和三相桥式逆变电路 180° 导通方式下的线电压输出波形相同。其中只含 $6k\pm1$ （$k=1$，2，3，…）次谐波，$3k$ （$k=1$，2，3，…）次谐波都被抵消了。

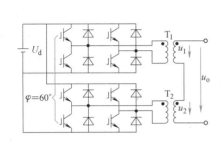

图 4-20　单相电压型二重逆变电路

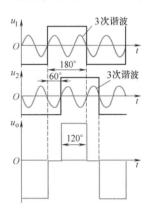

图 4-21　二重逆变电路的工作波形

像上面这样，把若干个逆变电路的输出按一定的相位差组合起来，使它们所含的某些主要谐波分量相互抵消，就可以得到较为接近正弦波的波形。

从电路输出的合成方式来看，多重逆变电路有串联多重和并联多重两种方式。串联多重是把几个逆变电路的输出串联起来，电压型逆变电路多用串联多重方式；并联多重是把几个逆变电路的输出并联起来，电流型逆变电路多用并联多重方式。

下面介绍三相电压型二重逆变电路的工作原理。图 4-22 给出了电路的基本构成。该电路由两个三相桥式逆变电路构成，其输入直流电源公用，输出电压通过变压器 T_1 和 T_2 串联合成。两个逆变电路均为 180° 导通方式，这样它们各自的输出线电压都是 120° 矩形波。工作时，使逆变桥 Ⅱ 的相位比逆变桥 Ⅰ 滞后 30°。变压器 T_1 和 T_2 在同一水平上画的绕组是绕在同一铁心柱上的。T_1 为 △/丫 联结，线电压电压比为 $1:\sqrt{3}$ （一次和二次绕组匝数相等）。变压器 T_2 一次侧也是三角形联结，但二次侧有两个绕组，采用曲折星形联结，即一相的绕组和另一相的绕组串联而构成星形，同时使其二次电压相对于一次电压而言，比 T_1 的接法超前 30°，以抵消逆变桥 Ⅱ 比逆变桥 Ⅰ 滞后的 30°。这样，u_{U2} 和 u_{U1} 的基波相位就相同了。如果 T_2 和 T_1 一次绕组匝数相同，为了使 u_{U2} 和 u_{U1} 基波幅值相同，T_2 和 T_1 二次绕组间的匝比就应为 $1/\sqrt{3}$。T_1、T_2 二次侧基波电压合成情况的相量图如图 4-23 所示。图中 U_{A1}、U_{A21}、U_{B22} 分别是变压器绕组 A_1、A_{21}、B_{22} 上的基波电压相量。图 4-24 给出了 u_{U1} （U_{A1}）、u_{A21}、$-u_{B22}$、u_{U2} 和 u_{UN} 的波形图。可以看出，u_{UN} 比 u_{U1} 接近正弦波。

把 u_{U1} 展开成傅里叶级数得

$$u_{U1} = \frac{2\sqrt{3}\,U_d}{\pi}\left[\sin\omega t + \frac{1}{n}\sum_n (-1)^k \sin n\omega t\right] \qquad (4-23)$$

式中，$n = 6k\pm1$，k 为自然数。u_{U1} 的基波分量有效值为

$$U_{U1} = \frac{\sqrt{6}\,U_d}{\pi} = 0.78 U_d \qquad (4-24)$$

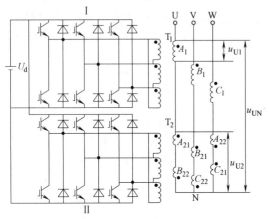

图 4-22　三相电压型二重逆变电路

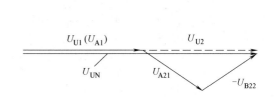

图 4-23　二次侧基波电压合成相量图

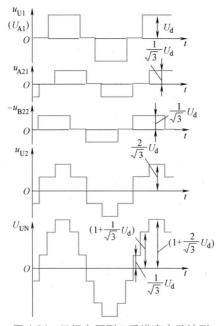

图 4-24　三相电压型二重逆变电路波形

n 次谐波有效值为

$$U_{U1n} = \frac{\sqrt{6}\,U_d}{n\pi} \qquad (4-25)$$

把由变压器合成后的输出相电压 u_{UN} 展开成傅里叶级数，可求得其基波电压有效值为

$$U_{UN1} = \frac{2\sqrt{6}\,U_d}{\pi} = 1.56U_d \tag{4-26}$$

其 n 次谐波有效值为

$$U_{UNn} = \frac{2\sqrt{6}\,U_d}{n\pi} = \frac{1}{n}U_{UN1} \tag{4-27}$$

式中，$n = 12k \pm 1$，k 为自然数。在 u_{UN} 中已不含 5 次、7 次等谐波。

可以看出，该三相电压型二重逆变电路的直流侧电流每周期脉动 12 次，称为 12 脉波逆变电路。一般来说，使 m 个三相桥式逆变电路的相位依次错开 $\pi/(3m)$ 运行，连同使它们输出电压合成并抵消上述相位差的变压器，就可以构成脉波数为 $6m$ 的逆变电路。

4.4.2 多电平逆变电路

先来回顾一下图 4-9 的三相电压型桥式逆变电路和图 4-10 的该电路波形。以直流侧中点 N′ 为参考点，对于 U 相输出来说，桥臂 1 导通时，$u_{UN'} = U_d/2$，桥臂 4 导通时，$u_{UN'} = -U_d/2$。V、W 两相类似。可以看出，电路的输出相电压有 $U_d/2$ 和 $-U_d/2$ 两种电平。这种电路称为二电平逆变电路。

如果需要逆变器承受更高的电压，当然可以采用电压等级更高的 IGBT，或采用 IGBT 串联的方式，但 IGBT 的电压等级不可能太高（通常是 1200V，近年 1700V 的 IGBT 也较常用），IGBT 是高速器件，串联较困难，另外采用二电平电路时 $\mathrm{d}i/\mathrm{d}t$ 较高，波形不太理想，这时，可以采用多电平逆变电路。

如果能使逆变电路的相电压输出更多种电平，不但有可能承受更高的电压，也可以使其波形更接近正弦波。

目前，常用的多电平逆变电路有发明较早、使用较多的中点钳位型逆变电路，还有飞跨电容型逆变电路，以及单元串联多电平逆变电路。

飞跨电容型逆变电路由于要使用较多的电容，而且要控制电容上的电压，因此使用较少。图 4-25 给出了飞跨电容型三电平逆变电路原理图，如要构成更多电平的电路，则需要的电容数目会急剧增加。后面重点介绍使用较多的中点钳位型逆变电路和单元串联多电平逆变电路。

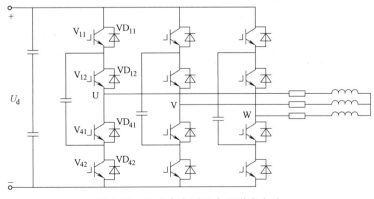

图 4-25　飞跨电容型三电平逆变电路

图 4-26 是一种中点钳位型（Neutral Point Clamped）三电平逆变电路，下面简要分析其工作原理。

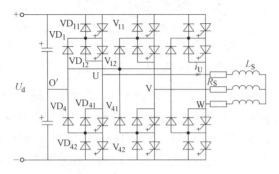

图 4-26　中点钳位型三电平逆变电路

该电路的每个桥臂由两个全控型器件构成，两个器件都反并联了二极管。一个桥臂的两个器件的中点通过钳位二极管和直流侧电容的中点相连接。例如，U 相的上下两桥臂分别通过钳位二极管 VD_1 和 VD_4 与 O′点相连接。

以 U 相为例，当 V_{11} 和 V_{12}（或 VD_{11} 和 VD_{12}）导通，V_{41} 和 V_{42} 关断时，U 点和 O′点间电位差为 $U_d/2$；当 V_{41} 和 V_{42}（或 VD_{41} 和 VD_{42}）导通，V_{11} 和 V_{12} 关断时，U 和 O′间电位差为$-U_d/2$；当 V_{12} 或 V_{41} 导通，V_{11} 和 V_{42} 关断时，U 和 O′间电位差为 0。实际上在最后一种情况下，V_{12} 和 V_{41} 不可能同时导通，哪一个管子导通取决于负载电流 i_U 的方向。按图 4-25 所规定的方向，$i_U>0$ 时，V_{12} 和钳位二极管 VD_1 导通；$i_U<0$ 时，V_{41} 和钳位二极管 VD_4 导通。即通过钳位二极管 VD_1 或 VD_4 的导通把 U 点电位钳位在 O′点电位上。

通过相电压之间的相减可得到线电压。两电平逆变电路的输出线电压共有$\pm U_d$ 和 0 三种电平，而三电平逆变电路的输出线电压则有$\pm U_d$、$\pm U_d/2$ 和 0 五种电平。因此，通过适当的控制，三电平逆变电路输出电压谐波可大大少于两电平逆变电路。这个结论不但适用于中点钳位型三电平逆变电路，也适用于其他三电平逆变电路。

中点钳位型三电平逆变电路还有一个突出的优点就是每个主开关器件关断时所承受的电压仅为直流侧电压的一半。这是该电路比两电平逆变电路更适合于高压大容量应用场合的原因。

用与三电平电路类似的方法，还可构成五电平（见图 4-27）等更多电平的中点钳位型逆变电路。当然随着电平数的增加，所需钳位二极管的数目也急剧增加。

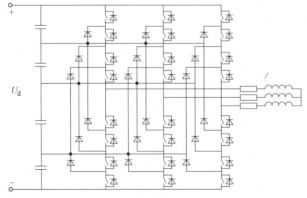

图 4-27　中点钳位型五电平逆变电路

采用单元串联的方法，也可以构成多电平电路，图 4-28 给出了三单元串联的多电平逆变电路原理图。其中的"单元"实际上就是本章前面介绍过的单相电压型全桥逆变电路（又称 H 桥电路），图 4-29 给出了每个单元的电路图。可以看出，实际上单元串联的多电平逆变电路每一相是由多个单相电压型全桥逆变电路串联起来的串联多重单相逆变电路，通过多个单元输出电压的叠加产生总的输出电压，同时通过不同单元输出电压之间错开一定的相位减小总输出电压的谐波。与 4.4.1 小节图 4-20 所示串联多重逆变电路的区别在于，这里每个全桥逆变电路都有一个独立的直流电源，因此输出电压的串联可以不用变压器。稍加分析可以看出，三单元串联的逆变电路相电压可以产生 $\pm 3U_\mathrm{d}$、$\pm 2U_\mathrm{d}$、$\pm U_\mathrm{d}$ 和 0 共七种电平。如果每相采用更多单元串联，则可以输出更高的电压，其波形也更接近正弦波。

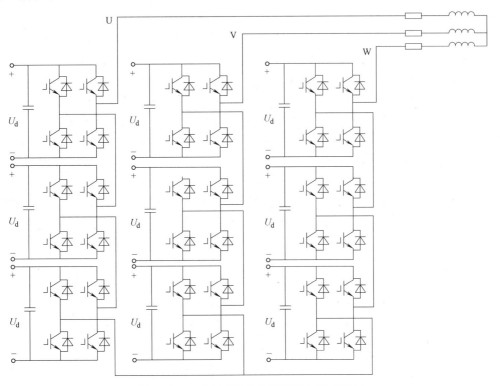

图 4-28 三单元串联多电平逆变电路原理图

单元串联多电平逆变装置的一个实际问题就是要给每个单元提供一个独立的直流电源，一般都是通过给每个单元加一个带输入变压器的整流电路实现的，这是对其应用不太有利的地方。不过，通过后面第 7 章 7.4 节的介绍可以知道，当逆变器的交流侧与电网相连时，可以控制逆变器工作在整流状态而使其直流电容从交流侧得到能量补充并维持直流电压恒定，因而可以不需要直流电源。

21 世纪初，有专家提出了一种新拓扑结构的单

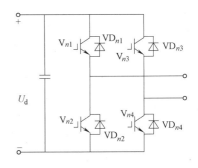

图 4-29 单元串联的基本功能单元电路图

元串联型多电平逆变电路，并专门命名为模块化多电平变流器（Modular Multi-level Converter，MMC），其电路原理图如图 4-30 所示。这种新型电路中，每一相交流输出端都由上、下两个桥臂通过电感连接而成。其每个桥臂都由相同数量的直流-交流变流器单元串联起来，与图 4-28 所示的三单元串联多电平逆变电路一样。如图 4-30b 展示的其任意一相电路所示，其巧妙之处在于，当每个单元的直流侧电容电压相等时，由于每一相有上、下两个完全相同的桥臂，总是可以通过控制上、下桥臂各有多少个单元将其直流侧电容电压等效串联进交流侧，来控制上、下桥臂的交流侧总电压 u_{xu} 和 u_{xl} 的大小互补，即上桥臂电压 u_{xu} 高时下桥臂电压 u_{xl} 低，而上桥臂电压 u_{xu} 低时下桥臂电压 u_{xl} 高，但总是维持上、下桥臂交流侧电压总和不变。忽略两个电感上的电压的话，即维持了总的直流侧电压 U_d 不变。这个电路就有了一个总的直流端口。这样，原来单元串联型多电平逆变器没有总的直流端口提供电源而需要每个单元有一个独立直流电源的缺点得到了彻底克服。另外可以看出，每相交流侧输出端相对于直流侧中点的输出电压 u_{xo} 实际上是由上、下两条支路并联提供的，即直流侧上部电压源与上桥臂串联而成的支路和直流侧下部电压源与下桥臂串联而成的支路。由于上、下两条支路都有直流侧的电压源存在，为了输出纯交流电压 u_{xo}，上、下桥臂的交流侧电压 u_{xu} 和 u_{xl} 除了产生需要的交流电压以外，还应该产生大小为 $U_d/2$、分别与直流侧上部电压源和下部电压源对消的直流偏置电压。所以，如果期望输出交流正弦电压的话，上、下桥臂交流侧电压和交流侧总输出电压的波形通常如图 4-31 所示，上、下桥臂交流侧电压都是有 $U_d/2$ 直流偏置的多电平交流电压，而交流侧总的输出电压则是接近正弦的没有直流偏置的纯交流电压。注意，上、下两条支路中原本由单元串联形成的电压在不同电平之间的阶跃变化很大程度上被支路中的电感过滤掉了，而交流侧的总输出电流由并联的上、下支路各分担一半。

如图 4-31a 和 b 所示，由于上、下桥臂中串联单元总的交流侧电压都是单方向的，所以单个单元也就不必非得像 H 桥那样可以产生双方向的交流侧电压，而是产生单方向的交流侧电压也可以，因此串联的单元也可以是半桥，如图 4-30 所示。

鉴于模块化多电平变流器原理上还是由单元（模块）串联来产生多电平的电压，而且"模块化多电平"这个名称并没有指明电路中是否有图 4-30 电路那样总的直流端口，所以现在"模块化多电平变流器"这个名称也可以用来泛指所有含单元（模块）串联结构的变流器，而不仅仅专指图 4-30 所示的电路。

还应当指出的是，曾经有一段时间大部分文献称单元串联结构为级联式结构。而"级联"的概念在电路、信号与系统等领域是指上一单元输出的能量（或信号）为下一单元的输入，因此"级联"的说法与单元串联结构不符。本书按其电路结构，仍采用单元串联型或模块串联型的名称。

此外，单元串联型电路中的多个串联单元可以采用不同的直流侧电压、不同定额的器件甚至不同的拓扑结构，以上三种类型的多电平结构也可以组合起来，多电平结构里的每个电力半导体器件也可以是多个相同的电力半导体器件串联起来当作一个能承受更高电压的器件来用（第 9 章将会详细介绍）。这些不同的思路都可以考虑采用，都有可能形成适合于某个具体应用场合的最优电路拓扑结构。

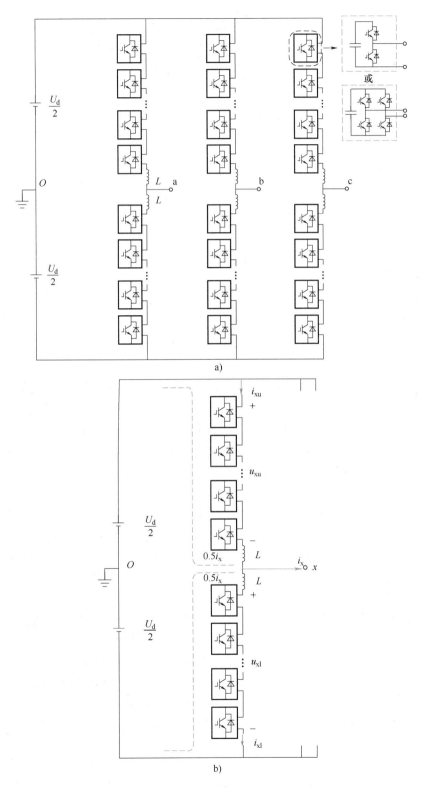

图 4-30 模块化多电平变流器电路原理图

a) 三相电路原理图 b) 其中任意一相电路图

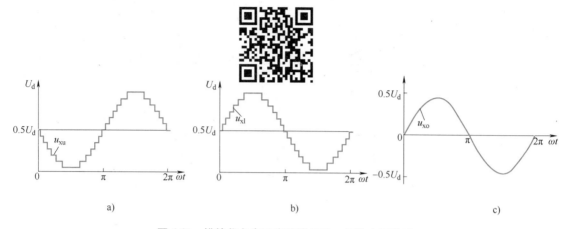

图 4-31　模块化多电平变流器任意一相的电压波形

a）上桥臂交流侧电压 u_{xu}　　b）下桥臂交流侧电压 u_{xl}　　c）交流侧总输出电压 u_{xo}

本 章 小 结

　　本章主要讲述了各种基本逆变电路的结构及其工作原理。在 AD-DC、DC-AC、DC-DC 和 AC-AC 四大类基本变流电路（后两类电路将在后两章论述）中，AC-DC 和 DC-AC 两类电路，即整流电路和逆变电路是更为基本、更为重要的两大类电路。因此，本章的内容在全书中占有很重要的地位。

　　本章首先介绍了换流方式。实际上，换流并不是逆变电路特有的概念，四大类基本变流电路中都有换流的问题，但在逆变电路中换流的概念表现得最为集中，因此，放在本章讲述。换流方式分为外部换流和自换流两大类，外部换流包括电网换流和负载换流两种，自换流包括器件换流和强迫换流两种。在晶闸管时代，换流的概念十分重要。到了全控型器件时代，换流概念的重要性已有所下降，但它仍是电力电子电路的一个重要而基本的概念。

　　逆变电路的分类有不同方法。可以按换流方式来分类，也可以按输出相数来分类，按用途来分类，还可以按直流电源的性质来分类。本章主要采用了按直流侧电源性质分类的方法，即把逆变电路首先分为电压型和电流型两大类。这样分类更能抓住电路的基本特性，使逆变电路基本理论的框架更为清晰。

　　值得指出的是，电压型和电流型电路也不是逆变电路中特有的概念。把这一概念用于整流电路等其他电路，也会使我们对这些电路有更为深刻的认识。例如，负载为大电感的整流电路可看作电流型整流电路，电容滤波的整流电路可看作电压型整流电路。对电压型和电流型电路的认识，源于对电压源和电流源本质和特性的理解。深刻地认识和理解电压源和电流源的概念和特性，对正确理解和分析各种电力电子电路都有十分重要的意义。此外，在第 3 章中我们已经看到有些整流电路既可以工作在整流状态也可以工作在逆变状态。同样，本章很多逆变电路也是既可以工作在逆变状态也可以工作在整流状态。这完全取决于变流电路的交流侧与直流侧之间，或者说变流电路所连接的电源与负载之间的能量传递关系是否是双向的（即电源与负载的角色是否可以互换），以及变流电路本身是否能支持、实现这种双向的能量传递。

本章我们再次看到了多重化的应用。这给我们一个启示，那就是多重化结构可以应用于各种类型的变流电路，以在扩展变流器容量的同时通过相位交错等措施提升电压、电流波形的质量。第 5 章中还会接触到直流-直流变流电路的多重化。本章介绍的多电平变流电路的概念和各种类型多电平电路结构也不仅适用于逆变电路，还可用于所有其他各种类型的电力电子电路，同样是为了在扩展变流器容量的同时提升电压、电流波形质量。不过，多重化一般指的是整个电路结构是由多个相同的电路串联或并联而成，而多电平一般指的是局部电路的结构。这也是为什么一般都将图 4-28、图 4-30 这样的电路称为多电平电路，而不是多重化电路。

本章对逆变电路的讲述是很基本的，但还远不是完整的。在第 7 章将要讲述的 PWM（脉冲宽度调制）控制技术是一项非常重要的技术，它广泛用于各种变流电路，特别在逆变电路中应用最多。把 PWM 技术用于逆变电路，就构成 PWM 逆变电路。在当今应用的逆变电路中，可以说绝大部分电路都是 PWM 逆变电路（如现代低压和中压变频器中的逆变电路）。因此，学完第 7 章 PWM 控制技术后，读者才能对逆变电路有一个较为完整的认识。

有人说，电力电子技术开始是整流器时代（如我国各大电力电子生产厂开始都称作整流器厂），后来进入逆变器时代，这话是有一定道理的。

习题及思考题

1. 无源逆变电路和有源逆变电路有何不同？

2. 换流方式有哪几种？各有什么特点？

3. 什么是电压型逆变电路？什么是电流型逆变电路？二者各有何特点？

4. 电压型逆变电路中反馈二极管的作用是什么？为什么电流型逆变电路中没有反馈二极管？

5. 三相桥式电压型逆变电路，180° 导电方式，$U_d = 100V$。试求输出相电压的基波幅值 U_{UN1m} 和有效值 U_{UN1}、输出线电压的基波幅值 U_{UV1m} 和有效值 U_{UV1}、输出线电压中 5 次谐波的有效值 U_{UV5}。

6. 并联谐振式逆变电路利用负载电压进行换相，为保证换相应满足什么条件？

7. 串联二极管式电流型逆变电路中，二极管的作用是什么？试分析换相过程。

8. 逆变电路多重化的目的是什么？如何实现？串联多重和并联多重逆变电路各用于什么场合？

9. 多电平逆变电路主要有哪几种形式？各有什么特点？

10. 狭义的模块化多电平变流器与一般的 H 桥模块串联型逆变电路有什么区别？

第 5 章

直流-直流变流电路

直流-直流变流电路（DC-DC Converter）包括直接直流变流电路和间接直流变流电路。它的功能是将直流电变为另一固定电压（电流）或可调电压（电流）的直流电。直接直流变流电路也称斩波电路（DC Chopper），可直接将直流电变为另一直流电，这种情况下输入与输出之间不隔离。间接直流变流电路是在直流变流电路中增加了交流环节，在交流环节中通常采用变压器实现输入输出之间的隔离，因此也称为隔离型直流-直流变流器（Isolated DC-DC Converter）。对应地，直接直流变流电路也称为非隔离型直流-直流变流器。

直接直流变流电路的种类较多，包括四种典型电路：降压斩波电路、升压斩波电路、升降压斩波电路、丘克斩波电路，其中前三种是最基本的电路，将对其做重点介绍。利用相同结构的斩波电路进行组合，可构成多重斩波电路。

间接直流变流电路由第 4 章介绍的逆变电路、第 3 章的整流电路及中间变压器构成，是各种开关电源的主要结构形式，包括单端正激、双端正激、单端反激、推挽、半桥、全桥等多种电路形式。

根据电路是否具备双向电能传输能力，直流-直流变流电路又可分为单向型和双向型。

5.1 直接直流变流电路

本节讲述四种典型电路，对其中最基本的三种电路——降压斩波电路、升压斩波电路和升降压斩波电路进行重点介绍。

在阐述各种电路并推导其动态特性之前，首先介绍推导过程中用到的两个基本原理。

1）稳态条件下，电感两端电压在一个开关周期内的积分为零（伏秒平衡）。

电路处于稳态时，电路中的电压、电流等变量都是按开关周期严格重复的，因此每一开关周期开始时的电感电流值必然都相等。而电感电流通常是不会突变的，故开关周期开始时的电感电流值等于上一个开关周期结束时的电感电流值。由此可知，在稳态，一个开关周期开始时的电感电流值一定等于开关周期结束时的电感电流值。如果电感两端电压一个开关周期内的积分或平均值不等于零，则开关周期结束时电

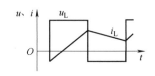

图 5-1　一个开关周期中电感的电压和电流

感电流将增加或减少，从而说明电路不处于稳态，而处于过渡过程中。如图 5-1 所示。

为了能够证明这一原理，根据平均值的定义，计算电感两端电压在一个开关周期内的平均值，即积分除以开关周期

$$U_L = \frac{1}{T_s} \int_0^{T_s} u_L(t) \, dt$$

式中，U_L 为电感两端电压在一个开关周期内平均值；T_s 为开关周期；$u_L(t)$ 为电感电压随时间变化的表达式。

根据电感两端电压和电流间的关系

$$u_L(t) = L \frac{di_L(t)}{dt}$$

可得

$$U_L = \frac{1}{T_s} \int_0^{T_s} L \frac{di_L(t)}{dt} dt = \frac{1}{T_s} \int_0^{T_s} L \, di_L(t) = \frac{L}{T_s} \left[i_L(T_s) - i_L(0) \right] \tag{5-1}$$

在稳态条件下，电感电流在每一个开关周期内重复相同的波形，因此相邻开关周期中相同相位的电感电流值相等，由此可知，相邻开关周期开始时刻的电流值相等。故式（5-1）中 $i_L(T_s) = i_L(0)$，所以电感两端电压在一个开关周期内的积分或平均值为零。

2）稳态条件下，流过电容的电流在一个开关周期内的积分为零（安秒平衡或电荷平衡）。

这一原理与前一个原理互为对偶。也可以采用类似的方法证明。

电容电流在一个开关周期内的平均值可以由其积分除以开关周期，即

$$I_C = \frac{1}{T_s} \int_0^{T_s} i_C(t) \, dt$$

式中，I_C 为电容电流在一个开关周期内的平均值；T_s 为开关周期；$i_C(t)$ 为电容电流随时间变化的表达式。

根据电容两端电压和电流间的关系

$$i_C(t) = C \frac{du_C(t)}{dt}$$

可得

$$I_C = \frac{1}{T_s} \int_0^{T_s} C \frac{du_C(t)}{dt} dt = \frac{1}{T_s} \int_0^{T_s} C \, du_C(t) = \frac{C}{T_s} \left[u_C(T_s) - u_C(0) \right] \tag{5-2}$$

在稳态条件下，电容电压在每一个开关周期内重复相同的波形，因此相邻开关周期中相同相位的电容电压值相等，由此可知，相邻开关周期开始时刻的电压值相等。故式（5-2）中 $u_C(T_s) = u_C(0)$，所以电容电流在一个开关周期内的积分或平均值为零。

5.1.1 降压斩波电路

降压（Buck）斩波电路的结构如图 5-2 所示。该电路使用一个全控型器件 S（用一理想开关表示）。图 5-2 中，为在 S 关断时给负载中电感电流提供通道，设置了续流二极管 VD。

该电路存在电感电流连续模式（Continuous Conduction Mode，CCM）和电感电流断续模式（Discontinuous Conduction

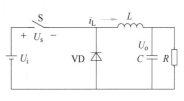

图 5-2 降压斩波电路的结构

Mode，DCM）两种工作模式，下面分别进行介绍。

1. 电感电流连续工作模式

当电感电流连续时，电路在一个开关周期内相继经历两个开关状态，如图 5-3 所示。

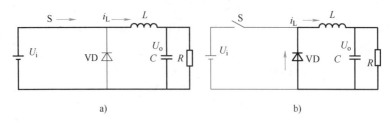

图 5-3 降压斩波电路在电感电流连续时的开关状态

a）开关状态 1（S 开通） b）开关状态 2（S 关断）

电路在电流断续时的波形如图 5-4 所示。在 $t = 0$ 时刻 S 导通，电源 U_i 向负载供电，二极管 VD 电压 $U_{VD} = U_i$，负载电流 i_L 按指数曲线上升。

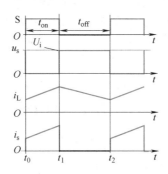

图 5-4 降压斩波电路在电感电流连续时的波形

当 $t = t_1$ 时刻，控制 S 关断，负载电流经二极管 VD 续流，VD 电压近似为零，负载电流呈指数曲线下降。为了使负载电流连续且脉动小，通常使串联的电感 L 值较大。

$t_0 \sim t_1$ 时段：电路处于开关状态 1，开关 S 于 t_0 时刻开通，并保持通态直到 t_1 时刻，在这一阶段，由于 $U_i > U_o$，故电感 L 的电流不断增长。二极管 VD 处于截止状态。

$t_1 \sim t_2$ 时段：电路处于开关状态 2，开关 S 于 t_1 时刻关断，二极管 VD 导通，电感通过 VD 续流，电感电流不断减小。直到 t_2 时刻开关 S 再次开通，下一个开关周期开始。

电路的输出电压 U_o 与输入电压 U_i 的比值是开关电路重要的数学关系，推导这一比值通常需要利用上述两条基本原理。根据第一条基本原理，在电感电流连续的条件下，可以推导出降压斩波电路输出、输入电压比与开关通断时间的占空比之间的关系，推导过程如下

$$U_L = \frac{(U_i - U_o) t_{on} - U_o t_{off}}{T_s} \qquad (5\text{-}3)$$

式中，U_L 为电感两端电压在一个开关周期内的平均值；T_s 为开关周期，$T_s = t_{on} + t_{off}$；t_{on} 为开关处于通态的时间；t_{off} 为开关处于断态的时间。

令 $U_L = 0$，有

$$\frac{U_o}{U_i} = D \qquad (5\text{-}4)$$

式中，D 为占空比，定义为开关导通时间与开关周期的比，即 $D = \dfrac{t_{on}}{T_s}$。由于 $0 \leqslant D \leqslant 1$，因此降压型电路的输出电压不会高于其输入电压，且与输入电压极性相同。

2. 电感电流断续工作模式

当电感电流断续时，该电路在一个开关周期内相继经历三个开关状态，如图 5-5 所示。电路在电流断续时的波形如图 5-6 所示。电路的工作过程如下。

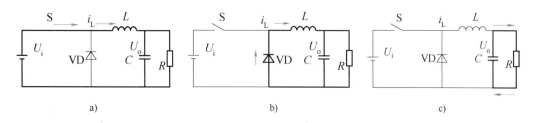

图 5-5　降压斩波电路在电感电流断续时的开关状态

a）开关状态 1（S 开通）　b）开关状态 2（S 关断）　c）开关状态 3（电感电流为零）

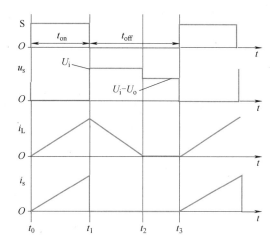

图 5-6　降压斩波电路在电感电流断续时的波形

$t_0 \sim t_1$ 时段：电路处于开关状态 1，开关 S 于 t_0 时刻开通，并保持通态直到 t_1 时刻，在这一阶段，由于 $U_i > U_o$，故电感 L 的电流不断增长。二极管 VD 处于截止状态。

$t_1 \sim t_2$ 时段：电路处于开关状态 2，开关 S 于 t_1 时刻关断，二极管 VD 导通，电感通过 VD 续流，电感电流不断减小。

$t_2 \sim t_3$ 时段：电路处于开关状态 3，t_2 时刻电感电流减小到零，二极管 VD 关断，电感电流保持零值，并且电感两端的电压也为零，直到 t_3 时刻开关 S 再次开通，下一个开关周期开始。

降压斩波电路电感电流处于连续与断续的临界状态时，在每个开关周期开始和结束的时刻，电感电流正好为零，如图 5-7 所示。

电感电流连续时，电压比为 $\dfrac{U_o}{U_i} = D$。电流断续时，总是有 $U_o > DU_i$，且负载电流越小，U_o

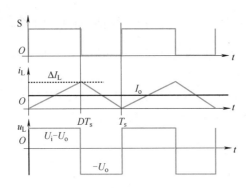

图 5-7 降压型电路在电感电流临界连续时的波形

越高。输出空载时，$U_o = U_i$。

例 5-1 在图 5-8 所示的带蓄电池负载的降压斩波电路中，已知 $E = 200V$，L 值极大，蓄电池电压 $E_M = 36V$，蓄电池内阻 $R = 0.5\Omega$，$T = 100\mu s$，$t_{on} = 20\mu s$，计算输出电压平均值 U_o 和输出电流平均值 I_o。

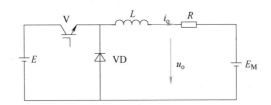

图 5-8 带蓄电池负载的降压斩波电路

解：由于 L 值极大，故负载电流连续，于是输出电压平均值为

$$U_o = \frac{t_{on}}{T}E = \frac{20}{100} \times 200V = 40V$$

输出电流平均值为

$$I_o = \frac{U_o - E_M}{R} = \frac{40-36}{0.5}A = 8A$$

例 5-2 在图 5-2 所示的降压斩波电路中，$U_i = 100V$，$L = 1mH$，$R = 10\Omega$，C 足够大，开关周期 $T = 100\mu s$。当占空比 $D = 0.5$ 时，判断电感电流是否连续，计算输出电压平均值 U_o 和输出电流平均值 I_o。

解：由于滤波电容 C 足够大，因此输出电压恒定，无纹波，电感电流呈线性变化。首先假设电感电流连续，则输出电压、电感电流平均值及电感电流波动分别为

$$U_o = DU_i = 0.5 \times 100V = 50V$$

$$I_L = I_o = \frac{U_o}{R} = \frac{50}{10}A = 5A$$

$$\Delta I = \frac{U_i - U_o}{L}DT = \frac{100-50}{0.001} \times 0.5 \times 100 \times 10^{-6}A = 2.5A$$

由于电感电流呈线性变化，因此电感电流最大值和最小值分别为

$$I_{Lmax} = I_L + \frac{\Delta I}{2} = 5A + \frac{2.5}{2}A = 6.25A$$

$$I_{Lmin} = I_L - \frac{\Delta I}{2} = 5A - \frac{2.5}{2}A = 3.75A$$

由于电感电流最小值大于 0，因此假设正确，电感电流连续。

5.1.2　升压斩波电路

升压（**Boost**）斩波电路的结构如图 5-9 所示。

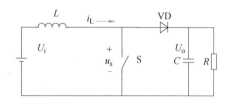

图 5-9　升压斩波电路的结构

该电路也存在电感电流连续和电感电流断续两种工作模式。

1. 电感电流连续工作模式

当电感电流连续时，电路在一个开关周期内相继经历两个开关状态，如图 5-10 所示，电路在电感电流连续时的波形如图 5-11 所示。电路的工作过程如下。

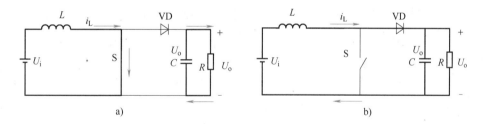

图 5-10　升压斩波电路在电感电流连续时的开关状态
a）开关状态 1（S 开通）　b）开关状态 2（S 关断）

$t_0 \sim t_1$ 时段：电路处于开关状态 1，开关 S 于 t_0 时刻开通，并保持通态直到 t_1 时刻，在这一阶段，电感 L 两端的电压为 U_i，电感电流不断增长。二极管 VD 处于截止状态。

$t_1 \sim t_2$ 时段：电路处于开关状态 2，开关 S 于 t_1 时刻关断，二极管 VD 导通，电感通过 VD 向电容 C 放电，电感电流不断减小。直到 t_2 时刻开关 S 再次开通，下一个开关周期开始。

电感电流连续时升压电路输出电压、输入电压比同开关通断的占空比之间的关系为

$$U_L = \frac{U_i t_{on} - (U_o - U_i) t_{off}}{T_s}$$

式中，U_L 为电感两端电压在一个开关周期内的平均值；T_s 为开关周期；t_{on} 为开关处于通态的时间；t_{off} 为开关处于断态的时间。

令 $U_L = 0$，有

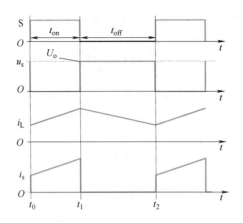

图 5-11　升压斩波电路在电感电流连续时的波形

$$\frac{U_o}{U_i} = \frac{1}{1-D} \tag{5-5}$$

由于 $0 \leqslant D \leqslant 1$，因此升压斩波电路的输出电压高于其输入电压，且与输入电压极性相同。

应注意，$D \to 1$ 时，$U_o \to \infty$，故应避免 D 接近 1，以免造成电路损坏。

2. 电感电流断续工作模式

当电感电流断续时，升压斩波电路在一个开关周期内相继经历三个开关状态，如图 5-12 所示。电路在电感电流断续时的波形如图 5-13 所示。电路的工作过程如下。

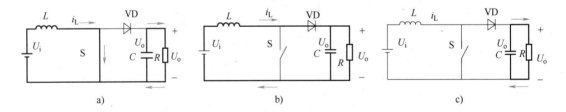

图 5-12　升压斩波电路在电感电流断续时的开关状态

a）开关状态 1（S 开通）　b）开关状态 2（S 关断）　c）开关状态 3（电感电流为零）

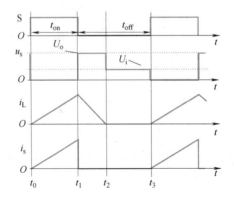

图 5-13　升压斩波电路在电感电流断续时的波形

$t_0 \sim t_1$ 时段：电路处于开关状态 1，开关 S 于 t_0 时刻开通，并保持通态直到 t_1 时刻，在这一阶段，电感 L 两端的电压为 U_i，电感电流不断增长。二极管 VD 处于截止状态。

$t_1 \sim t_2$ 时段：电路处于开关状态 2，开关 S 于 t_1 时刻关断，二极管 VD 导通，电感通过 VD 向电容 C 放电，电感电流不断减小。

$t_2 \sim t_3$ 时段：电路处于开关状态 3，t_2 时刻电感电流减小到零，二极管 VD 关断，电感电流保持零值，并且电感两端的电压也为零，直到 t_3 时刻开关 S 再次开通，下一个开关周期开始。

电路处于连续与断续的临界状态时，每个开关周期的开始或结束的时刻电感电流正好为零，如图 5-14 所示。

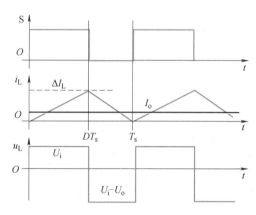

图 5-14　升压斩波电路电感电流临界连续时的波形

电感电流断续时，总是有 $U_o > U_i / (1-D)$，且负载电流越小，U_o 越高。输出空载时，$U_o \to \infty$，故升压电路不应空载，否则会产生很高的电压造成电路中元器件的损坏。

例 5-3　在图 5-9 所示的升压斩波电路中，已知输入电压 $U_i = 100\text{V}$，L 值和 C 值极大，负载电阻 $R = 50\Omega$，采用脉宽调制控制方式，当开关周期 $T = 50\mu\text{s}$，$t_{on} = 30\mu\text{s}$ 时，计算输出电压平均值 U_o 和输出电流平均值 I_o。

解：由于 L 值和 C 值极大，电感电流处于连续模式，输出电压平均值为

$$U_o = \frac{1}{1-D}U_i = \frac{1}{1-t_{on}/T}U_i = \frac{1}{1-30/50} \times 100\text{V} = 250\text{V}$$

输出电流平均值为

$$I_o = \frac{U_o}{R} = \frac{250}{50}\text{A} = 5\text{A}$$

5.1.3　升降压斩波电路

升降压（Buck-Boost）斩波电路的结构如图 5-15 所示。

该电路同样存在电感电流连续和电感电流断续两种工作模式。

1. 电感电流连续工作模式

在电感电流连续时，电路在一个开关周期内相继经历两个开关状态，如图 5-16 所示。此时电路中的波形如图 5-17 所示。电路的工作过程如下。

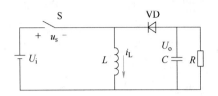

图 5-15　升降压斩波电路的结构

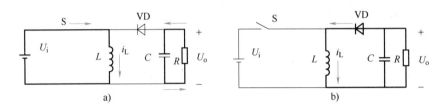

图 5-16　升降压斩波电路电感电流连续时的开关状态
a）开关状态 1（S 开通）　b）开关状态 2（S 关断）

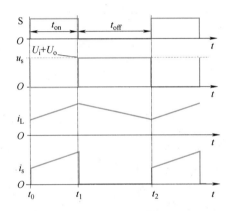

图 5-17　升降压斩波电路在电感电流连续时的波形

$t_0 \sim t_1$ 时段：电路处于开关状态 1，开关 S 于 t_0 时刻开通，并保持通态直到 t_1 时刻，在这一阶段，电感 L 两端的电压为 U_i，电感电流不断增长。二极管 VD 处于断态。

$t_1 \sim t_2$ 时段：电路处于开关状态 2，开关 S 于 t_1 时刻关断，二极管 VD 导通，电感通过 VD 向电容 C 放电，电感电流不断减小。直到 t_2 时刻开关 S 再次开通，下一个开关周期开始。

电感电流连续时，升降压斩波电路输出、输入电压比同开关通断的占空比之间的关系为

$$U_L = \frac{U_i t_{on} + U_o t_{off}}{T_s}$$

式中，U_L 为电感两端电压在一个开关周期内的平均值；T_s 为开关周期；t_{on} 为开关处于通态的时间；t_{off} 为开关处于断态的时间。

令 $U_L = 0$，有

$$\frac{U_o}{U_i} = -\frac{D}{1-D} \tag{5-6}$$

式（5-6）中等式右边的负号表示升降压电路的输出电压与输入电压极性相反（实际应

用中常忽略其极性，采用其绝对值表示），其数值既可以高于其输入电压，也可以低于输入电压。

2. 电感电流断续工作模式

断续工作模式与前述拓扑分析思路相同。负载电流很小时，电感电流将不连续，电压比的公式不再满足式（5-6），此时输出电压 $|U_o| > DU_i/(1-D)$，且负载电流越小，U_o 越高。输出空载时，$|U_o| \to \infty$，故升降压斩波电路也不应空载，否则会产生很高的电压造成电路中元器件的损坏。

升降压斩波电路可以灵活地改变电压的高低，还能改变电压极性，因此常用于电池供电设备中产生负电源的电路，还用于各种开关稳压器中。

5.1.4　丘克斩波电路

丘克（Cuk）斩波电路的结构和工作波形如图 5-18 所示。

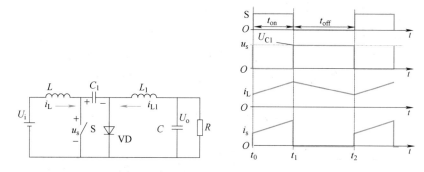

图 5-18　Cuk 斩波电路的结构和工作波形

从图 5-18 可以看出，Cuk 斩波电路可以看成是由升压斩波电路和降压斩波电路前后级联而成的。在电感 L 和 L_1 的电流都连续的情况下，电路在一个开关周期内相继经历两个开关状态，如图 5-19 所示。图 5-19 中电容 C_1 的电压极性为左正右负。电路的工作过程如下。

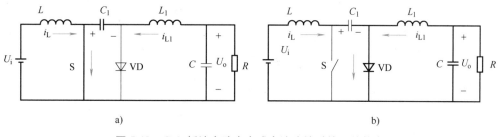

图 5-19　Cuk 斩波电路在电感电流连续时的开关状态

a）开关状态 1（S 开通）　b）开关状态 2（S 关断）

$t_0 \sim t_1$ 时段：电路处于开关状态 1，S 为通态，VD 关断，L 和 L_1 的电流均增加。

$t_1 \sim t_2$ 时段：电路处于开关状态 2，S 为断态，VD 导通，L 经 U_i、VD、C_1 回路续流，L_1 经 VD 和 C 续流。

设两个电感电流都连续，分别计算电感 L 和 L_1 两端电压在一个开关周期内的平均值为

$$U_L = U_i D + (U_i - U_{C1})(1-D)$$
$$U_{L1} = (U_{C1} + U_o) D + U_o (1-D) \tag{5-7}$$

令 $U_L = 0$，$U_{L1} = 0$，然后联立方程，消去 U_{C1}，可得丘克斩波电路输出、输入电压比与开关通断的占空比之间的关系为

$$\frac{U_o}{U_i} = -\frac{D}{1-D} \tag{5-8}$$

同样，式（5-8）中等式右边的负号表示输出电压与输入电压极性相反，其数值既可以高于其输入电压，也可以低于输入电压。当然，此式也可依据中间电容的安秒平衡（电荷平衡）得到。

同样，$D \to 1$ 时，$|U_o| \to \infty$，故应避免 D 过于接近 1，以免造成电路损坏。

负载电流很小时，电路中的电感电流将不连续，电压比的公式不再满足式（5-8），输出电压 $|U_o| > DU_i/(1-D)$，且负载电流越小，$|U_o|$ 越高。输出空载时，$|U_o| \to \infty$，故 Cuk 斩波电路也不应空载，否则会产生很高的电压造成电路中元器件的损坏。

Cuk 斩波电路的特点与升降压斩波电路相似，因此也常用于相同的用途，但 Cuk 斩波电路较为复杂，因此使用不甚广泛。该电路一个突出的优点是输入和输出回路中都有电感，因此输出电压纹波较小，从输入电源吸取的电流纹波也较小，在某些有特殊要求的场合使用比较合适。

各种不同的非隔离型电路有各自不同的特点和应用场合，表 5-1 对其进行了比较。

表 5-1　各种不同的非隔离型电路的比较

电路	特　点	电压比公式	开关和二极管承受的最高电压	应 用 领 域
降压	只能降压不能升压，输出与输入同极性，输入电流脉动大，输出电流脉动小，结构简单	$\dfrac{U_o}{U_i} = D$	$U_{MS} = U_i$ $U_{MD} = U_i$	各种降压型开关稳压器
升压	只能升压不能降压，输出与输入同极性，输入电流脉动小，输出电流脉动大，不能空载工作，结构简单	$\dfrac{U_o}{U_i} = \dfrac{1}{1-D}$	$U_{MS} = U_o$ $U_{MD} = U_o$	升压型开关稳压器、升压型功率因数校正电路（PFC）
升降压	能降压能升压，输出与输入极性相反，输入输出电流脉动大，不能空载工作，结构简单	$\dfrac{U_o}{U_i} = -\dfrac{D}{1-D}$	$U_{MS} = U_i + \lvert U_o \rvert$ $U_{MD} = U_i + \lvert U_o \rvert$	反向型开关稳压器
Cuk	能降压能升压，输出与输入极性相反，输入输出电流脉动小，不能空载工作，结构复杂	$\dfrac{U_o}{U_i} = -\dfrac{D}{1-D}$	$U_{MS} = U_{C1}$ $U_{MD} = U_{C1}$	对输入输出纹波要求高的反相型开关稳压器

5.1.5　多重斩波电路

对相同结构的基本斩波电路进行组合，可构成多重斩波电路，可使斩波电路的整体性能得到提高。多重斩波电路是在电源和负载之间接入多个结构相同的基本斩波电路而构成的。一个控制周期中负载电流脉波数称为斩波电路的重数。

图 5-20 所示为三重降压斩波电路及其波形，图中开关采用 IGBT。该电路相当于由三个降压斩波电路单元并联而成，总输出电流为三个单元输出电流之和，其平均值为单元输出电流平均值的三倍，脉动频率也为三倍。而由于三个单元电流的脉动幅值互相抵消，使总的输出电流脉动幅值变得很小。多重斩波电路的总输出电流最大脉动率（即电流脉动幅值与电流平均值之比）与重数的二次方成反比地减小，且输出电流脉动频率提高，因此和单个斩波电路相比，在输出电流最大脉动率一定时，所需平波电抗器的总重量更小。

此时，电源电流为各可控开关的电流之和，其脉动频率为单个斩波电路时的三倍，谐波分量比单个斩波电路时显著减小。且电源电流的最大脉动率与采用单个斩波器时相比，也是和重数的二次方成反比地减小，这使得由电源电流引起的干扰大大减小。若需滤波，只需接上简单的 LC 滤波器就可起到良好的滤波效果。

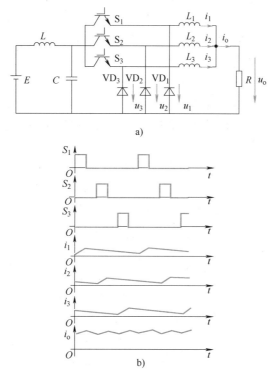

图 5-20 三重降压斩波电路及其波形
a）电路图 b）波形

多重斩波电路还具有备用功能，各斩波电路单元可互为备用，万一某单元发生故障，其余各单元可以继续运行，使得总体的可靠性提高。

5.2 间接直流变流电路

带隔离的直流变流电路的结构如图 5-21 所示，同直流斩波电路相比，直流变流电路中增加了交流环节，因此也称为直-交-直电路。

采用这种结构较为复杂的电路来完成直流-直流的变换有以下原因：

1）输出端与输入端需要隔离。

图 5-21　带隔离的直流变流电路的结构

2）某些应用中需要相互隔离的多路输出。

3）输出电压与输入电压的比例远小于 1 或远大于 1。

4）交流环节采用较高的工作频率，可以减小变压器和滤波电感、滤波电容的体积和重量。通常，工作频率应高于 20kHz 这一人耳的听觉极限，以免变压器和电感产生刺耳的噪声。随着电力半导体器件和磁性材料的技术进步，电路的工作频率已达几百千赫兹至几兆赫兹，进一步缩小了体积和重量。

由于工作频率较高，逆变电路通常使用全控型器件，如 MOSFET、IGBT 等。整流电路中通常采用快恢复二极管或通态压降较低的肖特基二极管，在低电压输出的电路中，还采用低导通电阻的 MOSFET 构成同步整流电路（Synchronous Rectifier），以进一步降低损耗。

间接型直流变流电路分为单端（Single End）和双端（Double End）电路两大类。在单端电路中，变压器中流过的是直流脉动电流，而双端电路中，变压器中的电流为正负对称的交流电流。下面将要介绍的电路中，正激电路和反激电路属于单端电路，半桥电路、全桥电路和推挽电路属于双端电路。

5.2.1　正激电路

正激（Forward）电路包含多种不同的拓扑，典型单开关正激电路如图 5-22 所示。

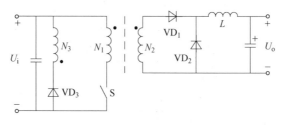

图 5-22　单开关正激电路

与前面介绍的各种斩波电路一样，正激电路也有电感电流连续和电感电流断续两种工作模式。

1. 电流连续工作模式

正激电路工作于电感电流连续状态时，一个开关周期内会经历两个开关状态，如图 5-23 所示。

单开关正激电路工作于电感电流连续状态时电路中的波形如图 5-24 所示。电路的工作过程如下。

$t_0 \sim t_1$ 时段：电路处于开关状态 1，t_0 时刻开关 S 开通，变压器绕组 N_1 两端的电压为上正下负，与其耦合的绕组 N_2 两端的电压也是上正下负。因此 VD_1 处于通态，VD_2 为断态，电感 L 的电流逐渐增长，直到 t_1 时刻 S 关断。

$t_1 \sim t_2$ 时段：电路处于开关状态 2，t_1 时刻 S 关断后，电感 L 通过 VD_2 续流，VD_1 关断，

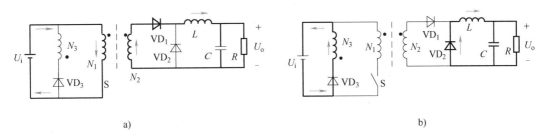

图 5-23　单开关正激电路在电感电流连续的开关状态

a）开关状态 1（S 开通）　b）开关状态 2（S 关断）

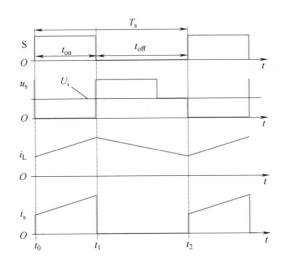

图 5-24　单开关正激电路在电感电流连续时的波形

L 的电流逐渐下降。

S 关断后变压器的励磁电流经 N_3 绕组和 VD_3 流回电源，所以 S 关断后承受的电压为

$$u_s = \left(1 + \frac{N_1}{N_3}\right) U_i$$

磁心复位过程中各物理量的变化如图 5-25 所示，开关 S 开通后，变压器的励磁电流 i_{m1} 由零开始，随着时间的增加而线性增长，直到 S 关断。S 关断后到下一次再开通的一段时间内，必须设法使励磁电流降回零，否则下一个开关周期中，励磁电流将在本周期结束时的剩余值基础上继续增加，并在以后的开关周期中依次累积起来，变得越来越大，从而导致变压器的励磁电感饱和。励磁电感饱和后，励磁电流会更加迅速地增长，最终损坏电路中的开关元件。因此在 S 关断后使励磁电流降回零是非常重要的，这一过程称为变压器的磁心复位。

在正激电路中，变压器绕组 N_3 和二极管 VD_3 组成复位电路，下面简单分析其工作原理。

开关 S 关断后，变压器励磁电流通过绕组 N_3 和 VD_3 流回电源，并逐渐线性地下降为零。从 S 关断到绕组 N_3 的电流下降到零所需的时间 t_{rst} 如式（5-9）所示。S 处于断态的时间必须大于 t_{rst}，以保证 S 下次开通前励磁电流能够降为零，使变压器磁心可靠复位。

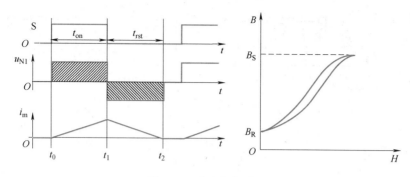

图 5-25 磁心复位过程

$$t_{rst} = \frac{N_3}{N_1} t_{on} \tag{5-9}$$

在输出滤波电感电流连续的情况下，即 S 开通时电感 L 的电流不为零，输出电压与输入电压的比为

$$\frac{U_o}{U_i} = \frac{N_2 t_{on}}{N_1 T_s}$$

$$= \frac{N_2}{N_1} D \tag{5-10}$$

2. 电流断续工作模式

如果输出电感电流不连续，与降压斩波电路相似，输出电压 U_o 将高于式（5-10）的计算值，并随负载减小而升高，在负载为零的极限情况下 $U_o = \frac{N_2}{N_1} U_i$。

例 5-4 在图 5-22 所示的正激电路中，$U_i = 100V$，变压器绕组变比 $N_1 : N_2 : N_3 = 2 : 1 : 1$，滤波电感 L 足够大使电感电流处于连续状态，求输出电压的调节范围及开关管 S 承受的电压值。

解： 在正激电路中，需要保证变压器的磁心复位，开关管的导通时间与复位时间的关系为

$$t_{rst} = \frac{N_3}{N_1} t_{on}$$

开关管的最大导通时间为

$$t_{onmax} = T - t_{rst} = T - \frac{N_3}{N_1} t_{onmax}$$

即

$$t_{onmax} = \frac{T}{1 + \dfrac{N_3}{N_1}} = \frac{2}{3} T$$

当开关导通时间为 0 时，输出电压为 0；导通时间最大时，输出电压达到最大值

$$U_{omax} = \frac{N_2}{N_1} \frac{t_{onmax}}{T} U_i = \frac{1}{2} \times \frac{2}{3} U_i = \frac{1}{3} U_i$$

开关管承受的电压为

$$u_s = \left(1 + \frac{N_1}{N_3}\right) U_i = 3U_i$$

从以上分析可知，正激电路的电压比关系和降压斩波电路非常相似，仅有的差别在于变压器的变比，因此正激电路的电压比可以看成是将输入电压 U_i 按变压器变比折算至变压器二次侧后根据降压斩波电路得到的。不仅正激电路是这样，后面将要提到的半桥电路、全桥电路和推挽电路亦如此。

除图 5-22 所示的单开关正激电路外，正激电路还有其他一些电路形式，例如图 5-26 所示的双开关正激电路。

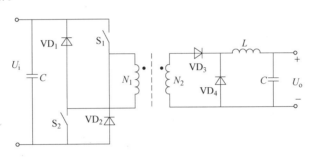

图 5-26　双开关正激电路的结构

双开关正激电路的工作原理与单开关正激电路基本相同，不再赘述。值得注意的是，双开关正激电路中，每个开关承受的断态电压均为 U_i，比相同条件下的单开关正激电路低，故双开关正激电路适合在高压输入的电源中使用。

正激电路简单可靠，广泛用于功率为数百瓦至数千瓦的开关电源中。但该电路变压器的工作点仅处于磁化曲线平面的第 I 象限，没有得到充分利用，因此同样的功率，其变压器体积、重量和损耗都大于下面将要介绍的半桥电路、全桥电路和推挽电路。因此，在电源和负载条件恶劣、干扰很强的环境下使用的开关电源，又对体积、重量及效率要求不太高时，采用正激电路较合适。而工作条件较好，对体积、重量及效率要求严格的电源应采用半桥电路、全桥电路和推挽电路。

5.2.2　反激电路

反激（Flyback）电路的结构如图 5-27 所示。该电路可以看成是将升降压斩波电路中的电感换成相互耦合的电感 N_1 和 N_2 得到的。因此反激型电路中的变压器在工作中总是经历着储能—放电的过程，这一点与正激电路以及后面要介绍的几种隔离型电路不同。

反激电路也存在电流连续和电流断续两种工作模式，下面将分别介绍。

1. 电流连续工作模式

反激电路工作于电流连续模式时，一个开关周期经历两个开关状态，如图 5-28 所示。

反激电路在电流连续时的波形如图 5-29 所示。

同前面介绍的正激电路不同，反激电路中的变压器起

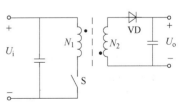

图 5-27　反激电路的结构

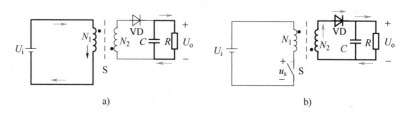

图 5-28　反激电路在电流连续时的开关状态

a）开关状态 1（S 开通）　　b）开关状态 2（S 关断）

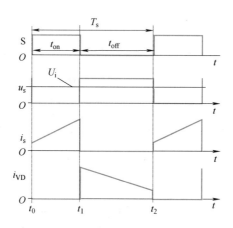

图 5-29　反激电路在电流连续时的波形

着储能元件的作用，可以看作是一对相互耦合的电感。电路的工作过程如下。

$t_0 \sim t_1$ 时段：电路处于开关状态 1，S 开通后，VD 处于断态，绕组 N_1 的电流线性增长，电感储能增加。

$t_1 \sim t_2$ 时段：电路处于开关状态 2，S 关断后，绕组 N_1 的电流被切断，变压器中的磁场能量通过绕组 N_2 和二极管 VD 向输出端释放。S 关断后的电压为

$$u_s = U_i + \frac{N_1}{N_2} U_o$$

当工作于电流连续模式时输出、输入间的电压比为

$$\frac{U_o}{U_i} = \frac{N_2 t_{on}}{N_1 t_{off}}$$

$$= \frac{N_2}{N_1} \frac{D}{1-D} \tag{5-11}$$

2. 电流断续工作模式

反激电路工作于电流断续模式时，一个开关周期内经历三个开关状态，如图 5-30 所示。反激电路在电流断续时的波形如图 5-31 所示。电路的工作过程如下。

$t_0 \sim t_1$ 时段：电路处于开关状态 1，S 开通后，二极管 VD 处于断态，N_1 绕组的电流线性增长，电感储能增加。

$t_1 \sim t_2$ 时段：电路处于开关状态 2，S 关断后，N_1 绕组的电流被切断，变压器中的磁场能

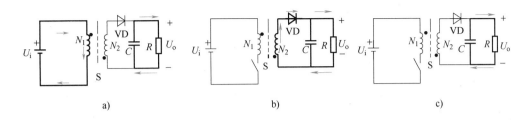

图 5-30　反激电路在电流断续时的开关状态

a）开关状态 1（S 开通）　b）开关状态 2（S 关断）　c）开关状态 3（电感电流为零）

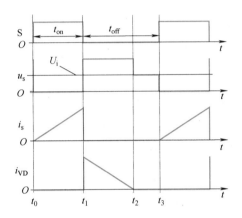

图 5-31　反激电路在电流断续时的波形

量通过绕组 N_2 和二极管 VD 向输出端释放，直到 t_2 时刻变压器中的磁场能量释放完毕，绕组 N_2 电流下降到零，VD 关断。

$t_2 \sim t_3$ 时段：电路处于开关状态 3，绕组 N_1 和 N_2 电流均为零，电容 C 向负载提供能量。

反激电路的结构最为简单，元器件数少，因此成本较低，适用于功率为数瓦至数十瓦的小功率开关电源。在各种家电、计算机设备、工业设备中广泛使用的小功率开关电源中基本上都采用的是反激型电路。但该电路变压器的工作点也仅处于磁化曲线平面的第 I 象限，利用率低，而且开关元件承受的电流峰值较大，不适合用于较大功率的电源。

5.2.3　半桥电路

半桥电路的结构如图 5-32 所示。

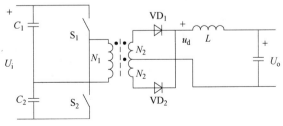

图 5-32　半桥电路的结构

半桥电路工作于电流连续模式时，在一个开关周期内电路经历四个开关状态，如图5-33所示，其中状态2和4是相同的。

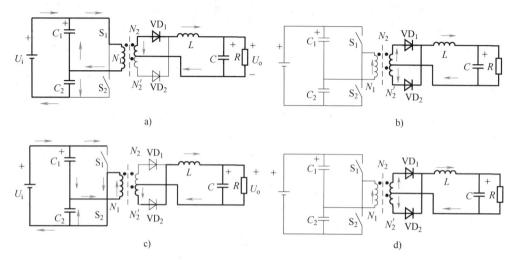

图 5-33 半桥电路电流连续时的开关状态

a）开关状态 1（S_1 开通） b）开关状态 2（S_1、S_2 关断）

c）开关状态 3（S_2 开通） d）开关状态 4（S_1、S_2 关断）

半桥电路在电流连续模式下电路的波形如图5-34所示。

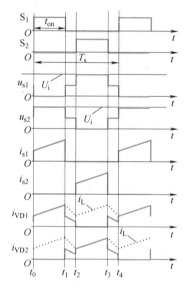

图 5-34 半桥电路在电流连续时的波形

在半桥电路中，变压器一次侧两端分别连接在电容 C_1、C_2 的连接点和开关 S_1、S_2 的连接点。设电容 C_1、C_2 的电压分别为 $U_i/2$。S_1 与 S_2 交替导通，使变压器一次侧形成幅值为 $U_i/2$ 的交流电压。改变开关的占空比，就可改变二次侧整流电压 u_d 的平均值，也就改变了输出电压 U_o。S_1 和 S_2 断态时承受的峰值电压均为 U_i。电路的工作过程如下。

$t_0 \sim t_1$ 时段：电路处于开关状态 1，S_1 导通时，二极管 VD_1 处于通态，电感电流流经变压器绕组上半部分 N_2、二极管 VD_1 和滤波电容 C 及负载 R，电感电流增长。

$t_1 \sim t_2$ 时段：电路处于开关状态 2，S_1、S_2 都处于断态，变压器绕组 N_1 中的电流为零，根据变压器的磁势平衡方程，绕组 N_2 和 N_2' 中的电流大小相等、方向相反（忽略变压器的励磁电流），所以 VD_1 和 VD_2 都处于通态，各分担一半的电感电流。电感 L 的电流逐渐下降。

$t_2 \sim t_3$ 时段：电路处于开关状态 3，S_2 导通时，二极管 VD_2 处于通态，电感电流流经变压器绕组下半部分 N_2'、二极管 VD_2 和滤波电容 C 及负载 R，电感电流增长。

$t_3 \sim t_4$ 时段：电路处于开关状态 4，与开关状态 2 相同。

由于电容的隔直作用，半桥电路对由于两个开关导通时间不对称而造成的变压器一次电压的直流分量有自动平衡作用，因此该电路不容易发生变压器偏磁和直流磁饱和的问题。

为了避免上下两开关在换流的过程中发生短暂的同时导通而造成短路损坏开关，每个开关各自的占空比不能超过 50%，并应留有裕量。

当滤波电感 L 的电流连续时有

$$\frac{U_o}{U_i} = \frac{1}{2} \frac{N_2}{N_1} \frac{t_{on}}{T_s/2}$$

$$= \frac{N_2}{N_1} D \tag{5-12}$$

在半桥电路中，占空比定义为

$$D = \frac{t_{on}}{T_s}$$

电感电流断续时，输出电压 U_o 将随负载电流减小而升高，在负载为零的极限情况下，$U_o = \dfrac{N_2}{N_1} \dfrac{U_i}{2}$。

半桥电路中变压器的利用率高，且没有偏磁的问题，可以广泛用于功率为数百瓦至数千瓦的电源中。与下面将要介绍的全桥电路相比，半桥电路开关元件数量少（但电流等级要大些），同样的功率下成本要低一些，故可以用于对成本要求较苛刻的场合。

5.2.4　全桥电路

全桥电路的结构如图 5-35 所示。

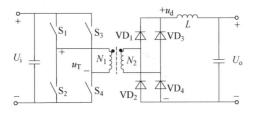

图 5-35　全桥电路的结构

全桥电路工作于电流连续模式时，在一个开关周期内电路经历四个开关状态，如图 5-36 所示，其中状态 2 和 4 是相同的。

全桥电路在电流连续时的波形如图 5-37 所示。

全桥电路中的逆变电路由四个开关组成，互为对角的两个开关同时导通，而同一侧半桥

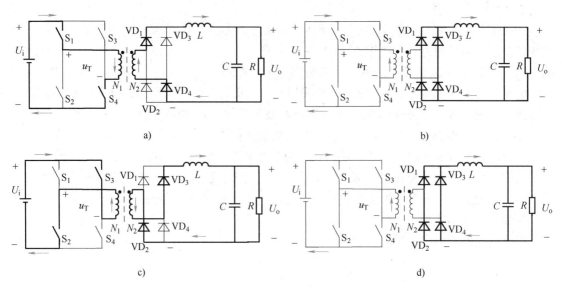

图 5-36 全桥电路电流连续时的开关状态

a）开关状态 1（S_1、S_4 开通） b）开关状态 2（全部关断）

c）开关状态 3（S_2、S_3 开通） d）开关状态 4（全部关断）

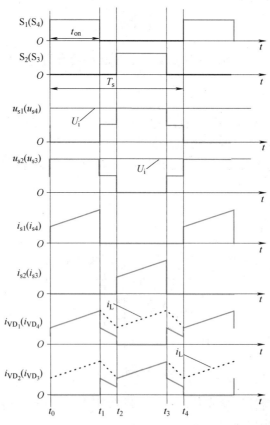

图 5-37 全桥电路在电流连续时的波形

上下两开关交替导通，将直流电压逆变成幅值为 U_i 的交流电压，加在变压器一次侧。改变开关的占空比，就可以改变整流电压 u_d 的平均值，也就改变了输出电压 U_o。每个开关断态时承受的峰值电压均为 U_i。电路的工作波形如下。

$t_0 \sim t_1$ 时段：电路处于开关状态 1，S_1、S_4 导通，二极管 VD_1、VD_4 导通，电感电流流经变压器绕组 N_2、二极管 VD_1、VD_4、滤波电容 C 及负载 R，电感电流增长。

$t_1 \sim t_2$ 时段：电路处于开关状态 2，所有开关都处于断态，变压器绕组 N_1 中的电流为零，电感通过 VD_1、VD_4 和 VD_2、VD_3 续流，每个二极管流过电感电流的一半。电感 L 的电流逐渐下降。

$t_2 \sim t_3$ 时段：电路处于开关状态 3，S_2、S_3 导通，二极管 VD_2、VD_3 导通，电感电流流经变压器绕组 N_2、二极管 VD_2、VD_3、滤波电容 C 及负载 R，电感电流增长。

$t_3 \sim t_4$ 时段：电路处于开关状态 4，与开关状态 2 相同。

若 S_1、S_4 与 S_2、S_3 的导通时间不对称，则交流电压中将含有直流分量，会在变压器一次电流中产生很大的直流分量，并可能造成磁路饱和，故全桥电路应注意避免电压直流分量的产生。也可以在一次侧回路串联一个电容，以阻断直流电流。

为了避免上下两开关在换流的过程中发生短暂的同时导通而造成短路损坏开关，每个开关各自的占空比不能超过 50%，并应留有裕量。

当滤波电感 L 的电流连续时有

$$\frac{U_o}{U_i} = \frac{N_2}{N_1} \frac{t_{on}}{T_s/2}$$

$$= 2 \frac{N_2}{N_1} D \tag{5-13}$$

在全桥电路中，占空比定义为

$$D = \frac{t_{on}}{T_s}$$

例 5-5　在图 5-35 所示的全桥电路中，$U_i = 150V$，变压器绕组变比 $N_1 : N_2 = 2 : 1$，滤波电感 L 足够大，试计算当输出电压为 48V 时（忽略开关管及整流二极管的导通压降），开关管 $S_1 \sim S_4$ 的导通占空比，当负载电流为 10A 时，开关管流过的电流峰值。

解：全桥电路中，输出电压与开关器件导通时间的关系为

$$\frac{U_o}{U_i} = \frac{N_2}{N_1} \frac{2t_{on}}{T}$$

由此可得开关器件导通占空比为

$$D = \frac{t_{on}}{T} = \frac{N_1}{2N_2} \frac{U_o}{U_i} = \frac{2}{2N_2} \times \frac{48}{150} = 0.32$$

在开关导通期间，变压器二次绕组输出电流，数值等于滤波电感电流，由于滤波电感足够大，使其等于负载电流；变压器一次电流流过开关管，因此开关管的峰值电流为

$$I_s = \frac{N_2}{N_1} I_o = \frac{1}{2} \times 10A = 5A$$

全桥电路在电感电流断续时，输出电压 U_o 将随负载电流减小而升高，在负载为零的极限情况下，$U_o = \frac{N_2}{N_1} U_i$。

所有隔离型开关电路中，采用相同电压和电流容量的开关器件时，全桥电路可以达到最大的功率，因此该电路常用于中大功率的电源中。20 世纪 80 年代，人们发现了结构简单、效率高的移相全桥型软开关电路，得到广泛应用。目前，全桥电路被用于功率为数百瓦至数十千瓦的各种工业用电源中。

5.2.5　推挽电路

推挽电路（Push-Pull）的结构如图 5-38 所示。

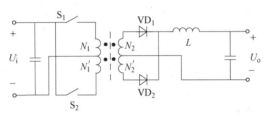

图 5-38　推挽电路的结构

推挽电路工作于电流连续模式时，在一个开关周期内电路经历四个开关状态，如图 5-39 所示，其中状态 2 和 4 是相同的。

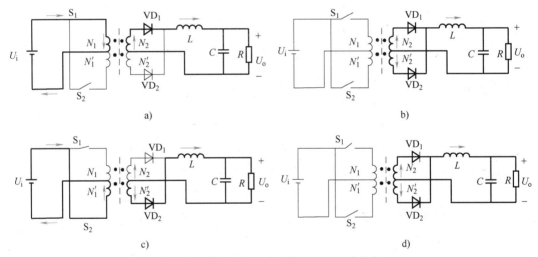

图 5-39　推挽电路在电流连续时的开关状态

a）开关状态 1（S_1 开通）　b）开关状态 2（全部关断）　c）开关状态 3（S_2 开通）　d）开关状态 4（全部关断）

推挽电路在电流连续时的波形如图 5-40 所示。

推挽电路中两个开关 S_1 和 S_2 交替导通，在绕组 N_1 和 N_1' 两端分别形成相位相反的交流电压。S_1 导通时，二极管 VD_1 处于通态，S_2 导通时，二极管 VD_2 处于通态，当两个开关都关断时，二极管 VD_1 和 VD_2 都处于通态，各分担电感电流的一半。S_1 或 S_2 导通时电感 L 的电流逐渐上升，两个开关都关断时，电感 L 的电流逐渐下降。S_1 和 S_2 断态时承受的峰值电压均为 $2U_i$。电路的工作过程如下。

$t_0 \sim t_1$ 时段：电路处于开关状态 1，S_1 导通，二极管 VD_1 导通，电感电流流经变压器绕组 N_2、二极管 VD_1、滤波电容 C 及负载 R，电感电流增长。

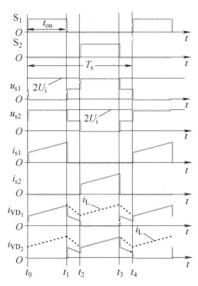

图 5-40　推挽电路在电流连续时的波形

$t_1 \sim t_2$ 时段：电路处于开关状态 2，所有开关都处于断态，变压器绕组 N_1 中的电流为零，电感通过 VD_1 和 VD_2 续流，每个二极管流过电感电流的一半。电感 L 的电流逐渐下降。

$t_2 \sim t_3$ 时段：电路处于开关状态 3，S_2 导通，二极管 VD_2 导通，电感电流流经变压器绕组 N_2'、二极管 VD_2、滤波电容 C 及负载 R，电感电流增长。

$t_3 \sim t_4$ 时段：电路处于开关状态 4，与开关状态 2 相同。

若 S_1 与 S_2 的导通时间不对称，则变压器一次绕组电压中将含有直流分量，会在变压器一次电流中产生很大的直流分量，并可能造成磁路饱和。与全桥电路不同的是，推挽电路无法在变压器一次侧串联隔直电容，因此只能靠精确的控制信号和电路元件参数的匹配来避免直流分量的产生。

如果 S_1 和 S_2 同时处于通态，就相当于变压器一次绕组短路。因此必须避免两个开关同时导通，每个开关各自的占空比不能超过 50%，并且要留有死区。

电流连续时电路的电压比为

$$\frac{U_o}{U_i} = \frac{N_2}{N_1} \frac{i_{on}}{T_s/2}$$

$$= 2\frac{N_2}{N_1}D \tag{5-14}$$

在推挽电路中，占空比定义为

$$D = \frac{t_{on}}{T_s}$$

电感电流断续时，输出电压 U_o 将随负载电流减小而升高，在负载为零的极限情况下，$U_o = \frac{N_2}{N_1}U_i$。

推挽电路的一个突出优点是在输入回路中仅有一个开关的通态压降，而半桥电路和全桥电路都有两个，因此在同样的条件下产生的通态损耗较小，这对很多输入电压较低的电源十分有利，因此这类电源应用推挽电路比较合适。

表 5-2 为各种不同的隔离型电路的比较。

表 5-2　各种不同的隔离型电路的比较

电路	优　　点	缺　　点	功率范围	应用领域
正激	电路较简单，成本低，可靠性高，驱动电路简单	变压器单向励磁，利用率低	几百瓦~几千瓦	各种中、小功率电源
反激	电路非常简单，成本很低，可靠性高，驱动电路简单	难以达到较大的功率，变压器单向励磁，利用率低	几瓦~几百瓦	小功率和消费电子设备、计算机设备的电源
全桥	变压器双向励磁，容易达到大功率	结构复杂，成本高，可靠性低，需要复杂得多组隔离驱动电路，有直通和偏磁问题	几百瓦~几百千瓦	大功率工业用电源、焊接电源、电解电源等
半桥	变压器双向励磁，无变压器偏磁问题，开关较少，成本低	有直通问题，可靠性低，需要复杂的隔离驱动电路	几百瓦~几千瓦	各种工业用电源，计算机电源等
推挽	变压器双向励磁，变压器一次侧电流回路中只有一个开关，通态损耗较小，驱动简单	有偏磁问题	几百瓦~几千瓦	低输入电压的电源

5.2.6　整流电路

1. 全桥整流电路

全桥整流电路的结构如图 5-41 所示。

该电路由四个二极管 $VD_1 \sim VD_4$ 以及 LC 滤波元件构成。全桥整流电路的工作过程在前面全桥电路中已经介绍过，这里不再重复。

根据前面的电路分析可以得知，全桥电路中全桥整流每个二极管承受的反向电压为

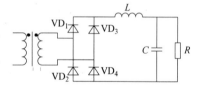

图 5-41　全桥整流电路的结构

$$U_R = \frac{N_2}{N_1} U_i$$

在电感电流连续的情况下，还可以得到用输出电压 U_o 表示的断态电压

$$U_R = \frac{U_o}{2D} \tag{5-15}$$

流过每个二极管的平均电流为

$$I_{VD} = \frac{I_L}{2} \tag{5-16}$$

其中，I_L 为电感电流平均值。每个二极管的平均电流等于电感电流平均值的一半。

在稳态条件下，电感电流平均值等于负载电流，因此二极管电流平均值也等于负载电流的一半。这一结论对电路设计时二极管的选取很有用处。

2. 全波整流电路

全波整流电路的结构如图 5-42 所示。

该电路由两个二极管 VD_1、VD_2 以及 LC 滤波元件构成。该电路的工作过程已经在前面半桥电路中介绍过，这里不再重复。

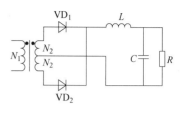

图 5-42　全波整流电路的结构

根据前面的电路分析可以得知，全桥电路中半波整流每个二极管承受的断态电压为

$$U_R = 2\frac{N_2}{N_1}U_i$$

在电感电流连续的情况下，还可以得到用输出电压 U_o 表示的断态电压

$$U_R = \frac{U_o}{D} \tag{5-17}$$

流过每个二极管的平均电流为

$$I_{VD} = \frac{I_L}{2} \tag{5-18}$$

其中，I_L 为电感电流平均值。每个二极管的平均电流等于电感电流平均值的一半。

在稳态条件下，电感电流平均值等于负载电流，因此二极管电流平均值也等于负载电流的一半。

根据两种电路各自不同的特点，通常在输出电压较低的情况下（<100V）采用全波电路比较合适，而在高压输出的情况下，应采用全桥电路。

表 5-3 为以上两种整流电路的比较。

表 5-3　两种整流电路的比较

电路	电压比	平均电流	二极管断态电压	优　点	缺　点	应用领域
全桥整流	$2D$	$I_L/2$	$U_o/2D$	二极管电压低，变压器绕组结构简单	二极管数量多，总通态损耗大	高输出电压（>100V）的电路
全波整流	$2D$	$I_L/2$	U_o/D	元件总数少，结构简单，总通态损耗小	二极管电压高，变压器绕组需中心抽头	输出电压为5~100V的电路

3. 同步整流技术

前面介绍各种整流电路时，电路中采用的整流元件均为二极管。实际电路中，当电路的输出电压远高于二极管通态压降时，通常都采用二极管作为整流元件。因为二极管无须控制和驱动，电路结构简单可靠，而且成本也较低。

但电路的输出电压非常低时，即使采用全波整流电路，仍然受到整流二极管压降的限制而使效率难以提高，这时可以采用同步整流技术，也就是采用通态电阻非常小（几毫欧）的 MOSFET 代替二极管，以降低通态压降。采用同步整流技术的全波整流电路如图 5-43 所示。值得注意的是，相同输出电压和负载电流的条件下，全桥整流电路

的通态损耗总是大于全波整流电路，因此一般不采用全桥
结构的同步整流电路。

由于低电压的 MOSFET 具有非常小的导通电阻，故可以显
著降低整流电路的导通损耗，从而达到很高的效率。但这种电
路的缺点是需要对 MOSFET 的通与断进行控制，使控制电路变
得更复杂。

同步整流管的控制是同步整流技术中的重要问题，较简单
的一种是变压器绕组控制的自驱动方式。同步整流管的栅极驱
动信号取自同步整流管所在的主电路中的某一电压。

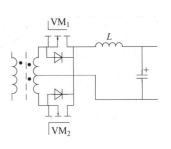

图 5-43　同步整流电路

以全波整流电路为例，采用变压器绕组控制的同步整流电路如图 5-44 所示。这种控制
方法的优点是电路结构简单，增加的元件少，但不足之处是变压器的绕制较为复杂。

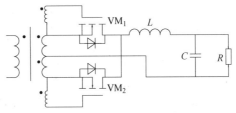

图 5-44　变压器绕组控制的同步整流电路

5.3　双向直流-直流变流电路

双向直流-直流变流电路也分为非隔离型和隔离型，本节将简单介绍几种典型的双向直
流-直流变流电路。

5.3.1　非隔离型双向直流-直流变流电路

1. 二象限斩波电路

二象限斩波电路的结构如图 5-45a 所示。该电路的输出电压与输入电压极性相同，输出
电流可正可负。分别以输出电压和输出电流为轴，画出该电路的工作平面，如图 5-45b 所
示。可以看出，该电路的工作点位于 I、II 两个象限，故称为二象限斩波电路或电流可逆斩
波电路。

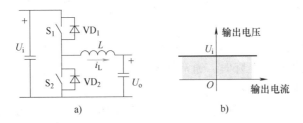

a)　　　　　　　　　　　　　b)

图 5-45　二象限斩波电路的原理

a）电路结构　b）输出电压与电流关系

该电路工作时，开关 S_1 和 S_2 通常采用交替导通的工作方式，二者导通时间互补，并留有一定的死区时间，以防止同时导通造成短路。

该电路工作时的波形如图 5-46 所示。当电感 L 的电流 $i_L>0$ 时（见图 5-46a），电流分别流过 S_1 和 VD_2，此时电路的工作状况与降压斩波电路相似；当电感 L 的电流 $i_L<0$ 时（见图 5-46c），电流分别流过 S_2 和 VD_1，此时电路的工作状况与升压斩波电路相似；当 i_L 有时为正、有时为负时（见图 5-46b），电流相继流过 VD_1、S_1、VD_2 和 S_2。

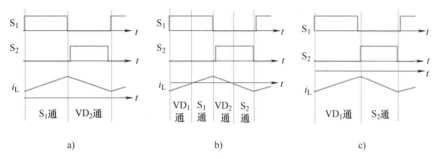

图 5-46 二象限斩波电路工作时的波形

a）$i_L>0$ b）i_L 有时为正，有时为负 c）$i_L<0$

根据 5.1 节中所述基本原理，可以推导出该电路的输出电压与输入电压之间的电压比的公式为

$$\frac{U_o}{U_i}=\frac{t_{onS1}}{T}=D_{S1} \tag{5-19}$$

式中，t_{onS1} 是 S_1 的导通时间；T 是开关周期；D_{S1} 是 S_1 的占空比。

值得注意的是，二象限斩波电路中电感电流可正可负，在忽略死区时间的条件下，不存在电感电流断续的问题，故在任何负载情况下，输出电压与输入电压之间的电压比总满足式（5-19）。

二象限斩波电路可以灵活、快速地控制负载电流，适用于需要电能双向传输，但又不需要改变输出电压极性的场合，如蓄电池充放电电源、直流电机不可逆调速装置等。

例 5-6 在图 5-47 所示的带蓄电池负载的电流可逆斩波电路中，电源 $E_1=250V$，L 值足够大，蓄电池电压 $E_2=220V$，蓄电池内阻 $R=0.5\Omega$，若想通过开关管的占空比控制蓄电池分别处于 10A 电流充电及 10A 电流放电状态，求开关管 V_1、V_2 的导通占空比分别是多少？

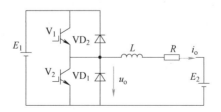

图 5-47 带蓄电池负载的电流可逆斩波电路

解： 电流通过斩波电路来控制，可以采用以下两种方式：

1）当输出电流为正时，应控制开关管 V_1 的占空比调节输出电流；相应地，当输出电流为负时，应控制开关管 V_2 的占空比调节输出电流。

2）使开关管 V_1 及 V_2 互补工作，即 $D_2 = 1 - D_1$。

由于方式2不存在信号的切换也不存在主电路电流断续，是常用的控制方法。在这种方式下，斩波电路输出电压与开关管 V_1 占空比之间的关系为

$$U_0 = D_1 E_1$$

因此，当蓄电池充电时，有

$$D_1 = \frac{U_0}{E_1} = \frac{E_2 + RI_0}{E_1} = \frac{220 + 0.5 \times 10}{250} = 0.9$$

$$D_2 = 1 - D_1 = 1 - 0.9 = 0.1$$

蓄电池放电时，有

$$D_1 = \frac{U_0}{E_1} = \frac{E_2 + RI_0}{E_1} = \frac{220 - 0.5 \times 10}{250} = 0.86$$

$$D_2 = 1 - D_1 = 1 - 0.86 = 0.14$$

2. 四象限斩波电路

四象限斩波电路的原理如图5-48a所示。该电路不仅输出电流可正可负，输出电压也可正可负。分别以输出电压和输出电流为轴，画出该电路的工作平面，如图5-48b所示。可以看出，该电路的工作点可以位于 Ⅰ 、Ⅱ 、Ⅲ 、Ⅳ 四个象限，故称为四象限斩波电路。

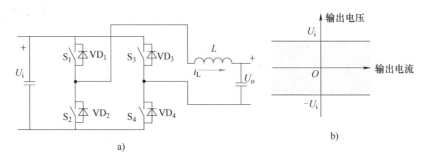

图 5-48　四象限斩波电路的原理

a）电路结构　b）输出电压与电流关系

四象限斩波电路工作时，S_1 和 S_4 同时开关，S_2 和 S_3 同时开关。S_1 和 S_2 交替导通，S_3 和 S_4 交替导通，同侧上下两个开关的导通时间互补，并留有一定的死区时间，以防止同时导通造成短路。

电路工作时的波形如图5-49所示。当 S_1、S_4 的占空比大于50%时，$U_0 > 0$；当 S_1、S_4 的占空比小于50%时，$U_0 < 0$。当电感电流 $i_L > 0$ 时，电流分别流过 S_1、S_4 和 VD_2、VD_3；当 $i_L < 0$ 时，电流分别流过 S_2、S_3 和 VD_1、VD_4。

四象限斩波电路可用于既需要电能双向传输，又需要改变输出电压极性的场合，如直流电机可逆调速装置等。

5.3.2　隔离型双向直流-直流电路

隔离型双向 DC-DC 电路通常由两组逆变电路通过高频变压器及其等效漏感连接构成，逆变电路可以采用半桥、全桥等电路形式。采用全桥电路构成的双向 DC-DC 变换器由于控制方案灵活多样、性能优异而得到广泛的关注。

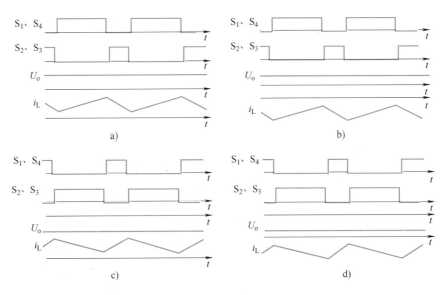

图 5-49　四象限斩波电路工作时的波形

双向 DC-DC 变换器的控制方式多种多样，应用最为广泛和典型的控制方式为移相控制，通过控制开关管的开通与关断时间，使得变换器不同开关管之间产生一定的移相角，通过改变开关管之间移相角的大小从而实现控制变换器的能量传输大小和方向的目的。

双有源桥（Dual-Active Bridge，DAB）电路如图 5-50 所示。主要元器件包含了一次侧全桥和二次侧全桥，两个直流侧滤波电容，一个高频变压器及其等效漏感。双有源桥电路的工作波形如图 5-51 所示。

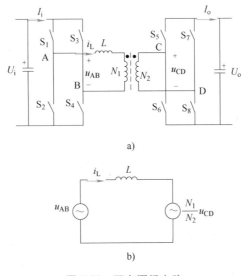

图 5-50　双有源桥电路

a）电路结构　b）等效电路

双有源桥电路中的逆变电路和整流电路均为四个开关组成的桥式电路，工作时对每个开关的通与断进行控制，故称为"双有源桥"。在桥式电路中，互为对角的两个开关同时导

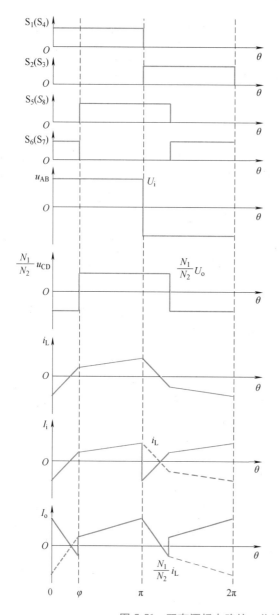

图 5-51　双有源桥电路的工作波形

通，而同一半桥上下两开关交替导通，使逆变电路的 AB 端和整流电路的 CD 端分别形成幅值为 U_i 和 U_o 的交流电压。AB 端通过电感 L 与变压器一次侧连接，CD 端直接与变压器二次侧连接，将二次电压折算到一次侧。双有源桥电路可以等效为图 5-50b，其控制方式为移相控制，下面结合图 5-51 进行分析。

在一个开关周期内，每个开关导通半周期，S_1 的开关波形比 S_5 超前 φ，根据桥式电路的开关规律，u_{AB} 也比 u_{CD} 超前 φ。在移相控制中，φ 称为 u_{AB} 和 u_{CD} 的移相角。双有源桥电路可以工作在降压和升压两种模式；如果 N_1U_o/N_2U_i 小于 1，则称电路工作在降压模式；如果 N_1U_o/N_2U_i 大于 1，则称电路工作在升压模式。在分析过程中，假设电路工作在降压模式。

$0 \sim \varphi$ 阶段：S_1、S_4 导通，$u_{AB}=U_i$；S_6、S_7 导通，$u_{CD}=-U_o$；L 两端电压为 $U_i+N_1U_o/N_2$，设电感电流 i_L 初值为 I_{L0}，则此阶段 i_L 为

$$i_L(\theta)=I_{L0}+\frac{U_i+N_1U_o/N_2}{\omega L}\theta \tag{5-20}$$

式中，ω 为开关角频率。

$\varphi \sim \pi$ 阶段：S_1、S_4 导通，$u_{AB}=U_i$；S_5、S_8 导通，$u_{CD}=U_o$；L 两端电压为 $U_i-N_1U_o/N_2$，则此阶段 i_L 为

$$i_L(\theta)=i_L(\varphi)+\frac{U_i-N_1U_o/N_2}{\omega L}(\theta-\varphi)$$

$$=I_{L0}+\frac{2\varphi N_1U_o}{N_2\omega L}+\frac{U_i-N_1U_o/N_2}{\omega L}\theta \tag{5-21}$$

$0 \sim \pi$ 阶段正好是开关周期的一半，而在另一半开关周期 $\pi \sim 2\pi$ 阶段中，电路的工作过程与 $0 \sim \pi$ 阶段完全对称，不再赘述。当电路工作于稳态时，有 $I_{L0}=-i_L(\pi)$，结合式（5-20）和式（5-21）得出 I_{L0} 为

$$I_{L0}=\frac{(\pi-2\varphi)N_1U_o-\pi N_2U_i}{2N_2\omega L} \tag{5-22}$$

根据等效电路并结合式（5-20）、式（5-21）和式（5-22）得出传输功率的平均值为

$$P=\frac{1}{\pi}\int_0^\pi u_{AB}i_L\mathrm{d}\theta=\frac{N_1U_iU_o\varphi(\pi-\varphi)}{\pi\omega L} \tag{5-23}$$

如果输出接负载 R，可得输出电压为

$$U_o=\frac{N_1U_i\varphi(\pi-\varphi)R}{\pi\omega L} \tag{5-24}$$

由式（5-23）和式（5-24）可知，改变 φ，就可以调节传输功率或输出电压的大小。双有源桥电路也可以通过改变 φ 来调节传输功率的方向。如果 S_5 的开关波形比 S_1 超前 φ，即 u_{CD} 比 u_{AB} 超前 φ，此时功率将从变压器二次侧向一次侧传输，实现功率反向传输。双有源桥电路是一种典型的双向 DC-DC 变流电路，近年来在机车牵引、储能、直流电网及能源互联网等领域受到广泛关注。

本章讲述的间接直流变流电路并不仅用于直流-直流变流装置，如果输入端的直流电源是由交流电网整流得来，则构成交-直-交-直电路，采用这种电路的装置通常被称为开关电源。

从输入输出关系来看，开关电源是一种交流-直流变流装置，这同前面章节讲述的晶闸管相控整流电路的功能是一样的。然而由于开关电源采用了工作频率较高的交流环节，变压器和滤波器都大大减小，因此同等功率条件下其体积和重量都远远小于相控整流电源。除此之外，工作频率的提高还有利于控制性能的提高。由于这些原因，在数百千瓦以下的功率范围内，开关电源已经取代了相控整流电源。

有关开关电源的详细内容将在第 10 章 10.4 节中介绍。

———————— 本 章 小 结 ————————

直流-直流变流电路（DC-DC Converter）包括直接直流变流电路和间接直流变流电路。直接直流变流电路也称斩波电路（DC Chopper），一般是指直接将直流电变为另一直流电，这种情况下输入与输出之间不隔离。间接直流变流电路是在直流变流电路中增加了交流环节，在交流环节中通常采用变压器实现输入输出之间的隔离，因此也称为隔离型直流-直流变流器。习惯上，DC-DC 变换器包括以上两种情况，甚至更多地指后一种情况。

直接直流变流电路包括四种典型斩波电路，其中最基础的是降压斩波电路和升压斩波电路，对这两种电路的理解和掌握是学习本章的关键和核心，也是学习其他 DC-DC 电路的基础。

间接直流变流电路目前广泛用于各种电子设备的直流电源（开关电源），是电力电子领域的一大热点。常见的间接直流变流电路可以分为单端和双端电路两大类。单端电路包括正激和反激两类；双端电路包括全桥、半桥和推挽三类。每一类电路都可能有多种不同的拓扑形式或控制方法，本章仅介绍了其中最具代表性的拓扑形式和控制方法。

———————— 习题及思考题 ————————

1. 简述图 5-2 所示的降压斩波电路的工作原理。

2. 在图 5-8 所示的降压斩波电路中，已知 $E = 200V$，$R = 10\Omega$，L 值极大，$E_m = 50V$。采用脉宽调制控制方式，当 $T = 40\mu s$，$t_{on} = 20\mu s$ 时，计算输出电压平均值 U_o、输出电流平均值 I_o。

3. 简述图 5-9 所示升压斩波电路的基本工作原理。

4. 在图 5-9 所示的升压斩波电路中，已知 $U_i = 50V$，L 值和 C 值极大，$R = 25\Omega$，采用脉宽调制控制方式，当 $T = 50\mu s$，$t_{on} = 20\mu s$ 时，计算输出电压平均值 U_o 和输出电流平均值 I_o。

5. 试分别简述升降压斩波电路和 Cuk 斩波电路的基本原理，并比较其异同点。

6. 多重斩波电路有何优点？

7. 试分析正激电路和反激电路中的开关和整流二极管在工作时承受的最大电压、最大电流和平均电流。

8. 试分析全桥电路、半桥电路和推挽电路中的开关和整流二极管在工作中承受的最大电压、最大电流和平均电流。

9. 全桥和半桥电路对驱动电路有什么要求？

10. 试分析全桥整流电路和全波整流电路中二极管承受的最大电压、最大电流和平均电流。

11. 一台输出电压为 5V、输出电流为 20A 的开关电源：

1）如果用全桥整流电路，并采用快恢复二极管，其整流电路中二极管的总损耗是多少？

2）如果采用全波整流电路，并采用快恢复二极管、肖特基二极管，整流电路中二极管的总损耗是多少？如果采用同步整流电路，整流元件的总损耗是多少？

注：在计算中忽略开关损耗，典型元件参数见表 5-4。

表 5-4　典型元件参数

元件类型	型　　号	电压/V	电流/A	通态压降（通态电阻）
快恢复二极管	25CPF10	100	25	0.98V
肖特基二极管	30CPQ035	30	30	0.64V
MOSFET	IRFP048	60	70	0.018Ω

12. 分析图 5-45a 所示的二象限斩波电路，并结合图 5-46，绘制出各个阶段电流流通的路径并标明电流方向。

13. 试分析双有源电路中传输功率与两桥相角差之间的关系。

第 6 章

交流-交流变流电路

交流-交流变流电路，即把一种形式的交流变成另一种形式交流的电路。在进行交流-交流变流时，可以改变相关的电压（电流）、频率和相数等。

交流-交流变流电路可以分为直接方式（无中间直流环节）和间接方式（有中间直流环节）两种，由于间接方式可以看作交流-直流变换电路和直流-交流变流电路的组合，所以本章所讨论的交流-交流变流电路均为直接方式，间接交流-交流变流电路经过中间直流环节，将在第 10 章的变频器和不间断电源部分中加以介绍。

在交流-交流变流电路中，只改变电压、电流或对电路的通断进行控制，而不改变频率的电路称为交流电力控制电路，改变频率的电路称为变频电路。本章 6.1、6.2 节即讲述交流电力控制电路。其中 6.1 节讲述采用相控和斩控方式的交流电力控制电路，即交流调压电路；6.2 节讲述采用通断控制的交流电力控制电路，即交流调功电路和交流无触点开关。6.3 节是目前应用较多的晶闸管交-交变频电路。6.4 节的矩阵式变频电路是一种采用全控型器件的斩控式交-交变频电路。

6.1 交流调压电路

把两个晶闸管反并联后串联在交流电路中，通过对晶闸管的控制就可以控制交流输出。这种电路不改变交流电的频率，称为交流电力控制电路。在每半个周波内通过对晶闸管开通相位的控制，可以方便地调节输出电压的有效值，这种电路称为交流调压电路。以交流电的周期为单位控制晶闸管的通断，改变通态周期数和断态周期数的比，可以方便地调节输出功率的平均值，这种电路称为交流调功电路。如果并不刻意调节输出平均功率，而只是根据需要接通或断开电路，则称串入电路中的晶闸管为交流电力电子开关。本节讲述交流调压电路，其他交流电力控制电路在 6.2 节讲述。

交流调压电路广泛用于灯光控制及异步电动机的软起动，也用于异步电动机调速。在电力系统中，这种电路还常用于对无功功率的连续调节。此外，在高电压小电流或低电压大电流直流电源中，也常采用交流调压电路调节变压器一次电压。在这些电源中如采用晶闸管相控整流电路，高电压小电流可控直流电源就需要很多晶闸管串联；同样，低电压大电流直流电源需要很多晶闸管并联。这都是十分不合理的。采用交流调压电路在变压器一次侧调压，其电压、电流值都比较适中，在变压器二次侧只要用二极管整流就可以了。这样的电路体积小、成本低、易于设计制造。

交流调压电路可分为单相交流调压电路和三相交流调压电路。前者是后者的基础，也是本节的重点。此外，对采用全控型器件的斩控式交流调压电路，本节也作简单的介绍。

6.1.1 单相交流调压电路

和整流电路一样，交流调压电路的工作情况也和负载性质有很大的关系，因此分别予以讨论。

1. 电阻负载

图 6-1 为电阻负载单相交流调压电路及其波形。图中的晶闸管 VT_1 和 VT_2 也可以用一个双向晶闸管代替。在交流电源 u_1 的正半周和负半周，分别对 VT_1 和 VT_2 的触发角 α 进行控制就可以调节输出电压。正负半周 α 起始时刻（$\alpha = 0$）均为电压过零时刻。在稳态情况下，应使正负半周的 α 相等。可以看出，负载电压波形是电源电压波形的一部分，负载电流（也即电源电流）和负载电压的波形相同，因此通过触发角 α 的变化就可实现输出电压的控制。

上述电路在触发角为 α 时，负载电压有效值 U_o、负载电流有效值 I_o、晶闸管电流有效值 I_{VT} 和电路的功率因数 λ 分别为

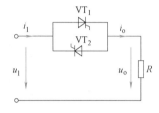

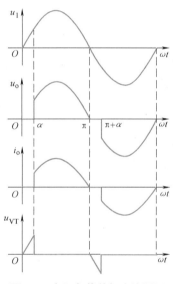

图 6-1　电阻负载单相交流调压电路及其波形

$$U_o = \sqrt{\frac{1}{\pi} \int_\alpha^\pi (\sqrt{2}\,U_1 \sin\omega t)^2 \mathrm{d}(\omega t)} = U_1 \sqrt{\frac{1}{2\pi}\sin 2\alpha + \frac{\pi - \alpha}{\pi}} \tag{6-1}$$

$$I_o = \frac{U_o}{R} \tag{6-2}$$

$$I_{VT} = \sqrt{\frac{1}{2\pi} \int_\alpha^\pi \left(\frac{\sqrt{2}\,U_1 \sin\omega t}{R}\right)^2 \mathrm{d}(\omega t)} = \frac{U_1}{R}\sqrt{\frac{1}{2}\left(1 - \frac{\alpha}{\pi} + \frac{\sin 2\alpha}{2\pi}\right)} \tag{6-3}$$

$$\lambda = \frac{P}{S} = \frac{U_o I_o}{U_1 I_o} = \frac{U_o}{U_1} = \sqrt{\frac{1}{2\pi}\sin 2\alpha + \frac{\pi - \alpha}{\pi}} \tag{6-4}$$

从图 6-1 及以上各式可以看出，α 的移相范围为 $0° \leqslant \alpha \leqslant \pi$。$\alpha = 0°$ 时，相当于晶闸管一直导通，输出电压为最大值，$U_o = U_1$；随着 α 的增大，U_o 逐渐减小；直到 $\alpha = \pi$ 时，$U_o = 0$。此外，$\alpha = 0°$ 时，功率因数 $\lambda = 1$；随着 α 的增大，输入电流滞后于电压且发生畸变，λ 也逐渐降低。

2. 阻感负载

带阻感负载的单相交流调压电路图及其波形如图 6-2 所示。

设负载的阻抗角为 $\varphi = \arctan(\omega L / R)$。如果用导线把晶闸管完全短接，稳态时负载电流应是正弦波，其相位滞后于电源电压 u_1 的角度为 φ。在用晶闸管控制时，由于只能通过触发角 α 推迟晶闸管的导通，所以晶闸管的触发脉冲应在电流过零点之后，使负载电流更为滞后，而无法使其超前。为了方便，把 $\alpha = 0°$ 的时刻仍定在电源电压过零的时刻，显然，阻感

负载下稳态时 α 的移相范围为 $\varphi \leqslant \alpha \leqslant \pi$。

当在 $\omega t = \alpha$ 时刻开通晶闸管 VT_1，负载电流应满足如下微分方程式和初始条件

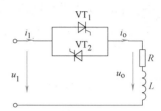

$$L \frac{di_o}{dt} + Ri_o = \sqrt{2} U_1 \sin\omega t \qquad (6\text{-}5)$$

$$i_o |_{\omega t = \alpha} = 0$$

解该方程得

$$i_o = \frac{\sqrt{2} U_1}{Z} \left[\sin(\omega t - \varphi) - \sin(\alpha - \varphi) e^{\frac{\alpha - \omega t}{\tan\varphi}} \right] \qquad \alpha \leqslant \omega t \leqslant \alpha + \theta$$

$$(6\text{-}6)$$

式中，$Z = \sqrt{R^2 + (\omega L)^2}$；$\theta$ 为晶闸管导通角。

利用边界条件：$\omega t = \alpha + \theta$ 时 $i_o = 0$，可求得 θ

$$\sin(\alpha + \theta - \varphi) = \sin(\alpha - \varphi) e^{\frac{-\theta}{\tan\varphi}} \qquad (6\text{-}7)$$

以 φ 为参变量，利用式(6-7)可以把 α 和 θ 的关系用图6-3的一簇曲线来表示。

VT_2 导通时，上述关系完全相同，只是 i_o 的极性相反，且相位相差 $180°$。

上述电路在触发角为 α 时，负载电压有效值 U_o、晶闸管电流有效值 I_{VT}、负载电流有效值 I_o 分别为

$$U_o = \sqrt{\frac{1}{\pi} \int_{\alpha}^{\alpha+\theta} (\sqrt{2} U_1 \sin\omega t)^2 d(\omega t)}$$

$$= U_1 \sqrt{\frac{\theta}{\pi} + \frac{1}{2\pi} \left[\sin2\alpha - \sin(2\alpha + 2\theta) \right]} \qquad (6\text{-}8)$$

$$I_{VT} = \sqrt{\frac{1}{2\pi} \int_{\alpha}^{\alpha+\theta} \left\{ \frac{\sqrt{2} U_1}{Z} \left[\sin(\omega t - \varphi) - \sin(\alpha - \varphi) e^{\frac{\alpha - \omega t}{\tan\varphi}} \right] \right\}^2 d(\omega t)}$$

$$= \frac{U_1}{\sqrt{2\pi} Z} \sqrt{\theta - \frac{\sin\theta \cos(2\alpha + \varphi + \theta)}{\cos\varphi}} \qquad (6\text{-}9)$$

$$I_o = \sqrt{2} I_{VT} \qquad (6\text{-}10)$$

设晶闸管电流 I_{VT} 的标幺值为

$$I_{VTN} = I_{VT} \frac{Z}{\sqrt{2} U_1} \qquad (6\text{-}11)$$

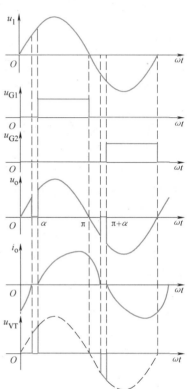

图6-2 阻感负载单相交流调压电路及其波形

则可绘出 I_{VTN} 和 α 的关系曲线，如图 6-4 所示。

如上所述，阻感负载时 α 的移相范围为 $\varphi \leqslant \alpha \leqslant \pi$。但 $\alpha < \varphi$ 时，并非电路不能工作，下面就来分析这种情况。

当 $\varphi < \alpha < \pi$ 时，VT_1 和 VT_2 的导通角 θ 均小于 π，如图6-3所示，α 越小，θ 越大；$\alpha = \varphi$ 时，$\theta = \pi$。当 α 继续减小，在电路启动时，$0° \sim \varphi$ 间的某一时刻 VT_1 将被触发，则 VT_1 的导通时间将超过 π。到 $\omega t = \pi + \alpha$ 时刻触发 VT_2 时，负载电流 i_o 尚未过零，VT_1 仍在导通，VT_2 不会开通。直到 i_o 过零后，如 VT_2 的触发脉冲有足够的宽度而尚未消失（见图6-5），VT_2

就会开通。因为 $\alpha<\varphi$，VT_1 提前开通，负载 L 被过充电，其放电时间也将延长，使得 VT_1 结束导电时刻大于 $\pi+\varphi$，并使 VT_2 推迟开通，VT_2 的导通角当然小于 π。

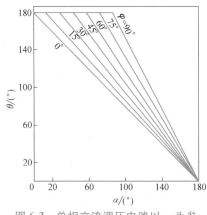

图 6-3　单相交流调压电路以 φ 为参变量的 θ 和 α 关系曲线

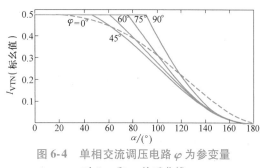

图 6-4　单相交流调压电路 φ 为参变量时 I_{VTN} 和 α 关系曲线

在这种情况下，由式（6-5）和式（6-6）所得到的 i_o 表达式仍是适用的，只是 ωt 的适用范围不再是 $\alpha\leqslant\omega t\leqslant\alpha+\theta$，而是扩展到 $\alpha\leqslant\omega t<\infty$，因为这种情况下 i_o 已不存在断流区，其过渡过程和带 $R\text{-}L$ 负载的单相交流电路在 $\omega t=\alpha(0\leqslant\alpha<\varphi)$ 时合闸所发生的过渡过程完全相同。可以看出，i_o 由两个分量组成，第一项为正弦稳态分量，第二项为指数衰减分量。在指数分量的衰减过程中，VT_1 的导通时间逐渐缩短，VT_2 的导通时间逐渐延长。当指数分量衰减到零后，VT_1 和 VT_2 的导通时间都趋近到 π，其稳态的工作情况和 $\alpha=\varphi$ 时完全相同。整个过程的工作波形如图 6-5 所示。

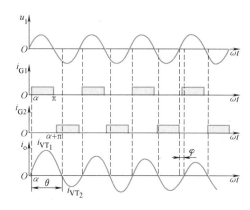

图 6-5　$\alpha<\varphi$ 时阻感负载交流调压电路工作波形

例 6-1：一单相交流调压器，输入交流电压为 220V，50Hz，为阻感负载，其中 $R=8\Omega$，$X_L=6\Omega$。试求 $\alpha=\pi/6$、$\alpha=\pi/3$ 时的输出电压、电流有效值及输入功率和功率因数。

解：负载阻抗及负载阻抗角分别为

$$Z=\sqrt{R^2+X_L^2}=10\Omega$$

$$\varphi=\arctan\left(\frac{X_L}{R}\right)=\arctan\left(\frac{6}{8}\right)=0.6435=36.87°$$

因此触发角 α 的变化范围为

$$\varphi\leqslant\alpha<\pi$$

即

$$0.6435\leqslant\alpha<\pi$$

① 当 $\alpha=\pi/6$ 时，由于 $\alpha<\varphi$，因此晶闸管调压器全开放，输出电压为完整的正弦波，负

载电流也为最大，此时输出功率最大，为

$$I_1 = I_o = \frac{220\text{V}}{Z} = 22\text{A}$$

$$P_{in} = I_o^2 R = 3872\text{W}$$

功率因数为

$$\lambda = \frac{P_{in}}{U_1 I_1} = \frac{3872}{220 \times 22} \approx 0.8$$

实际上，此时的功率因数也就是负载阻抗角的余弦。

② 当 $\alpha = \dfrac{\pi}{3}$ 时，先计算晶闸管的导通角，由式（6-7）得

$$\sin\left(\frac{\pi}{3} + \theta - 0.6435\right) = \sin\left(\frac{\pi}{3} - 0.6435\right) e^{\frac{-\theta}{\tan\varphi}}$$

解上式可得晶闸管导通角为

$$\theta = 2.727 = 156.2°$$

由式（6-9）可得晶闸管电流有效值为

$$I_{VT} = \frac{U_1}{\sqrt{2\pi} Z} \sqrt{\theta - \frac{\sin\theta\cos(2\alpha + \varphi + \theta)}{\cos\varphi}}$$

$$= \frac{220}{\sqrt{2\pi} \times 10} \times \sqrt{2.727 - \frac{\sin 2.727 \times \cos(2\pi/3 + 0.6435 + 2.727)}{0.8}}\text{A}$$

$$= 13.55\text{A}$$

$$I_1 = I_o = \sqrt{2} I_{VT} = 19.16\text{A}$$

$$P_{in} = I_o^2 R = 2937\text{W}$$

$$\lambda = \frac{P_{in}}{U_1 I_1} = \frac{2937}{220 \times 19.16} = 0.697$$

3. 单相交流调压电路的谐波分析

从图 6-1 和图 6-2 的波形可以看出，负载电压和负载电流（即电源电流）均不是正弦波，含有大量谐波。下面以电阻负载为例，对负载电压 u_o 进行谐波分析。由于波形正负半波对称，所以不含直流分量和偶次谐波，可用傅里叶级数表示如下

$$u_o(\omega t) = \sum_{n=1,3,5,\cdots}^{\infty} (a_n \cos n\omega t + b_n \sin n\omega t) \tag{6-12}$$

式中

$$a_1 = \frac{\sqrt{2} U_1}{2\pi} (\cos 2\alpha - 1)$$

$$b_1 = \frac{\sqrt{2} U_1}{2\pi} [\sin 2\alpha + 2(\pi - \alpha)]$$

$$a_n = \frac{\sqrt{2} U_1}{\pi} \left\{ \frac{1}{n+1} [\cos(n+1)\alpha - 1] - \frac{1}{n-1} [\cos(n-1)\alpha - 1] \right\} \qquad (n = 3,5,7,\cdots)$$

$$b_n = \frac{\sqrt{2} U_1}{\pi} \left[\frac{1}{n+1} \sin(n+1)\alpha - \frac{1}{n-1} \sin(n-1)\alpha \right] \qquad (n = 3,5,7,\cdots)$$

基波和各次谐波的有效值可按下式求出

$$U_{\text{o}n} = \frac{1}{\sqrt{2}}\sqrt{a_n^2 + b_n^2} \qquad (n = 1, 3, 5, 7, \cdots) \qquad (6\text{-}13)$$

负载电流基波和各次谐波的有效值为

$$I_{\text{o}n} = U_{\text{o}n}/R \qquad (6\text{-}14)$$

根据式（6-14）的计算结果，可以绘出电流基波和各次谐波
含量随 α 变化的曲线，如图 6-6 所示，其中基准电流为 $\alpha = 0$
时的电流有效值。

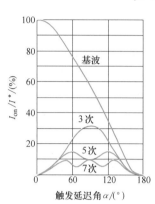

在阻感负载的情况下，可以用和上面相同的方法进行分
析，只是公式将复杂得多。这时电源电流中的谐波次数和电
阻负载时相同，也是只含有 3、5、7、…等次谐波，同样是
随着次数的增加，谐波含量减少。和电阻负载时相比，阻感
负载时的谐波电流含量要少一些，而且 α 相同时，随着阻抗
角 φ 的增大，谐波含量有所减少。

图 6-6　电阻负载单相交流调压电
路基波和谐波电流含量

4. 斩控式交流调压电路

斩控式交流调压电路的原理图如图 6-7 所示，图中 V_1、
V_2、VD_1、VD_2 构成一双向可控开关。其基本原理和直流斩
波电路有类似之处，只是直流斩波电路的输入是直流电压，
而斩控式交流调压电路的输入是正弦交流电压。电路用 V_1、V_2 进行斩波控制，用 V_3、V_4
给负载电流提供续流通道。设斩波器件（V_1，V_2）导通时间为 t_{on}，开关周期为 T，则导通
占空比 $d = t_{\text{on}}/T$。和直流斩波电路一样，该电路也可以通过改变 d 来调节输出电压。

图 6-8 给出了电阻负载时斩控式交流调压电路的波形。可以看出，电源电流 i_1 的基波分
量是和电源电压 u_1 同相位的，即位移因数为 1。另外，通过傅里叶分析可知，电源电流中不
含低次谐波，只含和开关周期 T 有关的高次谐波。这些高次谐波用很小的滤波器即可滤除。
这时电路的功率因数接近 1。

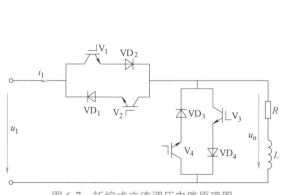

图 6-7　斩控式交流调压电路原理图

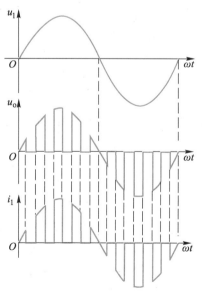

图 6-8　电阻负载时斩控式交流调压电路波形

6.1.2　三相交流调压电路

根据三相联结形式的不同，三相交流调压电路具有多种形式。图 6-9a 是星形联结，图 6-9b 是支路控制三角形联结，图 6-9c 是中点控制三角形联结。其中图 6-9a 和 b 两种电路最常用，下面分别简单介绍这两种电路的基本工作原理和特性。

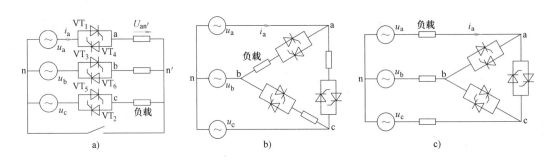

图 6-9　三相交流调压电路

a）星形联结　b）支路控制三角形联结　c）中点控制三角形联结

1. 星形联结电路

如图 6-9a 所示，这种电路又可分为三相三线和三相四线两种情况。三相四线时，相当于三个单相交流调压电路的组合，三相互相错开 120°工作，单相交流调压电路的工作原理和分析方法均适用于这种电路。在单相交流调压电路中，电流中含有基波和各奇次谐波。组成三相电路后，基波和 3 的整数倍次以外的谐波在三相之间流动，不流过中性线。而三相的 3 的整数倍次谐波是同相位的，不能在各相之间流动，全部流过中性线。因此中性线中会有很大的 3 次谐波电流及其他 3 的整数倍次谐波电流。当 $\alpha = 90°$时，中性线电流甚至大于相电流的有效值。在选择导线线径和变压器时必须注意这一问题。

下面分析三相三线时的工作原理，主要分析电阻负载时的情况。电路任一相在导通时必须和另一相构成回路，因此和三相桥式全控整流电路一样，电流流通路径中有两个晶闸管，所以应采用双脉冲或宽脉冲触发。三相的触发脉冲应依次相差 120°，同一相的两个反并联晶闸管触发脉冲应相差 180°。因此，和三相桥式全控整流电路一样，触发脉冲顺序也是 $VT_1 \sim VT_6$，依次相差 60°。

如果把晶闸管换成二极管可以看出，相电流和相电压同相位，且相电压过零时二极管开始导通。因此把相电压过零点定为触发角 α 的起点。三相三线电路中，两相间导通是靠线电压导通的，而线电压超前相电压 30°，因此 α 的移相范围是 0°~150°。

在任一时刻，电路可以根据晶闸管导通状态分为三种情况：一种是三相中各有一个晶闸管导通，这时负载相电压就是电源相电压；另一种是两相中各有一个晶闸管导通，另一相不导通，这时导通相的负载相电压是电源线电压的一半；第三种是三相晶闸管均不导通，这时负载电压为零。根据任一时刻导通晶闸管个数以及半个周波内电流是否连续，可将 0°~150°的移相范围分为如下三段：

1）$0° \leqslant \alpha < 60°$ 范围内，电路处于三个晶闸管导通与两个晶闸管导通的交替状态，每个晶闸管导通角为 $180° - \alpha$。但 $\alpha = 0°$ 时是一种特殊情况，一直是三个晶闸管导通。

2）$60° \leqslant \alpha < 90°$ 范围内，任一时刻都是两个晶闸管导通，每个晶闸管的导通角为 $120°$。

3）$90° \leqslant \alpha < 150°$ 范围内，电路处于两个晶闸管导通与无晶闸管导通的交替状态，每个晶闸管导通角为 $300° - 2\alpha$，而且这个导通角被分割为不连续的两部分，在半周波内形成两个断续的波头，各占 $150° - \alpha$。

图 6-10 给出了 α 分别为 $30°$、$60°$ 和 $120°$ 时 a 相负载上的电压波形及晶闸管导通区间示意图，分别作为这三段移相范围的典型示例。因为是电阻负载，所以负载电流（也即电源电流）波形与负载相电压波形一致。

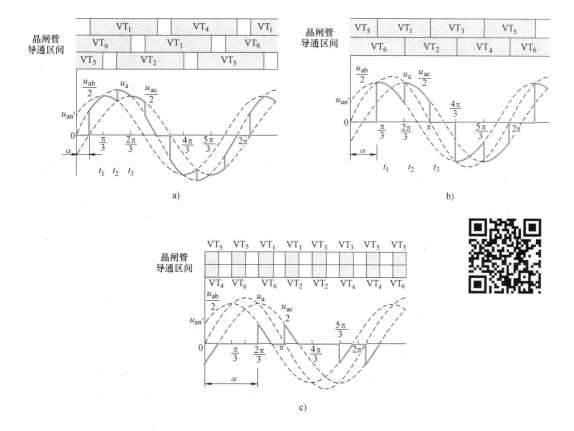

图 6-10　不同 α 时负载相电压波形及晶闸管导通区间

a）$\alpha = 30°$　　b）$\alpha = 60°$　　c）$\alpha = 120°$

从波形上可以看出，电流中也含有很多谐波。进行傅里叶分析后可知，其中所含谐波的次数为 $6k \pm 1 (k = 1, 2, 3, \cdots)$，这和三相桥式全控整流电路交流侧电流所含谐波的次数完全相同，而且也是谐波的次数越低，其含量越大。和单相交流调压电路相比，这里没有 3 的整数倍次谐波，因为在三相对称时，它们不能流过三相三线电路。

在阻感负载的情况下，可参照电阻负载和前述单相阻感负载时的分析方法，只是情况更复杂一些。$\alpha = \varphi$ 时，负载电流最大且为正弦波，相当于晶闸管全部被短接时的情况。

$\alpha>\varphi$时，负载电流所含谐波次数与电阻负载时相同，一般来说，电感大时，谐波电流的含量要小一些。

2. 支路控制三角形联结电路

如图 6-9b 所示，这种电路由三个单相交流调压电路组成，三个单相电路分别在不同的线电压的作用下单独工作。因此，单相交流调压电路的分析方法和结论完全适用于支路控制三角形联结三相交流调压电路。在求取输入线电流（即电源电流）时，只要把与该线相连的两个负载相电流求和就可以了。

由于三相对称负载相电流中 3 的整数倍次谐波的相位和大小都相同，所以它们在三角形回路内流动，而不出现在线电流中。因此，和三相三线星形电路相同，线电流中所含谐波的次数也是 $6k\pm1(k=1,2,3,\cdots)$。通过定量分析可以发现，在相同负载和相同输出电压情况下，支路控制三角形联结电路线电流中谐波含量要少于三相三线星形电路。

支路控制三角联结方式的一个典型应用是晶闸管控制电抗器（Thyristor Controlled Reactor，TCR），其电路及工作原理将在第 10 章中介绍。

6.2　其他交流电力控制电路

除相位控制和斩波控制的交流电力控制电路外，还有以交流电源周波数为控制单位的交流调功电路以及对电路通断进行控制的交流电力电子开关。本节简单介绍这两种电路。

6.2.1　交流调功电路

交流调功电路和交流调压电路的电路形式完全相同，只是控制方式不同。交流调功电路不是在每个交流电源周期都通过触发角 α 对输出电压波形进行控制，而是将负载与交流电源接通几个整周波，再断开几个整周波，通过改变接通周波数与断开周波数的比值来调节负载所消耗的平均功率。这种电路常用于电炉的温度控制，因其直接调节对象是电路的平均输出功率，所以被称为交流调功电路。像电炉温度这样的控制对象，其时间常数往往很大，没有必要对交流电源的每个周期进行频繁的控制，只要以周波数为单位进行控制就足够了。通常控制晶闸管导通的时刻都是在电源电压过零的时刻，这样，在交流电源接通期间，负载电压电流都是正弦波，不对电网电压电流造成通常意义的谐波污染。

设控制周期为 M 倍电源周期，其中晶闸管在前 N 个周期导通，后 $M-N$ 个周期关断。当 $M=3$、$N=2$ 时的电路波形如图 6-11 所示。可以看出，负载电压和负载电流（也即电源电流）的重复周期为 M 倍电源周期。在负载为电阻时，负载电流波形和负载电压波形相同。以控制周期为基准，对图 6-11 的波形进行傅里叶分析，可以得到图 6-12 所示电流频谱图。图中 I_n 为 n 次谐波有效值，I_{om} 为晶闸管全导通时电路电流有效值。

从图 6-12 的电流频谱图可以看出，如果以电源周期为基准，电流中不含整数倍频率的谐波，但含有非整数倍频率的谐波，而且在电源频率附近，非整数倍频率谐波的含量较大。

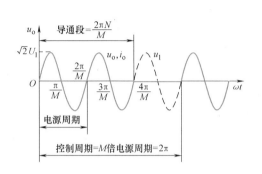

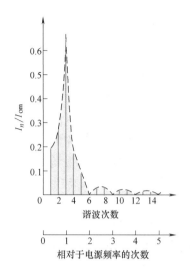

图 6-11　交流调功电路典型波形（$M=3$、$N=2$）　　　图 6-12　交流调功电路的电流频谱图（$M=3$、$N=2$）

6.2.2　交流电力电子开关

把晶闸管反并联后串入交流电路中，代替电路中的机械开关，起接通和断开电路的作用，这就是交流电力电子开关。和机械开关相比，这种开关响应速度快，没有触点，寿命长，可以频繁控制通断。

交流调功电路也是控制电路的接通和断开，但它是以控制电路的平均输出功率为目的，其控制手段是改变控制周期内电路导通周波数和断开周波数的比。而交流电力电子开关通常没有明确的控制周期，只是根据需要控制电路的接通和断开。另外，交流电力电子开关的控制频度通常比交流调功电路低得多。

在公用电网中，交流电力电容器的投入与切断是控制无功功率的重要手段。通过对无功功率的控制，可以提高功率因数，稳定电网电压，改善供电质量。和用机械开关投切电容器的方式相比，晶闸管投切电容器（Thyristor Switched Capacitor，TSC）是一种性能优良的无功补偿方式。TSC 的工作原理将在第 10 章中详细介绍。

6.3　交-交变频电路

本节讲述采用晶闸管的交-交变频电路，这种电路也称为周波变流器（Cycloconvertor）。交-交变频电路是把电网频率的交流电直接变换成可调频率交流电的变流电路。因为没有中间直流环节，因此属于直接变频电路。

交-交变频电路广泛用于大功率交流电动机调速传动系统，实际使用的主要是三相输出交-交变频电路。单相输出交-交变频电路是三相输出交-交变频电路的基础。因此本节首先介绍单相输出交-交变频电路的构成、工作原理、控制方法及输入输出特性，然后再介绍三相输出交-交变频电路。为了叙述简便，本节把单相输出和三相输出交-交变频电路分别称为单相和三相交-交变频电路。

6.3.1 单相交-交变频电路

1. 电路构成和基本工作原理

图6-13是单相交-交变频电路的基本原理图和输出电压波形。电路由正组（简称为P组）和反组（简称为N组）两组反并联的晶闸管变流器构成。变流器P和N都是相控整流电路，P组工作时，负载电流 i_o 为正，N组工作时，i_o 为负。让两组变流器按一定的频率交替工作，负载就得到该频率的交流电。改变两组变流器的切换频率，就可以改变输出频率。改变变流电路工作时的触发角 α，就可以改变交流输出电压的幅值。

为了使输出电压 u_o 的波形接近正弦波，可以按正弦规律对触发角 α 进行调制。如图6-13波形所示，可在半个周期内让正组变流器P的 α 按正弦规律从90°逐渐减小到0°或某个值，然后再逐渐增大到90°。这样，在此期间内的平均输出电压就按正弦规律从零逐渐增至最高，再逐渐降低到零，如图中虚线所示。另外半个周期可对变流器N进行同样的控制。

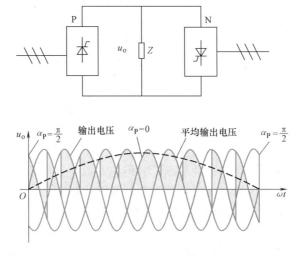

图6-13 单相交-交变频电路原理图和输出电压波形

图6-13的波形是变流器P和N都是三相半波可控电路时的波形。可以看出，输出电压 u_o 并不是平滑的正弦波，而是由若干段电源电压拼接而成。在输出电压的一个周期内，所包含的电源电压段数越多，其波形就越接近正弦波。因此，交-交变频电路通常采用6脉波的三相桥式电路或12脉波变流电路。本节在后面的论述中均以最常用的三相桥式电路为例进行分析。

2. 整流与逆变工作状态

交-交变频电路的负载可以是阻感负载、电阻负载、阻容负载或交流电动机负载。这里以阻感负载为例来说明电路的整流工作状态与逆变工作状态，这种分析也适用于交流电动机负载。

如果把交-交变频电路理想化，忽略变流电路换相所产生的输出电压的脉动分量，就可把电路等效成图6-14a所示的正弦波交流电源和二极管的串联。其中交流电源表示变流电路可输出交流正弦电压，二极管体现了变流电路电流的单方向性。

假设负载阻抗角为 φ，即输出电流滞后输出电压 φ 角。另外，为避免两组变流器之间产生环流（在两组变流器之间流动而不经过负载的电流），两组变流电路可采用在工作时不同时施加触发脉冲的方式，即一组变流电路工作时，封锁另一组变流电路的触发脉冲（这种方式称为无环流工作方式）。

图 6-14b 给出了一个周期内负载电压、电流波形及正反两组变流电路的电压、电流波形。由于变流电路的单向导电性，在 $t_1 \sim t_3$ 期间的负载电流正半周，只能是正组变流电路工作，反组电路被封锁。其中在 $t_1 \sim t_2$ 阶段，输出电压和电流均为正，故正组变流电路工作在整流状态，输出功率为正。在 $t_2 \sim t_3$ 阶段，输出电压已反向，但输出电流仍为正，正组变流电路工作在逆变状态，输出功率为负。

在 $t_3 \sim t_5$ 阶段，负载电流负半周，反组变流电路工作，正组电路被封锁。其中在 $t_3 \sim t_4$ 阶段，输出电压和电流均为负，反组变流电路工作在整流状态，在 $t_4 \sim t_5$ 阶段，输出电流为负而电压为正，反组变流电路工作在逆变状态。

可以看出，在阻感负载的情况下，在一个输出电压周期内，交-交变频电路有四种工作状态。哪组变流电路工作是由输出电流的方向决定的，与输出电压极性无关。变流电路工作在整流状态还是逆变状态，则是根据输出电压方向与输出电流方向是否相同来确定的。

图 6-15 是单相交-交变频电路输出电压和电流的波形图。如果考虑到无环流工作方式下负载电流过零的正反组切换死区时间，一周期的波形可分为 6 段：第 1 段 $i_o < 0$、$u_o > 0$，为反组逆变；第 2 段电流过零，为切换死区；第 3 段 $i_o > 0$、$u_o > 0$，为正组整流；第 4 段 $i_o > 0$、$u_o < 0$，为正组逆变；第 5 段又是切换死区；第 6 段 $i_o < 0$、$u_o < 0$，为反组整流。

当输出电压和电流的相位差小于 90°时，一周期内电网向负载提供能量的平均值为正，若负载为电动机，则电动机工作在电动状态；当二者相位差大于 90°时，一周期内电网向负载提供能量的平均值为负，即电网吸收能量，电动机工作在发电状态。

3. 输出正弦波电压的调制方法

通过不断改变触发角 α，使交-交变频电路的输出电压波形基本为正弦波的调制方法有多种。这里主要介绍最基本的余弦交点法。

设 U_{d0} 为 $\alpha = 0$ 时整流电路的理想空载电压，则触发角为 α 时变流电路的输出电压为

$$\overline{u}_o = U_{d0}\cos\alpha \tag{6-15}$$

对交-交变频电路来说，每次控制时 α 都是不同的，式（6-15）中的 $\overline{u}_o$ 表示每次控制间隔内输出电压的平均值。

设要得到的正弦波输出电压为

$$u_o = U_{om}\sin\omega_o t \tag{6-16}$$

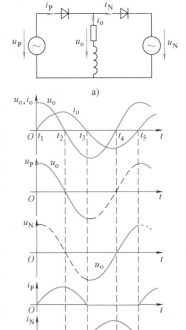

图 6-14 理想化交-交变频电路的整流和逆变工作状态

a）电路原理图 b）电流、电压波形

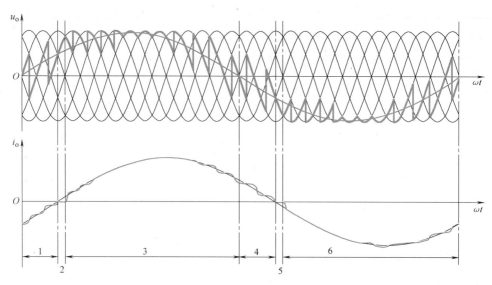

图 6-15　单相交-交变频电路输出电压和电流波形

比较式（6-15）和式（6-16），应使

$$\cos\alpha = \frac{U_{om}}{U_{d0}}\sin\omega_o t = \gamma\sin\omega_o t \tag{6-17}$$

式中，γ 称为输出电压比，$\gamma = \dfrac{U_{om}}{U_{d0}}$（$0 \leqslant \gamma \leqslant 1$）。

因此

$$\alpha = \arccos(\gamma\sin\omega_o t) \tag{6-18}$$

式（6-18）就是用余弦交点法求交-交变频电路触发角 α 的基本公式。

　　下面用图 6-16 对余弦交点法作进一步说明。图 6-16 中，电网线电压 u_{ab}、u_{ac}、u_{bc}、u_{ba}、u_{ca} 和 u_{cb} 依次用 $u_1 \sim u_6$ 表示，相邻两个线电压的交点对应于 $\alpha = 0°$。$u_1 \sim u_6$ 所对应的同步余弦信号分别用 $u_{s1} \sim u_{s6}$ 表示。$u_{s1} \sim u_{s6}$ 比相应的 $u_1 \sim u_6$ 超前 30°。也就是说，$u_{s1} \sim u_{s6}$ 的最大值正好和相应线电压 $\alpha = 0°$ 的时刻相对应，如以 $\alpha = 0°$ 为零时刻，则 $u_{s1} \sim u_{s6}$ 为余弦信号。设希望输出的电压为 u_o，则各晶闸管的触发时刻由相应的同步电压 $u_{s1} \sim u_{s6}$ 的下降段和 u_o 的交点来决定。

　　图 6-17 给出了在不同输出电压比 γ 的情况下，在输出电压的一个周期内，触发角 α 随 $\omega_o t$ 变化的情况。图中，$\alpha = \arccos(\gamma\sin\omega_o t) = \pi/2 - \arcsin(\gamma\sin\omega_o t)$。可以看出，当 γ 较小，即输出电压较低时，α 只在离 90° 很近的范围内变化，电路的输入功率因数非常低。

　　上述余弦交点法可以用模拟电路来实现，但线路复杂，且不易实现准确的控制。采用计算机控制时可方便地实现准确的运算，而且除计算 α 外，还可以实现各种复杂的控制运算，使整个系统获得很好的性能。

　　4. 输入输出特性

（1）输出上限频率　交-交变频电路的输出电压是由许多段电网电压拼接而成的。输出电压一个周期内拼接的电网电压段数越多，就可使输出电压波形越接近正弦波。每段电网电压的平均持续时间是由变流电路的脉波数决定的。因此，当输出频率增高时，输出电压一周期所含电网电压的段数就减少，波形畸变就严重。电压波形畸变以及由此产生的电流波形畸变和电动机转矩脉动是限制输出频率提高的主要因素。就输出波形畸变和输出上限频率的关系而言，很难确定一个明确的界限。当然，构成交-交变频电路的两组变流电路的脉波数越多，输出上限频率就越高。就常用的 6 脉波三相桥式电路而言，一般认为，输出上限频率不高于电网频率的 $1/3 \sim 1/2$。电网频率为 50Hz 时，交-交变频电路的输出上限频率约为 20Hz。

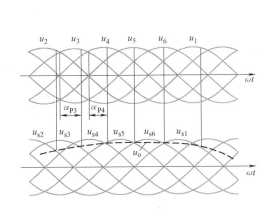

图 6-16 余弦交点法原理

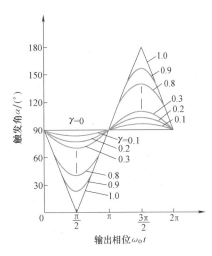

图 6-17 不同 γ 时 α 和 $\omega_o t$ 的关系

（2）输入功率因数 晶闸管交-交变频电路采用的是相位控制方式，因此其输入电流的相位总是滞后于输入电压，需要电网提供无功功率。从图 6-17 可以看出，在输出电压的一个周期内，α 是以 90° 为中心而前后变化的。输出电压比 γ 越小，半周期内 α 的平均值越靠近 90°，位移因数越低。另外，负载的功率因数越低，输入功率因数也越低。而且不论负载功率因数是滞后的还是超前的，输入的无功电流总是滞后的。

图 6-18 给出了以输出电压比 γ 为参变量时输入位移因数和负载功率因数的关系。输入位移因数也就是输入的基波功率因数，其值通常略大于输入功率因数。因此，图 6-18 也大体反映了输入功率因数和负载功率因数及输出电压比的关系。可以看出，即使负载功率因数为 1 且输出电压比 γ 也为 1，输入位移因数仍小于 1，随着负载功率因数的降低和 γ 的减小，输入位移因数也随之降低。

（3）输出电压谐波 交-交变频电路输出电压的谐波频谱是非常复杂的，它既和电网频率 f_i 以及变流电路的脉波数有关，也和输出频率 f_o 有关。

对于采用三相桥式电路的交-交变频电路来说，输出电压中所含主要谐波的频率为

$$6f_i \pm f_o, \quad 6f_i \pm 3f_o, \quad 6f_i \pm 5f_o, \quad \cdots$$
$$12f_i \pm f_o, \quad 12f_i \pm 3f_o, \quad 12f_i \pm 5f_o, \quad \cdots$$

另外，采用无环流控制方式时，由于电流方向改变时死区的影响，将使输出电压中增加 $5f_o$、$7f_o$ 等次谐波。

（4）输入电流谐波 单相交-交变频电路的输入电流波形和可控整流电路的输入波形类似，但是其幅值和相位均按正弦规律被调制。采用三相桥式电路的交-交变频电路输入电流谐波频率为

$$f_{in} = \left| (6k\pm1)f_i \pm 2lf_o \right| \qquad (6\text{-}19)$$

和

$$f_{in} = \left| f_i \pm 2kf_o \right| \qquad (6\text{-}20)$$

式中，$k = 1, 2, 3, \cdots$；$l = 0, 1, 2, \cdots$。

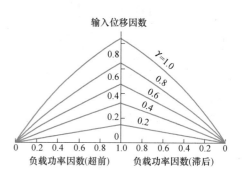

图 6-18 交-交变频电路的输入位移因数

和可控整流电路输入电流的谐波相比，交-交变频电路输入电流的频谱要复杂得多，但各次谐波的幅值要比可控整流电路的谐波幅值小。

前面的分析都是基于无环流方式进行的。在无环流方式下，由于负载电流反向时为保证无环流而必须留一定的死区时间，就使得输出电压的波形畸变增大。另外，在负载电流断续时，输出电压被负载电动机反电动势抬高，这也造成输出波形畸变。电流死区和电流断续的影响也限制了输出频率的提高。采用有环流方式可以避免电流断续并消除电流死区，改善输出波形，还可提高交-交变频电路的输出上限频率。但是有环流方式需要设置环流电抗器，使设备成本增加，运行效率也因环流而有所降低（有环流方式的工作特性可参考第 10 章 10.1 节）。因此，目前应用较多的还是无环流方式。

6.3.2 三相交-交变频电路

交-交变频电路主要应用于大功率交流电动机调速系统，这种系统使用的是三相交-交变频电路。三相交-交变频电路是由三组输出电压相位各差 120° 的单相交-交变频电路组成的，因此上一节的许多分析和结论对三相交-交变频电路都是适用的。

1. 电路接线方式

三相交-交变频电路主要有两种接线方式，即公共交流母线进线方式和输出星形联结方式。

（1）公共交流母线进线方式 图 6-19 是公共交流母线进线方式的三相交-交变频电路简图。它由三组彼此独立的、输出电压相位相互错开 120° 的单相交-交变频电路构成，它们的电源进线通过进线电抗器接在公共的交流母线上。因为电源进线端公用，所以三组单相交-交变频电路的输出端必须隔离。为此，交流电动机的三个绕组必须拆开，共引出六根线。这种电路主要用于中等容量的交流调速系统。

（2）输出星形联结方式 图 6-20 是输出星形联结方式的三相交-交变频电路原理图。其中 6-20a 为简图，6-20b 为详图。三组单相交-交变频电路的输出端是星形联结，电动机的三个绕组也是星形联

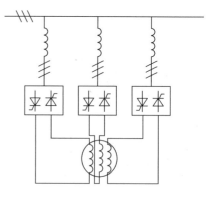

图 6-19 公共交流母线进线三相交-交变频电路简图

结，电动机中点不和变频器中点接在一起，电动机只引出三根线即可。因为三组单相交-交变频电路的输出连接在一起，其电源进线就必须隔离，因此三组单相交-交变频器分别用三个变压器供电。

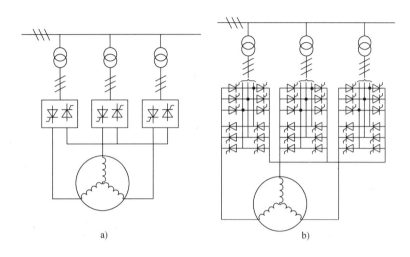

图 6-20　输出星形联结方式三相交-交变频电路原理图

a）简图　b）详图

由于变频器输出端中点不和负载中点相连接，所以在构成三相变频电路的六组桥式电路中，至少要有不同输出相的两组桥中的四个晶闸管同时导通才能构成回路，形成电流。和整流电路一样，同一组桥内的两个晶闸管靠双触发脉冲保证同时导通。而两组桥之间则是靠各自的触发脉冲有足够的宽度，以保证同时导通。

2. 输入输出特性

从电路结构和工作原理可以看出，三相交-交变频电路和单相交-交变频电路的输出上限频率和输出电压谐波是一致的，但输入电流和输入功率因数则有一些差别。

先来分析三相交-交变频电路的输入电流。图 6-21 是在输出电压比 $\gamma = 0.5$、负载功率因数为 0.5 的情况下，交-交变频电路输出电压、单相输出时的输入电流和三相输出时的输入电流的波形举例。对于单相输出时的情况，输出电流是正弦波，其正负半波电流极性相反，但反映到输入电流却是相同的，即输入电流只反映输出电流半个周期的幅值脉动，而不反映其极性。所以式（6-19）、式（6-20）输入电流中含有与 2 倍输出频率有关的谐波分量。对于三相输出时的情况，总的输入电流是由三个单相交-交变频电路的同一相（图中为 a 相）输入电流合成而得到的，有些谐波相互抵消，谐波种类有所减少，总的谐波幅值也有所降低。其谐波频率为

$$f_{\text{in}} = |(6k \pm 1)f_{\text{i}} \pm 6lf_{\text{o}}| \tag{6-21}$$

和
$$f_{\text{in}} = |f_{\text{i}} \pm 6kf_{\text{o}}| \tag{6-22}$$

式中，$k = 1$，2，3，…；$l = 0$，1，2，…。

当变流电路采用三相桥式电路时，三相交-交变频电路输入谐波电流的主要频率为 $f_{\text{i}} \pm 6f_{\text{o}}$、$5f_{\text{i}}$、$5f_{\text{i}} \pm 6f_{\text{o}}$、$7f_{\text{i}}$、$7f_{\text{i}} \pm 6f_{\text{o}}$、$11f_{\text{i}}$、$11f_{\text{i}} \pm 6f_{\text{o}}$、$13f_{\text{i}}$、$13f_{\text{i}} \pm 6f_{\text{o}}$ 等。

下面再来分析三相交-交变频电路的输入功率因数。三相交-交变频电路由三组单相交-交

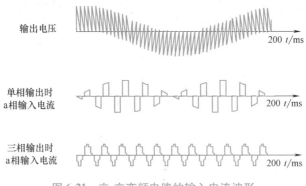

输出电压

图 6-21　交-交变频电路的输入电流波形

变频电路组成，每组单相变频电路都有自己的有功功率、无功功率和视在功率。总输入功率因数应为

$$\lambda = \frac{P}{S} = \frac{P_a + P_b + P_c}{S} \tag{6-23}$$

从式（6-23）可以看出，三相电路总的有功功率为各相有功功率之和，但视在功率却不能简单相加，而应该由总输入电流有效值和输入电压有效值来计算，比三相各自的视在功率之和要小。因此，三相交-交变频电路总输入功率因数要高于单相交-交变频电路。从另一个角度看，三相交-交变频电路输入位移因数与单相输出时相同（见图 6-18），由于三个单相交-交变频电路的部分输入电流谐波相互抵消，三相系统的基波因数增大，使其功率因数得以提高。当然，这只是相对于单相电路而言，功率因数低仍是三相交-交变频电路的一个主要缺点。

3. 改善输入功率因数和提高输出电压

在图 6-20 所示的输出星形联结的三相交-交变频电路中，各相输出的是相电压，而加在负载上的是线电压。如果在各相电压中叠加同样的直流分量或 3 倍于输出频率的谐波分量，它们都不会在线电压中反映出来，因而也加不到负载上。利用这一特性可以使输入功率因数得到改善并提高输出电压。

当负载电动机低速运行时，变频器输出电压幅值很低，各组变流电路的触发角 α 都在 90°附近，因此输入功率因数很低。如果给各相的输出电压都叠加上同样的直流分量，α 将减小，但变频器输出线电压并不改变。这样，既可以改善变频器的输入功率因数，又不影响电动机的运行。这种方法称为直流偏置。对于长期在低速下运行的电动机，用这种方法可明显改善输入功率因数。

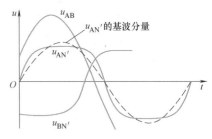

图 6-22　梯形波控制方式的理想输出电压波形

另一种改善输入功率因数的方法是梯形波输出控制方式。如图 6-22 所示，使三组单相变频器的输出电压 $u_{AN'}$ 均为梯形波（也称准梯形波）。因为梯形波的主要谐波成分是 3 次谐波，在线电压中，3 次谐波相互抵消，结果线电压 u_{AB} 仍为正弦波。在这种控制方式中，因为电路工作在高输出电压区域（即梯形波的平

顶区）时间增加，α 较小，因此输入功率因数可得到改善。

在图 6-15 的正弦波输出控制方式中，最大输出正弦波相电压的幅值为三相桥式电路当 $\alpha = 0°$ 时的直流输出电压值 U_{d0}。和正弦波相比，在同样幅值的情况下，如图 6-22 所示，梯形波中的基波幅值可提高 15% 左右。这样，采用梯形波输出控制方式还可以使变频器的最高输出电压提高约 15%。

采用梯形波输出控制方式相当于在相电压中叠加了 3 次谐波。相对于直流偏置，这种方法也称为交流偏置。第 7 章 7.2.5 小节的 PWM 控制方法和这里有类似之处，读者在学过第 7 章后，可对这一方法有更清楚的理解。

本节介绍的交-交变频电路是把一种频率的交流直接变成可变频率的交流，是一种直接变频电路。在第 10 章中还要介绍间接变频电路，即先把交流变换成直流，再把直流逆变成可变频率的交流。这种电路也称交-直-交变频电路。和交-直-交变频电路比较，交-交变频电路的优点是：只用一次变流，效率较高；可方便地实现四象限工作；低频输出波形接近正弦波。缺点是：接线复杂，如采用三相桥式电路的三相交-交变频器至少要用 36 只晶闸管；受电网频率和变流电路脉波数的限制，输出频率较低；输入功率因数较低；输入电流谐波含量大，频谱复杂。

由于以上优缺点，交-交变频电路主要用于 1000kW 以上的大功率、低转速的交流调速电路中。目前已在轧机主传动装置、鼓风机、矿石破碎机、球磨机、卷扬机等场合获得了较多的应用。它既可用于异步电动机传动，也可用于同步电动机传动。

6.4　矩阵式变频电路

6.3 节介绍的是采用相位控制方式的交-交变频电路。近年来出现了一种新颖的矩阵式变频电路，这种电路也是一种直接变频电路，电路所用的开关器件是全控型的，控制方式不是相控方式而是斩控方式。

图 6-23a 是矩阵式变频电路的主电路拓扑。三相输入电压为 u_a、u_b 和 u_c，三相输出电压为 u_u、u_v 和 u_w。九个开关器件组成 3×3 矩阵，因此该电路被称为矩阵式变频电路（Matrix Converter，MC），也被称为矩阵变换器。图中每个开关都是矩阵中的一个元素，采用双向可控开关，图 6-23b 给出了应用较多的一种开关单元。

矩阵式变频电路的优点是输出电压可控为正弦波，频率不受电网频率的限制；输入电流也可控制为正弦波且和电压同相，功率因数为 1，也可控制为需要的功率因数；能量可双向流动，

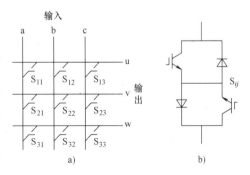

图 6-23　矩阵式变频电路
a）主电路拓扑　b）一种开关单元

适用于交流电动机的四象限运行；不通过中间直流环节而直接实现变频，效率较高。因此，这种电路的电气性能是十分理想的。

下面来分析矩阵式变频电路的基本工作原理。

在 6.1.1 节中介绍了单相斩控式交流调压电路，其输出电压 u_o 为

$$u_{o} = \frac{t_{on}}{T_{c}} u_{1} = d u_{1} \tag{6-24}$$

式中，T_c 为开关周期；t_{on} 为一个开关周期内开关导通时间；d 为占空比。

　　若在不同的开关周期中采用不同的 d，可得到与 u_1 频率和波形都不同的 u_o。由于单相交流电压 u_1 波形为正弦波，可利用的输入电压部分只有如图 6-24a 所示的单相电压阴影部分，因此输出电压 u_o 将受到很大的局限，无法得到所需的输出波形。如果把输入交流电源改为三相，例如用图 6-23a 中第一行的三个开关 S_{11}、S_{12} 和 S_{13} 共同作用来构造 u 相输出电压 u_u，就可利用图 6-24b 的三相相电压包络线中所有的阴影部分。从图中可以看出，理论上所构造的 u_u 的频率可不受限制，但其最大幅值仅为输入相电压幅值的 0.5 倍。如果利用输入线电压来构造输出线电压，例如用图 6-23a 中第一行和第二行的六个开关共同作用来构造输出线电压 u_{uv}，就可利用图 6-24c 中六个线电压包络线中所有的阴影部分。这样，其最大幅值就可达到输入线电压幅值的 0.866 倍。这也是正弦波输出条件下矩阵式变频电路理论上最大的输出输入电压比。下面为了叙述方便，仍以相电压输出方式为例进行分析。

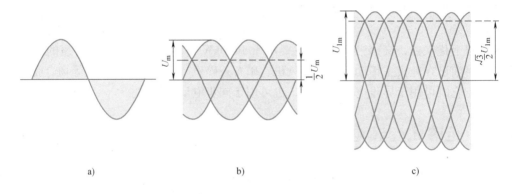

图 6-24　构造输出电压时可利用的输入电压部分

a）单相输入　b）三相输入相电压构造输出相电压　c）三相输入线电压构造输出线电压

　　利用对开关 S_{11}、S_{12} 和 S_{13} 的控制构造输出电压 u_u 时，为了防止输入电源短路，在任何时刻只能有一个开关接通。考虑到负载一般是阻感负载，负载电流具有电流源性质，为使负载不致开路，在任一时刻必须有一个开关接通。因此，u 相输出电压 u_u 和各相输入电压的关系为

$$u_{u} = d_{11} u_{a} + d_{12} u_{b} + d_{13} u_{c} \tag{6-25}$$

式中，d_{11}、d_{12} 和 d_{13} 为一个开关周期内开关 S_{11}、S_{12}、S_{13} 的导通占空比。

　　由上面的分析可知

$$d_{11} + d_{12} + d_{13} = 1 \tag{6-26}$$

　　用同样的方法控制图 6-23a 矩阵第 2 行和第 3 行的各开关，可以得到类似于式（6-25）的表达式。把这些公式合写成矩阵的形式，即

$$\begin{bmatrix} u_u \\ u_v \\ u_w \end{bmatrix} = \begin{bmatrix} d_{11} & d_{12} & d_{13} \\ d_{21} & d_{22} & d_{23} \\ d_{31} & d_{32} & d_{33} \end{bmatrix} \begin{bmatrix} u_a \\ u_b \\ u_c \end{bmatrix} \tag{6-27}$$

可缩写为

$$\boldsymbol{u}_{\text{o}} = \boldsymbol{d}\boldsymbol{u}_{\text{i}} \tag{6-28}$$

式中

$$\boldsymbol{u}_{\text{o}} = \begin{bmatrix} u_{\text{u}} & u_{\text{v}} & u_{\text{w}} \end{bmatrix}^{\text{T}}$$

$$\boldsymbol{u}_{\text{i}} = \begin{bmatrix} u_{\text{a}} & u_{\text{b}} & u_{\text{c}} \end{bmatrix}^{\text{T}}$$

$$\boldsymbol{d} = \begin{bmatrix} d_{11} & d_{12} & d_{13} \\ d_{21} & d_{22} & d_{23} \\ d_{31} & d_{32} & d_{33} \end{bmatrix}$$

$\boldsymbol{d}$ 称为调制矩阵，它是时间的函数，每个元素在每个开关周期中都是不同的。

如能求得满足要求的调制矩阵，就可得到式中所希望的输出电压。可以满足上述方程的解有许多，直接求解是很困难的。

从上面的分析可以看出，要使矩阵式变频电路能够很好地工作，有两个基本问题必须解决。首先要解决的问题是如何求取理想的调制矩阵，其次就是在开关切换时如何实现既无交叠又无死区。通过许多学者的努力，这两个问题都已有了较好的解决办法。由于篇幅所限，本书不作详细介绍。

目前来看，三相矩阵式变频电路所用的开关器件为 18 个，电路结构较复杂，成本较高，控制方法还不算成熟。此外，其输出输入最大电压比只有 0.866，输出电压偏低。这些是其尚未进入实用化的主要原因。但是这种电路也有十分突出的优点：首先，矩阵式变频电路有十分理想的电气性能，它可使输出电压和输入电流均为正弦波，输入功率因数为 1，且能量可双向流动，可实现四象限运行；其次，和目前广泛应用的交-直-交变频电路（将在第 10 章 10.2 节介绍）相比，虽多用了六个开关器件，却省去了直流侧大电容，将使体积减小，且容易实现集成化和功率模块化。在电力电子器件制造技术飞速进步和计算机技术日新月异的今天，矩阵式变频电路将有很好的发展前景。

基于矩阵式变频电路的基本原理，可以构造如图 6-25 所示的隔离型交流-交流变流电路，其工作原理为工频电源电压首先由电源侧矩阵式变频电路变为高频交流电压，经变压器后再由负载侧矩阵式变频电路同步还原为工频或其他频率电压为负载供电。当输出工频时，由于该电路中的变压器工作频率远高于工频，因此整个装置的体积和重量将大大低于传统的直接采用工频变压器变换的方案。该电路为目前广受关注的电力电子变压器（又被称为固态变压器）的一种实现方案，也可以看作是隔离型的斩控式交流调压电路。

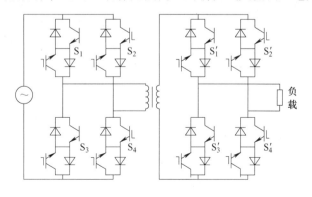

图 6-25　隔离型交流-交流变流电路

本 章 小 结

本章所介绍的各种电路都属于直接交流-交流变流电路。其中交流电力控制电路是只改变电压、电流值或对电路的通断进行控制，不改变频率。改变频率的电路是本章6.3节的交-交变频电路和6.4节的矩阵式变频电路。通过中间直流环节来改变频率的间接变频电路不属于本章讲述范围。在学习了第10章10.2节的交-直-交变频器后，通过两种变频电路的比较，将会对本章的交-交变频电路有更深的理解。

在交流电力控制电路中，本章重点介绍了采用相位控制方式的交流调压电路，对交流调功电路和交流电力电子开关也作了必要的介绍。在交-交变频电路中，重点介绍了目前应用较多的晶闸管交-交变频电路，对矩阵式交-交变频电路只简单介绍了其基本工作原理。

本章的要点如下：

1）交流-交流变流电路的分类及其基本概念。

2）单相交流调压电路的电路构成，在电阻负载和阻感负载时的工作原理和电路特性。

3）三相交流调压电路的基本构成和基本工作原理。

4）交流调功电路和交流电力电子开关的基本概念。

5）晶闸管相位控制交-交变频电路的电路构成、工作原理和输入输出特性。

6）矩阵式交-交变频电路的基本概念。

习题及思考题

1. 一调光台灯由单相交流调压电路供电，设该台灯可看成电阻负载，在 $\alpha = 0$ 时输出功率为最大值，试求功率为最大输出功率的80%、50%时的触发角 α。

2. 一单相交流调压器，电源为工频220V，阻感串联作为负载，其中 $R = 0.5\Omega$，$L = 2\text{mH}$。试求：①触发角 α 的变化范围；②负载电流的最大有效值；③最大输出功率及此时电源侧的功率因数；④当 $\alpha = \pi/2$ 时，晶闸管电流有效值、晶闸管导通角和电源侧功率因数。

3. 交流调压电路和交流调功电路有什么区别？二者各运用于什么样的负载？为什么？

4. 交-交变频电路的最高输出频率是多少？制约输出频率提高的因素是什么？

5. 交-交变频电路的主要特点和不足之处是什么？其主要用途是什么？

6. 三相交-交变频电路有哪两种接线方式？它们有什么区别？

7. 在三相交-交变频电路中，采用梯形波输出控制的好处是什么？为什么？

8. 试述矩阵式变频电路的基本原理和优缺点。为什么说这种电路有较好的发展前景？

第 7 章

脉宽调制（PWM）及相关控制技术

第 3~6 章讲述了四大类基本的电力电子电路，3.6 节还介绍了电力电子电路的一种控制技术——相位控制。本章将讲述电力电子电路的另一种控制技术。

脉宽调制（Pulse Width Modulation，PWM）控制就是对脉冲的宽度进行调制的技术，即通过对一系列脉冲的宽度进行按需调整，来等效地获得所需要的波形（含形状和幅值）。这与相位控制通过对脉冲的发出时刻（触发延迟角）的调节来直接控制输出波形的原理完全不同。

但 PWM 控制技术对读者来说并不完全陌生，在第 5 章、第 6 章都已涉及这方面的内容。

第 5 章的直流斩波电路实际上主要采用的就是 PWM 技术。这种电路把直流电压"斩"成一系列脉冲，改变脉冲的占空比来获得所需的输出电压。改变脉冲的占空比就是对脉冲宽度进行调制，只是因为输入电压和所需要的输出电压都是直流电压，因此"斩"出的脉冲既是等幅的，也是等宽的，仅仅是通过对脉冲占空比的调整来对输出的平均电压幅度进行控制，这是 PWM 控制中最为简单的一种情况。

第 6 章中涉及 PWM 控制技术的地方有两处，一处是第 6.1 节中的斩控式交流调压电路，另一处是第 6.4 节矩阵式变频电路。斩控式交流调压电路的输入电压和输出电压都是正弦波交流电压，且二者频率相同，只是输出电压的幅值要根据需要来调节。因此，斩控后得到的电压脉冲列的幅值是按正弦波规律变化的，而各脉冲的宽度是相等的，脉冲的占空比根据所需要的输出输入电压比来调节。矩阵式变频电路的情况更为复杂，其输入电压是正弦交流，这就决定了 PWM 脉冲是不等幅的。其输出电压也是正弦波交流，但和输入电压频率不等，且输出电压在不同的时段是由不同的输入线电压组合而成的，因此"斩"出的脉冲既不等幅，也不等宽。第 6 章中在讲述上述电路时，并未涉及 PWM 控制的基本原理，讲述也很简单。在学过本章 7.1 节的 PWM 控制的基本原理后，读者将会对上述电路的控制方法和原理有更深入的理解。

PWM 控制技术在逆变电路中的应用最为广泛，对逆变电路的影响也最为深刻。现在大量应用的逆变电路中，绝大部分都是 PWM 型逆变电路。可以说 PWM 控制技术正是有赖于在逆变电路中的应用，才发展得比较成熟，从而确定了它在电力电子技术中的重要地位。正因为如此，本章主要以逆变电路为主要控制对象来介绍 PWM 控制技术。在第 4 章中，仅介绍了逆变电路的基本拓扑和工作原理，而没有涉及 PWM 控制技术。实际上，离开了 PWM 控制技术，对逆变电路的介绍就是不完整的。因此，把本章内容和第 4 章的内容结合起来，才能使读者对逆变电路有较为全面的了解。

近年来，PWM技术在整流电路中应用广泛，并显示了突出的优越性。因此，本章在7.4节讲述其基本工作原理。

7.1 PWM控制技术的基本原理

在采样控制理论中有一个重要的结论：冲量相等而形状不同的窄脉冲加在具有惯性的环节上时，其效果基本相同。冲量即指窄脉冲的面积。这里所说的效果基本相同，是指环节的输出响应波形基本相同。如果把各输出波形用傅里叶变换分析，则其低频段非常接近，仅在高频段略有差异。例如图7-1所示的三个窄脉冲形状不同，其中图7-1a为矩形脉冲，图7-1b为三角形脉冲，图7-1c为正弦半波脉冲，但它们的面积（即冲量）都等于1，那么，当它们分别加在具有惯性的同一个环节上时，其输出响应基本相同。当窄脉冲变为图7-1d的单位脉冲函数$\delta(t)$时，环节的响应即为该环节的脉冲过渡函数。

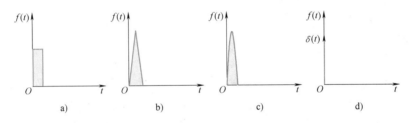

图7-1　形状不同而冲量相同的各种窄脉冲
a）矩形脉冲　b）三角形脉冲　c）正弦半波脉冲　d）单位脉冲函数

图7-2a的电路是一个具体的例子。图中$e(t)$为电压窄脉冲，其形状和面积分别如图7-1的a、b、c、d所示，为电路的输入。该输入加在可以看成惯性环节的$R\text{-}L$电路上，设其电流$i(t)$为电路的输出。图7-2b给出了不同窄脉冲时$i(t)$的响应波形。从波形可以看出，在$i(t)$的上升段，脉冲形状不同时$i(t)$的形状也略有不同，但其下降段则几乎完全相同。脉冲越窄，各$i(t)$波形的差异也越小。如果周期性地施加上述脉冲，则响应$i(t)$也是周期性的。用傅里叶级数分解后将可看出，各$i(t)$在低频段的特性将非常接近，仅在高频段有所不同。

上述原理可以称之为面积等效原理，它是PWM控制技术的重要理论基础。

下面分析如何用一系列等幅不等宽的脉冲来代替一个正弦半波。

把图7-3a的正弦半波分成N等份，就可以把正弦半波看成是由N个彼此相连的脉冲序列所组成的波形。这些脉冲宽度相等，都等于π/N，但幅值不等，且脉冲顶部不是水平直线而是曲线，各脉冲的幅值按正弦规律变化。如果把上述脉冲序列利用相同数量的等幅而不等宽的矩形脉冲代替，使矩形脉冲的中点和相应正弦波部分的中点重合，且使矩形脉冲和相应的正弦波部分面积（冲量）相等，就得到图7-3b所示的脉冲序列，这就是**PWM波形**。可以看出，各脉冲的幅值相等，而宽度是按正弦规律变化的。根据面积等效原理，PWM波形和正弦半波是等效的。对于正弦波的负半周，也可以用同样的方法得到PWM波形。像这种脉冲的宽度按正弦规律变化而和正弦波等效的PWM波形，也称

SPWM（Sinusoidal PWM）波形。

要改变等效输出正弦波的幅值时，只要按照同一比例系数改变上述各脉冲的宽度即可。

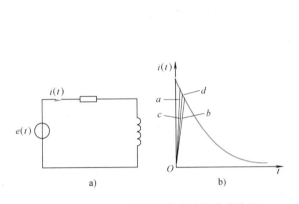

图 7-2　冲量相同的各种窄脉冲的响应波形
a）电路　b）响应波形

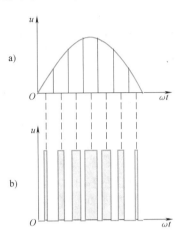

图 7-3　用 PWM 波代替正弦半波
a）正弦半波　b）脉冲序列

PWM 波形可分为等幅 PWM 波和不等幅 PWM 波两种。由直流电源产生的 PWM 波通常是等幅 PWM 波。如直流斩波电路及本章主要介绍的 PWM 逆变电路，其 PWM 波都是由直流电源产生，由于直流电源电压幅值基本恒定，因此 PWM 波是等幅的。本章 7.4 节将要介绍的 PWM 整流电路中，其 PWM 波也是等幅的。第 6 章 6.1 节讲述的斩控式交流调压电路，第 6 章 6.4 节的矩阵式变频电路，其输入电源都是交流，因此所得到的 PWM 波也是不等幅的。不管是等幅 PWM 波还是不等幅 PWM 波，都是基于面积等效原理来进行控制的，因此其本质是相同的。

上面所列举的 PWM 波都是 PWM 电压波。除此之外，也还有 PWM 电流波。例如，电流型逆变电路的直流侧是电流源，如对其进行 PWM 控制，所得到的 PWM 波就是 PWM 电流波。

直流斩波电路得到的 PWM 波是等效直流波形，SPWM 波得到的是等效正弦波形，这些都是应用十分广泛的 PWM 波。本章讲述的 PWM 控制技术实际上主要是 SPWM 控制技术。除此之外，PWM 波形还可以等效成其他所需要的波形，如等效成所需要的非正弦交流波形等，其基本原理和 SPWM 控制相同，也是基于等效面积原理。

7.2　PWM 逆变电路及其典型脉宽调制方法

PWM 控制技术在逆变电路中的应用十分广泛，目前中小功率的逆变电路几乎都采用了 PWM 技术。逆变电路是 PWM 控制技术最为重要的应用场合，因此，本节的内容构成了本章的主体。

PWM 逆变电路和第 4 章介绍的逆变电路一样，也可分为电压型和电流型两种。目前实际应用的 PWM 逆变电路几乎都是电压型电路，因此，本节主要讲述电压型 PWM 逆变电路的控制方法。

7.2.1 计算法和调制法

根据上节讲述的 PWM 控制的基本原理，如果给出了逆变电路的正弦波输出频率、幅值和半个周期内的脉冲数，PWM 波形中各脉冲的宽度和间隔就可以准确计算出来。按照计算结果控制逆变电路中各开关器件的通断，就可以得到所需要的 PWM 波形。这种方法称之为计算法。可以看出，计算法是很烦琐的，当需要输出的正弦波的频率、幅值或相位变化时，结果都要变化。

与计算法相对应的是调制法（或称载波法），即把希望输出的波形作为调制信号，把接受调制的信号作为载波，通过信号波的调制得到所期望的 PWM 波形。通常采用等腰三角波或锯齿波作为载波，其中等腰三角波应用最多。因为等腰三角波上任一点的水平宽度和高度呈线性关系且左右对称，当它与任何一个平缓变化的调制信号波相交时，如果在交点时刻对电路中开关器件的通断进行控制，就可以得到宽度正比于信号波幅值的脉冲。所得到高度固定而宽度受到调制的脉冲面积就自然地正比于调制信号波在此三角波周期内的面积。这正好符合 PWM 控制的要求。从另一个角度看，这也可以看成是在用三角波对调制信号波的幅值进行采样，在每个三角波周期内三角波与调制信号波的两个交点时刻所界定出来的脉冲宽度就与该周期内调制信号波幅值成正比。所以调制法也称为三角波采样法。在调制信号波为正弦波时，所得到的就是 SPWM 波形，这种情况应用最广，本节主要介绍这种控制方法。当调制信号不是正弦波，而是其他所需要的波形时，也能得到与之等效的 PWM 波。

由于实际中应用的主要是调制法，下面结合具体电路对这种方法作进一步说明。

图 7-4 是采用 IGBT 作为开关器件的单相桥式 PWM 逆变电路。设负载为阻感负载，工作时 V_1 和 V_2 的通断状态互补，V_3 和 V_4 的通断状态也互补。具体的控制规律如下：在输出电压 u_o 的正半周，让 V_1 保持通态，V_2 保持断态，V_3 和 V_4 交替通断。由于负载电流比电压滞后，因此在电压正半周，电流有一段区间为正，一段区间为负。在负载电流为正的区间，V_1 和 V_4 导通时，负载电压 u_o 等于直流电压 U_d；V_4 关断时，负载电流通过 V_1 和 VD_3 续流，$u_o=0$。在负载电流为负的区间，仍为 V_1 和 V_4 导通时，因 i_o 为负，故 i_o 实际上从 VD_1 和 VD_4 流过，仍有 $u_o=U_d$；V_4 关断，V_3 开通后，i_o 从 V_3 和 VD_1 续流，$u_o=0$。这样，u_o 总可以得到 U_d 和零两种电平。同样，在 u_o 的负半周，让 V_2 保持通态，V_1 保持断态，V_3 和 V_4 交替通断，负载电压 u_o 可以得到 $-U_d$ 和零两种电平。

控制 V_3 和 V_4 通断的方法如图 7-5 所示。调制信号 u_r 为正弦波，载波 u_c 在 u_r 的正半周为正极性的三角波，在 u_r 的负半周为负极性的三角波。在 u_r 和 u_c 的交点时刻控制 IGBT 的通断。在 u_r 的正半周，V_1 保持通态，V_2 保持断态，当 $u_r>u_c$ 时使 V_4 导通，V_3 关断，$u_o=U_d$；当 $u_r<u_c$ 时使 V_4 关断，V_3 导通，$u_o=0$。在 u_r 的负半周，V_1 保持断态，V_2 保持通态，当 $u_r<u_c$ 时使 V_3 导通，V_4 关断，$u_o=-U_d$；当 $u_r>u_c$ 时使 V_3 关断，V_4 导通，$u_o=0$。这样，就得到了 SPWM 波形 u_o。图中的虚线 u_{of} 表示 u_o 中的基波分量。像这种在 u_r 的半个周期内三角波载波只在正极性或负极性一种极性范围内变化，所得到的 PWM 波形也只在单个极性范围变化的控制方式称为单极性 PWM 控制方式。

和单极性 PWM 控制方式相对应的是双极性控制方式。图 7-4 的单相桥式逆变电路在采用双极性控制方式时的波形如图 7-6 所示。采用双极性方式时，在 u_r 的半个周期内，三角波载波不再是单极性的，而是有正有负，所得的 PWM 波也是有正有负。在 u_r 的一个周期内，输出的 PWM 波只有 $\pm U_d$ 两种电平，而不像单极性控制时还有零电平。仍然在调制信号 u_r 和载波信号 u_c 的交点时刻控制各开关器件的通断。在 u_r 的正负半周，对各开关器件的控制规律相同。即当 $u_r>u_c$ 时，给 V_1 和 V_4 以导通信号，给 V_2 和 V_3 以关断信号，这时若 $i_o>0$，则 V_1 和 V_4 通，若 $i_o<0$，则 VD_1 和 VD_4 通，不管哪种情况都是输出电压 $u_o = U_d$。当 $u_r<u_c$ 时，给 V_2 和 V_3 以导通信号，给 V_1 和 V_4 以关断信号，这时若 $i_o<0$，则 V_2 和 V_3 通，若 $i_o>0$，则 VD_2 和 VD_3 通，不管哪种情况都是 $u_o = -U_d$。

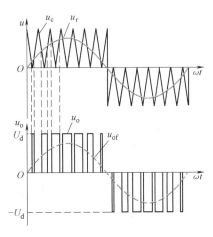

图 7-5　单极性 PWM 控制方式波形

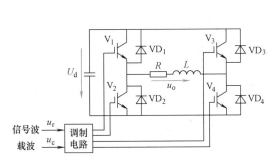

图 7-4　单相桥式 PWM 逆变电路

可以看出，单相桥式电路既可采取单极性调制，也可采用双极性调制，由于对开关器件通断控制的规律不同，它们的输出波形也有较大的差别。

图 7-7 是三相桥式 PWM 逆变电路，这种电路都是采用双极性控制方式。U、V 和 W 三相的 PWM 控制通常共用一个三角波载波 u_c，三相的调制信号 u_{rU}、u_{rV} 和 u_{rW} 依次相差 120°。U、V 和 W 各相功率开关器件的控制规律相同，现以 U 相为例来说明。当 $u_{rU}>u_c$ 时，给上桥臂 V_1 以导通信号，给下桥臂 V_4 以关断信号，则 U 相相对于直流电源假想中点 N' 的输出电压 $u_{UN'}=U_d/2$。当 $u_{rU}<u_c$ 时，给 V_4 以导通信号，给 V_1 以关断信号，则 $u_{UN'}=-U_d/2$。V_1

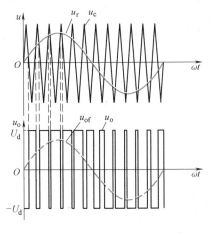

图 7-6　双极性 PWM 控制方式波形

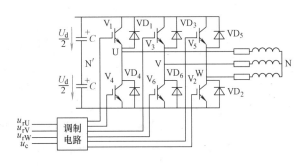

图 7-7　三相桥式 PWM 逆变电路

和 V_4 的驱动信号始终是互补的。当给 $V_1(V_4)$ 加导通信号时，可能是 $V_1(V_4)$ 导通，也可能是二极管 $VD_1(VD_4)$ 续流导通，这要由阻感负载中电流的方向来决定，这和单相桥式 PWM 逆变电路在双极性控制时的情况相同。V 相及 W 相的控制方式都和 U 相相同。电路的波形如图 7-8 所示。可以看出，$u_{UN'}$、$u_{VN'}$ 和 $u_{WN'}$ 的 PWM 波形都只有 $\pm U_d/2$ 两种电平。图中的线电压 u_{UV} 的波形可由 $u_{UN'} - u_{VN'}$ 得出。可以看出，当桥臂 1 和 6 导通时，$u_{UV} = U_d$，当桥臂 3 和 4 导通时，$u_{UV} = -U_d$，当桥臂 1 和 3 或桥臂 4 和 6 导通时，$u_{UV} = 0$。因此，逆变器的输出线电压 PWM 波由 $\pm U_d$ 和 0 三种电平构成。参考第 4 章式（4-5）~式（4-7），图 7-8 中的负载相电压 u_{UN} 可由下式求得

$$u_{UN} = u_{UN'} - \frac{u_{UN'} + u_{VN'} + u_{WN'}}{3}$$

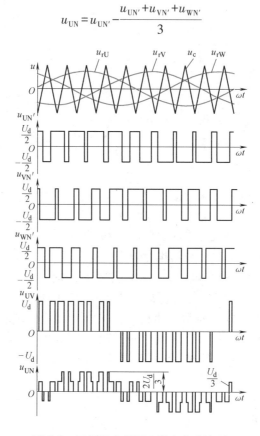

图 7-8   三相桥式 PWM 逆变电路波形

从波形图和上式可以看出，负载相电压的 PWM 波由（$\pm 2/3$）U_d、（$\pm 1/3$）U_d 和 0 共五种电平组成。

在电压型逆变电路的 PWM 控制中，同一相上下两个桥臂的驱动信号都是互补的。但实际上为了防止上下两个桥臂直通而造成短路，在上下两桥臂通断切换时要留一小段上下桥臂都施加关断信号的死区时间。死区时间的长短主要由功率开关器件的关断时间来决定。这个死区时间将会给输出的 PWM 波形带来一定影响，使其稍稍偏离正弦波。

上面着重讲述了用调制法产生 PWM 波形。下面再介绍一种特定谐波消去法（Selected Harmonic Elimination PWM，SHEPWM）。这种方法是计算法中一种较有代表性的方法。

图 7-9 是图 7-7 的三相桥式 PWM 逆变电路中
$u_{UN'}$ 的波形。图 7-9 中，在输出电压的半个周期
内，器件开通和关断各三次（不包括 0 和 π 时
刻），共有六个开关时刻可以控制。实际上，为了
减少谐波并简化控制，要尽量使波形具有对称性。
首先，为了消除偶次谐波，应使波形正负两半周
期镜对称，即

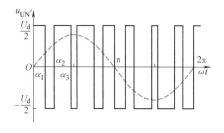

图 7-9　特定谐波消去法的输出 PWM 波形

$$u(\omega t) = -u(\omega t + \pi) \tag{7-1}$$

其次，为了消除谐波中的余弦项，简化计算
过程，应使波形在正半周期内前后 1/4 周期以 π/2 为轴线对称，即

$$u(\omega t) = u(\pi - \omega t) \tag{7-2}$$

同时满足式（7-1）和式（7-2）的波形称为 1/4 周期对称波形。这种波形可用傅里叶级
数表示为

$$u(\omega t) = \sum_{n=1,3,5,\cdots}^{\infty} a_n \sin n\omega t \tag{7-3}$$

式中，a_n 为

$$a_n = \frac{4}{\pi} \int_0^{\frac{\pi}{2}} u(\omega t) \sin n\omega t \, \mathrm{d}\omega t$$

因为图 7-9 的波形是 1/4 周期对称的，所以在一个周期内的 12 个开关时刻（不包括 0
和 π 时刻）中，能够独立控制的只有 α_1、α_2 和 α_3 三个时刻。该波形的 a_n 为

$$
\begin{aligned}
a_n &= \frac{4}{\pi} \left[\int_0^{\alpha_1} \frac{U_d}{2} \sin n\omega t \, \mathrm{d}\omega t + \int_{\alpha_1}^{\alpha_2} \left(-\frac{U_d}{2} \sin n\omega t \right) \mathrm{d}\omega t \right. \\
&\quad \left. + \int_{\alpha_2}^{\alpha_3} \frac{U_d}{2} \sin n\omega t \, \mathrm{d}\omega t + \int_{\alpha_3}^{\frac{\pi}{2}} \left(-\frac{U_d}{2} \sin n\omega t \right) \mathrm{d}\omega t \right] \\
&= \frac{2U_d}{n\pi} (1 - 2\cos n\alpha_1 + 2\cos n\alpha_2 - 2\cos n\alpha_3)
\end{aligned}
\tag{7-4}
$$

式中，$n = 1$，3，5，…。式（7-4）中含有 α_1、α_2 和 α_3 三个可以控制的变量，根据需要确
定基波分量 a_1 的值，再令两个不同的 $a_n = 0$，就可以建立三个方程，联立可求得 α_1、α_2 和
α_3。这样，即可以消去两种特定频率的谐波。通常在三相对称电路的线电压中，相电压所含
的 3 次谐波相互抵消，因此通常可以考虑消去 5 次和 7 次谐波。这样，可得如下联立方程

$$
\begin{cases}
a_1 = \dfrac{2U_d}{\pi} (1 - 2\cos\alpha_1 + 2\cos\alpha_2 - 2\cos\alpha_3) \\[2mm]
a_5 = \dfrac{2U_d}{5\pi} (1 - 2\cos5\alpha_1 + 2\cos5\alpha_2 - 2\cos5\alpha_3) = 0 \\[2mm]
a_7 = \dfrac{2U_d}{7\pi} (1 - 2\cos7\alpha_1 + 2\cos7\alpha_2 - 2\cos7\alpha_3) = 0
\end{cases}
\tag{7-5}
$$

对于给定的基波幅值 a_1，求解上述方程可得一组 α_1、α_2 和 α_3。基波幅值 a_1 改变时，α_1、α_2
和 α_3 也相应地改变。

上面是在输出电压的半周期内器件导通和关断各三次时的情况。一般来说，如果在输出电压半个周期内开关器件开通和关断各 k 次，考虑到 PWM 波 1/4 周期对称，共有 k 个开关时刻可以控制。除去用一个自由度来控制基波幅值外，可以消去 $k-1$ 个频率的特定谐波。当然，k 越大，开关时刻的计算也越复杂。

7.2.2 异步调制和同步调制

在 PWM 控制电路中，载波频率 f_c 与调制信号频率 f_r 之比 $N=f_c/f_r$ 称为载波比。根据载波和信号波是否同步及载波比的变化情况，PWM 调制方式可分为异步调制和同步调制两种。

1. 异步调制

载波信号和调制信号不保持同步的调制方式称为异步调制。图 7-8 电路波形就是异步调制三相 PWM 波形。在异步调制方式中，通常保持载波频率 f_c 固定不变，因而当信号波频率 f_r 变化时，载波比 N 是变化的。同时，在信号波的半个周期内，PWM 波的脉冲个数不固定，相位也不固定，正负半周期的脉冲不对称，半周期内前后 1/4 周期的脉冲也不对称。

当信号波频率较低时，载波比 N 较大，一周期内的脉冲数较多，正负半周期脉冲不对称和半周期内前后 1/4 周期脉冲不对称产生的不利影响都较小，PWM 波形接近正弦波。当信号波频率增高时，载波比 N 减小，一周期内的脉冲数减少，PWM 脉冲不对称的影响就变大，有时信号波的微小变化还会产生 PWM 脉冲的跳动。这就使得输出 PWM 波和正弦波的差异变大。对于三相 PWM 型逆变电路来说，三相输出的对称性也变差。因此，在采用异步调制方式时，希望采用较高的载波频率，以使在信号波频率较高时仍能保持较大的载波比。

2. 同步调制

载波比 N 等于常数，并在变频时使载波和信号波保持同步的方式称为同步调制。在基本同步调制方式中，信号波频率变化时载波比 N 不变，信号波一个周期内输出的脉冲数是固定的，脉冲相位也是固定的。在三相 PWM 逆变电路中，通常共用一个三角波载波，且取载波比 N 为 3 的整数倍，以使三相输出波形严格对称。同时，为了使一相的 PWM 波正负半周镜对称，N 应取奇数。图 7-10 的例子是 $N=9$ 时的同步调制三相 PWM 波形。

当逆变电路输出频率很低时，同步调制时的载波频率 f_c 也很低。f_c 过低时由调制带来的谐波不易滤除。当负载为电动机时也会带来较大的转矩脉动和噪声。若逆变电路输出频率很高，同步调制时的载波频率 f_c 会过高，使开关器件难以承受。

为了克服上述缺点，可以采用分段同步调制的方法。即把逆变电路的输出频率范围划分成若干个频段，每个频段内都保持载波比 N 为恒定，不同频段的载波比不同。在输出频率高的频段采用较低的载波比，以使载波频率不致过高，限制在功率开关器件允许的范围内。在输出频率低的频段采用较高的载波比，以使载波频率不致过低而对负载产生不利影响。各频段的载波比取 3 的整数倍且为奇数为宜。

图 7-11 给出了分段同步调制的一个例子，各频段的载波比标在图中。为了防止载波频率在切换点附近来回跳动，在各频率切换点采用了滞后切换的方法。图中切换点处的实线表示输出频率增高时的切换频率，虚线表示输出频率降低时的切换频率，前者略高于后者而形成滞后切换。在不同的频率段内，载波频率的变化范围基本一致，f_c 在 1.4~2.0kHz 之间。

同步调制方式比异步调制方式复杂一些，但使用微机控制时还是容易实现的。有的装置在低频输出时采用异步调制方式，而在高频输出时切换到同步调制方式，这样可以把两者的优点结合起来，和分段同步方式的效果接近。

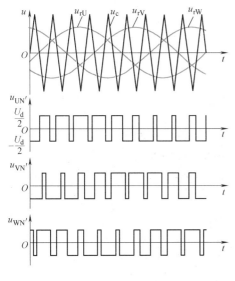

图 7-10 同步调制三相 PWM 波形

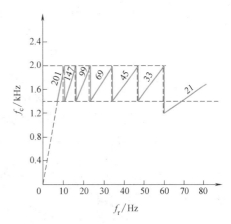

图 7-11 分段同步调制方式举例

7.2.3 自然采样法与规则采样法

按照 SPWM 控制的基本原理，在正弦波和三角波的自然交点时刻控制功率开关器件的通断，这种生成 SPWM 波形的方法称为自然采样法。自然采样法是最基本的方法，所得到的 SPWM 波形很接近正弦波。但这种方法要求解复杂的超越方程，在采用微机控制技术时需花费大量的计算时间，难以在实时控制中在线计算，因而在工程上实际应用不多。

规则采样法是一种应用较广的工程实用方法，其效果接近自然采样法，但计算量却比自然采样法小得多。图 7-12 为规则采样法说明图。取三角波两个正峰值之间为一个采样周期 T_c。在自然采样法中，每个脉冲的中点并不和三角波一周期的中点（即负峰点）重合。而规则采样法使两者重合，也就是使每个脉冲的中点都以相应的三角波中点为对称，这样就使计算大为简化。如图 7-12 所示，在三角波的负峰时刻 t_D 对正弦信号波采样而得到 D 点，过 D 点作一水平直线和三角波分别交于 A 点和 B 点，在 A 点时刻 t_A 和 B 点时刻 t_B 控制功率开关器件的通断。可以看出，用这种规则采样法得到的脉冲宽度 δ 和用自然采样法得到的脉冲宽度非常接近。

设正弦调制信号波为

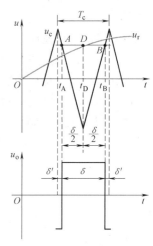

$$u_r = a\sin\omega_r t$$

图 7-12 规则采样法说明图

式中，a 称为调制度，$0 \leqslant a < 1$；ω_r 为正弦信号波角频率。

187

从图 7-12 中可得如下关系式

$$\frac{1+a\sin\omega_r t_D}{\delta/2}=\frac{2}{T_c/2}$$

因此可得

$$\delta=\frac{T_c}{2}\left(1+a\sin\omega_r t_D\right) \tag{7-6}$$

在三角波的一周期内，脉冲两边的间隙宽度 δ' 为

$$\delta'=\frac{1}{2}\left(T_c-\delta\right)=\frac{T_c}{4}\left(1-a\sin\omega_r t_D\right) \tag{7-7}$$

对于三相桥式逆变电路来说，应该形成三相 SPWM 波形。通常三相的三角波载波是公用的，三相正弦调制波的相位依次相差 120°。设在同一三角波周期内三相的脉冲宽度分别为 δ_U、δ_V 和 δ_W，脉冲两边的间隙宽度分别为 δ'_U、δ'_V 和 δ'_W，由于在同一时刻三相正弦调制波电压之和为零，故由式（7-6）可得

$$\delta_U+\delta_V+\delta_W=\frac{3T_c}{2} \tag{7-8}$$

同样，由式（7-7）可得

$$\delta'_U+\delta'_V+\delta'_W=\frac{3T_c}{4} \tag{7-9}$$

利用式（7-8）、式（7-9）可以简化生成三相 SPWM 波形时的计算。

7.2.4　PWM 逆变电路的谐波分析

PWM 逆变电路可以使输出电压、电流接近正弦波，但由于使用载波对正弦信号波调制，也产生了和载波有关的谐波分量。这些谐波分量的频率和幅值是衡量 PWM 逆变电路性能的重要指标之一，因此有必要对 PWM 波形进行谐波分析。这里主要分析常用的双极性 SPWM 波形。

同步调制可以看成异步调制的特殊情况，因此只分析异步调制方式就可以了。采用异步调制时，不同信号波周期的 PWM 波形是不相同的，因此无法直接以信号波周期为基准进行傅里叶分析。以载波周期为基础，再利用贝塞尔函数可以推导出 PWM 波的傅里叶级数表达式，但这种分析过程相当复杂，而其结论却是很简单而直观的。因此，这里只给出典型分析结果的频谱图，从中可以对其谐波分布情况有一个基本的认识。

图 7-13 给出了不同调制度 a 时的单相桥式 PWM 逆变电路在双极性调制方式下输出电压的频谱图。其中所包含的谐波角频率为

$$n\omega_c\pm k\omega_r \tag{7-10}$$

式中，$n=1$，3，5，$\cdots$时，$k=0$，2，4，$\cdots$；$n=2$，4，6，$\cdots$时，$k=1$，3，5，$\cdots$。

可以看出，其 PWM 波中不含有低次谐波，只含有角频率为 ω_c 及其附近的谐波，以及 $2\omega_c$、$3\omega_c$ 等及其附近的谐波。在上述谐波中，幅值最高、影响最大的是角频率为 ω_c 的谐波分量。

三相桥式 PWM 逆变电路可以每相各有一个载波信号，也可以三相共用一个载波信号。这里只分析应用较多的公用载波信号时的情况。在其输出线电压中，所包含的谐波角频率为

$$n\omega_c\pm k\omega_r \tag{7-11}$$

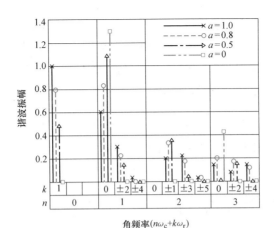

图 7-13 单相桥式 PWM 逆变电路输出电压频谱图

式中，$n=1$，3，5，$\cdots$时，$k=3$（$2m-1$）±1，$m=1$，2，$\cdots$；

$$n=2，4，6，\cdots 时，k=\begin{cases} 6m+1 & m=0，1，\cdots \\ 6m-1 & m=1，2，\cdots \end{cases}。$$

图 7-14 给出了不同调制度 a 时的三相桥式 PWM 逆变电路输出线电压的频谱图。和图 7-13单相电路时的情况相比较，共同点是都不含低次谐波，一个较显著的区别是载波角频率 ω_c 整数倍的谐波没有了，谐波中幅值较高的是 $\omega_c\pm2\omega_r$ 和 $2\omega_c\pm\omega_r$。

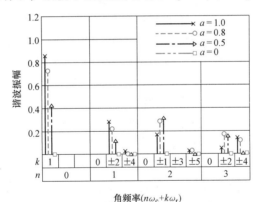

图 7-14 三相桥式 PWM 逆变电路输出线电压频谱图

上述分析都是在理想条件下进行的。在实际电路中，由于采样时刻的误差以及为避免同一相上下桥臂直通而设置的死区的影响，谐波的分布情况将更为复杂。一般来说，实际电路中的谐波含量比理想条件下要多一些，甚至还会出现少量的低次谐波。

从上述分析中可以看出，SPWM 波形中所含的谐波主要是角频率为 ω_c、$2\omega_c$ 及其附近的谐波。一般情况下 $\omega_c\gg\omega_r$，所以 PWM 波形中所含的主要谐波的频率要比基波频率高得多，是很容易滤除的。载波频率越高，SPWM 波形中谐波频率就越高，所需滤波器的体积就越小。另外，一般的滤波器都有一定的带宽，如按载波频率设计滤波器，载波附近的谐波也可滤除。若滤波器设计为低通滤波器，且载波角频率为 ω_c，那么角频率为 $2\omega_c$、$3\omega_c$ 等及其附近的谐波也就同时被滤除了。

当调制信号波不是正弦波而是其他波形时，上述分析也有很大的参考价值。在这种情况下，对生成的 PWM 波形进行谐波分析后，可发现其谐波由两部分组成。一部分是对信号波本身进行谐波分析所得的结果，另一部分是由于信号波对载波的调制而产生的谐波。后者的谐波分布情况和前面对 SPWM 波所进行的谐波分析是一致的。

7.2.5 提高直流电压利用率和减少开关次数

从上一节的谐波分析可知，用正弦信号波对三角波载波进行调制时，只要载波比足够高，所得到的 PWM 波中不含低次谐波，只含和载波频率有关的高次谐波。输出波形中所含谐波的多少是衡量 PWM 控制方法优劣的基本标志，但不是唯一的标志。提高逆变电路的直流电压利用率、减少功率器件的开关次数也是很重要的。直流电压利用率是指逆变电路所能输出的交流电压基波最大幅值 U_{1m} 和直流电压 U_d 之比，提高直流电压利用率可以提高逆变器的输出能力。减少开关次数可以降低开关损耗。

对于正弦波调制的三相 PWM 逆变电路来说，在调制度 a 为最大值 1 时，输出相电压的基波幅值为 $U_d/2$，输出线电压的基波幅值为 $(\sqrt{3}/2)U_d$，即直流电压利用率仅为 0.866。这个直流电压利用率是比较低的，其原因是正弦调制信号的幅值不能超过三角波幅值。实际电路工作时，考虑到功率器件的开通和关断都需要时间，如不采取其他措施，调制度不可能达到 1。因此，采用这种正弦波和三角波比较的调制方法时，实际能得到的直流电压利用率比 0.866 还要低。

不用正弦波，而采用梯形波作为调制信号，可以有效地提高直流电压利用率。因为当梯形波幅值和三角波幅值相等时，梯形波所含的基波分量幅值已超过了三角波幅值。采用这种调制方式时，决定功率开关器件通断的方法和用正弦波作为调制信号波时完全相同。图 7-15 给出了这种方法的原理及输出电压波形。这里对梯形波的形状用三角化率 $\sigma = U_t/U_{to}$ 来描述，其中 U_t 为以横轴为底时梯形波的高，U_{to} 为以横轴为底边把梯形两腰延长后相交所形成的三角形的高。$\sigma = 0$ 时梯形波变为矩形波，$\sigma = 1$ 时梯形波变为三角波。由于梯形波中含有低次谐波，调制后的 PWM 波仍含有同样的低次谐波。设由这些低次谐波（不包括由载波引起的谐波）产生的波形畸变率为 δ，则三角化率 σ 不同时，δ 和直流电压利用率 U_{1m}/U_d 也不同。图 7-16 给出了 δ 和 U_{1m}/U_d 随 σ 变化的情况，图 7-17 给出了 σ 变化时各次谐波分量幅值 U_{nm} 和基波幅值 U_{1m} 之比。从图 7-16 可以看出，$\sigma = 0.8$ 左右时谐波含量最少，但直流电压利用率也较低。当 $\sigma = 0.4$ 时，谐波含量也较少，δ 约为 3.6%，而直流电压利用率为 1.03，是正弦波调制时的 1.19 倍，其综合效果是比较好的。图 7-15 即为 $\sigma = 0.4$ 时的波形。

从图 7-17 可以看出，用梯形波调制时，输出波形中含有 5 次、7 次等低次谐波，这是梯形波调制的缺点。实际使用时，可以考虑当输出电压较低时用正弦波作为调制信号，使输出电压不含低次谐波；当正弦波调制不能满足输出电压的要求时，改用梯形波调制，以提高直流电压利用率。

前面所介绍的各种 PWM 控制方法用于三相逆变电路时，都是对三相输出相电压分别进行控制的。这里所说的相电压是指逆变电路各输出端相对于直流电源中点的电压。实际上负载常常没有中点，即使有中点一般也不和直流电源中点相连接，因此对负载所提供的是线电压。在逆变电路输出的三个线电压中，独立的只有两个。对两个线电压进行控制，适当地利用多余的一个自由度来改善控制性能，这就是线电压控制方式。

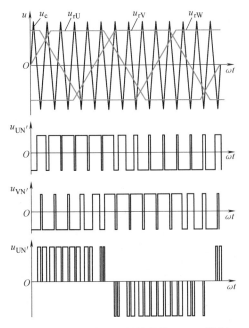

图 7-15 梯形波为调制信号的 PWM 控制

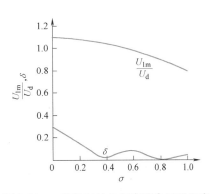

图 7-16 σ 变化时的 δ 和直流电压利用率

　　线电压控制方式的目标是使输出的线电压波形中不含低次谐波，同时尽可能提高直流电压利用率，也应尽量减少功率器件的开关次数。线电压控制方式的直接控制手段仍是对相电压进行控制，但其控制目标却是线电压。相对线电压控制方式，当控制目标为相电压时称为相电压控制方式。

　　如果在相电压正弦波调制信号中叠加适当大小的 3 次谐波，使之成为鞍形波，则经过 PWM 调制后逆变电路输出的相电压中也必然包含 3 次谐波，且三相的 3 次谐波相位相同。在合成线电压时，各相电压的 3 次谐波相互抵消，线电压为正弦波。如图 7-18 所示，在调制信号中，基波 u_{r1} 正峰值附近恰为 3 次谐波 u_{r3} 的负半波，两者相互抵消。这样，就使调制信号 $u_r = u_{r1} + u_{r3}$ 成为鞍形波，其中可包含幅值更大的基波分量 u_{r1}，而使 u_r 的最大值不超过三角波载波最大值。

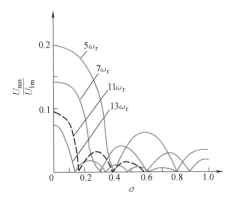

图 7-17 σ 变化时的各次谐波含量

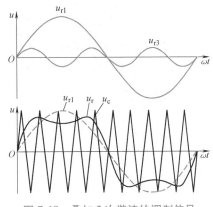

图 7-18 叠加 3 次谐波的调制信号

191

除可以在正弦调制信号中叠加 3 次谐波外，还可以叠加其他 3 倍频于正弦波的信号，也可以再叠加直流分量，这些都不会影响线电压。在图 7-19 的调制方式中，给正弦信号所叠加的信号 u_P 中既包含 3 的整数倍次谐波，也包含直流分量，而且 u_P 的大小是随正弦信号的大小而变化的。设三角波载波幅值为 1，三相调制信号中的正弦波分量分别为 u_{rU1}、u_{rV1} 和 u_{rW1}，并令

$$u_P = -\min(u_{rU1}, u_{rV1}, u_{rW1}) - 1 \qquad (7\text{-}12)$$

则三相的调制信号分别为

$$\begin{cases} u_{rU} = u_{rU1} + u_P \\ u_{rV} = u_{rV1} + u_P \\ u_{rW} = u_{rW1} + u_P \end{cases} \qquad (7\text{-}13)$$

可以看出，不论 u_{rU1}、u_{rV1} 和 u_{rW1} 幅值的大小，u_{rU}、u_{rV}、u_{rW} 中总有 1/3 周期的值是和三角波负峰值相等的，其值为-1。在这 1/3 周期中，并不对调制信号值为-1 的一相进行控制，而只对其他两相进行 PWM 控制，因此，这种控制方式也称为两相控制方式。这也是选择式（7-12）的 u_P 作为叠加信号的一个重要原因。从图 7-19 可以看出，这种控制方式有以下优点：

1）在信号波的 1/3 周期内开关器件不动作，可使功率器件的开关损耗减少 1/3。

2）最大输出线电压基波幅值为 U_d，和相电压控制方法相比，直流电压利用率提高了 15%。

3）输出线电压中不含低次谐波，这是因为相电压中相应于 u_P 的谐波分量相互抵消的缘故。这一性能优于梯形波调制方式。

可以看出，这种线电压控制方式的特性是相当好的，其不足之处是控制有些复杂。

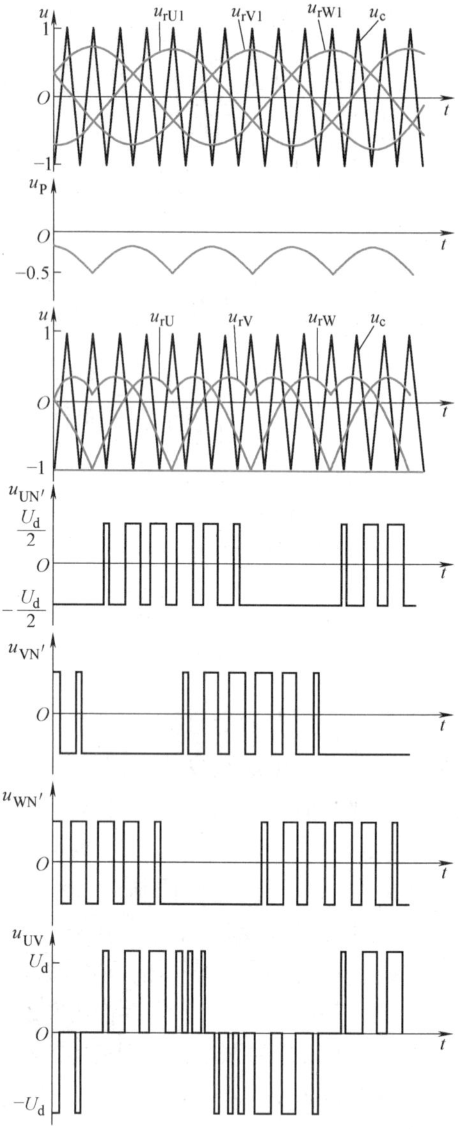

图 7-19　线电压控制方式举例

7.2.6　空间矢量脉宽调制

PWM 控制三相逆变器的脉宽调制方法，除了前面所述的计算法和载波脉宽调制（Carrier-Based PWM, CBPWM）之外，空间矢量脉宽调制（Space Vector PWM, SVPWM），简称为空间矢量调制（Space Vector Modulation, SVM），在工程实际中也较为常用。本节将对空间矢量脉宽调制的基本原理和方法加以介绍。下面将看到，可以将空间矢量调制看作是输出三相波形的一种计算法脉宽调制。

1. 三相变量的空间矢量表示

三相变量在任意时刻都有三个实数量值，很自然地可以用这三个实数量值作为空间的三维直角坐标值，因而具有这三维直角坐标值的空间矢量就可以用来表示这一时刻三相变量的整体情况。如图 7-20 所示，三相变量 x_a、x_b 和 x_c 在 t 时刻的量值分别为 $x_a(t)$、$x_b(t)$ 和 $x_c(t)$，则用来表示三相变量整体的空间矢量即为

$$\vec{x}(t) = \begin{bmatrix} x_a(t) \\ x_b(t) \\ x_c(t) \end{bmatrix} \tag{7-14}$$

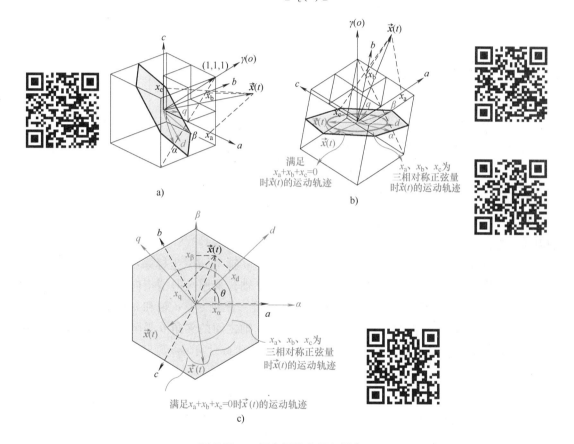

图 7-20　三相变量的空间矢量表示

a) 以 c 轴为纵轴的侧视图　b) 以 γ 轴（o 轴）为纵轴的侧视图　c) 图 b 的俯视图

可以想象，在不同的时刻，三相变量的量值随时间而改变，表示三相变量的空间矢量 $\vec{x}(t)$ 的三维直角坐标也就随时间而改变，图中代表该空间矢量的有向线段在三维空间里的具体指向和长度因此也就随时间而改变。

对同一空间矢量（有向线段）来说，除了用 abc 三维直角坐标系来表示以外，还可以用其他三维直角坐标系来表示，比如常用的 $\alpha\beta\gamma$ 坐标系。$\alpha\beta\gamma$ 坐标系中的 γ 轴取的是 abc 坐标系中空间矢量（1，1，1）的指向，α 轴和 β 轴则处在与空间矢量（1，1，1）相垂直而穿过原点的平面上，α 轴取的是 a 轴在该平面上的投影，β 轴取的是采用大拇指指向 γ 轴方向

的右手定则在该平面上将 α 轴旋转 90°角度后的指向。稍加分析不难注意到，a 轴、b 轴和 c 轴与各自向 α 轴和 β 轴所在平面（α-β 平面）投影的夹角是相等的，都等于图中 γ 轴与 a 轴之间夹角的余角。利用这个关系进行推导，即可获得由空间矢量的 abc 坐标计算 $\alpha\beta\gamma$ 坐标的关系式

$$\vec{x}_{\alpha\beta\gamma}(t) = \begin{bmatrix} x_\alpha(t) \\ x_\beta(t) \\ x_\gamma(t) \end{bmatrix} = \boldsymbol{T}_{\alpha\beta\gamma/abc}\vec{x}_{abc}(t) = \sqrt{\frac{2}{3}}\begin{bmatrix} 1 & -\dfrac{1}{2} & -\dfrac{1}{2} \\ 0 & \dfrac{\sqrt{3}}{2} & -\dfrac{\sqrt{3}}{2} \\ \dfrac{1}{\sqrt{2}} & \dfrac{1}{\sqrt{2}} & \dfrac{1}{\sqrt{2}} \end{bmatrix}\begin{bmatrix} x_a(t) \\ x_b(t) \\ x_c(t) \end{bmatrix} \tag{7-15}$$

以及反过来由空间矢量的 $\alpha\beta\gamma$ 坐标计算 abc 坐标的关系式

$$\vec{x}_{abc}(t) = \begin{bmatrix} x_a(t) \\ x_b(t) \\ x_c(t) \end{bmatrix} = \boldsymbol{T}_{abc/\alpha\beta\gamma}\vec{x}_{\alpha\beta\gamma}(t) = \sqrt{\frac{2}{3}}\begin{bmatrix} 1 & 0 & \dfrac{1}{\sqrt{2}} \\ -\dfrac{1}{2} & \dfrac{\sqrt{3}}{2} & \dfrac{1}{\sqrt{2}} \\ -\dfrac{1}{2} & -\dfrac{\sqrt{3}}{2} & \dfrac{1}{\sqrt{2}} \end{bmatrix}\begin{bmatrix} x_\alpha(t) \\ x_\beta(t) \\ x_\gamma(t) \end{bmatrix} \tag{7-16}$$

其中，$\boldsymbol{T}_{\alpha\beta\gamma/abc}$ 和 $\boldsymbol{T}_{abc/\alpha\beta\gamma}$ 分别表示这两种坐标变换的变换矩阵。可以看出二者互为转置矩阵，也互为逆矩阵。

dqo 旋转坐标系也可以用来表示空间矢量。其中 o 轴与 $\alpha\beta\gamma$ 坐标系中的 γ 轴相同，d 轴和 q 轴保持相互垂直，并且都保持在 α-β 平面上，q 轴是采用大拇指指向 o 轴方向的右手定则由 d 轴转向 90°角度后的指向。与 $\alpha\beta\gamma$ 坐标系的唯一区别是，d 轴和 q 轴随时间的变化是在 α-β 平面上旋转的，即如图 7-20c 所示，d 轴与 α 轴之间的夹角 θ 是随时间而变化的。利用这个夹角，稍加推导，即可获得由空间矢量的 $\alpha\beta\gamma$ 坐标计算 dqo 旋转坐标的关系式，即旋转变换

$$\vec{x}_{dqo}(t) = \begin{bmatrix} x_d(t) \\ x_q(t) \\ x_o(t) \end{bmatrix} = \boldsymbol{T}_{dqo/\alpha\beta\gamma}\vec{x}_{\alpha\beta\gamma}(t) = \begin{bmatrix} \cos\theta & \sin\theta & 0 \\ -\sin\theta & \cos\theta & 0 \\ 0 & 0 & 1 \end{bmatrix}\begin{bmatrix} x_\alpha(t) \\ x_\beta(t) \\ x_\gamma(t) \end{bmatrix} \tag{7-17}$$

以及反过来由空间矢量的 dqo 旋转坐标计算 $\alpha\beta\gamma$ 坐标的关系式

$$\vec{x}_{\alpha\beta\gamma}(t) = \begin{bmatrix} x_\alpha(t) \\ x_\beta(t) \\ x_\gamma(t) \end{bmatrix} = \boldsymbol{T}_{\alpha\beta\gamma/dqo}\vec{x}_{dqo}(t) = \begin{bmatrix} \cos\theta & -\sin\theta & 0 \\ \sin\theta & \cos\theta & 0 \\ 0 & 0 & 1 \end{bmatrix}\begin{bmatrix} x_d(t) \\ x_q(t) \\ x_o(t) \end{bmatrix} \tag{7-18}$$

其中，$\boldsymbol{T}_{dqo/\alpha\beta\gamma}$ 和 $\boldsymbol{T}_{\alpha\beta\gamma/dqo}$ 分别表示这两种坐标变换的变换矩阵。可以看出二者互为转置矩阵，也互为逆矩阵。

根据式（7-15）和式（7-17）可获得由空间矢量的 abc 坐标计算 dqo 旋转坐标的关系式，即帕克变换（Park's Transformation）

$$\vec{x}_{\mathrm{dqo}}(t) = \boldsymbol{T}_{\mathrm{dqo/\alpha\beta\gamma}} \boldsymbol{T}_{\mathrm{\alpha\beta\gamma/abc}} \vec{x}_{\mathrm{abc}}(t) = \boldsymbol{T}_{\mathrm{dqo/abc}} \vec{x}_{\mathrm{abc}}(t) = \sqrt{\frac{2}{3}} \begin{bmatrix} \cos\theta & \cos\left(\theta - \dfrac{2\pi}{3}\right) & \cos\left(\theta + \dfrac{2\pi}{3}\right) \\ -\sin\theta & -\sin\left(\theta - \dfrac{2\pi}{3}\right) & -\sin\left(\theta + \dfrac{2\pi}{3}\right) \\ \dfrac{1}{\sqrt{2}} & \dfrac{1}{\sqrt{2}} & \dfrac{1}{\sqrt{2}} \end{bmatrix} \begin{bmatrix} x_{\mathrm{a}}(t) \\ x_{\mathrm{b}}(t) \\ x_{\mathrm{c}}(t) \end{bmatrix}$$

$$(7\text{-}19)$$

根据式（7-16）和式（7-18）可获得由空间矢量的 dqo 旋转坐标计算 abc 坐标的关系式

$$\vec{x}_{\mathrm{abc}}(t) = \boldsymbol{T}_{\mathrm{abc/\alpha\beta\gamma}} \boldsymbol{T}_{\mathrm{\alpha\beta\gamma/dqo}} \vec{x}_{\mathrm{dqo}}(t) = \boldsymbol{T}_{\mathrm{abc/dqo}} \vec{x}_{\mathrm{dqo}}(t) = \sqrt{\frac{2}{3}} \begin{bmatrix} \cos\theta & -\sin\theta & \dfrac{1}{\sqrt{2}} \\ \cos\left(\theta - \dfrac{2\pi}{3}\right) & -\sin\left(\theta - \dfrac{2\pi}{3}\right) & \dfrac{1}{\sqrt{2}} \\ \cos\left(\theta + \dfrac{2\pi}{3}\right) & -\sin\left(\theta + \dfrac{2\pi}{3}\right) & \dfrac{1}{\sqrt{2}} \end{bmatrix} \begin{bmatrix} x_{\mathrm{d}}(t) \\ x_{\mathrm{q}}(t) \\ x_{\mathrm{o}}(t) \end{bmatrix}$$

$$(7\text{-}20)$$

其中，$\boldsymbol{T}_{\mathrm{dqo/abc}}$ 和 $\boldsymbol{T}_{\mathrm{abc/dqo}}$ 分别表示这两种坐标变换的变换矩阵。可以看出二者互为转置矩阵，也互为逆矩阵。

在工程实际中，任意时刻三相变量的量值之和往往保持为零，即

$$x_{\mathrm{a}}(t) + x_{\mathrm{b}}(t) + x_{\mathrm{c}}(t) = 0 \tag{7-21}$$

根据解析几何的知识可知，当满足这一条件时，表示这三相变量的空间矢量有向线段在任意时刻都将保持在 $\alpha\text{-}\beta$ 平面内，如图 7-20b 和 c 所示。因此，满足这一条件的空间矢量的 γ 轴（o 轴）坐标总是为零，由 abc 坐标计算 $\alpha\beta\gamma$ 坐标的变换公式也就可以简化为只计算 $\alpha\beta$ 坐标，也称为由 abc 三相至 $\alpha\beta$ 两相的变换，即克拉克变换（Clarke's Transformation）。由 $\alpha\beta\gamma$ 坐标计算 dqo 坐标的旋转变换可以简化为由 $\alpha\beta$ 坐标到 dq 坐标的 2×2 变换矩阵计算，由 abc 坐标计算 dqo 坐标的帕克变换可以简化为采用 3×2 变换矩阵只计算 dq 坐标。

进一步，如果三相变量量值是按照相位依次相差 120° 的三个等幅值等频率正弦函数随时间变化（姑且称之为三相对称正弦变量），即

$$\begin{bmatrix} x_{\mathrm{a}}(t) \\ x_{\mathrm{b}}(t) \\ x_{\mathrm{c}}(t) \end{bmatrix} = \begin{bmatrix} X_{\mathrm{m}}\sin(\omega t + \phi_0) \\ X_{\mathrm{m}}\sin\left(\omega t + \phi_0 - \dfrac{2\pi}{3}\right) \\ X_{\mathrm{m}}\sin\left(\omega t + \phi_0 + \dfrac{2\pi}{3}\right) \end{bmatrix} \tag{7-22}$$

这当然也是满足式（7-21）的。这种情况下，经过 abc 三相至 $\alpha\beta$ 两相的变换可以获得该空间矢量在 $\alpha\text{-}\beta$ 平面的 $\alpha\beta$ 坐标为

$$\begin{bmatrix} x_{\alpha}(t) \\ x_{\beta}(t) \end{bmatrix} = \begin{bmatrix} \sqrt{\dfrac{3}{2}} X_{\mathrm{m}}\sin(\omega t + \phi_0) \\ \sqrt{\dfrac{3}{2}} X_{\mathrm{m}}\sin\left(\omega t + \phi_0 - \dfrac{\pi}{2}\right) \end{bmatrix} \tag{7-23}$$

很明显该空间矢量的 $\alpha\beta$ 坐标有以下关系

$$x_\alpha^2(t) + x_\beta^2(t) = \left(\sqrt{\frac{3}{2}}X_m\right)^2 \tag{7-24}$$

这表明，在这种情况下表示该三相变量的空间矢量有向线段随着时间的变化保持长度为 $\sqrt{3/2}\,X_m$，在 α-β 平面上围绕着原点以角速度 ω 旋转，其箭头的运动轨迹就是以原点为圆心、以 $\sqrt{3/2}\,X_m$ 半径的圆，如图 7-20b 和 c 所示。所以，如果希望产生幅值为 X_m、角频率为 ω、相位依次相差 120°的三相对称正弦变量，用其对应的空间矢量表示的话，就是要产生长度恒定为 $\sqrt{3/2}\,X_m$、而在 α-β 平面上围绕原点以角速度 ω 旋转的空间矢量。如果随着时间的变化满足式（7-22）的三相变量幅值 X_m 和频率在变化，则对应旋转空间矢量的长度和旋转角速度随时间也是变化的。

　　若采用 dqo 旋转坐标系，且选取 d 轴旋转的角速度与该空间矢量的旋转角速度 ω 同步（不论 ω 是否恒定），即 d 轴与 α 轴的夹角 θ 随时间按以下规律变化

$$\theta = \omega t + \theta_0 \tag{7-25}$$

则经坐标变换可得该空间矢量的 dq 坐标为

$$\begin{bmatrix} x_d(t) \\ x_q(t) \end{bmatrix} = \begin{bmatrix} \sqrt{\dfrac{3}{2}}X_m\cos(\phi_0-\theta_0) \\ \sqrt{\dfrac{3}{2}}X_m\sin(\phi_0-\theta_0) \end{bmatrix} \tag{7-26}$$

可见，在这样的旋转坐标系下，该空间矢量的坐标变成了直流量。在三相变量的幅值 X_m 和初相角 ϕ_0 恒定时，这两个直流量是固定值，不随时间变化，也就是说这种情况下空间矢量的长度及其相对于 d 轴来说的指向是固定不变的。如果三相变量的幅值 X_m 和初相角 ϕ_0 在变化，则这两个直流量随时间也是变化的，也就是说这种情况下空间矢量的长度及其相对于 d 轴来说的指向是随时间变化的。

2. 三相电压型桥式逆变器可产生的交流侧三相线电压空间矢量

　　以图 4-9 所示最常用的三相电压型桥式逆变器的交流侧三相线电压为例，首先分析这种电路理论上能产生的三相线电压空间矢量。

　　根据三相电压型桥式逆变器每相半桥的上下桥臂通断状态总是相反的这个限制条件，每相半桥都可以等效看作一个单刀双掷（Single Pole Double Throw，SPDT）开关。其开关固定端就是半桥的中点，也就是交流侧的一个端子。其开关的活动端或连接到直流侧的正端（上桥臂导通而下桥臂阻断时），用"1"来表示此时该相半桥的开关状态；或连接到直流侧的负端（上桥臂阻断而下桥臂导通时），用"0"来表示此时该相半桥的开关状态。采用单刀双掷开关表示的三相电压型桥式逆变器等效电路如图 7-21 所示。

　　用表示 U、V、W 这三相半桥开关状态的数字依次写在一起来标记整个电路的开关状态。因每相半桥有两个可能的开关状态，整个电路就有八个可能的开关状态。电路的每个开关状态下交流侧三相线电压的瞬时值都可以用直流侧电压的倍数准确表达出来，也就是对应的三相线电压空间矢量在 abc 坐标系下的坐标。矢量的长度和指向也就可以通过计算获得，如表 7-1 所示。由于任意时刻三相线电压之和总是为零，符合条件式（7-17），三相线电压空间矢量必然总是保持在 α-β 平面上。因此表中空间矢量的指向是用 α-β 平面上该矢量与 α

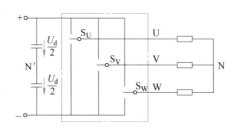

图 7-21 采用单刀双掷开关表示的三相电压型桥式逆变器等效电路

轴的夹角表示的，如图 7-22 所示。

表 7-1 三相电压型桥式逆变器的开关状态及相应的三相线电压空间矢量

U 相半桥开关状态	V 相半桥开关状态	W 相半桥开关状态	整个电路的开关状态	交流侧三相线电压瞬时值			交流侧三相线电压空间矢量			
				u_{UV}	u_{VW}	u_{WU}	标记符号	abc 坐标系下的坐标	长度	与 α 轴的夹角（°）
1	0	0	100	U_d	0	$-U_d$	$\vec{V}_1$	$(U_d, 0, -U_d)$		30
1	1	0	110	0	U_d	$-U_d$	$\vec{V}_2$	$(0, U_d, -U_d)$		90
0	1	0	010	$-U_d$	U_d	0	$\vec{V}_3$	$(-U_d, U_d, 0)$	$\sqrt{2}\,U_d$	150
0	1	1	011	$-U_d$	0	U_d	$\vec{V}_4$	$(-U_d, 0, U_d)$		-150
0	0	1	001	0	$-U_d$	U_d	$\vec{V}_5$	$(0, -U_d, U_d)$		-90
1	0	1	101	U_d	$-U_d$	0	$\vec{V}_6$	$(U_d, -U_d, 0)$		-30
1	1	1	111	0	0	0	$\vec{V}_0$	$(0, 0, 0)$	0	0
0	0	0	000	0	0	0				

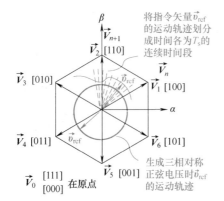

图 7-22 三相电压型桥式逆变器可产生的交流侧三相线电压空间矢量

可以看出，三相电压型桥式逆变电路的八个可能开关状态有六个状态交流侧的三相线电压是长度非零的空间矢量，按表中的顺序依次标记为 $\vec{V}_1 \sim \vec{V}_6$，有两个状态交流侧的三相线电压是零矢量，标记为 $\vec{V}_0$。六个非零矢量长度均为 $\sqrt{2}\,U_d$，相互间隔 60° 角，均匀地分布在 α-β 平面上。

3. 通过空间矢量脉宽调制等效产生预期的三相线电压空间矢量

如前所述，从交流侧三相线电压来看，理论上讲三相电压型桥式逆变器只能产生 α-β 平面上六个固定长度和指向的非零空间矢量和一个零矢量。而工程实际往往需要产生 α-β 平面上某个指定长度和指向的三相线电压空间矢量 $\vec{v}_{\text{ref}}$，而且随着时间的变化，$\vec{v}_{\text{ref}}$ 的长度和指向也会发生变化，如图 7-22 中 $\vec{v}_{\text{ref}}$ 的箭头运动轨迹所示。例如，前面已阐明，如果希望产生幅值为 U_{m}、角频率为 ω、相位依次相差 120° 的三相对称正弦线电压，就是要产生长度恒定为 $\sqrt{3/2}\,U_{\text{m}}$、围绕原点以角速度 ω 匀速旋转的三相线电压空间矢量。

那如何等效地产生随时间变化的指定的空间矢量呢？空间矢量脉宽调制还是采用 7.1 节 PWM 控制面积等效原理的基本思想，如图 7-22 和 7-23a 所示，将空间矢量指令 $\vec{v}_{\text{ref}}$ 的运动轨迹在时间上划分为很多个连续的开关周期 T_{s}，每个开关周期内用与指令空间矢量最临近的两个固定非零矢量（如 $\vec{V}_n$ 和 $\vec{V}_{n+1}$）和零矢量 $\vec{V}_0$（实际上就是三个最临近矢量）分别持续时间 t_n、t_{n+1} 和 t_0，满足以下的等"面积"公式即可

$$\int_0^{T_s} \vec{v}_{\text{ref}}\mathrm{d}t = \sum_{i=0,n,n+1} \int_0^{t_i} \vec{V}_i\mathrm{d}t = \vec{V}_0 t_0 + \vec{V}_n t_n + \vec{V}_{n+1} t_{n+1} \tag{7-27}$$

其中，$t_n+t_{n+1}+t_0=T_s$。每个开关周期内用调节了持续时间的固定矢量，来实现与指令矢量在这个开关周期的"面积"相等，与 7.1 节中用调节了时间宽度的固定幅值脉冲来实现与指令幅值在这个开关周期的面积相等的思想是一致的。只不过，7.1 节采用一个固定幅值脉冲和零幅值，而这里需要采用两个固定非零矢量和零矢量。这里的"面积"也指的是矢量对时间的积分，图 7-23a 中用标量来表示矢量仅仅是示意而已。同样，开关周期 T_{s} 越短，等效的效果越好。

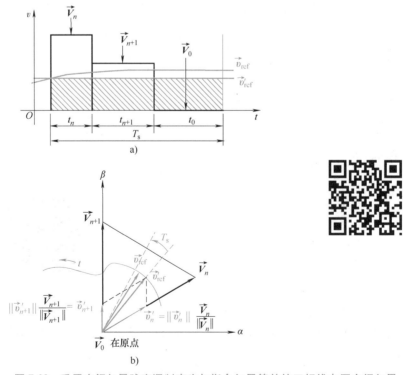

图 7-23　采用空间矢量脉宽调制产生与指令矢量等效的三相线电压空间矢量

a)"面积"等效的示意图　b) 固定空间矢量脉宽（持续时间）的确定

4. 空间矢量脉宽（持续时间）的确定方法和时序分配

首先，每个开关周期内原本长度和指向变化的指令空间矢量可以取其中某一时刻（如该开关周期的开始时刻）的空间矢量 $\vec{\boldsymbol{v}}'_{\text{ref}}$，并保持其长度和指向在此开关周期内不变来近似等效，如图 7-23 所示。这与 7.2.3 节规则采样的思路是一样的。开关周期越短，指令空间矢量变化越慢，近似的效果越好。

其次，$\vec{\boldsymbol{v}}'_{\text{ref}}$ 总是可以分解为与最临近两个非零矢量 $\vec{\boldsymbol{V}}_n$ 和 $\vec{\boldsymbol{V}}_{n+1}$ 分别同指向的两个矢量 $\vec{\boldsymbol{v}}'_n$ 和 $\vec{\boldsymbol{v}}'_{n+1}$ 之和，如图 7-23b 所示。"面积"等效公式（7-27）左侧指令矢量的积分就可以写为

$$\int_0^{T_s} \vec{\boldsymbol{v}}_{\text{ref}}\,\mathrm{d}t \approx \int_0^{T_s} \vec{\boldsymbol{v}}'_{\text{ref}}\,\mathrm{d}t = \vec{\boldsymbol{v}}'_{\text{ref}} T_s = (\vec{\boldsymbol{v}}'_n + \vec{\boldsymbol{v}}'_{n+1})\,T_s = \|\vec{\boldsymbol{v}}'_n\| \frac{\vec{\boldsymbol{V}}_n}{\|\vec{\boldsymbol{V}}_n\|} T_s + \|\vec{\boldsymbol{v}}'_{n+1}\| \frac{\vec{\boldsymbol{V}}_{n+1}}{\|\vec{\boldsymbol{V}}_{n+1}\|} T_s \tag{7-28}$$

其中 $\vec{\boldsymbol{v}}'_n$ 和 $\vec{\boldsymbol{v}}'_{n+1}$ 最后都写成了相应矢量的长度（又称为模）与表示其方向的单位矢量的乘积的形式。此式与式（7-27）右侧固定矢量积分和相等，对应的同指向的矢量积分必然相等，再注意到零矢量对时间积分仍然为零，而 $t_0+t_n+t_{n+1}=T_s$，因此可得

$$t_n = \frac{\|\vec{\boldsymbol{v}}'_n\|}{\|\vec{\boldsymbol{V}}_n\|} T_s \tag{7-29a}$$

$$t_{n+1} = \frac{\|\vec{\boldsymbol{v}}'_{n+1}\|}{\|\vec{\boldsymbol{V}}_{n+1}\|} T_s \tag{7-29b}$$

$$t_0 = T_s - t_n - t_{n+1} \tag{7-29c}$$

所以，已知 $\vec{\boldsymbol{v}}'_{\text{ref}}$ 即可首先判断出其最临近的两个非零固定矢量 $\vec{\boldsymbol{V}}_n$ 和 $\vec{\boldsymbol{V}}_{n+1}$ 具体是哪两个，进而计算出其分解出的两个分矢量 $\vec{\boldsymbol{v}}'_n$ 和 $\vec{\boldsymbol{v}}'_{n+1}$ 的模，最后按照式（7-29）计算出本开关周期两个非零固定矢量和零矢量各自的持续时间。

最后，还有两个非零固定矢量和零矢量持续时间先后次序的分配，以及与零矢量对应的两个开关状态选择与时序分配的问题。这需要根据输出电压波形的谐波含量，由开关状态变化次数直接影响的开关器件功率损耗，以及共模电压等其他因素来综合考虑选定。一般采用如图 7-24a 所示的固定空间矢量与开关状态时序分配（以最临近的两个非零固定矢量是 $\vec{\boldsymbol{V}}_1$ 和 $\vec{\boldsymbol{V}}_2$ 为例），其零矢量对应的两个开关状态各占一半的 t_0 时间，而所有固定空间矢量和开关状态的持续时间都各均分成两半，以开关周期中点时刻为中心，对称分布在中点时刻的前后两侧，这种时序分配方法产生的线电压谐波含量最小。如需进一步减小开关状态变化造成的开关器件功率损耗，可以采用如图 7-24b 所示的时序分配，即一个开关周期内的零矢量只选一个开关状态来实现，这样每个开关周期内开关状态的变化次数由六次减小为四次，而线电压谐波含量仍然保持最小。

研究表明，三相电压型桥式逆变器采用图 7-24a 和 b 这两种时序分配的空间矢量调制产生稳态正弦的交流侧线电压时，分别与采用 7.2.5 节介绍的基于稳态正弦调制信号叠加三次谐波的载波脉宽调制，以及叠加特殊稳态波形形成的两相控制方式载波脉宽调制产生的线电压波形和获得的优越性能是完全一致的，而这些优越性能对于空间矢量调制来讲，显然并不局限于产生稳态正弦波形的情况，也适用于产生非正弦或者非稳态波形的情况。

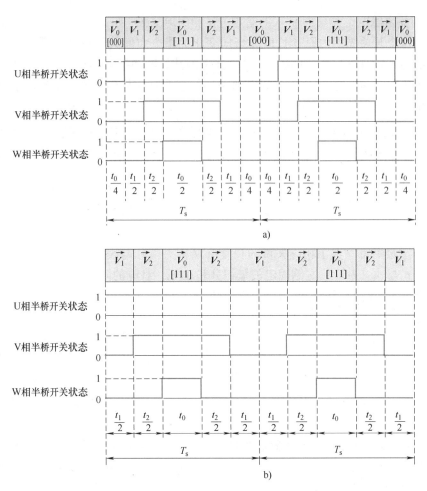

图7-24　开关周期内空间矢量与开关状态的时序分配

a）一般采用的最小谐波含量时序分配　b）进一步减小开关次数的时序分配

由于这些优越的性能，空间矢量脉宽调制逐渐获得了广泛的关注和应用。稍加思考不难看出，其基本思想不仅可以用来产生期望的三相电压，也可以用来产生期望的三相电流、三相磁通等物理量，不仅可以用于三相电压型桥式逆变器，也可以用于其他有三相交流侧的采用自换流的变流器，甚至用于某些变流器来产生期望的三相不平衡物理量（$x_a+x_b+x_c\neq0$）。

此外，三相变量的空间矢量表示法本身，及其在不同坐标系中表现出来的坐标特征，具有重要的物理意义。空间矢量的指向实时地反映了物理量瞬时值在三相之中分布的情况，两个空间矢量不同的指向反映了所代表的两组三相物理量在三相之中瞬时分布情况的差异。特别是对于时间相位依次相差120°的三相对称正弦物理量，空间矢量的长度反映了正弦量的幅值，两个空间矢量指向之间的夹角实际上就反映了两组物理量之间时间上的相位差。在三相电机、多相电机等应用场合，某些物理量（如磁通、电流等）用空间矢量表示时的瞬时长度和指向，与实际空间中合成物理量的瞬时量值和指向是完全对应的。因此，空间矢量表示法广泛地应用在电气工程，特别是电机和电力电子技术的许多领域，远远不只用在空间矢量脉宽调制中。

有关空间矢量表示法的应用与空间矢量脉宽调制的更多细致讨论和研究成果，可以通过电力电子技术和电机等电气领域的学术论文、专著和后续课程进一步深入学习了解。

7.2.7　多重化逆变电路和多电平逆变电路的 PWM 控制

和一般逆变电路一样，大容量 PWM 逆变电路也可采用多重化技术来减少谐波。采用
SPWM 技术理论上可以不产生低次谐波，因此，在构成 PWM 多重化逆变电路时，一般不再以减少低次谐波为目的，而是为了提高等效开关频率，减少开关损耗，减少和载波有关的谐波分量。

以并联多重化为例，PWM 逆变电路多重化连接方式有变压器方式和电抗器方式，图 7-25 是利用电抗器连接的二重电压型 PWM 逆变电路的例子，电路的输出从电抗器中心抽头处引出。采用载波脉宽调制的输出波形如图 7-26 所示，两个单元逆变电路采用相同的调制信号而载波信号相互错开 180°。所得到的输出电压波形中，输出端相对于直流电源中点 N′ 的电压 $u_{UN'}=(u_{U_1N'}+u_{U_2N'})/2$，已变为单极性 PWM 波了。输出线电压共有 0、$\pm(1/2)\,U_d$、$\pm U_d$ 五个电平，比非多重化时谐波有所减少。

多重 PWM 逆变电路这种不同逆变单元采用相同调制信号而载波信号相互错开 $360°/n$（n 为多重化的重数）的载波脉宽调制方法，称为**载波移相脉宽调制**（Carrier Phase Shifted PWM，CPSPWM）。其实，图 7-26 中调制信号与二重移相载波信号去比较而确定的总输出电压脉冲前沿与后沿的时刻，也可以看成是由调制信号与二重分别位于横轴上方和下方的载波信号比较而确定的，只不过这种视角下的二重载波比原来视角的那二重载波幅值和周期都减小了一半。可以证明，与图 7-26 同样的总输出电压也可以由调制信号与这两重被上下移动到了不同水平位置的载波比较的结果分别控制两个逆变单元而得到。多重 PWM 逆变电路这种不同逆变单元采用相同调制信号而载波信号峰峰值减小到调制波的 $1/n$、上下位置也相互错开调制波峰峰值 $1/n$ 的载波脉宽调制方法，称为载波层叠脉宽调制（Carrier Level Shifted PWM，CLSP-

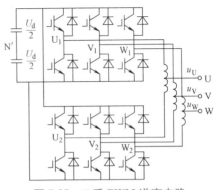

图 7-25　二重 PWM 逆变电路

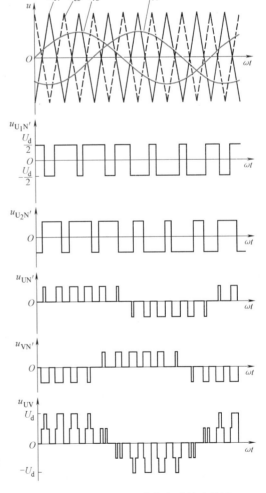

图 7-26　二重 PWM 逆变电路输出波形

WM）。可以想象，空间矢量脉宽调制的方法同样也可以应用于多重化的三相逆变电路，只不过其具体算法、时序和开关状态的选择因重数的增加变得更加复杂。限于篇幅，这里不作详述。

对于多重化电路中合成波形用的电抗器来说，所加电压的频率越高，所需的电感量就越小。一般多重化电路中电抗器所加电压频率为输出频率，因而需要的电抗器较大。而在多重PWM 型逆变电路中，电抗器上所加电压的频率为载波频率，比输出频率高得多，因此只要很小的电抗器就可以了。二重化后，输出电压中所含谐波的角频率仍可表示为 $n\omega_c+k\omega_r$，但当 n 为奇数时的谐波已全部被除去，谐波的最低频率在 $2\omega_c$ 附近，相当于电路的等效载波频率提高了一倍。

PWM 控制的多电平逆变电路其输出电压（电流）波形与多重 PWM 逆变电路是类似的，只是实现具体各个输出电平的电路拓扑和开关状态不一样，因此其具体的脉宽调制方法也同样可以采用载波移相脉宽调制、载波层叠脉宽调制和针对三相电路的空间矢量脉宽调制等方法，工程实际中都要根据它们各自不同的特点和不同的需求而选用。

此外，在电力半导体器件的开关频率受到限制而比较低的场合（如特大功率变流器），最近电平调制（Nearest Level Modulation，NLM）和三相电路基于空间矢量的最近矢量调制（Nearest Vector Modulation，NVM）是更受关注的脉宽调制方法，它们分别可以看作是每个输出周期内每个电平最多只有一个输出脉冲和每个固定输出矢量最多只持续一次的脉宽调制。

7.3　滞环脉宽调制与跟踪控制技术

前面介绍了计算法和调制法（载波法）两类生成 PWM 波形的方法。本节介绍的是第三类方法，即滞环脉宽调制（Hysteresis PWM）方法。这种方法不是用信号波对载波进行调制，而是把希望输出的波形（电流、电压或磁链等）作为指令信号，把实际波形作为反馈信号，通过两者的瞬时值比较来决定逆变电路各功率开关器件的通断，也就等效于对 PWM脉冲的宽度进行了调制，使实际的输出跟踪指令信号变化。因此，滞环脉宽调制也称为滞环控制（Hysteretic Control），也是电力电子电路中基于反馈闭环的跟踪控制技术的一种。具体变量的跟踪技术，除了滞环控制以外，最常用的是线性控制，即采用线性控制器的跟踪控制技术。

7.3.1　滞环脉宽调制（滞环控制）

滞环控制的 PWM 变流电路中，电流滞环控制应用最多。图 7-27 给出了采用电流滞环控制的单相半桥式逆变电路原理图。图 7-28给出了其输出电流波形。如图 7-27 所示，把指令电流 i^* 和实际输出电流 i 的偏差 i^*-i 作为带有滞环特性的比较器的输入，通过其输出来控制功率器件 V_1 和 V_2 的通断。设 i 的正方向如图所示，当 V_1（或 VD_1）导通时，

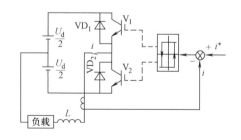

图 7-27　电流滞环控制单相半桥逆变电路

i 增大，当 V_2（或 VD_2）导通时，i 减小。这样，通过环宽为 $2\Delta I$ 的滞环比较器的控制，i 就在 $i^*+\Delta I$ 和 $i^*-\Delta I$ 的范围内，呈锯齿状地跟踪指令电流 i^*。滞环环宽对跟踪性能有较大的影响。环宽过宽时，开关动作频率低，但跟踪误差增大；环宽过窄时，跟踪误差减小，但开关的动作频率过高，甚至会超过开关器件的允许频率范围，开关损耗随之增大。和负载串联的电抗器 L 可起到限制电流变化率的作用。L 过大时，i 的变化率过小，对指令电流的跟踪变慢；L 过小时，i 的变化率过大，i^*-i 频繁地达到 $\pm\Delta I$，开关动作频率过高。

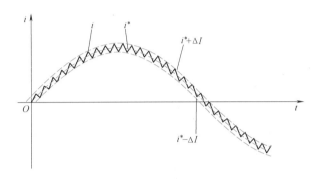

图 7-28　电流滞环控制的指令电流和输出电流

图 7-29 是采用三相电流滞环控制的 PWM 逆变电路，它由和图 7-27 相同的三个单相半桥电路组成，三相电流指令信号 i_U^*、i_V^* 和 i_W^* 依次相差 120°。图 7-30 给出了该电路输出的线电压和线电流的波形。可以看出，在线电压的正半周和负半周内，都有极性相反的脉冲输出，这将使输出电压中的谐波分量增大，也使负载的谐波损耗增加。

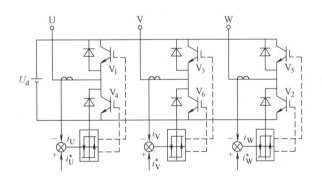

图 7-29　三相电流滞环控制的逆变电路

采用电流滞环控制的 PWM 变流电路有如下特点：
1）硬件电路简单。
2）属于实时控制方式，电流响应快。
3）不用载波，输出电压波形中不含特定频率的谐波分量。
4）和计算法及调制法相比，相同开关频率时输出电流中高次谐波含量较多。

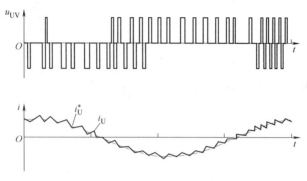

图 7-30　三相电流滞环控制的逆变电路输出波形

5) 属于闭环控制，具有闭环控制的一般优点。

采用滞环控制也可以实现电压跟踪控制，图 7-31 给出了一个例子。把指令电压 u^* 和经滤波的半桥逆变电路的输出电压 u 进行比较，输出送入滞环比较器，由比较器的输出控制主电路开关器件的通断，从而实现电压滞环控制。因输出电压是 PWM 波形，其中含有大量的高次谐波，故必须用适当的滤波器滤除。和电流滞环控制电路相比，只是把指令信号和反馈信号从电流变为电压。

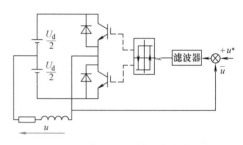

图 7-31　电压跟踪控制电路举例

当上述电路的指令信号 $u^*=0$ 时，输出电压 u 为频率较高的矩形波，相当于一个自励振荡电路。u^* 为直流信号时，u 产生直流偏移，变为正负脉冲宽度不等、正宽负窄或正窄负宽的矩形波，正负脉冲宽度之差由 u^* 的极性和大小决定。当 u^* 为交流信号时，只要其频率远低于上述自励振荡频率，从输出电压 u 中滤除由功率器件通断所产生的高次谐波后，所得的波形就几乎和 u^* 相同，从而实现电压跟踪控制。

7.3.2　采用线性控制器的跟踪控制技术

图 7-32 是 PWM 逆变电路采用载波脉宽调制实现基于线性控制器的电流跟踪控制技术原理图。和前面介绍载波调制时不同的是，这里并不是把指令信号和三角波直接进行比较而产生 PWM 波形，而是通过闭环来进行控制的。从图中可以看出，把指令电流 i_U^*、i_V^*、i_W^* 和逆变电路实际输出的电流 i_U、i_V、i_W 进行比较，求出偏差电流，通过放大器 A 放大后，根据反馈控制的原理，这就对应期望逆变电路交流侧输出的电压，这个电压如果能实际施加到电路中将使实际电流朝着指令电流的值跟踪变化，使实际电流与指令电流的偏差减小，实现电流的跟踪控制。而根据 PWM 的原理，将放大器 A 的输出信号作为调制信号，通过载波法进行脉宽调制，逆变器即可产生与调制信号等效的交流侧电压 PWM 波形，进而实现前述对电流的反馈控制。放大器 A 通常具有比例积分特性或比例特性，即人们所说的线性控制器，其控制器参数直接影响着逆变电路的电流跟踪特性。这里，由调制信号产生期望的三相电路交流侧电压 PWM 波形当然也可以采用空间矢量脉宽调制等计算法来实现。

因为采用载波脉宽调制或者计算法脉宽调制，功率开关器件的开关频率是一定的，即等于载波频率，这给高频滤波器的设计带来方便。为了改善输出电压波形，三角波载波常用三相三角波信号。和滞环控制相比，这种采用线性控制器的跟踪控制技术输出目标变量所含的谐波少，因此常用于对谐波和噪声要求严格的场合。

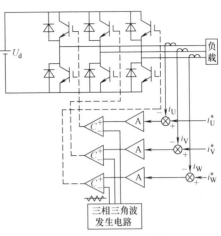

图 7-32　基于线性控制器的电流跟踪控制技术电路原理

除上述滞环控制和线性控制外，电力电子电路中的跟踪控制技术还有一种定时比较方式。这种方式不用滞环比较器，而是设置一个固定的时钟，以固定的采样周期对指令信号和被控变量进行采样，并根据二者偏差的极性来控制变流电路开关器件的通断，使被控制量跟踪指令信号。以图 7-27 的单相半桥逆变电路对电流的滞环控制为例，在时钟信号到来的采样时刻，如果实际电流 i 小于指令电流 i^*，令 V_1 导通、V_2 关断，使 i 增大；如果 i 大于 i^*，则令 V_1 关断、V_2 导通，使 i 减小。这样，每个采样时刻的控制作用都使实际电流与指令电流的误差减小。采用定时比较方式时，功率器件的最高开关频率为时钟频率的 $1/2$。和滞环控制相比，这种方式的控制误差没有一定的环宽，控制的精度要低一些。可以看出，这种控制方式与滞环控制都属于非线性控制。

电力电子电路中采用非线性控制器的跟踪控制技术近年来有了快速的发展，比如电荷控制（Charge Control）、电荷平衡控制（Charge Balance Control）、滑模控制（Sliding Mode Control）、模型预测控制（Model Predictive Control）等。它们在不同的具体应用中具有各自的优势。但在大部分应用场合，采用线性控制器就足以满足跟踪控制的性能要求，所以线性控制仍然是目前电力电子电路中应用最广的跟踪控制技术。

此外，对于三相变量的跟踪控制来说，从空间矢量的角度看，采用以上这些控制技术的反馈控制闭环，如图 7-32 中的三相电流反馈控制闭环，既可以在 abc 坐标系里实现，也可以通过坐标变换在 $\alpha\beta\gamma$ 坐标系里实现，或者在 dqo 旋转坐标系里实现。在不同的应用场合，不同坐标系下的空间矢量以及空间矢量之间的指向关系会对应不同的物理意义，因此不同坐标系下的跟踪控制有可能带来不同的控制效果和系统性能。更详细的讨论可以在后续课程或有关专著、论文中深入了解。

7.4　PWM 整流电路及其控制技术

目前在各个领域实际应用的整流电路大部分仍然是晶闸管相控整流电路或二极管整流电路。如第 3 章所述，晶闸管相控整流电路的输入电流滞后于电压，其滞后角随着触发延迟角 α 的增大而增大，位移因数也随之降低。同时，输入电流中谐波分量也相当大，因此功率因数很低。二极管整流电路虽然位移因数接近 1，但输入电流中谐波分量很大，所以功率因数也很低。如前所述，PWM 控制技术首先是在直流斩波电路和逆变电路中发展起来的。随着以 IGBT 为代表的全控型器件的不断进步，在逆变电路中采用的 PWM 控制技术已相当成熟。

目前，SPWM 控制技术已在交流调速用变频器和不间断电源中获得了广泛的应用。把逆变电路中的 SPWM 控制技术用于整流电路，就形成了 PWM 整流电路。通过对 PWM 整流电路的适当控制，可以使其输入电流非常接近正弦波，且和输入电压同相位，功率因数近似为 1。这种整流电路也可以称为单位功率因数变流器，或高功率因数整流器。

7.4.1 PWM 整流电路的工作原理

和逆变电路相同，PWM 整流电路也可分为电压型和电流型两大类。目前研究和应用较多的是电压型 PWM 整流电路，因此这里主要介绍电压型的电路。由于 PWM 整流电路可以看成是把逆变电路中的 SPWM 技术移植到整流电路中而形成的，所以上一节讲述的 SPWM 逆变电路的知识对于理解 PWM 整流电路会有很大的帮助。实际上，从下文的讨论可以看出，PWM 整流电路和 PWM 逆变电路的主电路结构是一样的。因此，采用同样的脉宽调制方法就都可以在变流器的交流侧端口产生等效的单相或三相正弦电压。下面分别介绍单相和三相 PWM 整流电路的构成及其工作原理。

1. 单相 PWM 整流电路

图 7-33a 和 b 分别为单相半桥和全桥 PWM 整流电路。对于半桥电路来说，直流侧电容必须由两个电容串联，其中点和交流电源连接。对于全桥电路来说，直流侧电容只要一个就可以了。交流侧电感 L_s 包括外接电抗器的电感和交流电源内部电感，是电路正常工作所必需的。电阻 R_s 包括外接电抗器中的电阻和交流电源的内阻。

下面以全桥电路为例说明 PWM 整流电路的工作原理。由 SPWM 逆变电路的工作原理可知，按照正弦信号波和三角波相比较的方法对图 7-33b 中的 $V_1 \sim V_4$ 进行 SPWM 控制，就可以在桥的交流输入端 A、B 产生一个 SPWM 波 u_{AB}，u_{AB} 中含有和正弦信号波同频率且幅值成比例的基波分量，以及和三角波载波有关的频率很高的谐波，而不含有低次谐波。由于电感 L_s 的滤波作用，高次谐波电压只会使交流电流 i_s 产生很小的脉动，可以忽略。这样，当正弦信号波的频率和电源频率相同时，i_s 也为与电源频率相同的正弦波。在交流电源电压 u_s 一定的情况下，i_s 的幅值和相位仅由 u_{AB} 中基波分量 u_{ABf} 的幅值及其与 u_s 的相位差来决定。改变 u_{ABf} 的幅值和相位，就可以使 i_s 和 u_s 同相位、反相位，i_s 比 u_s 超前90°，或使 i_s 与 u_s 的相位差为所需

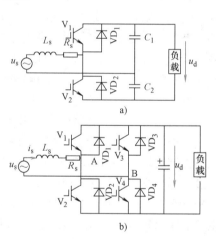

图 7-33 单相 PWM 整流电路
a) 单相半桥电路   b) 单相全桥电路

要的角度。图 7-34 的相量图说明了这几种情况，图中 $\dot{U}_s$、$\dot{U}_L$、$\dot{U}_R$ 和 $\dot{I}_s$ 分别为交流电源电压 u_s、电感 L_s 上的电压 u_L、电阻 R_s 上的电压 u_R 以及交流电流 i_s 的相量，$\dot{U}_{AB}$ 为 u_{AB} 的相量。图7-34a 中，$\dot{U}_{AB}$ 滞后 $\dot{U}_s$ 的相角为 δ，$\dot{I}_s$ 和 $\dot{U}_s$ 完全同相位，电路工作在整流状态，且功率因数为 1，这就是 PWM 整流电路最基本的工作状态。图 7-34b 中，$\dot{U}_{AB}$ 超前 $\dot{U}_s$ 的相角为 δ，$\dot{I}_s$ 和 $\dot{U}_s$ 的相位正好相反，电路工作在逆变状态。这说明 PWM 整流电路可以实现能量正反两个方向的流动，既可以运行在整流状态，从交流侧向直流侧输送能量，也可以运行在逆变状态，从直流侧向交流侧输送能量。而且，这两种方式都可以在单位功率因数下运行。这一特

点对于需要再生制动运行的交流电动机调速系统是很重要的。图 7-34c 中 $\dot{U}_{AB}$ 滞后 $\dot{U}_{s}$ 的相角为 δ，$\dot{I}_{s}$ 超前 $\dot{U}_{s}$ 90°，电路在向交流电源送出无功功率，这时的电路被称为**静止无功功率发生器**（Static Var Generator，SVG），一般不再称之为 PWM 整流电路了。在图 7-34d 的情况下，通过对 $\dot{U}_{AB}$ 幅值和相位的控制，可以使 $\dot{I}_{s}$ 比 $\dot{U}_{s}$ 超前或滞后任一角度 φ。

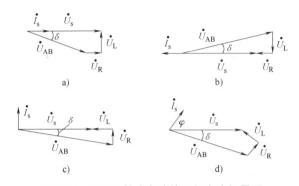

图 7-34　PWM 整流电路的运行方式相量图

a）整流运行　b）逆变运行　c）无功补偿运行　d）$\dot{I}_{s}$ 超前角为 φ

对于单相全桥 PWM 整流电路的工作原理再作如下说明。在整流运行状态下，当 $u_{s}>0$ 时，由 V_{2}、VD_{4}、VD_{1}、L_{s} 和 V_{3}、VD_{1}、VD_{4}、L_{s} 分别组成了两个升压斩波电路。以包含 V_{2} 的升压斩波电路为例，当 V_{2} 导通时，u_{s} 通过 V_{2}、VD_{4} 向 L_{s} 储能；当 V_{2} 关断时，L_{s} 中储存的能量通过 VD_{1}、VD_{4} 向直流侧电容 C 充电。当 $u_{s}<0$ 时，由 V_{1}、VD_{3}、VD_{2}、L_{s} 和 V_{4}、VD_{2}、VD_{3}、L_{s} 分别组成了两个升压斩波电路，工作原理和 $u_{s}>0$ 时类似。因为电路按升压斩波电路工作，所以如果控制不当，直流侧电容电压可能比交流电压峰值高出许多倍，对电力半导体器件形成威胁。另一方面，如果直流侧电压过低，例如低于 u_{s} 的峰值，则 u_{AB} 中就得不到图 7-34a 中所需的足够高的基波电压幅值，或 u_{AB} 中含有较大的低次谐波，这样就不能按照需要控制 i_{s}，i_{s} 波形会发生畸变。

从上述分析可以看出，电压型 PWM 整流电路是升压型整流电路，其输出直流电压可以从交流电源电压峰值附近向高调节，如要向低调节就会使电路性能恶化，以至不能工作。

2. 三相 PWM 整流电路

图 7-35 是三相桥式 PWM 整流电路，这是最基本的 PWM 整流电路之一，其应用也最为广泛。图中 L_{s}、R_{s} 的含义和图 7-33b 的单相全桥 PWM 整流电路完全相同。电路的工作原理也和前述的单相全桥电路相似，只是从单相扩展到三相。对电路进行 SPWM 控制，在桥的交流输入端 A、B 和 C 可得到 SPWM 电压，对各相电压按图 7-34a 的相量图进行控制，就可以使各相电流 i_{a}、i_{b}、i_{c} 为正弦波且和电压相位相同，功率因数近似为 1。和单相电路相同，该电路也可以工作在图 7-34b 的逆变运行状态及图 7-34c 或 d 的状态。

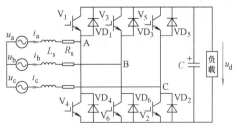

图 7-35　三相桥式 PWM 整流电路

7.4.2　PWM 整流电路的控制技术

为了使 PWM 整流电路在工作时功率因数近似为 1，即要求输入电流为正弦波且和电压同相位，可以有多种控制方法。根据有没有引入电流反馈可以将这些控制方法分为两种，没有引入交流电流反馈的称为**间接电流控制**，引入交流电流反馈的称为**直接电流控制**。下面分别介绍这两种控制方法的基本原理。

1. 间接电流控制

间接电流控制也称为**相位和幅值控制**。这种方法就是按照图 7-34a（逆变运行时为图 7-34b）的相量关系来控制整流桥交流输入端电压，使得输入电流和电压同相位，从而得到功率因数为 1 的控制效果。

图 7-36 为间接电流控制的系统结构图，图中的 PWM 整流电路为图 7-35 的三相桥式电路。控制系统的闭环是整流器直流侧电压控制环。直流电压给定信号 u_d^* 和实际的直流电压 u_d 比较后送入 PI 调节器，PI 调节器的输出为一直流电流指令信号 i_d，i_d 的大小和整流器交流输入电流的幅值成正比。稳态时，$u_d = u_d^*$，PI 调节器输入为零，PI 调节器的输出 i_d 和整流器负载电流大小相对应，也和整流器交流输入电流的幅值相对应。当负载电流增大时，直流侧电容 C 放电而使其电压 u_d 下降，PI 调节器的输入端出现正偏差，使其输出 i_d 增大，i_d 的增大会使整流器的交流输入电流增大，也使直流侧电压 u_d 回升。达到稳态时，u_d 仍和 u_d^* 相等，PI 调节器输入仍恢复到零，而 i_d 则稳定在新的较大的值，与较大的负载电流和较大的交流输入电流相对应。当负载电流减小时，调节过程和上述过程相反。若整流器要从整流运行变为逆变运行时，首先是负载电流反向而向直流侧电容 C 充电，使 u_d 抬高，PI 调节器出现负偏差，其输出 i_d 减小后变为负值，使交流输入电流相位和电压相位反相，实现逆变运行。达到稳态时，u_d 和 u_d^* 仍然相等，PI 调节器输入恢复到零，其输出 i_d 为负值，并与逆变电流的大小相对应。

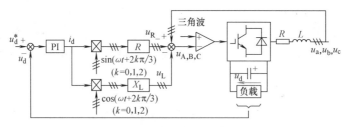

图 7-36　间接电流控制系统结构图

下面再来分析控制系统中其余部分的工作原理。图 7-36 中两个乘法器均为三相乘法器的简单表示，实际上两者均由三个单相乘法器组成。上面的乘法器是 i_d 分别乘以和 a、b、c 三相相电压同相位的正弦信号，再乘以电阻 R，就可得到各相电流在 R_s 上的压降 u_{Ra}、u_{Rb} 和 u_{Rc}；下面的乘法器是 i_d 分别乘以比 a、b、c 三相相电压相位超前 π/2 的余弦信号，再乘以电感 L 的感抗，就可得到各相电流在电感 L_s 上的压降 u_{La}、u_{Lb} 和 u_{Lc}。各相电源相电压 u_a、u_b、u_c 分别减去前面求得的输入电流在电阻 R 和电感 L 上的压降，就可得到所需的整流桥交流输入端各相的相电压 u_A、u_B 和 u_C 的信号，用该信号对三角波载波进行调制，得到 PWM 开关信号去控制整流桥，就可以得到需要的控制效果。对照图 7-34a 的相量图来分析控制系统结构图，可以对图中各环节输出的物理意义和控制原理有更为清楚的认识。

从控制系统结构及上述分析可以看出，这种控制方法在信号运算过程中要用到电路参数 L_s 和 R_s。当 L_s 和 R_s 的运算值和实际值有误差时，必然会影响到控制效果。此外，对照图 7-34a 可以看出，这种控制方法是基于系统的静态模型设计的，其动态特性较差。因此，间接电流控制的系统应用较少。

2. 直接电流控制

在这种控制方法中，通过运算求出交流输入电流指令值，再引入交流电流反馈，通过对交流电流的直接控制而使其跟踪指令电流值，因此这种方法称为直接电流控制。直接电流控制中有不同的电流跟踪控制方法，图 7-37 给出的是一种最常用的采用电流滞环控制方式的控制系统结构图。

图 7-37 的控制系统是一个双闭环控制系统。其外环是直流电压控制环，内环是交流电流控制环。外环的结构、工作原理均和图 7-36 的间接电流控制系统相同，前面已进行了详细的分析，这里不再重复。外环 PI 调节器的输出为直流电流信号 i_d，i_d 分别乘以和 a、b、c 三相相电压同相位的正弦信号，

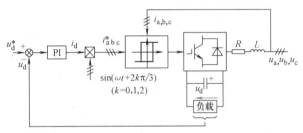

图 7-37　直接电流控制系统结构图

就得到三相交流电流的正弦指令信号 i_a^*、i_b^* 和 i_c^*。可以看出，i_a^*、i_b^* 和 i_c^* 分别和各自的电源电压同相位，其幅值和反映负载电流大小的直流信号 i_d 成正比，这正是整流器作单位功率因数运行时所需要的交流电流指令信号。该指令信号和实际交流电流信号比较后，通过滞环对各开关器件进行控制，便可使实际交流输入电流跟踪指令值，其跟踪误差在由滞环环宽所决定的范围内。除了滞环控制外，内环对电流的跟踪控制技术当然也可以采用 7.3 节介绍的线性控制或其他非线性控制，对三相系统来讲可以采用 abc 坐标系、$\alpha\beta\gamma$ 坐标系或 dqo 坐标系。

<hr />

本 章 小 结

PWM 控制技术是在电力电子领域有着广泛的应用，并对电力电子技术产生了十分深远影响的一项技术。

PWM 控制技术在晶闸管时代就已经产生，但是为了使晶闸管通断要付出很大的代价，因而难以得到广泛应用。以 IGBT、电力 MOSFET 等为代表的全控型器件的不断完善给 PWM 控制技术提供了强大的物质基础，推动了这项技术的迅猛发展，使它应用到整流、逆变、直-直、交-交的所有四大类变流电路中。

直接直流斩波电路实际上就是直流 PWM 电路，这是 PWM 控制技术应用较早也成熟较早的一类电路，把直流斩波电路应用于直流电动机调速系统，就构成广泛应用的直流脉宽调速系统。

交流-交流变流电路中的斩控式交流调压电路和矩阵式变频电路是 PWM 控制技术在这类电路中应用的代表。目前，其应用都还不多，但矩阵式变频电路因其容易实现集成化，可望

有良好的发展前景。

PWM 控制技术在逆变电路中的应用最具代表性。可以说，正是由于 PWM 控制技术在逆变电路中的广泛而成功的应用，才奠定了 PWM 控制技术在电力电子技术中的突出地位。除功率很大的逆变装置外，不用 PWM 控制的逆变电路已十分少见。本章讲述的重点即是 PWM 逆变电路。可以认为，第 4 章讲述的逆变电路因为尚未涉及 PWM 控制技术，因此是不完整的。学完本章，读者才能对逆变电路有一个较为完整的认识。

PWM 控制技术用于整流电路即构成 PWM 整流电路，它属于斩控电路的范畴。这种技术可以看成逆变电路中的 PWM 技术向整流电路的延伸。PWM 整流电路已经获得了一些应用，并有良好的应用前景。PWM 整流电路作为对第 3 章内容的补充，可以使读者对整流电路有一个更全面的认识。

虽然以第 3 章中的相控整流电路和第 6 章交流调压电路为代表的相位控制技术在电力电子电路中仍占据着重要的地位，但以 PWM 控制技术为代表的斩波控制技术正在越来越占据着主导地位。相位控制和斩波控制分别简称相控和斩控。把斩控和相控这两种技术对照起来学习，可使读者对电力电子电路的控制技术有更为明晰的认识。

习题及思考题

1. 试说明 PWM 控制的基本原理。

2. 设图 7-3 中半周期的脉冲数为 5，脉冲幅值为相应正弦波幅值的 2 倍，试按面积等效原理来计算各脉冲的宽度。

3. 单极性和双极性 PWM 调制有什么区别？在三相桥式 PWM 逆变电路中，输出相电压（输出端相对于直流电源中点的电压）和线电压 SPWM 波形各有几种电平？

4. 特定谐波消去法的基本原理是什么？设半个信号波周期内有 10 个开关时刻（不含 0 和 π 时刻）可以控制，可以消去的谐波有几种？

5. 什么是异步调制？什么是同步调制？二者各有何特点？分段同步调制有什么优点？

6. 什么是 SPWM 波形的规则采样法？和自然采样法相比，规则采样法有什么优缺点？

7. 单相和三相 SPWM 波形中，所含主要谐波的频率是多少？

8. 如果采用载波脉宽调制，如何提高三相 PWM 逆变电路的直流电压利用率？

9. 试简述三相变量空间矢量表示法，并具体推导三相变量空间矢量在 abc、$\alpha\beta\gamma$ 和 dqo 坐标系之间相互转换的坐标变换公式，阐述三相变量空间矢量表示法潜在的物理意义。

10. 以三相电压型桥式 PWM 逆变电路为例，阐述空间矢量脉宽调制的基本原理、脉宽计算方法、具体实现步骤及与载波脉宽调制相比的优势。

11. 采用 PWM 控制的多重化逆变电路和多电平逆变电路常用的脉宽调制方法都有哪些？各有哪些潜在的特点？

12. 什么是滞环脉宽调制？与其他脉宽调制方法相比有何特点？为什么滞环脉宽调制也被看作是一种跟踪控制技术？电力电子电路还有哪些跟踪控制技术？

13. 什么是 PWM 整流电路？它和相控整流电路的工作原理和性能有何不同？

14. 在 PWM 整流电路中，什么是间接电流控制？什么是直接电流控制？为什么后者目前应用较多？

第 8 章

软开关技术

现代电力电子装置的发展趋势是小型化、轻量化，同时对装置的效率和电磁兼容性也提出了更高的要求。

通常，滤波电感、电容和变压器在装置的体积和重量中占很大比例。从"电路"和"电机学"的有关知识可知，提高开关频率可以减小滤波器的参数，并使变压器小型化，从而有效地降低装置的体积和重量，因此装置小型化、轻量化最直接的途径是电路的高频化。但在提高开关频率的同时，开关损耗也随之增加，电路效率严重下降，电磁干扰也增大了，所以简单地提高开关频率是不行的。针对这些问题出现了软开关技术，它主要解决电路中的开关损耗和开关噪声问题，使开关频率可以大幅度提高。

本章首先介绍软开关的基本概念及其分类，然后详细分析几种典型的软开关电路。

8.1 软开关的基本概念

8.1.1 硬开关与软开关

在本书前面章节的分析中，总是将电路理想化，特别是将开关理想化，忽略了开关过程对电路的影响，这样的分析方法便于理解电路的工作原理。但必须认识到，实际电路中开关过程是客观存在的，一定条件下还可能对电路的工作造成严重影响。

图 8-1 是前面章节讲过的降压型斩波电路。在这样的电路中，开关开通和关断过程中的电压和电流波形如图 8-2 所示，开关过程中电压、电流均不为零，出现了重叠，因此有显著的开关损耗，而且电压和电流变化的速度很快，波形出现了明显的过冲，从而产生了开关噪声，这样的开关过程称为硬开关，主要的开关过程为硬开关的电路称为硬开关电路。图 8-1的电路是一个典型的硬开关电路，第 5 章讲过的 boost、buck-boost 等其他几种非隔离的电路和半桥、全桥、推挽等隔离型电路都是硬开关电路，第 7 章讲过的 PWM 逆变电路和 PWM整流电路也是硬开关电路。

开关损耗与开关频率之间呈线性关系，因此当硬开关电路的工作频率不太高时，开关损耗占总损耗的比例并不大，但随着开关频率的提高，开关损耗就越来越显著，这时候必须采用软开关技术来降低开关损耗。

一种典型的软开关电路——降压型零电压开关准谐振电路及其理想化波形如图 8-3 所

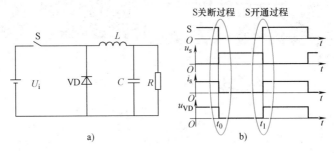

图 8-1 硬开关降压型电路及波形

a) 电路图 b) 理想化波形

示, 作为与硬开关过程的对比, 图 8-4 给出了该软开关电路中开关 S 换流过程的电压和电流的波形。

同硬开关电路相比, 软开关电路中增加了谐振电感 L_r 和谐振电容 C_r, 与滤波电感 L、电容 C 相比, L_r 和 C_r 的值小得多。另一个差别是, 开关 S 增加了反并联二极管 VD_s, 而硬开关电路中不需要这个二极管。

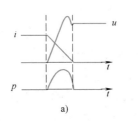 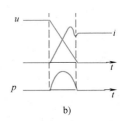

图 8-2 硬开关过程中的电压和电流波形

a) 关断过程 b) 开通过程

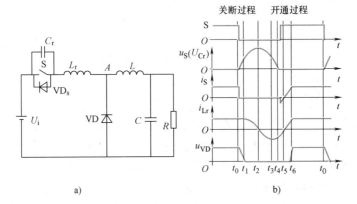

图 8-3 降压型零电压开关准谐振电路及波形

a) 电路图 b) 理想化波形

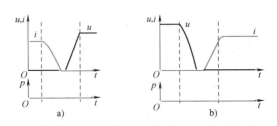

图 8-4 软开关过程中的电压和电流

a) 关断过程 b) 开通过程

软开关电路中 S 关断后 L_r 与 C_r 间发生谐振，电路中电压和电流的波形类似于正弦半波。谐振减缓了开关过程中电压、电流的变化，而且使 S 两端的电压在其开通前就降为零。这使得开关损耗和开关噪声都大大降低。

图 8-3 软开关电路说明了绝大部分软开关电路的基本特征。通过在开关过程前后引入谐振，使开关开通前电压先降到零，或关断前电流先降到零，就可以消除开关过程中电压、电流的重叠，降低它们的变化率，从而大大减小甚至消除开关损耗。同时，谐振过程限制了开关过程中电压和电流的变化率，这使得开关噪声也显著减小。这样的电路被称为**软开关电路**，而这样的开关过程也被称为**软开关**。

8.1.2　零电压开关与零电流开关

使开关开通前其两端电压降为零，则开关开通时就不会产生损耗和噪声，这种开通方式称为**零电压开通**；使开关关断前其电流降为零，则开关关断时也不会产生损耗和噪声，这种关断方式称为**零电流关断**。在很多情况下，不再指出开通或关断，仅称**零电压开关**和**零电流开关**。零电压开通和零电流关断要靠电路中的谐振来实现。

与开关并联的电容能使开关关断后电压上升延缓，从而降低关断损耗，有时称这种关断过程为零电压关断；与开关相串联的电感能使开关开通后电流上升延缓，降低了开通损耗，有时称之为零电流开通。简单地利用并联电容实现零电压关断和利用串联电感实现零电流开通一般会给电路造成总损耗增加、关断过电压增大等负面影响，是得不偿失的，没有应用价值。

8.2　软开关电路的分类

软开关技术问世以来，经历了不断的发展和完善，前后出现了许多种软开关电路，新型的软开关拓扑也不断出现。由于存在众多的软开关电路，而且各自有不同的特点和应用场合，因此对这些电路进行分类是很必要的。

根据电路中主要的开关元件是零电压开通还是零电流关断，可以将软开关电路分成零电压电路和零电流电路两大类。通常，一种软开关电路要么属于零电压电路，要么属于零电流电路。但也有个别电路中，有些开关是零电压开通，另一些开关是零电流关断的。

根据软开关技术发展的历程，可以将软开关电路分成准谐振电路、零开关 PWM 电路和零转换 PWM 电路。下面分别介绍这三类软开关电路。另外，谐振变流电路也可以实现软开关，此部分将在 8.4 进行介绍。

1. 准谐振电路

准谐振电路是最早出现的软开关电路，其中有些现在还在大量使用。准谐振电路可以分为以下几种。

1）零电压开关准谐振电路（Zero-Voltage-Switching Quasi-Resonant Converter，ZVS QRC）。

2）零电流开关准谐振电路（Zero-Current-Switching Quasi-Resonant Converter，ZCS QRC）。

3）零电压开关多谐振电路（Zero-Voltage-Switching Multi-Resonant Converter，ZVS MRC）。

4）用于逆变器的直流环节谐振电路（Resonant DC Link）。

图 8-5 以降压型电路（buck）为例给出了前三种软开关电路，直流环节谐振电路将在 8.3.2 中介绍。

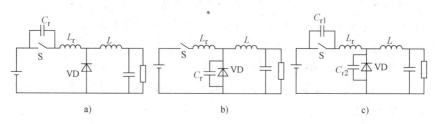

图 8-5 准谐振电路

a）零电压开关准谐振电路 b）零电流开关准谐振电路 c）零电压开关多谐振电路

准谐振电路中电压或电流的波形为正弦半波，因此称之为准谐振。谐振的引入使得电路的开关损耗和开关噪声都大大下降，但也带来一些负面问题：谐振电压峰值很高，要求器件耐压必须提高；谐振电流的有效值很大，电路中存在大量的无功功率的交换，造成电路导通损耗加大；谐振周期随输入电压、负载变化而改变，因此电路只能采用脉冲频率调制（Pulse Frequency Modulation，PFM）方式来控制，变化的开关频率给电路设计带来困难。

2. 零开关 PWM 电路

零开关 PWM 电路中引入了辅助开关来控制谐振的开始时刻，使谐振仅发生于开关过程前后。零开关 PWM 电路可以分为：

1）零电压开关 PWM 电路（Zero-Voltage-Switching PWM Converter，ZVS PWM）。

2）零电流开关 PWM 电路（Zero-Current-Switching PWM Converter，ZCS PWM）。

这两种电路的基本开关单元如图 8-6 所示。

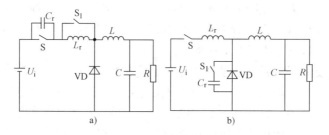

图 8-6 零开关 PWM 电路

a）零电压开关 PWM 电路 b）零电流开关 PWM 电路

同准谐振电路相比，这类电路有很多明显的优势：电压和电流基本上是方波，只是上升沿和下降沿较缓，开关承受的电压明显降低，电路可以采用开关频率固定的 PWM 控制方式。

3. 零转换 PWM 电路

零转换 PWM 电路也是采用辅助开关控制谐振的开始时刻，所不同的是，谐振电路是与主开关并联的，因此输入电压和负载电流对电路的谐振过程影响很小，电路在很宽的输入电压范围内和从零负载到满载都能工作在软开关状态。而且电路中谐振元件之间的能量交换被削减到最小，这使得电路效率有了进一步提高。零转换 PWM 电路可以分为：

1）零电压转换 PWM 电路（Zero-Voltage-Transition PWM Converter，ZVT PWM）。

2）零电流转换 PWM 电路（Zero-Current Transition PWM Converter，ZVT PWM）。

这两种电路如图 8-7 所示。

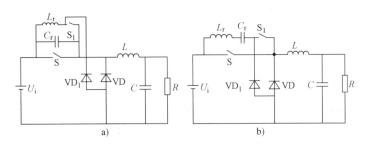

图 8-7　零转换 PWM 电路

a）零电压转换 PWM 电路　b）零电流转换 PWM 电路

对于上述各类电路中的典型电路，将在下一节进行详细分析。

8.3　典型的软开关电路

本节将对四种典型的软开关电路进行详细的分析，目的在于使读者不仅了解这些常见的软开关电路，而且能初步掌握软开关电路的分析方法。

8.3.1　零电压开关准谐振电路

零电压开关准谐振电路是一种结构较为简单的软开关电路，容易分析和理解。下面以降压型电路为例，分析其工作原理，电路原理如图 8-8 所示，电路工作时理想化的波形如图 8-9 所示。在分析的过程中，假设电感 L 和电容 C 很大，可以等效为电流源和电压源，并忽略电路中的损耗。

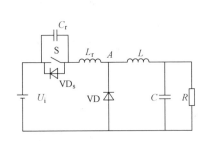

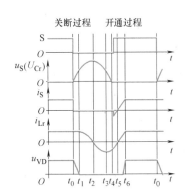

图 8-8　零电压开关准谐振电路原理图　　图 8-9　零电压开关准谐振电路的理想化波形

开关电路的工作过程是按开关周期重复的，在分析时可以选择开关周期中任意时刻为分析的起点，选择合适的起点，可以简化分析过程。

在分析零电压开关准谐振电路时，选择开关 S 的关断时刻为分析的起点最为合适，下面结合图 8-9 逐段分析电路的工作过程。

$t_0 \sim t_1$ 时段：t_0 时刻之前，开关 S 为通态，二极管 VD 为断态，$u_{Cr}=0$，$i_{Lr}=I_L$；t_0 时刻，S 关断，与其并联的电容 C_r 使 S 关断后电压上升减缓，因此 S 的关断损耗减小。S 关断后，VD 尚未导通，电路可以等效为图 8-10。

电感 L_r+L 向 C_r 充电，由于 L 很大，可以等效为电流源。u_{Cr} 线性上升，同时 VD 两端电压 u_{VD} 逐渐下降，直到 t_1 时刻，$u_{VD}=0$，VD 导通。这一时段 u_{Cr} 的上升率

$$\frac{\mathrm{d}u_{Cr}}{\mathrm{d}t}=\frac{I_L}{C_r} \tag{8-1}$$

$t_1 \sim t_2$ 时段：t_1 时刻二极管 VD 导通，电感 L 通过 VD 续流，C_r、L_r、U_i 形成谐振回路，如图 8-11 所示。谐振过程中，L_r 对 C_r 充电，u_{Cr} 不断上升，i_{Lr} 不断下降，直到 t_2 时刻，i_{Lr} 下降到零，u_{Cr} 达到谐振峰值。

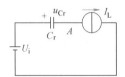 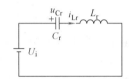

图 8-10　零电压开关准谐振电路在 $t_0 \sim t_1$　　图 8-11　零电压开关准谐振电路在 $t_1 \sim t_2$
　　　　　时段等效电路　　　　　　　　　　　　时段等效电路

$t_2 \sim t_3$ 时段：t_2 时刻后，C_r 向 L_r 放电，i_{Lr} 改变方向，u_{Cr} 不断下降，直到 t_3 时刻，$u_{Cr}=U_i$，这时 L_r 两端电压为零，i_{Lr} 达到反向谐振峰值。

$t_3 \sim t_4$ 时段：t_3 时刻以后，L_r 向 C_r 反向充电，u_{Cr} 继续下降，直到 t_4 时刻 $u_{Cr}=0$。

$t_1 \sim t_4$ 时段电路谐振过程的方程为

$$\begin{cases} L_r \dfrac{\mathrm{d}i_{Lr}}{\mathrm{d}t}+u_{Cr}=U_i \\[2mm] C_r \dfrac{\mathrm{d}u_{Cr}}{\mathrm{d}t}=i_{Lr} \\[2mm] u_{Cr}\big|_{t=t_1}=U_i, i_{Lr}\big|_{t=t_1}=I_L, t\in[t_1,t_4] \end{cases} \tag{8-2}$$

$t_4 \sim t_5$ 时段：u_{Cr} 被 VD 钳位于零，L_r 两端电压为 U_i，i_{Lr} 线性衰减，直到 t_5 时刻，$i_{Lr}=0$。由于这一时段开关 S 两端电压为零，所以必须在这一时段使 S 开通，才不会产生开通损耗。

$t_5 \sim t_6$ 时段：S 为通态，i_{Lr} 线性上升，直到 t_6 时刻，$i_{Lr}=I_L$，VD 关断。

$t_4 \sim t_6$ 时段电流 i_{Lr} 的变化率为

$$\frac{\mathrm{d}i_{Lr}}{\mathrm{d}t}=\frac{U_i}{L_r} \tag{8-3}$$

$t_6 \sim t_0$ 时段：S 为通态，VD 为断态。

谐振过程是软开关电路工作过程中最重要的部分，通过对谐振过程的详细分析可以得到很多对软开关电路的分析、设计和应用具有指导意义的重要结论。下面就对零电压开关准谐振电路 $t_1 \sim t_4$ 时段的谐振过程进行定量分析。

通过求解式（8-2）可得 u_{Cr}（即开关 S 的电压 u_s）的表达式

$$u_{Cr}(t)=\sqrt{\frac{L_r}{C_r}}I_L\sin\omega_r(t-t_1)+U_i, \ \omega_r=\frac{1}{\sqrt{L_rC_r}}, t\in[t_1,t_4] \tag{8-4}$$

求其在 $[t_1, t_4]$ 上的最大值就得到 u_{Cr} 的谐振峰值表达式，这一谐振峰值就是开关 S 承受的峰值电压，即

$$U_P = \sqrt{\frac{L_r}{C_r}} \, I_L + U_i \tag{8-5}$$

从式（8-4）可以看出，如果正弦项的幅值小于 U_i，u_{Cr} 就不可能谐振到零，开关 S 也就不可能实现零电压开通，因此

$$\sqrt{\frac{L_r}{C_r}} \, I_L \geqslant U_i \tag{8-6}$$

就是零电压开关准谐振电路实现软开关的条件。

综合式（8-5）和式（8-6），谐振电压峰值将高于输入电压 U_i 的 2 倍，开关 S 的耐压必须相应提高。这增加了电路的成本，降低了可靠性，是零电压开关准谐振电路的一大缺点。

8.3.2　直流环节谐振电路

直流环节谐振电路是适用于变频器的一种软开关电路，以这种电路为基础，出现了不少性能更好的用于变频器的软开关电路，对这一基本电路的分析将有助于理解各种类似电路的原理。

各种交流-直流-交流变换电路中都存在中间直流环节（DC-Link）。直流环节谐振电路通过在直流环节中引入谐振，使电路中的整流或逆变环节工作在软开关的条件下。图 8-12 为用于电压型逆变器的直流环节谐振的电路，它用一个辅助开关 S 就可以使逆变桥中所有的开关工作在零电压开通的条件下。值得注意的是，这一电路图仅用于原理分析，实际电路中连开关 S 也不需要，S 的开关动作可以用逆变电路中开关的上下直通与关断来代替。

由于电压型逆变器的负载通常为感性，而且在谐振过程中逆变电路的开关状态是不变的，因此在分析时可以将电路等效为图 8-13，其理想化波形如图 8-14 所示。

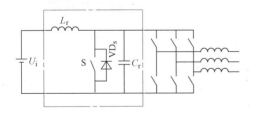

图 8-12　直流环节谐振电路原理图

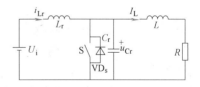

图 8-13　直流环节谐振电路的等效电路

由于同谐振过程相比，感性负载的电流变化非常缓慢，因此可以将负载电流视为常量。在分析中忽略电路中的损耗。

下面结合图 8-14，以开关 S 关断时刻为起点，分阶段分析电路的工作过程。

$t_0 \sim t_1$ 时段：t_0 时刻之前，电感 L_r 的电流 i_{Lr} 大于负载电流 I_L，开关 S 处于通态；t_0 时刻，S 关断，电路发生谐振。因为 $i_{Lr} > I_L$，因此 i_{Lr} 对 C_r 充电，u_{Cr} 不断升高，直到 t_1 时刻，$u_{Cr} = U_i$。

$t_1 \sim t_2$ 时段：t_1 时刻由于 $u_{Cr} = U_i$，L_r 两端电压差为零，因此谐振电流 i_{Lr} 达到峰值。t_1 时

刻以后，i_{Lr} 继续向 C_r 充电并不断减小，而 u_{Cr} 进一步升高，直到 t_2 时刻 $i_{Lr}=I_L$，u_{Cr} 达到谐振峰值。

$t_2 \sim t_3$ 时段：t_2 时刻以后，u_{Cr} 向 L_r 和 I_L 放电，i_{Lr} 继续降低，到零后反向，C_r 继续向 L_r 放电，i_{Lr} 反向增加，直到 t_3 时刻 $u_{Cr}=U_i$。

$t_3 \sim t_4$ 时段：t_3 时刻，$u_{Cr}=U_i$，i_{Lr} 达到反向谐振峰值，然后 i_{Lr} 开始衰减，u_{Cr} 继续下降，直到 t_4 时刻，$u_{Cr}=0$，S 的反并联二极管 VD_S 导通，u_{Cr} 被钳位于零。

$t_4 \sim t_0$ 时段：S 导通，电流 i_{Lr} 线性上升，直到 t_0 时刻，S 再次关断。

同零电压开关准谐振电路相似，直流环节谐振电路中电压 u_{Cr} 的谐振峰值很高，增加了对开关器件耐压的要求。

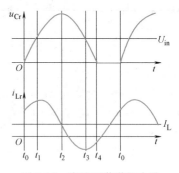

图 8-14　直流环节谐振电路的理想化波形

8.3.3　移相全桥型零电压开关 PWM 电路

移相全桥电路是目前应用最广泛的软开关电路之一，它的特点是电路很简单（见图 8-15），同硬开关全桥电路相比，并没有增加辅助开关等元件，而是仅仅增加了一个谐振电感 L_r，就使电路中四个开关器件 $S_1 \sim S_4$ 都在零电压的条件下开通，这得益于其独特的控制方法（见图 8-16）。下面结合图 8-15、图 8-16 进行分析。

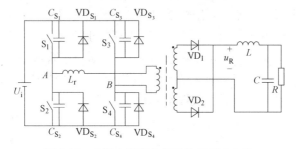

图 8-15　移相全桥零电压开关 PWM 电路

移相全桥电路的控制方式有几个特点：

1）在一个开关周期 T_S 内，每一个开关导通的时间都略小于 $T_S/2$，而关断的时间都略大于 $T_S/2$。

2）同一侧臂对中上下两个开关不同时处于通态，一个开关关断到另一个开关开通都要经过一定的死区时间。

3）比较互为对角的两对开关 S_1-S_4 和 S_2-S_3 的开关函数的波形，S_1 的波形比 S_4 超前 $0 \sim T_S/2$ 时间，而 S_2 的波形比 S_3 超前 $0 \sim T_S/2$ 时间，因此称 S_1 和 S_2 为超前的桥臂，而称 S_3 和 S_4 为滞后的桥臂。

在分析过程中，假设开关器件都是理想的，并忽略电路中的损耗。

$t_0 \sim t_1$ 时段：在这一时段，S_1 与 S_4 都导通，直到 t_1 时刻 S_1 关断。

$t_1 \sim t_2$ 时段：t_1 时刻开关 S_1 关断后，电容 C_{S_1}、C_{S_2} 与电感 L_r、L 构成谐振回路，如图 8-17 所示。谐振开始时 $u_A(t_1)=U_i$，在谐振过程中，u_A 不断下降，直到 $u_A=0$，VD_{S_2} 导

通，电流 i_{Lr} 通过 VD_{S_2} 续流。

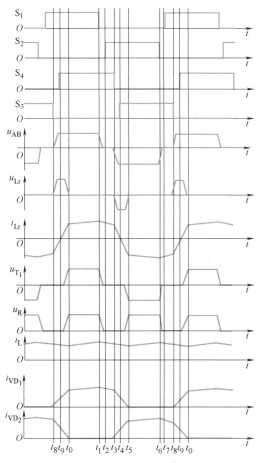

图 8-16　移相全桥电路的理想化波形

$t_2 \sim t_3$ 时段：t_2 时刻开关 S_2 开通，由于此时其反并联二极管 VD_{S_2} 正处于导通状态，因此 S_2 开通时电压为零，开通过程中不会产生开关损耗，S_2 开通后，电路状态也不会改变，继续保持到 t_3 时刻 S_4 关断。

$t_3 \sim t_4$ 时段：t_3 时刻开关 S_4 关断后，电路的状态变为图 8-18 所示。

这时变压器二次侧整流二极管 VD_1 和 VD_2 同时导通，变压器一次和二次电压均为零，相当于短路，因此变压器一次侧 C_{S_3}、C_{S_4} 与 L_r 构成谐振回路。谐振过程中谐振电感 L_r 的电流不断减小，B 点电压不断上升，直到 S_3 的反并联二极管 VD_{S_3} 导通。这种状态维持到 t_4 时刻 S_3 开通。S_3 开通前 VD_{S_3} 导通，因此 S_3 是在零电压的条件下开通，开通损耗为零。

$t_4 \sim t_5$ 时段：S_3 开通后，谐振电感 L_r 的电流继续减小。电感电流 i_{Lr} 下降到零后，便反向，不断增大，直到 t_5 时刻 $i_{Lr} = I_L / k_T$，变压器二次侧整流管 VD_1 的电流下降到零而关断，电流 I_L 全部转移到 VD_2 中。

$t_0 \sim t_5$ 时段正好是开关周期的一半，而在另一半开关周期 $t_5 \sim t_0$ 时段中，电路的工作过程与 $t_0 \sim t_5$ 时段完全对称，不再叙述。

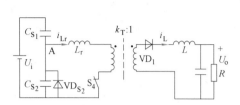

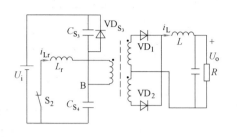

图 8-17 移相全桥电路在 $t_1 \sim t_2$ 阶段的等效电路　图 8-18 移相全桥电路在 $t_3 \sim t_4$ 阶段的等效电路

8.3.4 零电压转换 PWM 电路

零电压转换 PWM 电路是另一种常用的软开关电路，具有电路简单、效率高等优点，广泛用于功率因数校正（PFC）电路、DC-DC 变换器、斩波器等。本节以升压型电路为例介绍这种软开关电路的工作原理。

升压型零电压转换 PWM 电路的原理如图 8-19 所示，其理想化波形如图 8-20 所示。在分析中假设电感 L 很大，因此可以忽略其中电流的波动；电容 C 也很大，因此输出电压的波动也可以忽略。在分析中还忽略元件与线路中的损耗。

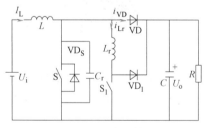

图 8-19 升压型零电压转换 PWM
电路的原理图

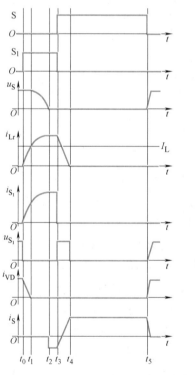

图 8-20 升压型零电压转换 PWM
电路的理想化波形

从图 8-20 可以看出，在零电压转换 PWM 电路中，辅助开关 S_1 超前于主开关 S 开通，而 S 开通后 S_1 就关断了。主要的谐振过程都集中在 S 开通前后。下面分阶段介绍电路的工作过程：

$t_0 \sim t_1$ 时段：辅助开关先于主开关开通，由于此时二极管 VD 尚处于通态，所以电感 L_r 两端电压为 U_o，电流 i_{Lr} 按线性迅速增长，二极管 VD 中的电流以同样的速率下降。

直到 t_1 时刻，$i_{Lr} = I_L$，二极管 VD 中电流下降到零而自然关断。

$t_1 \sim t_2$ 时段：此时电路可以等效为图 8-21。L_r 与 C_r 构成谐振回路，由于 L 很大，谐振过程中其电流基本不变，对谐振影响很小，可以忽略。

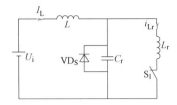

图 8-21　升压型零电压转换 PWM 电路在 $t_1 \sim t_2$ 时段的等效电路

谐振过程中 L_r 的电流增加而 C_r 的电压下降，t_2 时刻其电压 u_{Cr} 刚好降到零，开关 S 的反并联二极管 VD_S 导通，u_{Cr} 被钳位于零，而电流 i_{Lr} 保持不变。

$t_2 \sim t_3$ 时段：u_{Cr} 被钳位于零，而电流 i_{Lr} 保持不变，这种状态一直保持到 t_3 时刻 S 开通、S_1 关断。

$t_3 \sim t_4$ 时段：t_3 时刻 S 开通时，其两端电压为零，因此没有开关损耗。

S 开通的同时 S_1 关断，L_r 中的能量通过 VD_1 向负载侧输送，其电流线性下降，而主开关 S 中的电流线性上升。到 t_4 时刻 $i_{Lr} = 0$，VD_1 关断，主开关 S 中的电流 $i_S = I_L$，电路进入正常导通状态。

$t_4 \sim t_5$ 时段：t_5 时刻 S 关断。由于 C_r 的存在，S 关断时的电压上升率受到限制，降低了 S 的关断损耗。

8.4　谐振变流电路

上述软开关电路可以降低开关损耗，但 ZVS 电路主要减小开通损耗，而 ZCS 电路主要减小关断损耗。当电路的开关频率进一步提高时，剩余的开关损耗仍然十分显著，谐振变流电路可以较好地解决这一问题。

谐振变流电路由开关网络、谐振网络和隔离、整流、滤波等部分电路构成，如图 8-22 所示。开关网络将输入的直流电压转换为方波电压提供给谐振网络，由于谐振网络所呈现的选频特性，当方波电压的周期接近其谐振周期时，其谐振电流是近似正弦波，从而使开关在开通和关断时的电流都接近零，进一步降低了开关损耗。因此，谐振变流电路在高开关频率工作时仍能保持高效率，从而更容易达到高功率密度，其应用越来越广泛。

谐振变流电路实现高频率、高效率的关键原因是利用谐振网络使电流接近正弦，因此谐振网络是谐振变流器的核心部分。为方便说明其工作原理，将开关网络及其直流输入等效为一个方波电压源，而将变压器、整流、滤波电路及负载等效为负载，如图 8-23 所示。

根据谐振网络的电路形式和等效负载与谐振网络的连接情况，可以将谐振变流电路分为以下类型。

1）串联谐振电路（SRC 电路）：当等效负载与谐振网络串联连接时，称为串联谐振变

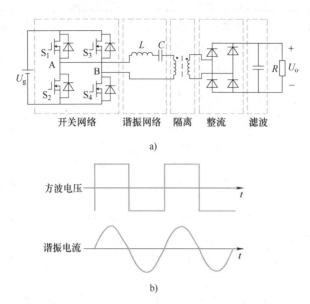

a)

b)

图 8-22　谐振变流电路的构成及电压、电流波形
a）谐振变流电路　b）谐振变流电路中的电压和电流波形

图 8-23　谐振变流电路的等效模型

流电路，其等效电路如图 8-24a 所示。

2）并联谐振电路（PRC 电路）：当等效负载与谐振网络中的电容或电感并联连接时，称为并联谐振变流电路，其等效电路如图 8-24b 所示。

3）串并联谐振电路：串并联谐振电路中的 LC 谐振网络是由两个电容和一个电感或两个电感和一个电容构成，因此又称为 LCC 或 LLC 谐振电路，等效负载电阻与谐振网络两个电容（LCC）或两个电感（LLC）分别串联和并联，等效电路如图 8-24c 和 d 所示。

以上四种谐振电路中，SRC 电路和 PRC 电路是基本的谐振电路，而 LLC 电路是由 SRC 电路改进而来，可以将 LLC 电路看成是 SRC 电路在谐振网络与等效阻抗之间的端口增加了并联电感 L_p 得到的，当 L_p 的阻抗趋向无穷大时，电路就退化为 SRC 电路；同理，LCC 电路是由 PRC 电路改进而来，可以将 LCC 电路看成是 PRC 电路在谐振网络中增加了串联电容 C_s 得到的，当 C_s 趋向于无穷大，其阻抗变成无穷小，电路就退化为 PRC 电路。

目前最为常用的是 LLC 电路，在各种需要高效率和高功率密度的隔离 DC-DC 变换的场合，几乎都会用到 LLC 电路。LCC 电路的谐振网络具有一定的升压作用，因此也常被用于低压升高压的场合中。

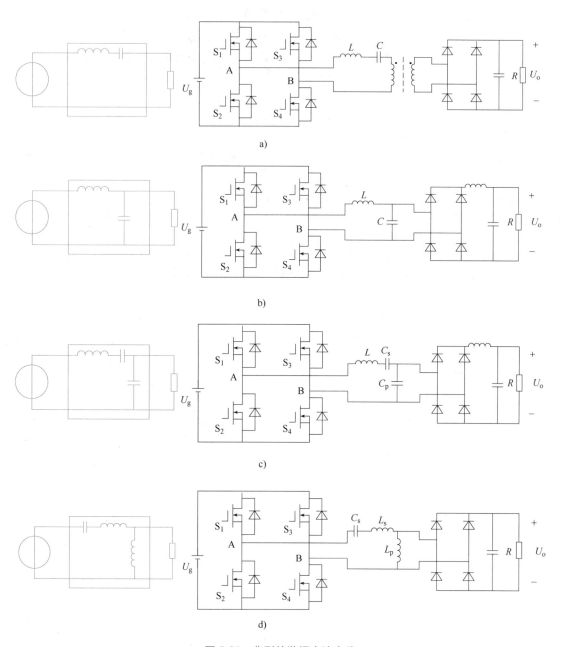

图 8-24　典型的谐振变流电路

a）串联谐振电路（SRC 电路）　b）并联谐振电路（PRC 电路）

c）串并联谐振电路（LCC 电路）　d）串并联谐振电路（LLC 电路）

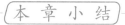

本章简单介绍了软开关技术的由来、软开关技术的基本概念及其分类。然后分别介绍了
零电压准谐振电路、谐振直流环、移相全桥电路和零电压转换电路等几种在开关电源中广泛

应用的软开关电路，并简单说明了几种电路的应用情况。

随着 DC-DC 变换器向高频化发展，谐振变流器的应用逐渐增多。本章介绍了谐振变流器的基本结构和工作特性，并对串联谐振、并联谐振及串并联谐振变流器的电路结构进行了分析。

习题及思考题

1. 高频化的意义是什么？为什么提高开关频率可以减小滤波器的体积和重量？为什么提高开关频率可以减小变压器的体积和重量？

2. 软开关电路可以分为哪几类？其典型拓扑分别是什么样的？各有什么特点？

3. 在移相全桥零电压开关 PWM 电路中，如果没有谐振电感 L_r，电路的工作状况将发生哪些改变？哪些开关仍是软开关？哪些开关将成为硬开关？

4. 在零电压转换 PWM 电路中，辅助开关 S_1 和二极管 VD_1 是软开关还是硬开关？为什么？

5. SRC 电路中一次侧的开关什么时候工作在 ZVS 状态，什么时候工作在 ZCS 状态？PRC、LLC 和 LCC 电路的情况又是什么样的？

第 9 章

电力电子器件的应用技术

电力电子技术既是一门专业基础课，也是实用性很强的工程技术。因此，如何用好电力电子器件，就成为非常重要的事情。

本章将在前面已经对各种电力电子器件的工作原理、基本特性和主要参数以及各种电力电子电路的基本结构和工作原理有所掌握的基础上，对电力电子器件应用于电路中所需要面对的一些共性问题，如驱动、保护和串并联等问题进行介绍，从而使读者初步掌握应用电力电子器件时解决这些问题的基本思路和方法。

9.1 电力电子器件的驱动

9.1.1 电力电子器件驱动电路概述

电力电子器件的驱动电路是电力电子主电路与控制电路之间的接口，是电力电子装置的重要环节，对整个装置的性能有很大的影响。采用性能良好的驱动电路，可使电力电子器件工作在较理想的开关状态，缩短开关时间，减小开关损耗，对装置的运行效率、可靠性和安全性都有重要的意义。另外，对电力电子器件或整个装置的一些保护措施也往往就近设在驱动电路中，或者通过驱动电路来实现，这使得驱动电路的设计更为重要。

简单地说，驱动电路的基本任务，就是将信息电子电路传来的信号按照其控制目标的要求，转换为加在电力电子器件控制端和公共端之间，可以使其开通或关断的信号。对半控型器件只需提供开通控制信号，对全控型器件则既要提供开通控制信号，又要提供关断控制信号，以保证器件按要求可靠导通或关断。

驱动电路还要提供控制电路与主电路之间的电气隔离环节。一般采用光隔离或磁隔离。光隔离一般采用光耦合器。光耦合器由发光二极管和光敏晶体管组成，封装在一个外壳内。其类型有普通、高速和高传输比三种，内部电路和基本接法分别如图 9-1 所示。普通型光耦合器的输出特性和晶体管相似，只是其电流传输比 I_C/I_D 比晶体管的电流放大倍数 β 小得多，一般只有 $0.1 \sim 0.3$。高传输比光耦合器的 I_C/I_D 要大得多。普通型光耦合器的响应时间为 $10\mu\text{s}$ 左右。高速光耦合器的光敏二极管流过的是反向电流，其响应时间小于 $1.5\mu\text{s}$。磁隔离的元件通常是脉冲变压器。当脉冲较宽时，为避免铁心饱和，常采用高频调制和解调的方法。

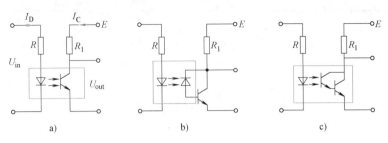

图 9-1 光耦合器的类型及接法

a) 普通型 b) 高速型 c) 高传输比型

按照驱动电路加在电力电子器件控制端和公共端之间信号的性质，可以将电力电子器件分为电流驱动型和电压驱动型两类。晶闸管虽然属于电流驱动型器件，但是它是半控型器件，因此下面将单独讨论其驱动电路。晶闸管的驱动电路常称为触发电路。对典型的全控型器件 GTO、GTR、电力 MOSFET 和 IGBT，则将按电流驱动型和电压驱动型分别讨论。

应该说明的是，驱动电路的具体形式可以是分立元件构成的驱动电路，但对一般的电力电子器件使用者来讲，最好是采用由专业厂家或生产电力电子器件的厂家提供的专用驱动电路，其形式可能是集成驱动电路芯片，可能是将多个芯片和器件集成在内的带有单排直插引脚的混合集成电路，对大功率器件来讲还可能是将所有驱动电路都封装在一起的驱动模块。而且为达到参数优化配合，一般应首先选择所用电力电子器件的生产厂家专门为其器件开发的专用驱动电路。当然，即使是采用成品的专用驱动电路，了解和掌握各种驱动电路的基本结构和工作原理也是很有必要的。

9.1.2 晶闸管的触发电路

晶闸管触发电路的作用是产生符合要求的门极触发脉冲，保证晶闸管在需要的时刻由阻断转为导通。广义上讲，晶闸管触发电路往往还包括对其触发时刻进行控制的相位控制电路，但这里专指触发脉冲的放大和输出环节，相位控制电路已在介绍整流电路时讨论。

晶闸管触发电路应满足下列要求：

1）触发脉冲的宽度应保证晶闸管可靠导通，后面介绍具体电力电子电路时将会特别提到，对感性和反电动势负载的变流器应采用宽脉冲或脉冲列触发，对变流器的起动，双星形带平衡电抗器电路的触发脉冲应宽于 30°，三相桥式全控电路应宽于 60°或采用相隔 60°的双窄脉冲。

2）触发脉冲应有足够的幅度，对户外寒冷场合，脉冲电流的幅度应增大为器件最大触发电流的 3~5 倍，脉冲前沿的陡度也需增加，一般为 $1\sim2\mathrm{A}/\mu\mathrm{s}$。

3）所提供的触发脉冲应不超过晶闸管门极的电压、电流和功率定额，且在门极伏安特性的可靠触发区域之内。

4）应有良好的抗干扰性能、温度稳定性及与主电路的电气隔离。

理想的晶闸管触发脉冲电流波形如图 9-2 所示。

图 9-3 给出了常见的晶闸管触发电路。它由 V_1、V_2 构成的脉冲放大环节以及脉冲变压器 TM 和附属电路构成的脉冲输出环节两部分组成。当 V_1、V_2 导通时，通过脉冲变压器向

晶闸管的门极和阴极之间输出触发脉冲。VD_1 和 R_3 是为了使 V_1、V_2 由导通变为截止时脉冲变压器 TM 释放其储存的能量而设的。为了获得触发脉冲波形中的强脉冲部分，还需适当附加其他电路环节。

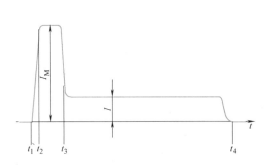

图 9-2　理想的晶闸管触发脉冲电流波形

$t_1 \sim t_2$—脉冲前沿上升时间（<1μs）　$t_1 \sim t_3$—强脉冲宽度

I_M—强脉冲幅值（$3I_{GT} \sim 5I_{GT}$）

$t_1 \sim t_4$—脉冲宽度　I—脉冲平顶幅值（$1.5I_{GT} \sim 2I_{GT}$）

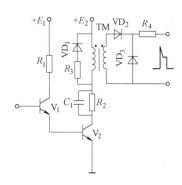

图 9-3　常见的晶闸管触发电路

9.1.3　典型全控型器件的驱动电路

1. 电流驱动型器件的驱动电路

GTO 和 GTR 是电流驱动型器件。

GTO 的开通控制与普通晶闸管相似，但对触发脉冲前沿的幅值和陡度要求高，且一般需在整个导通期间施加正门极电流。使 GTO 关断需施加负门极电流，对其幅值和陡度的要求更高，幅值需达阳极电流的 1/3 左右，陡度需达50A/μs，强负脉冲宽度约 30μs，负脉冲总宽约 100μs，关断后还应在门、阴极之间施加约 5V 的负偏压，以提高抗干扰能力。推荐的 GTO 门极电压、电流波形如图 9-4 所示。

GTO 一般用于大容量电路的场合，其驱动电路通常包括开通驱动电路、关断驱动电路和门极反偏电路三部分，可分为脉冲变压器耦合式和直接耦合式两种类型。直接耦合式驱动电路可避免电路内部的相互干扰和寄生振荡，可得到较陡的脉冲前沿，因此目前应用较广，但其功耗大，效率较低。图 9-5 为典型的直接耦合

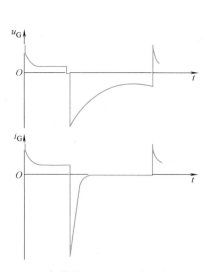

图 9-4　推荐的 GTO 门极电压电流波形

式 GTO 驱动电路。该电路的电源由高频电源经二极管整流后提供，二极管 VD_1 和电容 C_1 提供+5V 电压，VD_2、VD_3、C_2、C_3 构成倍压整流电路提供+15V 电压，VD_4 和电容 C_4 提供 −15V 电压。场效应晶体管 V_1 开通时，输出正的强脉冲；V_2 开通时输出正脉冲平顶部分；V_2 关断而 V_3 开通时输出负脉冲；V_3 关断后电阻 R_3 和 R_4 提供门极负偏压。

使 GTR 开通的基极驱动电流应使其处于准饱和导通状态，使之不进入放大区和深饱和

区。关断 GTR 时，施加一定的负基极电流有利于减小关断时间和关断损耗，关断后同样应在基射极之间施加一定幅值（6V 左右）的负偏压。GTR 驱动电流的前沿上升时间应小于 1μs，以保证它能快速开通和关断。理想的 GTR 基极驱动电流波形如图 9-6 所示。

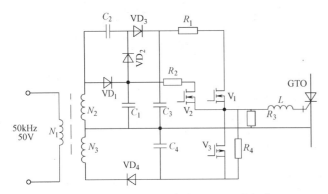

图 9-5　典型的直接耦合式 GTO 驱动电路

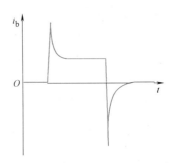

图 9-6　理想的 GTR 基极驱动电流波形

图 9-7 给出了 GTR 的一种驱动电路，包括电气隔离和晶体管放大电路两部分。其中二极管 VD₂ 和电位补偿二极管 VD₃ 构成所谓的贝克钳位电路，也就是一种抗饱和电路，可使 GTR 导通时处于临界饱和状态。当负载较轻时，如果 V₅ 的发射极电流全部注入 V，会使 V 过饱和，关断时退饱和时间延长。有了贝克钳位电路之后，当 V 过饱和使得集电极电位低于基极电位时，VD₂ 就会自动导通，使多余的驱动电流流入集电极，维持 $U_{bc} \approx 0$。这样，就使得 V 导通时始终处于临界饱和。图中，C_2 为加速开通过程的电容。开通时，R_5 被 C_2 短路。这样可以实现驱动电流的过冲，并增加前沿的陡度，加快开通。

2. 电压驱动型器件的驱动电路

电力 MOSFET 和 IGBT 是电压驱动型器件。电力 MOSFET 的栅源极之间和 IGBT 的栅射极之间都有数千皮法左右的极间电容，为快速建立驱动电压，要求驱动电路具有较

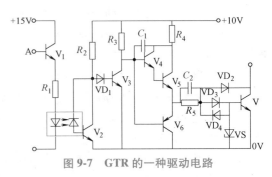

图 9-7　GTR 的一种驱动电路

小的输出电阻。使电力 MOSFET 开通的栅源极间驱动电压一般取 10~15V，使 IGBT 开通的栅射极间驱动电压一般取 15~20V。同样，关断时施加一定幅值的负驱动电压（一般取 -5~ -15V）有利于减小关断时间和关断损耗。在栅极串入一只低值电阻（数十欧左右）可以减小寄生振荡，该电阻阻值应随被驱动器件电流额定值的增大而减小。

图 9-8 给出了电力 MOSFET 的一种驱动电路，也包括电气隔离和晶体管放大电路两部分。当无输入信号时高速放大器 A 输出负电平，V₃ 导通输出负驱动电压。当有输入信号时 A 输出正电平，V₂ 导通输出正驱动电压。

常见的专为驱动电力 MOSFET 而设计的集成

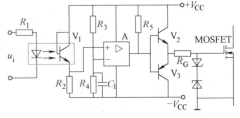

图 9-8　电力 MOSFET 的一种驱动电路

驱动电路芯片或混合集成电路很多，而 IGBT 的驱动多采用专用的混合集成驱动器。同一厂家同一系列的不同型号驱动器产品其引脚和接线基本相同，只是适用被驱动器件的容量和开关频率以及输入电流幅值等参数有所不同。图 9-9 给出了 IGBT 的一种混合集成驱动器的原理和外部接线图。混合集成驱动器内部都具有退饱和检测和保护环节，当发生过电流时能快速响应但慢速关断 IGBT，并向外部电路给出故障信号。对大功率 IGBT 器件来讲，一般采用由专业厂家或生产该器件的厂家提供的专用驱动模块。

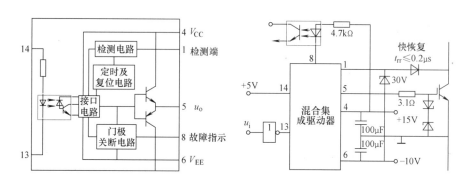

图 9-9　IGBT 的一种混合集成驱动器的原理和外部接线图

9.1.4　典型宽禁带器件的驱动电路

氮化镓场效应晶体管（GaN FET）和碳化硅场效应晶体管（SiC FET）是目前两类典型的基于宽禁带材料的全控型器件，均属于电压驱动型器件。其开关速度比硅 MOSFET 更快，需要选用速度更快、延时更小的驱动电路。同时，由于其栅极对电压噪声更加敏感，对驱动电压噪声的控制要求则比硅基器件更加严格。

宽禁带场效应晶体管的栅极对噪声更加敏感的主要原因有两个：一是其栅极电压的安全裕量更小，容易出现栅极电压击穿的问题；二是其阈值电压低，容易出现器件误开通的问题。另外，宽禁带场效应晶体管的开关速度很快，在寄生参数的作用下更容易产生高的电压尖峰和振荡，进一步加剧了栅极击穿或器件误开通的问题。因此，一方面可以通过驱动电阻对开关速度进行调节，例如适当增加开通驱动电阻，限制器件的开通速度以降低栅极电压过冲；适当减小关断驱动电阻，降低关断时栅源极之间的阻抗，防止快速关断和密勒电容电流引起的误开通问题。另一方面，可以采用低寄生电感的器件封装和更优化的电路布局，以尽量减小栅极电感和共源电感。此外，还可以采用有源密勒钳位技术将关断时的密勒电容电流直接通过钳位开关引到源极，进一步降低栅源极之间的阻抗，防止误开通现象的发生，如图 9-10 所示。

氮化镓场效应晶体管主要分为增强型和耗尽型两类。增强型器件施加正驱动电压开通，施加 0V 驱动电压即可关断。在大功率场合，有时需要施加负驱动电压来关断，以提高可靠性，同时减小关断损耗，但会导致"体二极管"导通压降增加，死区损耗增大的问题，在设计中往往需要进行权衡。耗尽型器件施加 0V 驱动电压即可开通，需施加一定的负驱动电压才可关断。为避免启动短路、驱动不兼容等问题，通常采用第 2 章 2.7 节所述的方法，将耗尽型器件与低压增强型硅 MOSFET 器件组合构成共源共栅结构，其驱动要求就和硅 MOS-

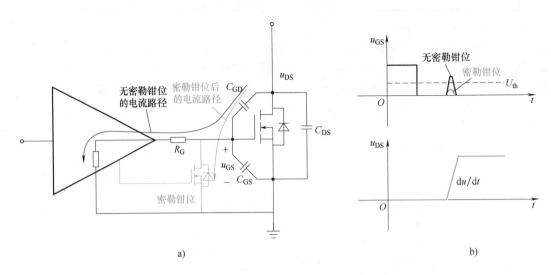

图 9-10　密勒电容电流引起的误开通问题和有源密勒钳位

a）电路　b）电压波形

FET 相似，大大降低了驱动的难度。

目前商用的碳化硅场效应晶体管主要包括 MOSFET 和 JFET。碳化硅 MOSFET 开通施加正驱动电压，关断通常施加负驱动电压，以增加关断可靠性并降低关断损耗。碳化硅 JFET 多为耗尽型器件，也常采用共源共栅结构，以降低驱动的难度。

同硅基器件一样，宽禁带场效应晶体管的驱动多采用专用的集成驱动器。其集成驱动器可以分为隔离型和非隔离型，或者分为单管型和半桥型。图 9-11 给出了增强型氮化镓场效

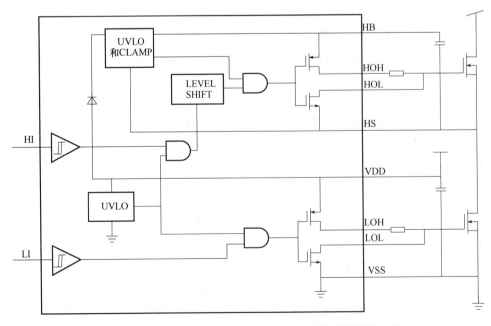

图 9-11　增强型氮化镓场效应晶体管的一种半桥型驱动电路

应晶体管的一种半桥型驱动电路，其工作时的开关频率能达到数兆赫兹。上管的驱动电压通过自举电路产生，并且被钳位到 5V，以防止其超过器件的最大栅极电压。栅极输出端分离成两个，以便独立调节器件的开通速度和关断速度。

很多厂家还进一步推出了将宽禁带电力半导体器件芯片和硅基驱动器芯片封装在一起的集成电路。这些集成电路具有低寄生电感、高集成度和易于使用等优点。

9.2　电力电子器件的保护

在电力电子电路中，除了电力电子器件参数选择合适，驱动电路设计良好外，采用合适的过电压保护、过电流保护、$\mathrm{d}u/\mathrm{d}t$ 保护和 $\mathrm{d}i/\mathrm{d}t$ 保护也是必要的。

9.2.1　过电压的产生及过电压保护

电力电子装置中可能发生的过电压分为外因过电压和内因过电压两类。外因过电压主要来自雷击和系统中的操作过程等外部原因，包括：

1）操作过电压：由分闸、合闸等开关操作引起的过电压，电网侧的操作过电压会由供电变压器电磁感应耦合，或由变压器绕组之间存在的分布电容静电感应耦合过来。

2）雷击过电压：由雷击引起的过电压。

内因过电压主要来自电力电子装置内部器件的开关过程，包括：

1）换相过电压：由于晶闸管或者与全控型器件反并联的续流二极管在换相结束后不能立刻恢复阻断能力，因而有较大的反向电流流过，使残存的载流子恢复，而当恢复了阻断能力时，反向电流急剧减小，这样的电流突变会因线路电感而在晶闸管阴阳极之间或与续流二极管反并联的全控型器件两端产生过电压。

2）关断过电压：全控型器件在较高频率下工作，当器件关断时，因正向电流的迅速降低而由线路电感在器件两端感应出的过电压。

图 9-12 示出了各种过电压保护措施及其配置位置，各电力电子装置可视具体情况只采用其中的几种。其中 RC_3 和 RCD 为抑制内因过电压的措施，其功能已属于缓冲电路的范畴。抑制外因过电压的措施中，采用 RC 过电压抑制电路是最为常见的，其典型连接方式如图 9-13 所示。RC 过电压抑制电路可接于供电变压器的两侧（通常供电网一侧称网侧，电力电子电路一侧称阀侧），或电力电子电路的直流侧。对大容量的电力电子装置，可采用图 9-14 所示的反向阻断式 RC 电路。保护电路有关的参数计算可参考相关的工程手册。采用雪崩二极管、金属氧化物压敏电阻、硒堆和转折二极管（BOD）等非线性元器件来限制或吸收过电压也是较常用的措施。

9.2.2　过电流保护

电力电子电路运行不正常或者发生故障时，可能会发生过电流。过电流分过载和短路两种情况。图 9-15 给出了各种过电流保护措施及其配置位置，其中快速熔断器、直流快速断路器和过电流继电器是较为常用的措施。一般电力电子装置均同时采用几种过电流保护措施，以提高保护的可靠性和合理性。在选择各种保护措施时应注意相互协调。通常，电子电路作为第一保护措施，快速熔断器仅作为短路时的部分区段的保护，直流快速断路器整定在电子电路动作之后实现保护，过电流继电器整定在过载时动作。

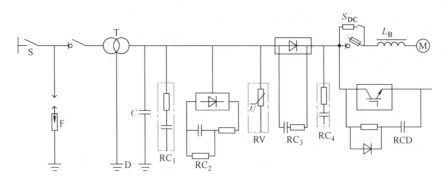

图 9-12　过电压抑制措施及配置位置

F—避雷器　D—变压器静电屏蔽层　C—静电感应过电压抑制电容

RC₁—阀侧浪涌过电压抑制用 RC 电路　RC₂—阀侧浪涌过电压抑制用反向阻断式 RC 电路

RV—压敏电阻过电压抑制器　RC₃—阀器件换相过电压抑制用 RC 电路

RC₄—直流侧 RC 抑制电路　RCD—阀器件关断过电压抑制用 RCD 电路

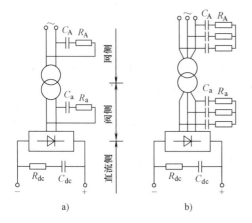

图 9-13　RC 过电压抑制电路连接方式

a）单相　b）三相

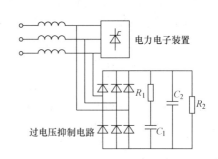

图 9-14　反向阻断式过电压抑制用 RC 电路

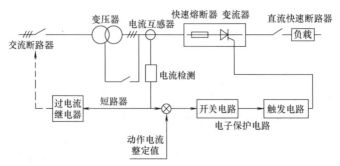

图 9-15　过电流保护措施及配置位置

采用快速熔断器（简称快熔）是电力电子装置中最有效、应用最广的一种过电流保护措施。在选择快熔时应考虑：

1）电压等级应根据熔断后快熔实际承受的电压来确定。

2）电流容量应按其在主电路中的接入方式和主电路连接形式确定。快熔一般与电力半导体器件串联连接，在小容量装置中也可串接于阀侧交流母线或直流母线中。

3）快熔的 I^2t 值应小于被保护器件的允许 I^2t 值。

4）为保证熔体在正常过载情况下不熔化，应考虑其时间-电流特性。

快熔对器件的保护方式可分为全保护和短路保护两种。全保护是指不论过载还是短路均由快熔进行保护，此方式只适用于小功率装置或器件使用裕度较大的场合。短路保护是指快熔只在短路电流较大的区域内起保护作用，此方式下需与其他过电流保护措施相配合。快熔电流容量的具体选择方法可参考有关的工程手册。

对一些重要的且易发生短路的晶闸管设备，或者工作频率较高、很难用快速熔断器保护的全控型器件，需要采用电子电路进行过电流保护。除了对电动机起动的冲击电流等变化较慢的过电流可以利用控制系统本身调节器对电流的限制作用之外，还需设置专门的过电流保护电子电路，检测到过电流之后直接调节触发或驱动电路，或者关断被保护器件。

此外，常在全控型器件的驱动电路中设置过电流保护环节，这对器件过电流的响应是最快的，上一节中已经述及。

9.2.3 缓冲电路

缓冲电路（Snubber Circuit）又称为吸收电路。其作用是抑制电力电子器件的内因过电压、du/dt 或者过电流和 di/dt，减小器件的开关损耗。缓冲电路可分为关断缓冲电路和开通缓冲电路。关断缓冲电路又称为 du/dt 抑制电路，用于吸收器件的关断过电压和换相过电压，抑制 du/dt，减小关断损耗。开通缓冲电路又称为 di/dt 抑制电路，用于抑制器件开通时的电流过冲和 di/dt，减小器件的开通损耗。可将关断缓冲电路和开通缓冲电路结合在一起，称为复合缓冲电路。还可以用另外的分类方法：缓冲电路中储能元件的能量如果消耗在其吸收电阻上，则被称为耗能式缓冲电路；如果缓冲电路能将其储能元件的能量回馈给负载或电源，则被称为馈能式缓冲电路，或称为无损吸收电路。

如无特别说明，通常缓冲电路专指关断缓冲电路，而将开通缓冲电路称为 di/dt 抑制电路。图 9-16a 给出的是一种缓冲电路和 di/dt 抑制电路的电路图，图 9-16b 是开关过程集电极电压 u_{CE} 和集电极电流 i_C 的波形，其中虚线表示无 di/dt 抑制电路和缓冲电路时的波形。

在无缓冲电路的情况下，绝缘栅双极晶体管 V 开通时电流迅速上升，di/dt 很大，关断时 du/dt 很大，并出现很高的过电压。在有缓冲电路的情况下，V 开通时缓冲电容 C_s 先通过 R_s 向 V 放电，使电流 i_C 先上一个台阶，以后因为有 di/dt 抑制电路的 L_i，i_C 的上升速度减慢。R_i、VD_i 是 V 关断时为 L_i 中的磁场能量提供放电回路而设置的。在 V 关断时，负载电流通过 VD_s 向 C_s 分流，减轻了 V 的负担，抑制了 du/dt 和过电压。因为关断时电路中（含布线）电感的能量要释放，所以还会出现一定的过电压。

图 9-17 给出了关断时的负载曲线。关断前的工作点在 A 点。无缓冲电路时，u_{CE} 迅速上升，在负载 L 上的感应电压使续流二极管 VD 开始导通，负载线从 A 移动到 B，之后 i_C 才下

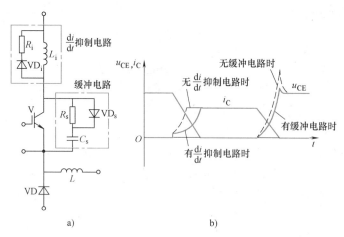

图 9-16　*di*/d*t* 抑制电路和充放电型 RCD 缓冲电路及波形

a）电路　b）波形

降到漏电流的大小，负载线随之移动到 *C*。有缓冲电路时，由于 C_s 的分流使 i_C 在 u_{CE} 开始上升的同时就下降，因此负载线经过 *D* 到达 *C*。可以看出，负载线在到达 *B* 时很可能超出安全区，使 V 受到损坏，而负载线 *ADC* 是很安全的。而且，*ADC* 经过的都是小电流、小电压区域，器件的关断损耗也比无缓冲电路时大大降低。

图 9-16 所示的缓冲电路被称为 **充放电型 RCD 缓冲电路**，适用于中等容量的场合。图 9-18 示出了另外两种常用的缓冲电路形式。其中 RC 缓冲电路主要用于小容量器件，而放电阻止型 RCD 缓冲电路用于中或大容量器件。

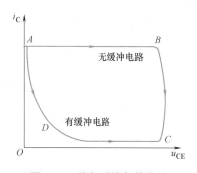

图 9-17　关断时的负载曲线

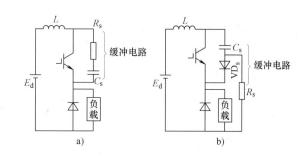

图 9-18　另外两种常用的缓冲电路

a）RC 缓冲电路　b）放电阻止型 RCD 缓冲电路

缓冲电容 C_s 和吸收电阻 R_s 的取值可用实验方法确定，或参考有关的工程手册。吸收二极管 VD_s 必须选用快恢复二极管，其额定电流应不小于主电路器件额定电流的 1/10。此外，应尽量减小线路电感，且应选用内部电感小的吸收电容。在中小容量场合，若线路电感较小，可只在直流侧总的设一个 d*u*/d*t* 抑制电路，对 IGBT 甚至可以仅并联一个吸收电容。

晶闸管在实际应用中一般只承受换相过电压，没有关断过电压问题，关断时也没有较大的 d*u*/d*t*，因此一般采用 RC 吸收电路即可。

9.3 电力电子器件的串联使用和并联使用

对较大型的电力电子装置，当单个电力电子器件的电压或电流定额不能满足要求时，往往需要将电力电子器件串联或并联起来工作，或者将电力电子装置串联或并联起来工作。本节将先以晶闸管为例简要介绍电力电子器件串、并联应用时应注意的问题和处理措施，然后概要介绍应用较多的电力 MOSFET 以及 IGBT 串、并联的一些特点。

9.3.1 晶闸管的串联

当晶闸管的额定电压小于实际要求时，可以用两个以上同型号器件相串联。理想的串联希望各器件承受的电压相等，但实际上因器件特性的分散性，即使是标称定额相同的器件之间其特性也会存在差异，一般都会存在电压分配不均匀的问题。

串联的器件流过的漏电流总是相同的，但由于静态伏安特性的分散性，各器件所承受的电压是不等的。如图 9-19a 所示，两个晶闸管串联，在同一漏电流 I_R 下所承受的正向电压是不同的。若外加电压继续升高，则承受电压高的器件将首先达到转折电压而导通，使另一个器件承担全部电压也导通，两个器件都失去控制作用。同理，反向时，因伏安特性不同而不均压，可能使其中一个器件先反向击穿，另一个随之击穿。这种由于器件静态特性不同而造成的均压问题称为静态不均压问题。

为达到静态均压，首先应选用参数和特性尽量一致的器件，此外可以采用电阻均压，如图 9-19b 中的 R_P。R_P 的阻值应比任何一个器件阻断时的正、反向电阻小得多，这样才能使每个晶闸管分担的电压决定于均压电阻的分压。

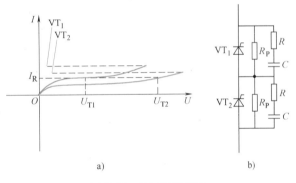

图 9-19 晶闸管的串联

a）伏安特性差异　b）串联均压措施

类似的，由于器件动态参数和特性的差异造成的不均压问题称为动态不均压问题。为达到动态均压，同样首先应选择动态参数和特性尽量一致的器件，另外，还可以用 RC 并联支路作动态均压，如图 9-19b 所示。对于晶闸管来讲，采用门极强脉冲触发可以显著减小器件开通时间上的差异。

9.3.2 IGBT 的串联和电力 MOSFET 的串联

与晶闸管串联类似，IGBT 串联时由于器件静态和动态参数的差异，同样存在静态不均压和动态不均压问题。

串联的 IGBT 处于关断稳态时，由于各器件静态伏安特性的分散性，导致等效关断电阻大的 IGBT 承担更高的静态电压。为实现串联 IGBT 的静态均压，仍然需要通过并联静态均压电阻来解决。

串联的 IGBT 在开关过程中，由于器件自身动态参数的差异及门极驱动电路参数的差异，导致串联的 IGBT 存在开关延时差异和 du/dt 差异。开通过程中速度较慢和关断过程中速度较快的 IGBT 将承受更高的暂态电压。为实现串联 IGBT 的动态均压，可以借鉴晶闸管串联的方法，在每个 IGBT 两端并联缓冲电路，如 RC 或 RCD 电路，以平衡串联 IGBT 的开关速度差异，从而实现动态均压。

与晶闸管串联不同的是，IGBT 还可以通过门极驱动电路实现动态均压。图 9-20 给出了一种通过对关断过程各个阶段门极驱动电流的调整进行串联 IGBT 动态均压的方法示意图。在调节驱动电流前，串联的 IGBT 间存在延时和 du/dt 之间差异，导致关断过程中的动态电压存在差异。通过对驱动电流进行调节，可以使串联 IGBT 的关断延时和 du/dt 差异得到补偿，从而实现动态均压。开通过程的原理与关断过程一样。采用类似的思路，也可以通过对门极驱动电压的调节实现串联 IGBT 的动态均压。

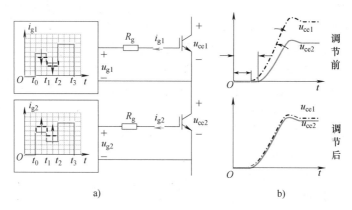

图 9-20　通过对关断过程各个阶段门极驱动电流的调整进行串联 IGBT 动态均压
a）控制方法示意图　b）波形示意图

由于电力 MOSFET 与 IGBT 均属于电压驱动型器件，开关过程类似，因此电力 MOSFET 的串联均压方法与 IGBT 没有本质上的区别，可以互相借鉴。

9.3.3　晶闸管的并联

大功率晶闸管装置中，常用多个器件并联来承担较大的电流。同样，晶闸管并联就会分别因静态和动态特性参数的差异而存在电流分配不均匀的问题。均流不佳，有的器件电流不足，有的过载，有碍提高整个装置的输出，甚至造成器件和装置损坏。

均流的首要措施是挑选特性参数尽量一致的器件，此外还可以采用均流电抗器。同样，用门极强脉冲触发也有助于动态均流。

当需要同时串联和并联晶闸管时，通常采用先串后并的方法连接。

9.3.4　电力 MOSFET 的并联和 IGBT 的并联

电力 MOSFET 的通态电阻 R_{on} 具有正的温度系数，并联使用时具有一定的电流自动均衡的能力，因而并联使用比较容易。但也要注意选用通态电阻 R_{on}、开启电压 U_T、跨导 G_{fs} 和输入电容 C_{iss} 尽量相近的器件并联；并联的电力 MOSFET 及其驱动电路的走线和布局应尽量做到对称，散热条件也要尽量一致；为了更好地动态均流，有时可以在源极电路中串入小电感，起到均流电抗器的作用。

　　IGBT 的通态压降一般在 1/2～1/3 额定电流以下的区段具有负的温度系数，在以上的区段则具有正的温度系数，因而 IGBT 在并联使用时也具有一定的电流自动均衡能力，与电力 MOSFET 类似，易于并联使用。当然，不同的 IGBT 产品其正、负温度系数的具体分界点不一样。实际并联使用 IGBT 时，在器件参数和特性选择、电路布局和走线、散热条件等方面也应尽量一致。不过，近年来许多厂家都宣称他们最新 IGBT 产品的特性一致性非常好，并联使用时只要是同型号和批号的产品都不必再进行特性一致性挑选。

── 本 章 小 结 ──

　　本章集中讨论了电力电子器件的驱动、保护和串、并联使用等问题，以使读者可以较好地使用电力电子器件。本章的具体要点如下：

　　1）对电力电子器件驱动电路的基本要求。

　　2）在驱动电路中实现电力电子主电路和控制电路电气隔离的基本方法和原理。

　　3）对晶闸管触发电路的基本要求以及典型触发电路的基本原理。

　　4）对电力 MOSFET 和 IGBT 等全控型器件驱动电路的基本要求以及典型驱动电路的基本原理。

　　5）氮化镓场效应管和碳化硅场效应管等典型宽禁带器件驱动电路与硅基全控型器件驱动电路的不同之处以及其典型驱动技术的基本原理。

　　6）电力电子器件过电压的产生原因和过电压保护的主要方法及原理。

　　7）电力电子器件过电流保护的主要方法及原理。

　　8）电力电子器件缓冲电路的概念、分类、典型电路及基本原理。

　　9）电力电子器件串联和并联使用的目的、基本要求以及具体注意事项。

── 习题及思考题 ──

　　1. 电力电子器件的驱动电路对整个电力电子装置有哪些影响？

　　2. 为什么要对电力电子主电路和控制电路进行电气隔离？其基本方法有哪些？各自的基本原理是什么？

　　3. 对晶闸管触发电路有哪些基本要求？IGBT、GTR、GTO 和电力 MOSFET 的驱动电路各有什么特点？

　　4. 宽禁带场效应晶体管的驱动电路与硅基电力 MOSFET 的驱动电路相比有何特点？主要原因是什么？如何解决这些问题？

　　5. 电力电子器件过电压的产生原因有哪些？

　　6. 电力电子器件过电压保护和过电流保护各有哪些主要方法？

　　7. 电力电子器件缓冲电路是怎样分类的？全控型器件的缓冲电路的主要作用是什么？试分析 RCD 缓冲电路中各元件的作用。

　　8. 晶闸管串联使用和并联使用时分别需要注意哪些事项？电力 MOSFET 和 IGBT 各自串联使用和并联使用时分别需要注意哪些问题？

第 10 章

电力电子技术的应用

电力电子技术既是电类专业的专业基础，又是一门工程技术，广泛用于几乎所有与电能相关的领域。因此作为大学本科的一门课程，有必要将其应用列为一章加以介绍。

电力电子技术的应用十分广泛，本章精选了一些最典型的应用加以介绍。

第 10.1 节是有关直流调速的内容。直流调速系统是电力电子技术早期的主要应用领域，今天由于交流调速的广泛应用和巨大优势，直流调速已呈被淘汰之势。但是，除已有的大量直流调速系统正在运行外，仍有一些新的直流调速系统不断投入运行；在直流调速系统中，我国相对成熟的晶闸管大量应用，使得其在我国还有一定的发展前景；另外，交流调速系统是在直流调速系统的基础上发展起来的，学过直流调速系统后，再学交流调速就方便了。因此，本节主要介绍直流调速系统。

第 10.2 节是变频器和交流调速系统。在电气工程所涵盖的二级学科中，就有"电力电子和电力传动"，可见，电力传动的地位多么重要。所谓电力传动，其主要内容就是交流和直流调速系统。如果按照以前的说法，电力传动是电力电子技术的主战场。如果说过去直流调速曾是电力传动的主要内容，时至今日，电力传动的主要内容毫无疑问已是变频器和交流调速。

第 10.3 节讲述不间断电源，即 UPS。它也是一种重要的间接交流变流装置，在各种重要场合都有十分重要的用途。

第 10.4 节讲述开关电源。正是由于开关电源技术的不断发展和广泛应用，才使得电力电子技术的应用如此广泛，我们才能得到体积小、重量轻、效率高的各种直流电源，各种电子设备、办公和家用电器以及消费电子产品等的整体性能也得以迅速提高。

第 10.5 节讲述功率因数校正技术。和本章其他各节有所不同，功率因数校正电路一般不单独使用，其在开关电源中应用最多，在变频电路中也有应用。因其应用范围广，又很重要，故用单独一节的篇幅来加以叙述。

第 10.6 节介绍电力电子技术在输配电系统中的应用。其中涉及高压直流输电、谐波抑制、无功补偿等。电力电子技术在输配电系统中的应用十分广泛。一个电力系统（本章专指输配电系统），如果很少用到电力电子技术，将是十分落后的。

第 10.7 节介绍电力电子技术在新能源发电和储能系统中的应用。其中涉及光伏发电、风力发电、燃料电池发电和电池储能系统等内容。

第 10.8 节介绍电力电子技术的其他应用。由于篇幅有限，只提到了应用较广的照明电源和焊接电源。

　　从电路和装置实现的具体功能来说，电力电子技术的应用可以分为供能型应用和非供能型应用两大类。供能型应用是为了给负荷提供电能而对输出侧和输入侧的电能进行相应变换和控制的应用，又大致分为电机驱动和其他各种供电电源两类。非供能型应用的作用则主要是为了实现对负荷或系统的其他控制功能，因此往往不需要能量输入和输出这两侧端口，而只需要与负荷或系统相连的一侧端口即可，常见于输配电系统。因此，人们往往含糊地说电力电子技术主要有电机驱动、电源和电力系统三大应用类型。但严格地讲，输配电系统中既有电力电子技术的非供能型应用，也有供能型应用。

10.1　晶闸管直流电动机系统

　　晶闸管可控整流装置带直流电动机负载组成的系统，习惯称为晶闸管直流电动机系统。晶闸管直流电动机系统是电力电子直流调速系统的两大类之一，另一类是直流斩波调速系统（又称直流脉宽调速系统），本节只涉及应用最为广泛的晶闸管直流电动机系统。

　　对晶闸管直流电动机系统的研究要从两个方面展开，其一是在带电动机负载时整流电路的工作情况，其二是由整流电路供电时电动机的工作情况。从第一个方面的分析在第 3 章 3.1 节中已有较多的介绍，本节主要从第二个方面进行分析。此外，整流电路工作于整流状态和工作于逆变状态时电动机的工作情况存在差别，也将在下面的讨论中介绍。

10.1.1　工作于整流状态时

　　直流电动机负载除本身有电阻、电感外，还有一个反电动势 E。如果暂不考虑电动机的电枢电感，则只有当晶闸管导通相的变压器二次电压瞬时值大于反电动势时才有电流输出。这种情况在第 3 章 3.1.2 节介绍单相桥式全控整流电路带反电动势负载的工作情况时作过介绍，此时负载电流是断续的，这对整流电路和电动机负载的工作都是不利的，实际应用中要尽量避免出现负载电流断续的工作情况。

　　为了平稳负载电流的脉动，通常在电枢回路串联一平波电抗器，保证整流电流在较大范围内连续，图 10-1 为三相半波带电动机负载且加平波电抗器时的电压、电流波形。

　　触发晶闸管，待电动机起动达到稳态后，虽然整流电压的波形脉动较大，但由于电动机有较大的机械惯量，故其转速和反电动势都基本无脉动。此时整流电压的平均值由电动机的反电动势及电路中负载平均电流 I_d 所引起的各种电压降所平衡。整流电压的交流分量则全部降落在电抗器上。由 I_d 引起的压降有下列四部分：变压器的电阻压降 $I_d R_B$，其中 R_B 为变压器的等效电阻，它

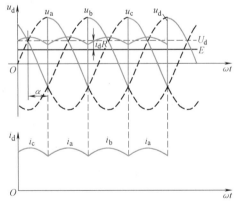

图 10-1　三相半波带电动机负载且加平波电抗器时的电压、电流波形

包括变压器二次绕组本身的电阻以及一次绕组电阻折算到二次侧的等效电阻；晶闸管本身的管压降 ΔU，它基本上是一恒值；电枢电阻压降 $I_d R_M$；由重叠角引起的电压降 $3X_B I_d/(2\pi)$。

此时，整流电路直流电压的平衡方程为

$$U_d = E_M + R_\Sigma I_d + \Delta U \qquad (10\text{-}1)$$

式中，$R_\Sigma = R_B + R_M + \dfrac{3X_B}{2\pi}$。

在电动机负载电路中，电流 I_d 由负载转矩所决定。当电动机的负载较轻时，对应的负载电流也小。在小电流情况下，特别是在低速时，由于电感的储能减小，往往不足以维持电流连续，从而出现电流断续现象。这时整流电路输出的电压和电流波形与电流连续时有差别，因此晶闸管电动机系统有两种工作状态：一种是工作在电流较大时的电流连续工作状态，另一种是工作在电流较小时的电流断续工作状态。

1. 电流连续时电动机的机械特性

从电力拖动的角度来看，电动机的机械特性是表示其性能的一个重要方面，由生产工艺要求的转速静差度即由机械特性决定。

在电动机学中，已知直流电动机的反电动势为

$$E_M = C_e \phi n \qquad (10\text{-}2)$$

式中，C_e 为由电动机结构决定的电动势常数；ϕ 为电动机磁场每对磁极下的磁通量，单位为 Wb；n 为电动机的转速，单位为 r/min。

可根据整流电路电压平衡方程式（10-1），得到不同触发延迟角 α 时 E_M 与 I_d 的关系。因为 $U_d = 1.17U_2\cos\alpha$，因此反电动势特性方程为

$$E_M = 1.17U_2\cos\alpha - R_\Sigma I_d - \Delta U \qquad (10\text{-}3)$$

转速与电流的机械特性关系式为

$$n = \frac{1.17U_2\cos\alpha}{C_e\phi} - \frac{R_\Sigma I_d + \Delta U}{C_e\phi} \qquad (10\text{-}4)$$

根据式（10-4）得出不同 α 时 n 与 I_d 的关系，如图 10-2 所示。图中 ΔU 的值一般为 1V 左右，所以忽略。可见其机械特性与由直流发电机供电时的机械特性是相似的，是一组平行的直线，其斜率由于内阻不一定相同而稍有差异。调节 α，即可调节电动机的转速。

同理，可列出三相桥式全控整流电路电动机负载时的机械特性方程为

$$n = \frac{2.34U_2\cos\alpha}{C_e\phi} - \frac{R_\Sigma}{C_e\phi}I_d \qquad (10\text{-}5)$$

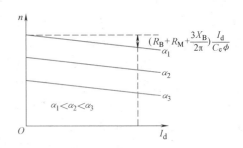

图 10-2　三相半波电流连续时以电流表示的电动机机械特性

2. 电流断续时电动机的机械特性

由于整流电压是一个脉动的直流电压，当电动机的负载减小时，平波电抗器中的电感储能减小，致使电流不再连续，此时电动机的机械特性也呈现出非线性。

根据电流连续时反电动势的公式（10-3），例如 $\alpha = 60°$ 时，当 $I_d = 0$，忽略 ΔU，此时的反电动势 $E_0' = 1.17U_2\cos60° = 0.585U_2$。这是电流连续时的理想空载反电动势，如图 10-3 中反电动势特性的虚线与纵轴的相交点。实际上，当 I_d 减小至某一定值 I_{dmin} 以后，电流变为断续，这个 E_0' 是不存在的，真正的理想空载点 E_0 远大于此值，因为 $\alpha = 60°$ 时晶闸管触发导通

时的相电压瞬时值为 $\sqrt{2}\,U_2$，它大于 E_0'，因此必然产生电流，这说明 E_0' 并不是空载点。只有当反电动势 E 等于触发导通后相电压的最大值 $\sqrt{2}\,U_2$ 时，电流才等于零，因此图 10-3 中 $\sqrt{2}\,U_2$ 才是实际的理想空载点。同样可分析得出，在电流断续情况下，只要 $\alpha \leq 60°$，电动机的实际空载反电动势都是 $\sqrt{2}\,U_2$。当 $\alpha > 60°$ 以后，空载反电动势将由 $\sqrt{2}\,U_2\cos(\alpha - \pi/3)$ 决定。可见，当电流断续时，电动机的理想空载转速抬高，这是电流断续时电动机机械特性的第一个特点。观察图 10-3 可得知此时机械特性的第二个特点是，在电流断续区内电动机的机械特性变软，即负载电流变化很小也可引起很大的转速变化。

根据上述分析，可得不同 α 时的反电动势特性曲线如图 10-4 所示。α 大的反电动势特性，其电流断续区的范围（以虚线表示）要比 α 小时的电流断续区大，这是由于 α 越大，变压器加到晶闸管阳极上的负电压时间越长，电流要维持导通，必须要求平波电抗器储存较大的磁能，而电抗器的 L 为一定值的情况下，要有较大的电流 I_d 才行。故随着 α 的增加，进入断续区的电流值加大。这是电流断续时电动机机械特性的第三个特点。

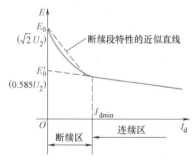

图 10-3　电流断续时电动势的特性曲线

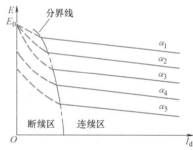

图 10-4　考虑电流断续不同 α 时反电动势的特性曲线

$\alpha_1 < \alpha_2 < \alpha_3 < 60°,\ \alpha_5 > \alpha_4 > 60°$

电流断续时电动机机械特性可由下面三个式子准确地得出，限于篇幅，推导过程从略。

$$E_{\mathrm{M}} = \sqrt{2}\,U_2\cos\varphi\,\frac{\sin\left(\dfrac{\pi}{6}+\alpha+\theta-\varphi\right)-\sin\left(\dfrac{\pi}{6}+\alpha-\varphi\right)\mathrm{e}^{-\theta\cot\varphi}}{1-\mathrm{e}^{-\theta\cot\varphi}} \tag{10-6}$$

$$n = \frac{E_{\mathrm{M}}}{C_{\mathrm{e}}'} = \frac{\sqrt{2}\,U_2\cos\varphi}{C_{\mathrm{e}}'}\,\frac{\sin\left(\dfrac{\pi}{6}+\alpha+\theta-\varphi\right)-\sin\left(\dfrac{\pi}{6}+\alpha-\varphi\right)\mathrm{e}^{-\theta\cot\varphi}}{1-\mathrm{e}^{-\theta\cot\varphi}} \tag{10-7}$$

$$I_{\mathrm{d}} = \frac{3\sqrt{2}\,U_2}{2\pi Z\cos\varphi}\left[\cos\left(\frac{\pi}{6}+\alpha\right)-\cos\left(\frac{\pi}{6}+\alpha+\theta\right)-\frac{C_{\mathrm{e}}'}{\sqrt{2}\,U_2}\theta n\right] \tag{10-8}$$

式中，$\varphi = \arctan\dfrac{\omega L}{R}$；$Z = \sqrt{R_\Sigma^2 + L^2}$；$L$ 为回路总电感。以上三式均为超越方程，需采用迭代的方法求解，在导通角 θ 从 $0 \sim 2\pi/3$ 的范围内，根据给出的 θ 值以及 R_Σ、L 值，求出相应的 n 和 I_d，从而作出断续区的机械特性曲线如图 10-3 所示。对于不同的 R_Σ、L 和 α 值，特性也将不同。

一般只要主电路电感足够大，可以只考虑电流连续段，完全按线性处理。当低速轻载时，断续作用显著，可改用另一段较陡的特性来近似处理（见图 10-3），其等效电阻比实际的电阻 R 要大一个数量级。

整流电路为三相半波时，在最小负载电流为 I_{dmin} 时，为保证电流连续所需的主回路电感量 L（mH）为

$$L = 1.46 \frac{U_2}{I_{dmin}} \tag{10-9}$$

对于三相桥式全控整流电路带电动机负载的系统，有

$$L = 0.693 \frac{U_2}{I_{dmin}} \tag{10-10}$$

L 中包括整流变压器的漏电感、电枢电感和平波电抗器的电感。前者数值都较小，有时可忽略。I_{dmin} 一般取电动机额定电流的 $5\% \sim 10\%$。

因为三相桥式全控整流电压的脉动频率比三相半波的高一倍，因而所需平波电抗器的电感量也可相应减小约一半，这也是三相桥式整流电路的一大优点。

10.1.2 工作于有源逆变状态时

对工作于有源逆变状态时电动机机械特性的分析，和整流状态时完全类同，可按电流连续和断续两种情况来进行。

1. 电流连续时电动机的机械特性

主回路电流连续时的机械特性由电压平衡方程式 $U_d - E_M = I_d R_\Sigma$ 决定。

逆变时由于 $U_d = -U_{d0}\cos\beta$，E_M 反接，得

$$E_M = -(U_{d0}\cos\beta + I_d R_\Sigma) \tag{10-11}$$

因为 $E_M = C_e' n$，可求得电动机的机械特性方程式

$$n = -\frac{1}{C_e'}(U_{d0}\cos\beta + I_d R_\Sigma) \tag{10-12}$$

式中，负号表示逆变时电动机的转向与整流时相反。对应不同的逆变角时，可得到一组彼此平行的机械特性曲线族，如图 10-5 中第四象限虚线以右所示。可见调节 β 就可改变电动机的运行转速，β 值越小，相应的转速越高；反之则转速越低。图 10-5 中还画出当负载电流 I_d 降低到临界连续电流以下时的特性，见图中的虚线以左所示，即逆变状态下电流断续时的机械特性。

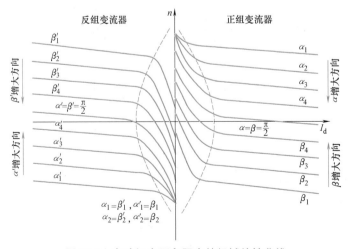

图 10-5　电动机在四象限中的机械特性曲线

2. 电流断续时电动机的机械特性

电流断续时电动机的机械特性方程可沿用整流时电流断续的机械特性表达式，只要把 $\alpha=\pi-\beta$ 代入式（10-6）、式（10-7）和式（10-8），便可得 E_M、n 与 I_d 的表达式，求出三相半波电路工作于逆变状态且电流断续时的机械特性，即

$$E_M = \sqrt{2}\,U_2\cos\varphi\,\frac{\sin(7\pi/6-\beta+\theta-\varphi)-\sin(7\pi/6-\beta-\varphi)\,e^{-\theta\cot\varphi}}{1-e^{-\theta\cot\varphi}} \tag{10-13}$$

$$n = \frac{E_M}{C_e'} = \frac{\sqrt{2}\,U_2\cos\varphi}{C_e'}\,\frac{\sin(7\pi/6-\beta+\theta-\varphi)-\sin(7\pi/6-\beta-\varphi)\,e^{-\theta\cot\varphi}}{1-e^{-\theta\cot\varphi}} \tag{10-14}$$

$$I_d = \frac{3\sqrt{2}\,U_2}{2\pi Z\cos\varphi}\left[\cos(7\pi/6-\beta)-\cos(7\pi/6-\beta+\theta)-\frac{C_e'}{\sqrt{2}\,U_2}\theta n\right] \tag{10-15}$$

分析结果表明，当电流断续时，电动机的机械特性不仅和逆变角有关，而且和电路参数、导通角等有关系。根据上述公式，取定某一 β 值，根据不同的导通角 θ，如 $\pi/6$、$\pi/3$ 和 $\pi/2$，就可求得对应的转速和电流，绘出逆变电流断续时电动机的机械特性，即图 10-5 中第 4 象限虚线以左的部分。可以看出，它与整流时十分相似：理想空载转速上翘很多，机械特性变软，且呈现非线性。这充分说明逆变状态的机械特性是整流状态的延续，纵观控制角 α 由小变大（如 $\pi/6\sim5\pi/6$），电动机的机械特性则逐渐由第 1 象限往下移，进而到达第 4 象限。逆变状态的机械特性同样还可表示在第 2 象限内，与它对应的整流状态的机械特性则表示在第 3 象限里，如图 10-5 所示。

应当指出，图 10-5 中第 1、第 4 象限中的特性和第 3、第 2 象限中的特性是分别属于两组变流器的，它们输出整流电压的极性彼此相反，故分别标以正组和反组变流器。电动机的运行工作点由第 1（第 3）象限的特性，转到第 2（第 4）象限的特性时，表明电动机由电动运行转入发电制动运行。相应的变流器的工况由整流转为逆变，使电动机轴上储存的机械能逆变为交流电能送回电网。电动机在各象限中的机械特性，对分析直流可逆拖动系统是十分有用的。

10.1.3　直流可逆电力拖动系统

图 10-6 为两套变流装置反并联连接的可逆电路。图 10-6a 是以三相半波有环流接线为例，图 10-6b 是以三相桥式全控电路的无环流接线为例阐明其工作原理的。与双反星形电路时相似，环流是指只在两组变流器之间流动而不经过负载的电流。电动机正向运行时都是由一组变流器供电的；反向运行时，则由两组变流器供电。根据对环流的不同处理方法，反并联可逆电路又可分为几种不同的控制方案，如配合控制有环流（即 $\alpha=\beta$ 工作制）、可控环流、逻辑控制无环流和错位控制无环流等。不论采用哪一种反并联供电电路，都可使电动机在四个象限内运行。如果在任何时间内，两组变流器中只有一组投入工作，则可根据电动机所需的运转状态来决定哪一组变流器工作及其相应的工作状态：整流或逆变。图 10-6c 绘出了对应电动机四象限运行时两组变流器（简称正组桥、反组桥）的工作情况。

第 1 象限：正转，电动机作电动运行，正组桥工作在整流状态，$\alpha_1<\pi/2$，$E_M<U_{d\alpha}$（下标中有 α 表示整流）。

第 2 象限：正转，电动机作发电运行，反组桥工作在逆变状态，$\beta_2<\pi/2$（$\alpha_2>\pi/2$），

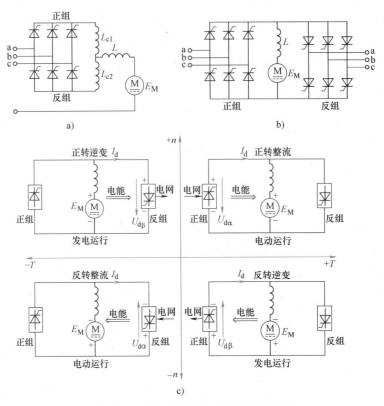

图 10-6　两组变流器的反并联可逆线路

$E_M > U_{d\beta}$（下标中有 β 表示逆变）。

第 3 象限：反转，电动机作电动运行，反组桥工作在整流状态，$\alpha_2 < \pi/2$，$E_M < U_{d\alpha}$。

第 4 象限：反转，电动机作发电运行，正组桥工作在逆变状态，$\beta_1 < \pi/2$（$\alpha_1 > \pi/2$），$E_M > U_{d\beta}$。

直流可逆拖动系统，除了能方便地实现正反向运转外，还能实现回馈制动，把电动机轴上的机械能（包括惯性能、位势能）变为电能回送到电网中去，此时电动机的电磁转矩变成制动转矩。图 10-6c 所示电动机在第 1 象限正转，电动机从正组桥取得电能。如果需要反转，先应使电动机迅速制动，就必须改变电枢电流的方向，但对正组桥来说，电流不能反向，需要切换到反组桥工作，并要求反组桥在逆变状态下工作，保证 $U_{d\beta}$ 与 E_M 同极性相接，使得电动机的制动电流 $I_d = (E_M - U_{d\beta})/R_\Sigma$ 限制在容许范围内。此时电动机进入第 2 象限作正转发电运行，电磁转矩变成制动转矩，电动机轴上的机械能经反组桥逆变为交流电能回馈电网。改变反组桥的逆变角 β，就可改变电动机制动转矩。为了保持电动机在制动过程中有足够的转矩，一般应随着电动机转速的下降，不断地调节 β，使之由小变大直至 $\beta = \pi/2$（$n = 0$），如继续增大 β，即 $\alpha < \pi/2$，反组桥将转入整流状态下工作，电动机开始反转进入第 3 象限的电动运行。以上就是电动机由正转到反转的全过程。同样，电动机从反转到正转，其过程则由第 3 象限经第 4 象限最终运行在第 1 象限上。

对于 $\alpha = \beta$ 配合控制的有环流可逆系统，当系统工作时，对正、反两组变流器同时输入触发脉冲，并严格保证 $\alpha = \beta$ 的配合控制关系，假设正组桥为整流，反组桥为逆变，即有

$\alpha_1 = \beta_2$，$U_{d\alpha 1} = U_{d\beta 2}$，且极性相抵消，两组变流器之间没有直流环流。但两组变流器的输出电压瞬时值不等，会产生脉动环流。为防止环流只流经晶闸管而使电源短路，必须串入环流电抗器 L_C 限制环流。

工程上使用较广泛的逻辑无环流可逆系统不设置环流电抗器，如图 10-6b 所示。这种无环流可逆系统采用的控制原则是：两组桥在任何时刻只有一组投入工作（另一组关断），所以在两组桥之间就不存在环流。但当两组桥之间需要切换时，不能简单地把原来工作着的一组桥的触发脉冲立即封锁，而同时把原来封锁着的另一组桥立即开通，因为已导通的晶闸管并不能在触发脉冲取消的那一瞬间立即被关断，必须待晶闸管承受反压时才能关断。如果对两组桥的触发脉冲的封锁和开放是同时进行，原先导通的那组桥不能立即关断，而原先封锁着的那组桥反而已经开通，出现两组桥同时导通的情况，因没有环流电抗器，将会产生很大的短路电流，把晶闸管烧毁。为此首先应使已导通桥的晶闸管断流，要妥当处理主回路内电感储存的电磁能量，使其以续流的形式释放，通过原工作桥本身处于逆变状态，把电感储存的一部分能量回馈给电网，其余部分消耗在电动机上，直到储存的能量释放完，主回路电流变为零，使原导通晶闸管恢复阻断能力。随后再开通原封锁桥的晶闸管，使其触发导通。这种无环流可逆系统中，变流器之间的切换过程是由逻辑单元控制的，称为逻辑控制无环流系统。

晶闸管变流器供电的直流可逆电力拖动系统，是本课程的后续课"电力拖动自动控制系统"的重要内容，关于各种有环流和无环流的可逆调速系统，将在该课程中进一步分析和讨论。

10.2　变频器和交流调速系统

过去，调速传动的主流方式是晶闸管直流电动机传动系统。但是直流电动机本身存在一些固有的缺点：①受使用环境条件制约；②需要定期维护；③最高速度和容量受限制等。与直流调速传动系统相对应的是交流调速传动系统，采用交流调速传动系统除了克服直流调速传动系统的缺点外还具有：交流电动机结构简单，可靠性高，节能，高精度，快速响应等优点。但交流电动机的控制技术较为复杂，对所需的电力电子变换器要求也较高，所以直到近30 年时间，随着电力电子技术和控制技术的发展，交流调速系统才得到迅速的发展，其应用已在逐步取代传统的直流传动系统。

在交流调速传动的各种方式中，变频调速是应用最多的一种方式。交流电动机的转差功率中转子铜损部分的消耗是不可避免的，采用变频调速方式时，无论电动机转速高低，转差功率的消耗基本不变，系统效率是各种交流调速方式中最高的，因此采用变频调速具有显著的节能效果。例如采用交流调速技术对风机的风量进行调节，可节约电能 30% 以上。因此，变频调速技术得到了广泛的应用。

10.2.1　交-直-交变频器

变频调速系统中的电力电子变流器（简称为变频器），除了在第 6 章中介绍的交-交变频器外，实际应用最广泛的是交-直-交变频器（Variable Voltage Variable Frequency，简称 VVVF 电源）。交-直-交变频器是由 AC-DC、DC-AC 两类基本的变流电路组合形成，先将交流电整流为直流电，再将直流电逆变为交流电，因此这类电路又称为间接交流变流电路。交-直-交变频器与交-交变频器相比，最主要的优点是输出频率不再受输入电源频率的制约。

根据应用场合及负载的要求，当电动机处于再生制动状态时，电动机会向变频器产生能量回馈，此时变频器需要具有处理再生反馈电力的能力。图 10-7 所示的是不能处理再生反馈电力的电压型间接交流变流电路。该电路中整流部分采用的是不可控整流，它和直流电路之间的电压和电流极性不变，只能由电源向直流电路输送功率，而不能由直流电路向交流电源反馈电力。图中逆变电路的能量是可以双向流动的，若负载能量反馈到中间直流电路，将导致电容电压升高，称为泵升电压。由于该能量无法反馈回交流电源，则电容只能承担少量的反馈能量，否则泵升电压过高会危及整个电路的安全。

为使上述电路具备处理再生反馈电力的能力，可采用的几种方法分别如图 10-8~图 10-10 所示。

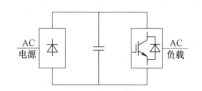

图 10-7 不能处理再生反馈电力的电压
型间接交流变流电路

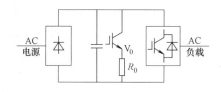

图 10-8 带有泵升电压限
制电路的电压型间接交流变流电路

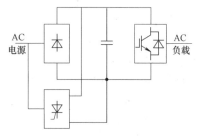

图 10-9 利用可控变流器实现再生
反馈的电压型间接交流变流电路

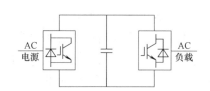

图 10-10 整流和逆变均为 PWM 控制的
电压型间接交流变流电路

图 10-8 电路是在图 10-7 电路的基础上，在中间直流母线两端并联一个由开关管 V_0 和能耗电阻 R_0 组成的泵升电压限制电路。当泵升电压超过一定数值时，使 V_0 导通，把从负载反馈的能量消耗在 R_0 上，从而保证直流母线电压在安全范围内，逆变电路可以继续正常运行。

当交流电动机负载频繁处于再生制动状态时，上述泵升电压限制电路中消耗的能量较多，能耗电阻 R_0 也需要较大的功率。这种情况下，希望在制动时把电动机的动能反馈回电网，而不是消耗在电阻上。这时，如图 10-9 所示，需增加一套变流电路，使其工作于有源逆变状态，以实现电动机的再生制动。当负载回馈能量时，中间直流电压上升，使不可控整流电路停止工作，可控变流器工作于有源逆变状态，中间直流电压极性不变，而电流反向，通过可控变流器将电能反馈回电网。

图 10-10 是整流电路和逆变电路都基于全控型器件并采用 PWM 控制的间接交流变流电路，可简称双 PWM 电路。整流电路和逆变电路的构成可以完全相同，交流电源通过交流电

抗器和整流电路连接。如第 7 章所述，通过对整流电路进行 PWM 控制，可以使输入电流为正弦波并且与电源电压间相位任意可控，实现能量双向流动，并且中间直流电路的电压可以调节。电动机可以工作在电动运行状态，也可以工作在再生制动状态。此外，改变输出交流电压的相序即可使电动机正转或反转。因此，电动机可实现四象限运行。

该电路输入输出电流均为正弦波，输入功率因数高，且可实现电动机四象限运行，是一种性能较理想的变频电路。但由于整流、逆变部分均为 PWM 控制且需要采用全控型器件，控制较复杂，成本也较高。

以上讲述的是几种电压型间接交流变流电路的基本原理，下面讲述电流型间接交流变流电路。

图 10-11 给出了可以处理再生反馈电力的电流型间接交流变流电路，图中用实线表示的是由电源向负载输送功率时整流器和逆变器直流电压极性、电流方向、负载电压极性及功率流向等。当电动机制动时，中间直流电路的电流极性不能改变，要实现再生制动，只需调节可控整流电路的触发角 α，使直流电压反极性即可，如图中虚线所示。与电压型相比，整流部分只用一套可控变流电路，而不像图 10-9 那样为实现负载能量反馈而采用两套变流电路，系统的整体结构相对简单。

图 10-12 给出了实现基于上述原理的电路图。为适用于大容量的场合，将主电路中的器件换为 GTO，逆变电路输出端的电容 C 是为吸收 GTO 关断时负载电感产生的过电压而设置的，它也可以对输出的 PWM 电流波形起滤波作用。

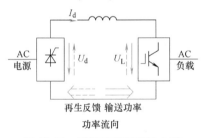

图 10-11　采用可控整流的电流型间接交流变流电路

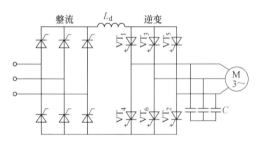

图 10-12　电流型交-直-交 PWM 变频电路

电流型间接交流变流电路也可采用双 PWM 电路，如图 10-13 所示。为了吸收换流时的过电压，在交流电源侧和交流负载侧都设置了电容器。与图 10-10 所示的电压型双 PWM 电路一样，当向电动机供电时，电动机既可工作在电动状态，又可工作在再生制动状态，且可正反转，即可四象限运行。该电路同样可以通过对整流电路的 PWM 控制使输入电流为正弦波，并使输入功率因数为 1。

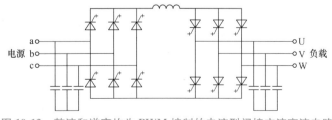

图 10-13　整流和逆变均为 PWM 控制的电流型间接交流变流电路

10.2.2 交流电动机变频调速的控制方式

对于笼型异步电动机的定子频率控制方式，有恒压频比（V/f）控制，转差频率控制，矢量控制，直接转矩控制等。这些方式可以获得各具特长的控制性能。以下就分别对几种方式进行简要介绍。

1. 恒压频比控制

异步电动机的转速主要由电源频率和极对数决定。改变电源（定子）频率，就可进行电动机的调速，即使进行宽范围的调速运行，也能获得足够的转矩。为了不使电动机因频率变化导致磁通偏离额定值过多而造成电磁转矩不足、励磁电流增大，引起功率因数和效率的降低，需对变频器的电压和频率的比率进行控制，使该比率保持恒定，即恒压频比控制，以维持气隙磁通为额定值。

恒压频比控制是比较简单的控制方式，目前仍然被大量采用。该方式常用于转速开环的交流调速系统，适用于生产机械对调速系统的静、动态性能要求不高的场合，例如利用通用变频器对风机、泵类进行调速以达到节能的目的。近年来也被大量用于空调等家用电器产品。

图 10-14 给出了使用 PWM 控制交-直-交变频器恒压频比控制方式的例子。转速给定既作为调节速度的频率 f 指令值，同时经过适当分压，也被作为定子电压 U_1 的指令值。该 f 指令值和 U_1 指令值之比就决定了 V/f 控制中的压频比。由于频率和电压由同一给定值控制，因此可以保证压频比为恒定。

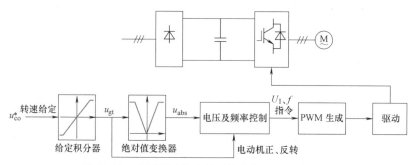

图 10-14 采用恒压频比控制的变频调速系统框图

图 10-14 中，为防止转速给定突变时电动机电流过大，在给定信号之后加给定积分器，可将阶跃给定信号转换为按设定斜率逐渐变化的斜坡信号 u_{gt}，从而使电动机的电压和转速都平缓地升高或降低。此外，为使电动机实现正反转，给定信号是可正可负的，但电动机的转向由变频器输出电压的相序决定，不需要由频率和电压给定信号反映极性，因此用绝对值变换器将 u_{gt} 变换为其绝对值的信号 u_{abs}，u_{abs} 经电压频率控制环节处理之后，得出电压及频率的指令信号，经 PWM 生成环节形成控制逆变器的 PWM 信号，再经驱动电路控制变频器中开关器件的通断，使变频器输出所需频率、相序和大小的交流电压，从而控制交流电动机的转速和转向。

2. 转差频率控制

前述转速开环的控制方式可满足一般平滑调速的要求，但其静、动态性能均有限，要提高调速系统的动态性能，需采用转速闭环的控制方式。其中一种常用的闭环控制方式就是转差频率控制方式。

从异步电动机稳态模型可以证明，当稳态气隙磁通恒定时，电磁转矩近似与转差角频率 ω_s 成正比，如果能保持稳态转子全磁通恒定，则转矩准确地与 ω_s 成正比。因此，控制 ω_s 就相当于控制转矩。采用转速闭环的转差频率控制，使定子频率为电动机实际转速 ω_r 与转差角频率 ω_s 之和，即 $\omega_1 = \omega_r + \omega_s$，则 ω_1 随实际转速增加或减小，得到平滑而稳定的调速，保证了较高的调速范围和动态性能。但是，这种方法是基于电动机稳态模型的，仍然不能得到理想的动态性能。

3. 矢量控制

异步电动机的数学模型是高阶、非线性、强耦合的多变量系统。前述转差频率控制方式的动态性能不理想，关键在于采用了电动机的稳态数学模型，调节器参数的设计也只是沿用单变量控制系统的概念而没有考虑非线性、多变量的本质。

矢量控制方式基于异步电动机的按转子磁链定向的动态数学模型，将定子电流分解为励磁分量和与此垂直的转矩分量，参照直流调速系统的控制方法，分别独立地对两个电流分量进行控制，类似直流调速系统中的双闭环控制方式。该方式需要实现转速和磁链的解耦，控制系统较为复杂，但与被认为是控制性能最好的直流电动机电枢电流控制方式相比，矢量控制方式的控制性能具有同等的水平。随着该方式的实用化，异步电动机变频调速系统的应用范围迅速扩大。

4. 直接转矩控制

矢量控制方式的稳态、动态性能都很好，但是控制复杂。为此，又有学者提出了直接转矩控制。直接转矩控制方法同样是基于电动机的动态模型，其控制闭环中的内环，直接采用了转矩反馈，并采用砰-砰控制，可以得到转矩的快速动态响应。并且控制相对要简单许多。

对于以上几种控制方式的详细分析讨论，将在本课程的后续课程"电力拖动自动控制系统"中讲述。

10.3　不间断电源

不间断电源（Uninterruptible Power Supply，UPS）是当交流输入电源（习惯称为市电）发生异常或断电时，还能继续向负载供电，并能保证供电质量，使负载供电不受影响的装置。广义地说，UPS 包括输出为直流和输出为交流两种情况，目前通常是指输出为交流的情况。UPS 是恒压恒频（CVCF）电源中的主要产品之一。UPS 广泛应用于各种对交流供电可靠性和供电质量要求高的场合，例如用于银行、证券交易所的计算机系统，Internet 网络中的服务器、路由器等关键设备，各种医疗设备，办公自动化（Office Automation，OA）设备，工厂自动化（Factory Automation，FA）机器等。

UPS 最基本的结构原理如图 10-15 所示。其基本工作原理是，当市电正常时，市电经整

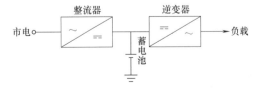

图 10-15　UPS 基本结构原理图

流器整流为直流给蓄电池充电，可保证蓄电池的电量充足。一旦市电异常乃至停电，即由蓄电池向逆变器供电，蓄电池的直流电经逆变器变换为恒频恒压交流电继续向负载供电，因此从负载侧看，供电不受市电停电的影响。市电正常条件下，根据负载的供电方式，UPS 可分为在线式 UPS 和后备式 UPS。在线式 UPS 在市电正常时，由市电经整流器和逆变器向负载供电，使负载获得高质量的供电，但存在损耗较大的缺点。后备式 UPS 在市电正常时，由市电直接向负载供电，在市电故障时再转由逆变器进行供电，该方式 UPS 的损耗低，但转换过程中负载会出现短时间的供电中断。

为保证市电异常或逆变器故障时负载供电的切换，实际的 UPS 产品中多数都设置了旁路开关，如图 10-16 所示。市电与逆变器提供的 CVCF 电源由转换开关 S 切换，若逆变器发生故障，可由开关自动切换为市电旁路电源供电。只有市电和逆变器同时发生故障时，负载供电才会中断。还需注意的是，在市电旁路电源与 CVCF 电源之间切换时，必须保证两个电压的相位一致，通常采用锁相同步的方法。

在市电断电时由于由蓄电池提供电能，供电时间取决于蓄电池容量的大小，有很大的局限性，为了保证长时间不间断供电，可采用柴油发电机（简称油机）作为后备电源，如图 10-17 所示。图中，一旦市电停电，则在蓄电池投入工作之后，即起动油机，由油机代替市电向整流器供电；市电恢复正常后，再重新由市电供电。蓄电池只需作为市电与油机之间的过渡，容量可以小一些。

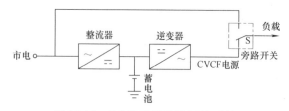

图 10-16　具有旁路开关的 UPS 系统

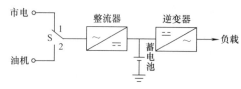

图 10-17　用柴油发电机作为后备电源的 UPS

以上介绍的是几种常用的 UPS 构成方式，为了尽可能地提高供电质量和可靠性，还可有很多其他的构成方式，本书不再一一介绍。下面针对两个具体的例子，介绍 UPS 的主电路结构。

图 10-18 给出了容量较小的 UPS 主电路。整流部分使用二极管整流器和直流斩波器（用作 PFC），可获得较高的交流输入功率因数。与此同时，由于逆变器部分使用 IGBT 并采用 PWM 控制，可获得良好的控制性能。

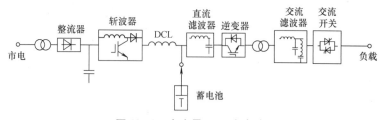

图 10-18　小容量 UPS 主电路

图 10-19 所示为使用模块化大容量 UPS 主电路。为提高 UPS 装置的可靠性和灵活性，模块化结构成为大功率 UPS 较为流行的技术方案。整流器、逆变器部分均由多个单元模块

并联构成，可以冗余互为备份从而提高系统可靠性，系统中模块数量可根据系统容量、可靠性等需求灵活配置并提高系统的可扩展性，模块化的标准单元还可以提高厂家制造中的生产效率、降低生产成本。

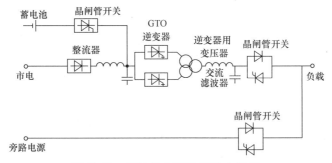

图 10-19　模块化大容量 UPS 主电路

10.4　开关电源

在各种电子设备中，需要多路不同电压供电，如数字电路需要 5V、3.3V、2.5V 等，模拟电路需要±12V、±15V 等，这就需要专门设计电源装置来提供这些电压，通常要求电源装置能达到一定的稳压精度，还要能够提供足够大的电流。

这个电源装置实际上起到电能变换的作用，它将电网提供的交流电（220V）变换为各路直流输出电压。有两种不同的方法可以实现这一变换，分别如图 10-20 和图 10-21 所示。

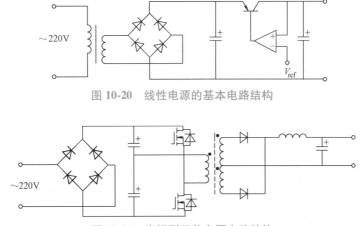

图 10-20　线性电源的基本电路结构

图 10-21　半桥型开关电源电路结构

图 10-20 采用先用工频变压器降压，然后经过整流滤波后，由线性调压得到稳定的输出电压。这种电源称为线性电源。

图 10-21 采用先整流滤波、后经高频逆变得到高频交流电压，然后由高频变压器降压、再整流滤波的办法。这种采用高频开关方式进行电能变换的电源称为开关电源。

开关电源在效率、体积和重量等方面都远远优于线性电源，因此已经基本取代了线性电源，成为电子设备供电的主要电源形式。只有在一些功率非常小，或者要求供电电压纹波非常小的场合，还在使用线性电源。

10.4.1　开关电源的结构

交流输入、直流输出的开关电源将交流电转换为直流电，其典型的能量变换过程如图 10-22 所示。

图 10-22　开关电源的能量变换过程

整流电路普遍采用二极管构成的桥式电路，直流侧采用大电容滤波，该电路结构简单、工作可靠、成本低、效率比较高，但存在输入电流谐波含量大、功率因数低的问题，因此较为先进的开关电源采用有源的功率因数校正（Power Factor Correction，PFC）电路。关于 PFC 电路的情况在第 10.5 节专门介绍。

高频逆变-变压器-高频整流电路是开关电源的核心部分，具体电路采用的是第 5 章 5.3 节中介绍的隔离型直流-直流变流电路。针对不同的功率等级和输入电压可以选取不同的电路，选择的原则参见第 5 章表 5-1。针对不同的输出电压等级，可以选择不同的高频整流电路，详见 5.3 节。

随着微电子技术的不断发展，电子设备的体积不断减小，与之相适应，要求开关电源的体积和重量也不断减小，提高开关频率并保持较高的效率是主要的途径。为了达到这一目标，高性能开关电源中普遍采用了软开关技术，具体的电路在第 8 章中已经详细介绍过了，其中的移相全桥电路就是开关电源中常用的一种软开关拓扑。

一个开关电源经常需要同时提供多组供电，这可以采用给高频变压器设计多个二次绕组的方法来实现，每个绕组分别连接到各自的整流和滤波电路，就可以得到不同电压的多组输出，而且这些不同的输出之间是相互隔离的，如图 10-23 所示。值得注意的是，仅能从这些输出中选择一路作为输出电压反馈，因此也就只有这一路电压的稳压精度较高，其他路的稳压精度都较低，而且其中一路的负载变化时，其他路的电压也会跟着变化。

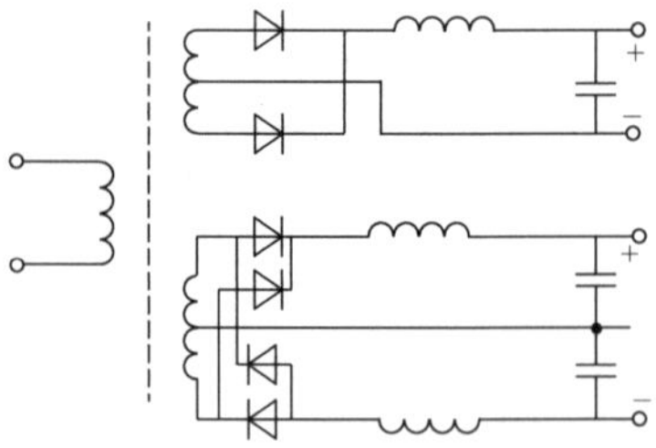

除了交流输入之外，很多开关电源的输入为直流，来自电池或者另一个开关电源的输出，这样的开关电源被称为直流-直流变换器（DC-DC Converter）。

直流-直流变换器分为隔离型和非隔离型两类，隔离型多采用反激、正激、半桥等隔离型电路，而非隔离型采用 buck、boost、buck-boost 等电路。

图 10-23　多路输出的整流电路

有的直流-直流变换器为一整块电路板上很多电路元件供电，而有的仅仅为一个专门的元件供电，这个元件通常是一个大规模集成电路芯片，这样的直流-直流变换器被称为负载点稳压器（Point Of the Load regulator，POL）。计算机主板上给 CPU 和存储器供电的电源都是典型的 POL。

非隔离的直流-直流变换器，尤其是 POL 的输出电压往往较低，如给计算机 CPU 供电的

POL，电压仅仅为 1V 左右，但电流却很大，为了提高效率，经常采用图 10-24a 所示的电路，该电路的结构为 buck，但续流二极管替换为 MOSFET，利用其低导通电阻的特点来降低电路中的通态损耗，其原理类似同步整流电路，因此该电路被称为同步 buck（Sync Buck）。电路与此相似的还有同步 boost（Sync Boost）电路，如图 10-24b 所示。

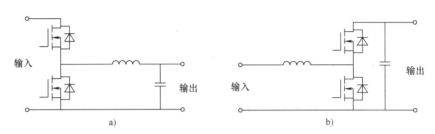

图 10-24　同步降压电路和同步升压电路

a）同步降压电路　b）同步升压电路

在通信交换机、大型服务器等复杂的电子装置中，供电的路数太多，总功率太大，难以用一个开关电源完成，因此出现了分布式的电源系统。通信交换机中的分布式供电系统如图 10-25 所示。其中一次电源完成交流-直流的隔离变换，其输出连接到直流母线上，母线的电压为 48V，直流母线连接到交换机中每块电路板上，电路板上都有自己的 DC-DC 变换器，将 48V 转换为电路所需的各种电压。

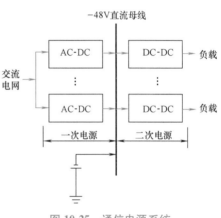

图 10-25　通信电源系统

为了保证停电的时候交换机还能正常工作，在 48V 直流母线上还连接了大容量的蓄电池组，在通信电源系统中，蓄电池组的负极接 48V 母线，正极接地，因此母线对地的电压实际为-48V。

在分布式电源系统中，一次电源的总功率要略大于二次电源的总功率，由于二次电源的数量大，因此总功率也较大，这样，一次电源也必须具有较大的功率。考虑到可靠性、可维护性和成本等问题，通常一次电源采用多个开关电源并联的方案，每个开关电源仅仅承担一部分功率。并联运行的每个开关电源有时也被称为"模块"，当其中个别模块发生故障时，系统还能够继续运行，被称为"冗余"。

例如，系统需要的总功率为 P，而模块的功率为 P/N，由 $N+M$ 个模块并联运行，则其中不多于 M 个模块发生故障时，系统仍然能够正常工作，这叫"$N+M$ 冗余"。

10.4.2　开关电源的控制方式

典型的开关电源控制系统如图 10-26 所示。

在该控制系统中，开关电源的输出电压 u_f 与参考电压 u^* 相比较，得到的误差信号 e 表明输出电压偏离参考电压的程度和方向，控制器根据误差 e 来调整控制量 u_c。误差 e 为"+"，表明输出电压低于参考电压，控制器使 u_c 增加从而提高输出电压，使其回到参考值；

误差为"–"，表明输出电压高于参考电压，控制器使 u_c 减小从而降低输出，也使其回到参考值。

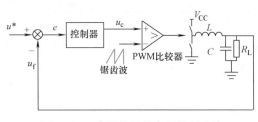

这样的控制方式称为 反馈控制，可以使开关电源的输出电压与参考电压间的相对误差小于 1%～0.5%，甚至达到更高的精度。

图 10-26　典型的开关电源控制系统

1. 电压模式控制

图 10-26 所示的反馈控制系统中仅有一个输出电压反馈控制环，因此这种控制方式称为 电压模式控制。

电压模式控制是较早出现的控制方式，其优点是结构简单，但有一个显著的缺点是不能有效地控制电路中的电流，在电路短路和过载时，通常需要利用过电流保护电路来停止开关工作，以达到保护电路的目的。

2. 电流模式控制

针对电压模式控制的缺点，出现了电流模式控制方式。图 10-27 给出了电流模式控制系统的框图，表明在电压反馈环内增加了电流反馈控制环，电压控制器的输出信号作为电流环的参考信号，给这一信号设置限幅，就可以限制电路中的最大电流，达到短路和过载保护的目的，还可以实现恒流控制。

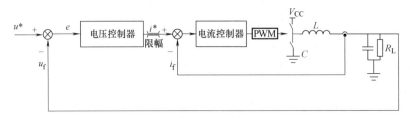

图 10-27　电流模式控制系统框图

电流模式控制方式有多种不同的类型，其中最为常用的是峰值电流模式控制和平均电流模式控制。

（1）峰值电流模式控制　峰值电流模式控制系统中电流控制环的结构如图 10-28a 所示，主要的波形如图 10-28b 所示。

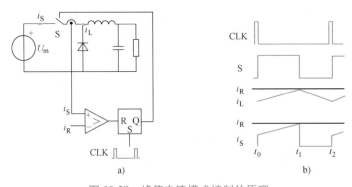

图 10-28　峰值电流模式控制的原理

a）电流控制环结构　b）主要波形

其基本的原理是：开关的开通由时钟 CLK 信号控制，CLK 信号每隔一定的时间就使 RS 触发器置位，使开关开通；开关开通后电感电流 i_L 上升，当 i_L 达到电流给定值 i_R 后，比较器输出信号翻转，并复位 RS 触发器，使开关关断。

（2）平均电流模式控制　峰值电流模式控制较好地解决了系统稳定性和快速性的问题，因此得到广泛应用。但该控制方法也存在一些不足之处：①该方法控制电感电流的峰值，而不是电感电流的平均值，且二者之间的差值随着开关周期中电感电流上升或下降速率的不同而改变。这对很多需要精确控制电感电流平均值的开关电源来说是不能允许的；②峰值电流模式控制电路中将电感电流直接与电流给定信号相比较，但电感电流中通常含有一些开关过程产生的噪声信号，容易造成比较器的误动作，使电感电流发生不规则的波动。

针对这些问题提出了平均电流模式控制，其原理如图 10-29 所示。

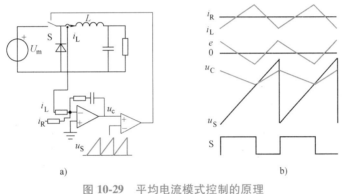

图 10-29　平均电流模式控制的原理
a）电流控制环结构　b）主要波形

从图 10-29a 可以看出，平均电流模式控制采用 PI 调节器作为电流调节器，并将调节器输出的控制量 u_c 与锯齿波信号 u_S 相比较，得到周期固定、占空比变化的 PWM 信号，用以控制开关的通与断。

10.4.3　开关电源的应用

开关电源广泛用于各种电子设备、仪器以及家电等，如台式计算机和便携式计算机的电源，电视机、DVD 播放机的电源，以及家用空调器、电冰箱的计算机控制电路的电源等，这些电源功率通常仅有几十瓦至几百瓦。手机等移动电子设备的充电器也是开关电源，但功率仅有几瓦。通信交换机、服务器等大型设备的电源也是开关电源，但功率较大，可达数千瓦至数百千瓦。工业上也大量应用开关电源，如数控机床、自动化流水线中，采用各种规格的开关电源为其控制电路供电。

上述开关电源最终的供电对象基本都是电子电路，电压多为 3.3V、5V、12V 等。除了这些应用之外，开关电源还可以用于蓄电池充电，电火花加工，电镀、电解等电化学过程等，功率可达几十至几百千瓦。在 X 光机、微波发射机、雷达等设备中，大量使用的是高压、小电流输出的开关电源。

直流-直流变换器广泛用于通信交换机、计算机、手机等电子设备中。以图 10-25 中的通信交换机为例，直流-直流变换器将直流母线传递的 48V 直流电压变换为电子电路中所需要的 3.3V、5V、12V 等电压。

10.5　功率因数校正技术

以开关电源和交-直-交变频器为代表的各种电力电子装置给工业生产和社会生活带来了极大的进步，然而也带来了一些负面的问题。通常，开关电源和交-直-交变频器的输入级采用二极管构成的不可控容性整流电路，如图3-28和图3-32所示。这种电路的优点是结构简单、成本低、可靠性高，但缺点是输入电流不是正弦波。第3章中对其工作原理及谐波和功率因数等问题已进行了分析和讨论。

究其产生这一问题的原因，在于二极管整流电路不具有对输入电流的可控性，当电源电压高于电容电压时，二极管导通，电源电压低于电容电压时，二极管不导通，输入电流为零，这样就形成了电源电压峰值附近的电流脉冲。

解决这一问题的办法就是对电流脉冲的幅度进行抑制，使电流波形尽量接近正弦波，这一技术称为**功率因数校正**（Power Factor Correction，PFC）技术。根据采用的具体方法不同，可以分成无源功率因数校正和有源功率因数校正两种。

无源功率因数校正技术通过在二极管整流电路中增加电感、电容等无源元件和二极管元件，对电路中的电流脉冲进行抑制，以降低电流谐波含量，提高功率因数。图3-31和图3-34所示为一种典型的无源功率因数校正电路。这种方法的优点是简单，可靠，无须进行控制，而缺点是增加的无源元件一般体积都很大，成本也较高，并且功率因数通常仅能校正至0.8左右，而谐波含量仅能降至50%左右，难以满足现行谐波标准的限制。

有源功率因数校正技术采用全控开关器件构成的开关电路对输入电流的波形进行控制，使之成为与电源电压同相的正弦波，总谐波含量可以降低至5%以下，而功率因数能高达0.995，彻底解决整流电路的谐波污染和功率因数低的问题，从而满足现行最严格的谐波标准，因此其应用越来越广泛。

10.5.1　功率因数校正电路的基本原理

1. 单相功率因数校正电路的基本原理

开关电源中常用的单相有源PFC电路及其主要波形如图10-30所示，这一电路实际上是二极管整流电路加上升压型斩波电路构成的，斩波电路的原理已在第5章中介绍过，此处不再叙述。下面简单介绍该电路实现功率因数校正的原理。

直流电压给定信号u_d^*和实际的直流电压u_d比较后送入电压调节器，调节器的输出为一直流电流指令信号i_d，i_d和整流后的正弦电压相乘得到直流输入电流的波形指令信号i^*，该指令信号和实际直流电感电流信号比较后，通过滞环对开关器件进行控制，便可使输入直流电流跟踪指令值，这样交流侧电流波形将近似成为与交流电压同相的正弦波，跟踪误差在由滞环环宽所决定的范围内。

由于采用升压斩波电路，只要输入电压不高于输出电压，电感L的电流就完全受开关S的通断控制。S开通时，电感L的电流增长，S关断时，电感L的电流下降。因此控制S的占空比按一定规律变化，就可以控制电感L的电流波形为正弦绝对值波形，从而使输入电流的波形为正弦波，且与输入电压同相，输入功率因数为1。

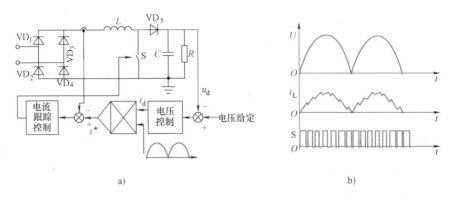

图 10-30　典型的单相有源 PFC 电路及主要波形

a）电路　b）主要波形

2. 三相功率因数校正电路的基本原理

三相 PFC 电路的形式较多，下面简单介绍单开关三相功率因数校正电路，如图 10-31 所示。

该电路是工作在电流不连续模式的升压斩波电路，连接三相输入的三个电感 $L_A \sim L_C$ 的电流在每个开关周期内都是不连续的，电路的输出电压应高于输入线间电压峰值方能正常工作。该电路的工作波形如图 10-32 所示。

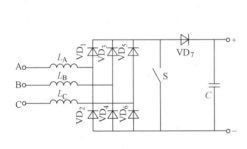

图 10-31　单开关三相 PFC 电路

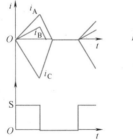 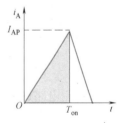

图 10-32　单开关三相 PFC 电路的工作波形

当 S 开通后，连接三相的电感电流值均从零开始线性上升（正向或负向），直到开关 S 关断；S 关断后，三相电感电流通过 VD_7 向负载侧流动，并迅速下降到零。

现以 A 相为例分析输入电流波形。设 S 以恒定频率、恒定占空比方式工作，在一个开关周期内，输入电压 u_A 变化很小，变化量可以忽略，则在每一个开关周期中，电感电流是三角形或接近三角形的电流脉冲，其峰值与输入电压成正比。假设 S 关断后电流 i_A 下降很快，这样，在这一开关周期内电流 i_A 的平均值将主要取决于阴影部分的面积，其数值与输入电压成正比。因此，输入电流经滤波后将近似为正弦波。

在分析中略去了电流波形中非阴影部分，因此实际的电流波形同正弦波相比有些畸变。可以想象，如果输出直流电压很高，则开关 S 关断后电流下降就很快，被略去的电流面积就很小，则电流波形同正弦波的近似程度高，其波形畸变小。因此对于三相 380V 输入的单开关 PFC 电路，其输出电压通常选择为 800V 以上，此时输入功率因数可达 0.98 以上，输入电流谐波含量小于20%，可以满足现行谐波标准的要求。

由于该电路工作于电流断续模式，电路中电流峰值高，开关器件的通态损耗和开关损耗都很大，因此适用于3~6kW的中小功率电源中。

在整流电路中采用有源PFC电路带来以下好处：

1）输入功率因数提高，输入谐波电流减小，降低了电源对电网的干扰，满足了现行谐波限制标准。

2）由于输入功率因数的提高，在输入相同有功功率的条件下，输入电流有效值明显减小，降低了对线路、开关、连接件等电流容量的要求。

3）由于有升压斩波电路，电源允许的输入电压范围扩大，能适应世界各国不同的电网电压，极大地提高电源装置的可靠性和灵活性。

4）由于升压斩波电路的稳压作用，整流电路输出电压波动显著减小，使后级变换电路的工作点保持稳定，有利于提高控制精度和效率。

值得一提的是，单相有源功率因数校正电路较为简单，仅有一个全控开关器件。该电路容易实现，可靠性也较高，因此应用非常广泛，基本上已经成为功率在0.5~3kW范围内的单相输入开关电源的标准电路形式。然而三相有源功率因数校正电路结构和控制较复杂，成本也很高，因此三相功率因数校正技术仍是研究的热点。

10.5.2 单级功率因数校正技术

前面所述的基于boost电路的有源功率因数校正技术具有输入电流畸变率低的特点，若电路工作于电流连续模式，则开关器件的峰值电流较低。与常规的开关电源相比，采用上述结构的含有功率因数校正功能的电源由于增加了一级变换电路，主电路及控制电路结构较为复杂，使电源的成本和体积增加，由此产生了单级PFC技术。单级PFC变换器拓扑是将功率因数校正电路中的开关元件与后级DC-DC变换器中的开关元件合并和复用，将两部分电路合二为一。因此单级变换器具有以下优点：①开关器件数减少，主电路体积及成本可以降低；②控制电路通常只有一个输出电压控制闭环，简化了控制电路；③有些单级变换器拓扑中部分输入能量可以直接传递到输出侧，不经过两级变换，所以效率可能高于两级变换器。由于上述特点，单级PFC变换器在小功率电源中的优势较为明显，因此成为研究的热点之一，产生了多种电路拓扑。

与两级变换器方案类似，单级PFC变换器拓扑根据输入电源的情况也分为单相变换器及三相变换器。由于单级PFC变换器适合于小功率电源，因此以单相变换器为主。对于单级PFC校正装置，主要性能指标包括效率、元件数量、输入电流畸变率等，这些指标在很大程度上取决于电路的拓扑形式。

由于升压电路的峰值电流较小，目前应用的主要方案为单开关升压型PFC电路，DC-DC部分为单管正激或反激电路。一种典型的boost型单级PFC AC-DC变换器如图10-33所示。其基本工作原理为：开关在一个开关周期中按照一定的占空比导通，开关导通时，输入电源通过开关给升压电路中的电感L_1储能，同时中间直流电容C_1通过开关给反激变压器储能，在开关关断期间，输入电源与L_1一起给C_1充电，反激变压器同时向二次侧电路释放能量。开关的占空比由输出电压调节器决定。在输入电压及负载一定的情况下，中间直流侧电容电压在工作过程基本保持不变，开关的占空比也基本保持不变。输入功率中的100Hz波动由中间直流电容进行平滑滤波。

由以上分析，可以得到单级 PFC 电路的特点如下：

1）单级 PFC 电路减少了主电路的开关器件数量，使主电路体积及成本降低。同时控制电路通常只有一个输出电压闭环控制，简化了控制电路。

2）单级 PFC 变换器减少了元件的数量，但是元件的额定值都比较高，所以单级 PFC 变换器仅在小功率时整个装置的成本和体积才具有优势，对于大功率场合，两级 PFC 变换器比较适合。

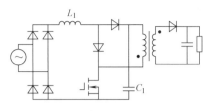

图 10-33　典型的 boost 型单级
PFC AC-DC 变换器

3）单级 PFC 变换器的输入电流畸变率明显高于两级 PFC 变换器，特别是仅采用输出电压控制闭环的 boost 型变换器。

10.6　电力电子技术在输配电系统中的应用

10.6.1　高压直流输电

高压直流输电（High Voltage DC Transmission，HVDC）是电力电子技术在电力系统中最早开始应用的领域。在人类社会电力事业发展的初期，曾经有过是用直流输电还是用交流输电之争。由于三相交流制的建立，以及交流可以方便地由变压器升到很高电压从而大幅提高输电距离和输电容量，交流输电很快就赢得了这场竞争，在以后很长一段时间里直流输电一直被人们所遗忘。但是，随着电力系统的发展，对输电距离和输电容量的要求一再提高，电网结构日趋复杂，采用交流输电所需的设备和线路成本也急剧增加，其系统稳定和控制中所存在的固有问题也日益突出。因此，20 世纪 50 年代以来，当电力电子技术的发展带来了可靠的高压大功率交直流转换技术之后，高压直流输电越来越受到人们的关注。

高压直流输电系统的基本原理和典型结构如图 10-34 所示。电能由发电厂中的交流发电机提供，由变压器（这里称之为换流变压器）将电压升高后送到晶闸管整流器。由晶闸管整流器将高压交流变为高压直流，经直流输电线路输送到电能的接收端。在受端电能又经过晶闸管逆变器由直流变回交流，再经变压器降压后配送到各个用户。这里的整流器和逆变器一般都称为换流器。为了能承受高电压，换流器中每个晶闸管符号实际上往往都代表多个晶闸管器件串联，称之为晶闸管阀。

图 10-34 所示的是高压直流输电中较典型的采用十二脉波换流器的双极高压直流输电线路。双极是指其输电线路两端的每端都由两个额定电压相等的换流器串联连接，具有两根传输导线，分别为正极和负极，每端两个换流器的串联连接点接地。这样线路的两极相当于各自独立运行，正常时以相同的电流工作，接地点之间电流为两极电流之差，正常时地中仅有很小的不平衡电流流过。当一极停止运行时，另一极以大地作为回路还可以带一半的负载，这样就提高了运行的可靠性，也有利于分期建设和运行维护。单极高压直流输电系统只用一根传输导线（一般为负极），以大地或海水作为回路。

与高压交流输电相比，高压直流输电具有如下优势：

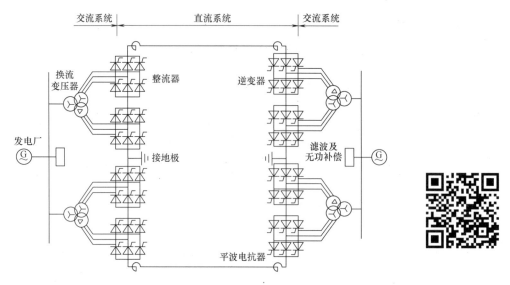

图 10-34 高压直流输电系统的基本原理和典型结构

（1）更有利于进行远距离和大容量的电能传输或者海底或地下电缆传输　这是因为直流输电的输电容量和最大输电距离不像交流输电那样受输电线路的感性和容性参数的限制。交流输电受输电线路感性和容性参数限制的问题在进行地下或海底传输因而必须使用电缆时表现更为突出。此外，直流输电线导体没有集肤效应问题，相同输电容量下直流输电线路的占地面积也小。因此，尽管高压直流输电换流器的成本高昂，但综合考虑各种因素后，长距离和大容量电能输送中直流输电的总体成本和性能都优于交流输电。在短距离进行地下或海底电能输送中，直流输电的优势也很明显。此外，短距离送电往往对容量和电压要求不是很高，这使得采用基于全控型电力电子器件的电压型变流器（包括电压型整流器和电压型逆变器）成为可能，其性能全面优于晶闸管换流器，许多人称之为轻型高压直流输电或者柔性直流输电。

（2）更有利于电网联络　这是因为交流的联网需要解决同步、稳定性等复杂问题，而通过直流进行两个交流系统之间的连接则比较简单，还可以实现不同频率交流系统的联络。甚至有些高压直流输电工程的目的主要不是传输电能，而是实现两个交流系统的联网，这就是所谓的"背靠背"直流工程，即整流器和逆变器直接相连，中间没有直流输电线路。

（3）更有利于系统控制　这主要是由电力电子器件和换流器的快速可控性带来的好处。通过对换流器的有效控制可以实现对传输的有功功率进行快速而准确的控制，还能阻尼功率振荡、改善系统的稳定性、限制短路电流。

10.6.2　无功功率控制

在电力系统中，对无功功率的控制是非常重要的。通过对无功功率的控制，可以提高功率因数，稳定电网电压，改善供电质量。

无功补偿电容器是传统的无功补偿装置，其阻抗是固定的，不能跟踪负荷无功需求的变化，也就是不能实现对无功功率的动态补偿。而随着电力系统的发展，对无功功率进行快速动态补偿的需求越来越大。传统的无功功率动态补偿装置是同步调相机。由于它是旋转电机，因此损耗和噪声都较大，运行维护复杂，而且响应速度慢，在很多情况下已无法适应快速无功功率控制的要求。所以 20 世纪 70 年代以来，同步调相机开始逐渐被静止无功补偿装置（Static Var Compensator，SVC）所取代。

由于使用晶闸管器件的静止无功补偿装置具有优良的性能，所以，自 20 世纪 90 年代以来，在世界范围内其市场一直在迅速而稳定地增长，已占据了静止无功补偿装置的主导地位。因此静止无功补偿装置（SVC）这个词往往是专指使用晶闸管器件的静补装置，包括晶闸管控制电抗器（Thyristor Controlled Reactor，TCR）和晶闸管投切电容器（Thyristor Switched Capacitor，TSC），以及这两者的混合装置（TCR+TSC），或者晶闸管控制电抗器与固定电容器（Fixed Capacitor，FC）或机械投切电容器（Mechanically Switched Capacitor，MSC）混合使用的装置（如 TCR+FC、TCR+MSC 等）。

随着电力电子技术的进一步发展，20 世纪 80 年代以来，一种更为先进的静止型无功补偿装置出现了，这就是采用自换相变流电路的静止无功补偿装置，本书称之为静止无功发生器（Static Var Generator，SVG），也有人简称为静止补偿器（Static Compensator，STATCOM）。

下面就电力电子技术应用于电力系统无功功率控制的几种典型装置简单加以介绍。

1. 晶闸管投切电容器

交流电力电容器的投入与切断是控制无功功率的一种重要手段。与用机械开关投切电容器的方式相比，晶闸管投切电容器（TSC）是一种性能优良的无功补偿方式。

图 10-35 是 TSC 的基本原理图。可以看出 TSC 的基本原理实际上是用第 6 章中所讲述的交流电力电子开关来投入或者切除电容器。图中给出的是单相电路，实际上常用的是三相电路，这时可以是三角形联结，也可以是星形联结。图 10-35a 是基本电路单元，两个反并联的晶闸管起着把电容 C 并入电网或从电网断开的作用，串联的电感很小，只是用来抑制电容器投入电网时可能出现的冲击电流，在简化电路图中常不画出。在实际工程中，为避免容量较大的电容器组同时投入或切断会对电网造成较

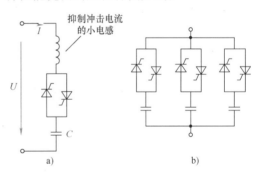

图 10-35　TSC 基本原理图

a）基本单元单相简图　b）分组投切单相简图

大的冲击，一般把电容器分成几组，如图 10-35b 所示。这样，可以根据电网对无功的需求而改变投入电容器的容量，TSC 实际上就成为断续可调的动态无功功率补偿器。电容器的分组可以有各种方法。从动态特性考虑，能组合产生的电容值级数越多越好，可采用二进制方案。从简化设计制造和经济性考虑，电容器组容量规格不宜过多，不宜分得过细，二者可折中考虑。

TSC 运行时选择晶闸管投入时刻的原则是，该时刻交流电源电压应和电容器预先充电的电压相等。这样，电容器电压不会产生跃变，也就不会产生冲击电流。一般来说，理想情况下，希望电容器预先充电电压为电源电压峰值，这时电源电压的变化率为零，因此在投入时刻 i_C 为零，之后才按正弦规律上升。这样，电容投入过程不但没有冲击电流，电流也没有阶跃变化。图 10-36 给出了 TSC 理想投切时刻的原理说明。

图 10-36 中，在本次导通开始前，电容器的端电压 u_C 已由上次导通时段最后导通的晶

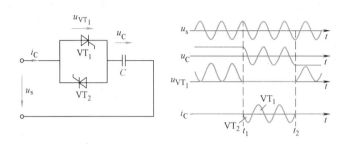

图 10-36　TSC 理想投切时刻原理说明

闸管 VT_1 充电至电源电压 u_s 的正峰值。本次导通开始时刻取为 u_s 和 u_C 相等的时刻 t_1，给 VT_2 触发脉冲使之开通，电容电流 i_C 开始流通。以后每半个周波轮流触发 VT_1 和 VT_2，电路继续导通。需要切除这条电容支路时，如在 t_2 时刻 i_C 已降为零，VT_2 关断，这时撤除触发脉冲，VT_1 就不会导通，u_C 保持在 VT_2 导通结束时的电源电压负峰值，为下一次投入电容器做了准备。

　　TSC 电路也可以采用如图 10-37 所示的晶闸管和二极管反并联的方式。这时由于二极管的作用，在电路不导通时 u_C 总会维持在电源电压峰值。这种电路成本稍低，但因为二极管不可控，响应速度要慢一些，投切电容器的最大时间滞后为一个周波。

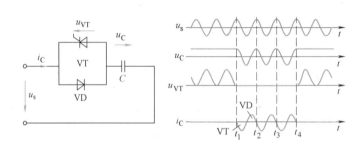

图 10-37　晶闸管和二极管反并联方式的 TSC

2. 晶闸管控制电抗器

　　晶闸管控制电抗器（TCR）是第 6 章中晶闸管交流调压电路带电感性负载的一个典型应用。图 10-38 所示为 TCR 的典型电路，可以看出这是支路控制三角形联结方式的晶闸管三相交流调压电路。

　　图中的电抗器中所含电阻很小，可以近似看成纯电感负载，因此触发角 α 的移相范围为 $90° \sim 180°$。通过对 α 的控制，可以连续调节流过电抗器的电流，从而调节电路从电网中吸收的无功功率。如配以固定电容器，则可以在从容性到感性的范围内连续调节无功功率。

　　图 10-39a、b、c 给出了 α 分别为 120°、135°

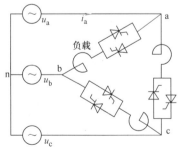

图 10-38　晶闸管控制电抗器（TCR）电路

和 150°时 TCR 电路的负载相电流和输入线电流的波形。

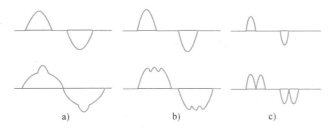

图 10-39　TCR 电路负载相电流和输入线电流波形

a）$\alpha = 120°$　b）$\alpha = 135°$　c）$\alpha = 150°$

3. 静止无功发生器

静止无功发生器 SVG 在本书中专指由自换相的电力电子桥式变流器来进行动态无功补偿的装置。采用自换相桥式变流器实现无功补偿的思想早在 20 世纪 70 年代就已有人提出，限于当时的器件水平，采用强迫换相的晶闸管器件是实现自换相式电路的唯一手段。1980 年日本研制出了 20MVA 的采用强迫换相晶闸管桥式电路的 SVG，并成功地投入了电网运行。随着电力电子器件的发展，GTO 等自关断器件开始达到可用于 SVG 中的电压和电流等级，并逐渐成为 SVG 的自换相桥式电路中的主力。1991 年和 1994 年，日本和美国分别研制成功一套 80MVA 和一套 100MVA 采用 GTO 器件的 SVG 装置，并且最终成功地投入到高压电力系统的商业运行。用于低压场合的中、小容量 SVG 更是已开始形成系列产品。我国国内也已展开了有关 SVG 的研究并且已研制出投入工程实际的装置。

严格地讲，SVG 应该分为采用电压型桥式电路和电流型桥式电路两种类型。其电路基本结构分别如图 10-40a 和 b 所示，直流侧分别采用的是电容和电感这两种不同的储能元件。对电压型桥式电路，还需再串联上连接电抗器才能并入电网；对电流型桥式电路，还需在交流侧并联上吸收换相产生的过电压的电容器。

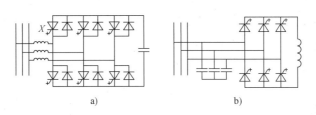

图 10-40　SVG 的电路基本结构

a）采用电压型桥式电路　b）采用电流型桥式电路

实际上，由于运行效率的原因，迄今投入使用的 SVG 大都采用电压型桥式电路，因此 SVG 往往专指采用自换相的电压型桥式电路作动态无功补偿的装置。其工作原理可以用如图 10-41a 所示的单相等效电路来说明。由于 SVG 正常工作时，就是通过电力半导体开关的通断将直流侧电压转换成交流侧与电网同频率的输出电压，就像一个电压型逆变器，只不过其交流侧输出接的不是无源负载，而是电网。因此，当仅考虑基波频率时，SVG 可以等效地被视为幅值和相位均可以控制的一个与电网同频率的交流电压源。它通过交流电抗器连接到电网上。设电网电压和 SVG 输出的交流电压分别用相量 $\dot{U}_S$ 和 $\dot{U}_I$ 表示，则连接电抗 X 上的电压 $\dot{U}_L$ 即为 $\dot{U}_S$ 和 $\dot{U}_I$ 的相量差，而连接电抗的电流是可以由其电压来控制的。这个电流就是 SVG 从电网吸收的电流 $\dot{I}$。因此，改变 SVG 交流侧输出电压 $\dot{U}_I$ 的幅值及其相对于 $\dot{U}_S$ 的相位，就可以改变连接电抗上的电压，从而控制 SVG 从电网吸收电流的相位和幅值，就控制了 SVG 所吸收的无功功率的性质和大小。

可以看出，当电网电压下降时，SVG可以调整其变流器交流侧电压的幅值和相位，以使其所能提供的最大无功电流维持不变，仅受电力半导体器件的电流容量限制。而对传统的以 TCR 为代表的 SVC，由于其所能提供的最大电流分别受并联电抗器和并联电容器的阻抗特性限制，因而随

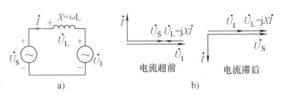

图 10-41　SVG 等效电路及工作原理
a) 单相等效电路　b) 工作相量图

着电压的降低而减小。因此 SVG 的运行范围比传统 SVC 大。其次，SVG 的调节速度更快，而且在采取多重化或 PWM 技术等措施后可大大减少补偿电流中谐波的含量。更重要的是，SVG 使用的电抗器和电容元件远比 SVC 中使用的电抗器和电容要小，这将大大缩小装置的体积和成本。此外，对于那些以输电系统补偿为目的的 SVG 来讲，如果直流侧采用较大的储能电容，或者其他直流电源（如蓄电池组，采用电流型变流器时直流侧用超导储能装置等），则 SVG 还可以在必要时短时间内向电网提供一定量的有功功率。这对于电力系统来说是非常有益的，而且是传统的 SVC 装置所望尘莫及的。SVG 具有如此优越的性能，显示了动态无功补偿装置的发展方向。

当然，SVG 的控制方法和控制系统显然要比传统 SVC 复杂。另外，SVG 要使用数量较多的较大容量自关断器件，其价格目前仍比 SVC 使用的普通晶闸管高得多，因此，SVG 由于用小的储能元件而具有的总体成本的潜在优势，还有待于随着器件水平的提高和成本的降低来得以发挥。

20 世纪 90 年代末以来，世界范围内有关 SVG 的研究和应用有了长足的进步和发展，在几家具有重要国际影响的电气制造公司的推动下，具体的建设项目和投运装置也迅速增多。综观近年来建设的这些项目和投运装置，具有如下共同特点：

1）SVG 的主电路由早期的以多重化的方波变流器为主要形式，已发展为以 PWM 变流器为主要形式。

2）SVG 的变流器中所采用的电力半导体器件已由早期的以 GTO 为主，已逐步发展为采用 IGBT 和 IGCT，采用 IGBT 的趋势更为明显。

3）SVG 的补偿目标已由早期的对输电系统的补偿为主，扩展到了对配电系统补偿，甚至负荷补偿等各个层次。

10.6.3　电力系统的谐波抑制

在第 3 章中我们已经了解到，以非线性负载为主产生的谐波会对电力系统形成很大的危害，而传统的电力电子装置本身就是产生谐波的主要污染源。如何抑制电力电子装置和其他谐波源造成的电力系统谐波，基本思路有两条：一是装设补偿装置，设法补偿其产生的谐波；二是对电力电子装置本身进行改进，使其不产生谐波，同时也不消耗无功功率，或者根

据需要能对其功率因数进行控制，即采用高功率因数变流器。

装设 LC 调谐滤波器是传统的补偿谐波的主要手段。LC 调谐滤波器虽然存在许多缺陷，但其结构简单，既可补偿谐波，又可补偿无功，一直被广泛应用于电力系统中谐波和无功功率的补偿。目前的趋势是采用先进的电力电子装置进行谐波补偿，这就是有源电力滤波器（Active Power Filter，APF）。

有源电力滤波器的思想早在 20 世纪 60 年代末就有人提出。但由于当时采用线性放大器产生补偿电流，损耗大，成本高，因而并没有实用化的前景。1976 年有人提出了采用电力电子变流器构成的有源电力滤波器，这才确立了有源电力滤波器的完整概念和主电路拓扑结构。直到 20 世纪 80 年代以来，由于新型电力半导体器件的出现，PWM 逆变技术的发展，以及基于瞬时无功功率理论的谐波电流瞬时检测方法的提出，有源电力滤波器才得以迅速发展。

有源电力滤波器的基本原理和典型电流波形如图 10-42 所示。有源电力滤波器检测出负载电流 i_L 中的谐波电流 i_{Lh}，根据检测结果产生与 i_{Lh} 大小相等而方向相反的补偿电流 i_C，从而使流入电网的电流 i_s 只含有基波分量 i_{Lf}。

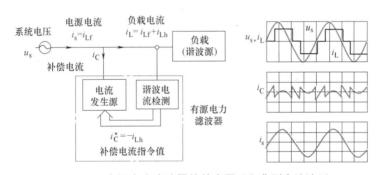

图 10-42 有源电力滤波器的基本原理和典型电流波形

与 LC 无源滤波器相比，有源滤波器具有明显的优越性能，能对变化的谐波进行迅速的动态跟踪补偿，而且补偿特性不受电网频率和阻抗的影响，因而受到相当的重视。同 SVG 类似，有源电力滤波器的变流电路亦可分为电压型和电流型。目前实用的装置大都是电压型，如图 10-43 所示。从与补偿对象的连接方式来看，有源电力滤波器又可分为并联型和串联型。与图 10-42 和图 10-43 所示的并联型相对偶，串联型有源电力滤波器一般是通过变压器串联在电源和负载之间的，相当于一个受控的电压源。这种方式可以将负载产生的电流补偿成正弦波，也可以用来消除电源电压可能存在的畸变，维持负载端电压为正弦波。

国外有源电力滤波器的研究以日本为代表，自 20 世纪 90 年代已步入实用化的阶段。我国研制的有源电力滤波器自 21 世纪初也已开始批量应用于工程实

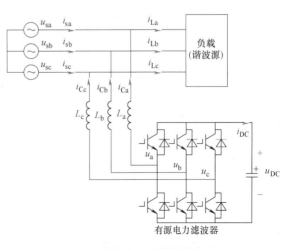

图 10-43 有源电力滤波器的变流电路

际，并取得了很好的经济和社会效益。

10.6.4　电能质量控制、柔性交流输电与定制电力技术

从前面已介绍的电力电子技术在电力系统中的具体应用中可以看出，飞速发展的电力电子技术为在电力系统中实现快速响应的控制元件，或者在电力系统中实现快速响应、功率适宜、能产生任意波形的受控电源提供了可能性。而这种能力是电力系统的传统技术所达不到的，又是电力系统提高其性能和供电水平所迫切需要的。因此，自20世纪90年代以来，在全球范围内掀起了一股将电力电子技术全方位应用于电力系统的研究和开发热潮，相关产品和工程的实际应用也在迅速推进，电力电子技术正在给电力系统带来一场全面的、影响深远的革命。

应用电力电子技术不仅可以有效地控制无功功率从而保障系统电压的幅度，可以补偿谐波从而保障供电电压的波形，而且可以解决不对称、电压幅度暂低（Voltage Sag）和电压闪变（Flicker）等各种稳态和暂态的电能质量问题，这被称为采用电力电子装置的电能质量控制技术。用于电能质量控制的典型电力电子装置包括用来控制无功功率的静止无功补偿器（SVC）和静止无功发生器（SVG），用来补偿谐波的有源电力滤波器（APF），用来补偿电压暂低的动态电压恢复器（Dynamic Voltage Restorer，DVR），以及用来综合补偿多种电能质量问题的串联型电能质量控制器、并联型电能质量控制器和通用电能质量控制器（Universal Power Quality Controller，UPQC）等。

将电力电子技术应用于交流输电系统中，可以显著增强对系统的控制能力、大幅提高系统的输电能力，这就是所谓的柔性交流输电系统（Flexible AC Transmission System，FACTS）。除了前面已提到的静止无功补偿器和静止无功发生器外，柔性交流输电系统采用的典型电力电子装置还包括晶闸管投切串联电容器（Thyristor Switched Series Capacitor，TSSC）、晶闸管控制串联电容器（Thyristor Controlled Series Capacitor，TCSC）和静止同步串联补偿器（Static Synchronous Series Compensator，SSSC）等可控串联补偿器，以及统一潮流控制器（Unified Power Flow Controller，UPFC）等。

将电力电子技术应用于配电系统中，可以有效提高配电系统的电能质量和供电可靠性，从而保障按照用户所需供电，这就是所谓的"定制电力"或者"用户电力"（Custom Power）。除了前面已提到的静止无功补偿器、静止无功发生器、有源电力滤波器和动态电压恢复器等电能质量控制装置以外，定制电力技术采用的典型电力电子装置还包括由反并联的晶闸管构成的固态切换开关（Solid State Transfer Switch，SSTS）等。

10.7　电力电子技术在新能源发电和储能系统中的应用

10.7.1　光伏发电系统

光伏发电系统按照是否与电网连接分为独立光伏发电系统和光伏并网发电系统两大类。

独立光伏发电系统主要应用在远离电网的偏远农村和山区、海上岛屿、城市街灯照明、广告牌、通信设备等，其主要目的是解决无电问题。典型的独立光伏发电系统由光伏阵列、储能电池和多种电力电子变换器组成，如图10-44所示。光伏阵列将接收到的太

阳能转变成直流电，在控制单元的作用下，通过电力电子变换器将该直流电转换成负载所需的直流电或交流电。由于光伏发电属于间歇式能源，容易受到天气和周围环境的影响，特别在晚上或阴雨天，光伏阵列几乎没有能量输出，所以储能单元必不可少。光伏阵列输出能量多于负载所需时将剩余电能充入储能单元；否则，根据储能单元的储能状态向负载放电。控制单元主要完成光伏阵列最大功率点跟踪、充放电控制及变流器的输出电压控制等。

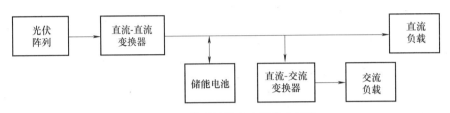

图 10-44　典型的独立光伏发电系统

　　光伏并网发电系统与电力系统的电网连接，作为电力系统中的一部分，可为电力系统提供电能。目前，光伏发电系统的主流应用方式是光伏并网发电，即光伏系统通过并网逆变器与当地电网连接，通过电网将光伏系统所发的电能进行再分配，如供当地负载或进行电力调峰等。光伏并网系统通常由光伏阵列、直流-交流变换器和交流电网三部分构成，如图 10-45 所示。

　　光伏发电系统根据储能单元连接母线类型可分为直流母线型和交流母线型。直流母线型是光伏阵列和储能单元通过各自的 DC-DC 变换单元并联在公共直流母线上，再通过公共的 DC-AC 逆变单元连接电网和本地负

图 10-45　典型的光伏并网发电系统

载，如图 10-46a 所示。它的控制目标是保持基本恒定的直流母线电压，通过储能单元的充电与放电抑制直流母线电压的波动。交流母线型是光伏阵列和储能单元通过各自的 DC-AC逆变单元并联在交流电网上，如图 10-46b 所示。它的控制目标是保持相对稳定的交流电网电压。储能单元的充电与放电，既可以抑制交流电网电压的大幅波动，也可以补偿本地负载所需的部分无功功率。相比之下，直流母线型控制简单，易于实现。

　　下面详细介绍光伏并网发电系统拓扑结构分类及特点。从不同角度对光伏并网发电系统的分类略有不同，下面从三个方面进行说明。

　　(1) 按光伏电池组件与电力电子变换电路的连接方式分类　按光伏电池组件与电力电子变换电路的连接方式分类，光伏并网发电系统主要分为集中式、单支路式、多支路式，如图 10-46 所示。

　　1) 集中式。集中式的特点是相同光伏组件串并联连接，组成光伏矩阵（通常称光伏阵列），由大功率电力电子变换电路实现并网，如图 10-47a 所示。它通常用于光伏电站和三相系统，功率一般在 100kW~1MW 之间。优点是电路成本低，缺点是由于光伏阵列面积非常大，因此易出现灰尘、云朵、积雪等遮挡阳光引起的部分阴影问题，难于实现发电功率的精确控制，如实现最大功率点跟踪（Maximum Power Point Tracking，MPPT）控制。另外，单块或多块光伏组件出现故障时，会影响整个光伏发电系统的发电功率与转换效率。

　　2) 集散式。集散式由多条光伏组件支路组成，每条光伏组件支路与独立的具有 MPPT

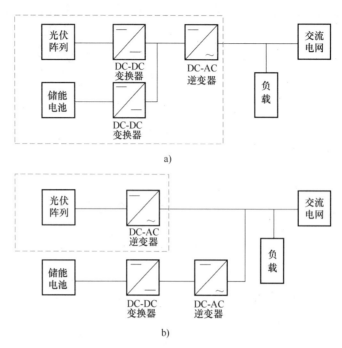

图 10-46　含储能环节的光伏并网发电系统

a）直流母线型　b）交流母线型

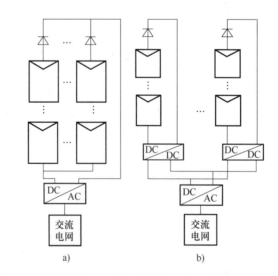

图 10-47　按光伏电池组件与电力电子变换电路连接方式分类

a）集中式　　b）集散式

功能的 DC-DC 变换电路连接，通过共用的 DC-AC 变换电路实现并网，如图 10-47b 所示，可用于单相或三相系统。其优点是能够保证 MPPT 功能很好地实现，发电效率更高，但是缺点硬件成本略高。

（2）按电力电子变换电路自身特点分类　按电力电子变换电路的自身特点分类，光伏并网发电系统主要分为单级电路拓扑结构、两（多）级电路拓扑结构，如图 10-47 所示。

1）单级电路拓扑结构。单级电路拓扑结构是指光伏阵列直接通过 DC-AC 变流器、工频升压变压器与电网相连，如图 10-48a 所示，通常用于三相中大功率场合。它具有效率高、成本低、可靠性高等优点，且实现了电气隔离功能。

2）两（多）级电路拓扑结构。对于两（多）级电路拓扑结构，前级是实现最大功率点跟踪的 DC-DC 变换电路、后级是实现并网功能的逆变电路，如图 10-48b 所示，通常用于中小功率场合。两级电路拓扑结构大多属于非隔离型电路拓扑，多级电路拓扑结构大多属于高频隔离电路拓扑。这种电路拓扑结构的优点是 MPPT 控制与并网控制通过软硬件电路进行解耦，控制简单明了，同时体积小、重量轻、噪声小、效率高；缺点是电路级数越多，效率越低，可靠性也越低。

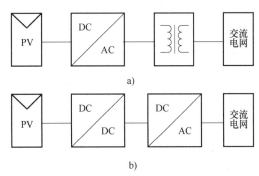

图 10-48　按电力电子变换电路的自身特点分类

a）单级电路拓扑结构　b）两（多）级电路拓扑结构

10.7.2　风力发电系统

风力发电系统主要包括桨叶、变速箱、发电机、电力电子变流器等，变压器也会经常用到，以将产生的电能送到公共电网。发电机的输出电压通过单极或多级变流器转换成一个具有额定频率的额定电网电压。

风力发电机有多种类型。常用的大型风力发电机有双馈感应发电机（Doubly-Fed Induction Generator，DFIG）、永磁同步发电机（Permanent Magnet Synchronous Generator，PMSG）。

1. 双馈感应发电机

基于双馈感应发电机的变速风力发电系统如图 10-49 所示。发电机的定子通过一个隔离变压器直接连接到公共电网上。发电机转子通过一个 AC-DC-AC 背靠背变流器与电网相连。其中，转子侧变流器用来控制发电机的转子电流，而电网侧变流器控制直流母线电压和电网侧的功率因数。转子侧控制转差功率，并根据双馈发电机定子参考信号同步转子电流。

2. 永磁同步发电机

如图 10-50 所示的使用双 PWM 变流器的永磁同步风力发电系统能够工作在很高功率。发电机在间歇风的情况下被控制，以获得最大功率和最高效率。该系统采用先进的控制方法，例如 PMSG 的磁场定向控制，使得发电机的功率因数可控。基于 PMSG 的风力发电机在处理电网扰动方面有较好的性能。风机侧变流器通过调节发电机转速，实现最大功率跟踪，电网侧变流器实现并网功能。但是，发电机发出的功率全部需要通过电力电子变换器流入电网。

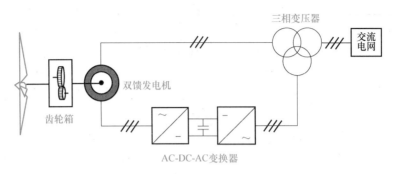

图 10-49　双馈式风力发电系统

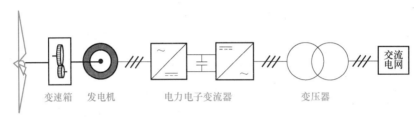

图 10-50　使用双 PWM 变流器的永磁同步风力发电系统

10.7.3　燃料电池发电系统

燃料电池（Fuel Cells，FC）是使用化学反应来产生电能的电化学装置，只要供给燃料（例如氢气）和氧化剂（例如氧气），它们便可持续产生直流电，同时也产生水和热量。一个燃料电池的输入和输出如图 10-51 所示。

图 10-51　一个燃料电池的输入和输出

燃料电池可以应用在许多场合，例如地面交通、分布式电源以及消费类产品。单个燃料电池的输出电压通常较小，需要通过 DC-DC 升压变换器进行输出调节。此外，数个燃料电池单元常通过串联和并联的方式来增加输出功率，如图 10-52 所示。

10.7.4　电池储能系统

1. 储能用功率变换系统
储能系统为电力系统提供了电能的存储环节，能够提高电力系统供电可靠性和运行稳定

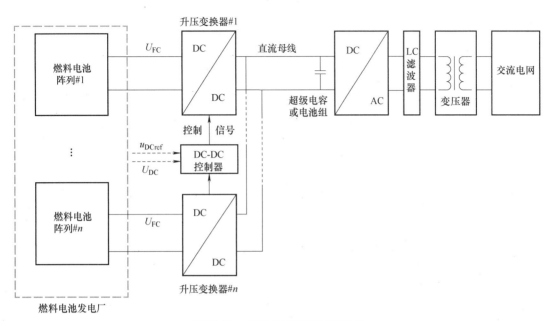

图 10-52　燃料电池直流系统框图

性，在电力系统负荷调峰、可再生能源接入与消纳、区域电网紧急供电中可以发挥重要作用，被广泛应用于电力电子化装置与电网系统中，以及各种离网或应急短时用电负荷。

储能系统包含电力储能单元与功率变换系统两部分。储能单元的实现技术包括以铅酸电池、锂离子电池、氧化还原液流电池为代表的电化学储能技术，以及抽水储能、飞轮为代表的机械能储能技术等；功率变换系统将储能单元接入直流或交流电网，实现充电、放电需求下功率的双向传输。

以电池接入直流供电系统为例，电池输出电动势相对供电系统母线电压较低，且该电动势随电池的荷电状态变化，因而需要功率变换系统提供电压调节与电流控制的功能。连接直流母线的功率变换器常采用双向 DC-DC 变换器的拓扑结构，可分为非隔离型与隔离型两类，如图 10-53 所示。

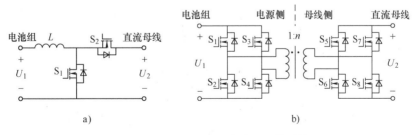

图 10-53　双向 DC-DC 变换器拓扑结构

a）非隔离型双向 DC-DC 变换器拓扑结构　b）隔离型双向 DC-DC 变换器拓扑结构

1）非隔离型双向 DC-DC 变换器。如图 10-53a 所示，可认为是 Buck 变换器与 Boost 变换器的组合，通常低压侧连接电池组，高压侧接入直流母线。电池组处于放电模式时，电路工作在 Boost 模式，S_2 关断，通过 S_1 的闭合与关断控制电池组向直流母线注入的功率；电池处于充电模式时,电路工作在 Buck 模式,S_1 关断,通过 S_2 的闭合与关断控制直流母线向电池组传输的功率。

2)隔离型双向 DC-DC 变换器。如图 10-53b 所示,可以通过高频变压器的设置满足电磁隔离、高转换比、高功率密度三方面的设计需求。电池组处于放电模式时,母线侧开关关断,通过电源侧开关的闭合与关断控制电池组向直流母线输出的功率;电池组处于充电模式时,电源侧开关关断,通过母线侧开关的闭合与关断控制直流母线注入电池组的功率。

当储能系统需要与电网相连接时,可采用双向 DC-AC 变流器,以实现储能单元充、放电工况下电能的双向流动。

电池常用的充电控制模式有恒流充电、恒压充电、恒功率充电等,常用的放电控制模式有恒流放电、恒功率放电等。当电池工作在充电模式下时,常根据荷电状态决定控制模式:当电池荷电状态较低、需快速充电时,电感电流作为受控量,并对电压限幅,控制功率变换器工作在恒流充电模式;当电池的荷电状态较接近目标值时,电池端口电压作为受控量,并对电流限幅,令功率变换器工作在恒压充电模式。当电池工作在放电模式下时,根据直流母线的控制需求决定控制方法:例如,电池向直流母线上负载供电时,可测量、反馈并控制直流母线电压为恒定值,令功率变换器工作在恒压模式。

2. 单体电池均衡系统

一般情况下,单体电池的端电压较低,如锂离子单体电池的输出电压为 3~4V,可以提供的输出电流也较小,无法满足大功率的使用要求。因而,在通常将单体电池通过串、并联构成电池组或电池模块后使用。大批量生产的单体电池存在不一致性,主要表现在同一型号电池间荷电状态、自放电电流、内阻、容量等参数的不同。电池组内单体电池的不一致不仅降低了电池组性能的发挥,而且还会影响电池管理系统监测的准确性,极端情况下甚至还会导致电池产生异常现象,发生安全事故。针对此问题,可使用分选、均衡及热管理技术进行改善。电池均衡技术是在个别单体电池出现较大差异时,通过外部电路对电池组进行干预,使得电压高的电池放电,电压低的电池充电,从而减小单体电池之间充放电程度差异的技术。常用的电池均衡方法主要包括被动均衡和主动均衡两类,这两类均衡方法均有多种实现方案。一种被动均衡方案如图 10-54a 所示,使用并联电阻对充电较高的电池进行消耗,以实现电压均衡的目的。一种主动均衡方案如图 10-54b 所示,借助电容器将电能从充电较多的单体电池转移到充电较少的单体电池中,以实现单体电池电压均衡。

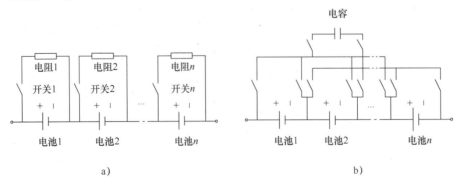

图 10-54 单体电池电压均衡电路示意图
a)一种被动均衡方案 b)一种主动均衡方案

10.8　电力电子技术的其他应用

10.8.1　照明电路

人工照明所消耗的电能在总发电量中占有相当的比例,美国及其他发达国家约占 25%,我国约占 12%。照明节能蕴藏着巨大的潜力,据初步估计,照明节能率至少可以达到 20%。照明节能的途径主要包括三个方面:①采用和推广高效节能光源;②重视照明设计;③采取节能措施。目前,在各种气体放电灯中采用电子镇流器已成为广泛采用的节能措施,而发光效率远高于白炽灯和荧光灯的发光二极管(LED)灯越来越成为主要普及的照明光源。

1. 电子镇流器

由于气体放电灯的放电原理是负阻特性,因此,必须与镇流器配套使用才能使灯管正常工作,并处于最佳工作状态。传统的镇流器是电感式的,电感镇流器的构造本身就会产生涡流,发生功耗,加之使用的硅钢片的材料质量、制作工艺都会加剧这一功耗使镇流器发热,一般电感镇流器耗电大约是灯功率的 20% 左右。而电子镇流器的核心是高频变换电路。电子镇流器的基本结构框图如图 10-55 所示。

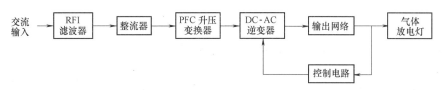

图 10-55　电子镇流器结构框图

工频市电电压在整流之前,首先经过射频干扰(RFI)滤波器滤波。RFI 滤波器一般由电感和电容元件组成,用来阻止镇流器产生的高次谐波反馈到输入交流电网,以抑制对电网的污染和对电子设备的干扰,同时也可以防止来自电网的干扰侵入到电子镇流器。对于高品质的电子镇流器,在其整流器与大容量的滤波电解电容器之间,往往要设置一级功率因数校正(PFC)升压型变换电路。其作用就是获得低电流谐波畸变,实现高功率因数。DC-AC 逆变器的功能是将直流电压变换成高频电压。逆变电路采用双极型功率管、场效应晶体管(MOSFET)等全控型开关器件,开关频率一般为 20~70kHz,主要有半桥式逆变电路和推挽式逆变电路两种形式。高频电子镇流器的输出级电路通常采用 LC 串联谐振网络。灯的启动通过 LC 电路发生串联谐振,利用启动电容两端产生的高压脉冲将灯引燃。在灯启动之后,电感元件对灯起限流作用。由于电子镇流器开关频率较高,故电感器只需要很小体积即可胜任。

为使电子镇流器安全可靠地工作,还要设计辅助电路。有的从镇流器输出到 DC-AC 逆变电路引入反馈网络,通过控制电路以保证与高频发生器频率同步化。目前比较流行的异常状态保护电路,是将电子镇流器的输出信号采样,一旦出现灯开路或灯不能启动等异常状态,则通过控制电路使振荡器停振,关断高频变换器输出,从而实现保护功能。

电子镇流器的主要优点包括:

（1）能耗低、效率高 电感镇流器的功耗较大，例如，一支 40W 的荧光灯所用的电感镇流器大约要消耗 8W 的功率，而用电子镇流器只要消耗 4W 的功率。如果用一只电子镇流器驱动两支或三支灯管，它所增加的功耗也并不多，此时，电子镇流器的效率会更高，节能的效果会更加明显。

（2）发光效率高 荧光灯的发光效率（简称光效）和供电的频率有关，即随工作频率的增加而增加。当频率由 50Hz 增加到 20kHz 以上时，光效可以提高 10% 左右。美国能源之星要求节能灯工作频率在 40kHz 以上，其目的之一就是为了提高光效。

（3）具有高功率因数 电感镇流器的功率因数一般只有 0.6~0.8，而在电子镇流器中，只要采用功率因数校正电路，镇流器的功率因数很容易做到 0.95 以上，甚至达到 0.99，这是电感镇流器难以实现的。由于功率因数的提高，可以有效地提高供电系统和电网的利用率，改善供电质量，节约能源。除此之外，它还能在电网电压波动的情况下，保持灯功率和光输出的恒定，这也是电感镇流器所不能做到的。

高频电子镇流器不仅用于荧光灯，在进入 20 世纪 90 年代后，开始用于霓虹灯、高压钠灯（HPS）和金属卤化物灯等高强度放电（HID）灯。如今，电子镇流器已经取代了电感镇流器。

2. 发光二极管（LED）灯的驱动电源

LED 照明（也称为半导体照明或固态照明）提供了产生光的另一种方法。它在通电情况下通过注入载流子使过剩电子和空穴复合释放光子，能量损失很小，因而具有寿命长、高效节能、可调可控等优点。20 世纪末研制出了蓝光 LED，自此三基色（红色、绿色和蓝色）LED 使得产生白光成为可能，带来了 LED 照明的研究与应用热潮，也引发了照明技术的又一次革命。

LED 的发光亮度与正向电流近似成正比关系，其伏安特性与电力二极管的伏安特性相同（见第 2 章图 2-5），正向电流与正向电压呈指数关系。

LED 照明驱动电源是把输入电能转换为 LED 光源需要的特定电压和电流，以驱动 LED 发光的转换器。通常情况下，LED 驱动电源的输入可能为工频交流市电、低压高频交流电（如电子变压器的输出）、低压直流电、高压直流电等形式的电压源。LED 驱动电源的输出一般为恒定电流，也可以根据 LED 灯（组）的伏安特性控制为恒定电压。

作为驱动器核心的 DC-DC 变换模块可以根据不同的变换要求选择合适的主电路拓扑结构，如降压型、升压型、降压升压型、电荷泵型、隔离反激型、隔离正激型等。控制器可以通过简单的比较放大电路模块实现，也可以用专门的 LED 驱动控制芯片，控制功能复杂的还可采用单片机等数字处理系统实现。目前大量采用的 LED 驱动控制芯片，集成了设定、反馈、控制、PWM 驱动、保护等多种功能，有的还将功率开关管集成在一起。控制器输出可以是主电路开关管的 PWM 占空比，也可以是线性电路的控制电压/电流信号。通过设定值和输出信号采样的配套，可以实现恒压控制、恒流控制或恒压恒流双闭环控制。直流-直流型 LED 照明驱动器原理结构图如图 10-56 所示。

10.8.2 焊机电源

电焊机是用电能产生热量加热金属而实现焊接的电气设备。按照焊接加热原理的不同分为电弧焊机和电阻焊机两大类型。电弧焊机是通过产生电弧使金属融化而实现焊接；电阻焊

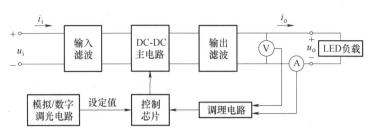

图 10-56　直流-直流型 LED 照明驱动器原理结构图

机是使焊接金属通过大电流，利用工件表面接触电阻产生发热而融化实现焊接。目前，采用间接直流变换结构的各种直流焊接电源由于其优良的性能而得到了广泛的应用，这种焊接电源中由于存在高频逆变环节，又常被称为逆变焊接电源。下面以弧焊电源为例介绍其结构及工作原理。图 10-57 为弧焊电源的基本结构框图。

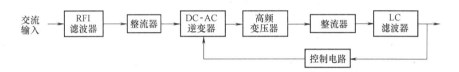

图 10-57　弧焊电源的基本结构框图

　　弧焊电源的结构和基本工作原理与开关电源基本相同，工频市电电压首先经过射频干扰（RFI）滤波器滤波后被整流为直流，再经 DC-AC 逆变器变换为高频交流电，经变压器降压隔离后再经过整流和滤波得到平滑的直流电。逆变电路使用的开关器件通常为全控型电力半导体器件，开关频率一般为几千赫至几十千赫，电路结构为半桥、全桥等形式。弧焊电源的输出电压一般只有几十伏，因此输出整流电路通常采用全波电路以降低电路的损耗。

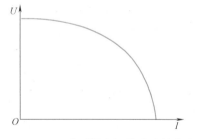

　　弧焊电源的输出电压电流特性依据不同的焊接工艺有不同的要求，图 10-58 为一种弧焊电源的外特性曲线。弧焊电源的控制电路将检测电源的输出电压及电流，调整逆变电路开关器件的工作状态实现所需的控制特性。

图 10-58　一种弧焊电源的外特性曲线

　　这种采用间接直流变换结构的焊接电源与传统的基于电磁元件的电源相比，由于采用了高频的中间交流环节，大大降低了电源的体积、重量，同时提高了电源效率、输入功率因数，输出控制性能也得到改善。

本章小结

　　电力电子技术的应用十分广泛，现在已经渗透到工业乃至民生的每一个角落。在电力电子技术发展的早期，的确需要不断寻找新的用途。如今，要找到一个完全不用电力电子技术的领域已不太容易。

本章讲述了电力电子技术在电力传动、各种交直流电源、电力系统、新能源发电、储能、焊接和照明等各方面的应用。电子电力电子技术的应用范围如此之广，本章的内容难免挂一漏万，只能涉及电力电子技术应用的部分内容。比如近年来汽车、铁路、舰船、飞机等各种交通工具和交通系统采用电力电子技术越来越多，新能源汽车、高速铁路、全电舰船、电推进飞机等完全采用电力电子变流器供电的应用也逐渐普及或者开始出现，但限于篇幅，本章都无法稍加介绍。

不过，所有这些本教材未能介绍的应用中，每个电力电子电路或者装置都可以根据其核心功能，划分为非供能型应用和电机驱动、电源这两种供能型应用。根据其核心功能以及具体的性能指标要求，采用本章所介绍的应用的思路，读者应能较快地理解每种应用中电力电子电路或装置的基本结构和工作原理，进而体会其工程实际解决方案背后的各种技术、经济因素的综合考虑。

习题及思考题

1. 简述晶闸管直流调速系统工作于整流状态时的机械特性基本特点。

2. 在以采用晶闸管为主控器件的直流可逆调速系统中，为实现可逆运行，控制上需采用配合控制方法。那么什么是配合控制方案？它的主要特点是什么？

3. 试阐明图 10-7 交-直-交变频器电路的工作原理，并说明该电路有何局限性。

4. 试分析图 10-8 交-直-交变频器电路的工作原理，并说明其局限性。

5. 试说明图 10-9 交-直-交变频器电路是如何实现负载能量回馈的。

6. 何谓双 PWM 电路？其优点是什么？

7. 什么是变频调速系统的恒压频比控制？

8. 何谓 UPS？试说明图 10-16 所示 UPS 系统的工作原理。

9. 试解释为什么开关电源的效率高于线性电源。

10. 提高开关电源的工作频率，会使哪些元件体积减小？会使电路中什么损耗增加？

11. 什么是无源和有源功率因数校正？有源功率因数校正有什么优点？

12. 什么是单级功率因数校正？它有什么特点？

13. 与高压交流输电相比，高压直流输电有哪些优势？高压直流输电的系统结构是怎样的？

14. 试简述静止无功发生器（SVG）的基本原理。与基于晶闸管技术的 SVC 相比，SVG 有哪些更优越的性能？

15. 试简述并联型有源电力滤波器的基本原理。与传统的 LC 调谐滤波器相比，有源电力滤波器有哪些更优越的性能？

16. 试分别列举用于电能质量控制、柔性交流输电和定制电力技术的典型电力电子装置。

17. 光伏发电系统有几种分类方式？不同类型的系统结构各有什么特点？

18. 双馈式风力发电系统与永磁同步风力发电系统的结构有何不同？

19. 试分析燃料电池发电系统和电池储能系统各自的特点，并讨论它们对相关电力电子电路的要求有何不同。

20. 试简述电子镇流器的基本结构及其特点，并与发光二极管（LED）灯的驱动电源进行对比。

电力电子技术诞生于晶闸管产生的 1957 年，经过半个多世纪，电力电子技术取得了长足的发展，就电力电子器件而言，早已从半控型的晶闸管进入以 IGBT、电力 MOSFET 为代表的全控型器件的时代。时至今日，电力电子技术仍是电气工程领域最为活跃的分支之一，它给电气工程领域带来了天翻地覆的变化，令电气工程的面貌焕然一新。可以说，如果没有电力电子技术，电气工程发展到现在的水平是不可能的。

对于初次接触电力电子技术的读者，在本书的第 1 章绪论中，介绍了什么是电力电子技术，电力电子技术的发展史，电力电子技术的应用范围等内容。这使得读者在深入学习本课程前，对电力电子技术的轮廓能有一个大致的了解。

建议读者在系统地学习完本书各章的内容后，再回过头来认真地重读一遍第 1 章绪论部分，相信这样会对电力电子技术有更为深刻的理解，也有利于在总体上把握电力电子技术的全貌。

在电力电子技术发展的初期阶段，电力电子技术是一门专业性很强，实用性也很强的技术。国内高校在设置该课程时，把它作为工业（电气）自动化专业的一门专业课程。在电力电子技术经过半个多世纪的发展后，这门课程在高等教育中的地位发生了较大的变化。由于电力电子技术已广泛地用于电气工程、电子工程、自动化工程、通信工程等诸多工程领域，其范围遍及工业、交通、电力、军事、航空航天航海、建筑乃至家庭等方面。因此，电力电子技术已成为一门基础性和支持性很强的技术。可以说，凡是需要电源的地方，或需要运动并对运动进行控制的地方，都离不开电力电子技术。在电力电子技术发展的初期阶段，人们需要不断寻找电力电子技术的新用途，以使这门新技术的应用范围不断扩展，而今天，电力电子技术的应用无处不在，以至于要找到一个完全不用电力电子技术的领域已经不太容易了。

电力电子技术已取得了辉煌的成就，但它仍是一门方兴未艾的技术。电力电子器件制造技术是电力电子技术的基础，其每次重大进步都对电力电子技术的发展产生深远影响。迄今为止，用于制造电力电子器件的材料都是硅半导体材料。而对于新的材料，如碳化硅、氮化镓、金刚石等的研究已进行了多年。目前，碳化硅二极管以其优越的性能已获得了广泛的应用，氮化镓和碳化硅的场效应晶体管也开始得到应用。不久的将来，采用碳化硅材料制成的 IGBT 压降低、损耗小、耐压高，并且可承受的温度也远高于用硅材料制成的 IGBT。因此，基于宽禁带材料的场效应晶体管和 IGBT 的应用将使电力电子器件和装置的功率密度大幅度提高，性能大为改变，会给电力电子技术带来革命性的变化。遗憾的是，除晶闸管基本自己生产外，到现在我国的新型电力电子器件（全控型）还大都依赖进口，如 IGBT、电力 MOS-FET 等。可喜的是，过去十余年国家一直持续支持，经过相关科研机构和企业的合作研究和开发，国产的硅基电力 MOSFET 和 IGBT 性能已经能与进口产品相当，并开始在工程实际中应用，宽禁带材料器件的研发也在快速追赶国际先进水平。

近年来，电力电子集成技术取得了巨大的进步。功率集成电路（PIC）技术和集成功率模块（IPM）技术的不断进步也将给电力电子技术的发展产生巨大的推动力。在这一点上，可以说和集成电路技术给电力电子技术带来的影响十分相似。今天，超大规模集成电路以其高性能和低廉的价格征服了全世界，使得再用分立元件来实现某些功能变得不可想象。如果电力电子集成技术的进步能使应用它们像应用超大规模集成电路一样方便，那么将极大地推动电力电子技术的应用向更广阔的范围和更深的层次进军。因此，当前电力电子学术界和工业界都给了电力电子集成技术以巨大的关注，国家也给予了大力的支持。

如第 1 章所述，电力电子技术是电力、电子和控制结合的产物。目前，电子技术在不断向数字化方向迅速发展。同样，数字化技术也是电力电子技术的重要发展方向。早期，由于数字化控制芯片速度不高且有延时，在一定程度上制约了数字化技术在电力电子技术中的应用和发展，在数字化芯片速度日益提高、各种算法不断完善的今天，数字化技术正在大量用于电力电子技术的各种电路（包括一些相对简单的电路）中，成为电力电子技术发展的有力武器。

在第 1 章中已经提到，主要是由于电力电子技术在电机和照明中的成功应用，电力电子技术被称为"节能技术"。实际上，随着用电量急剧增加，楼宇、办公自动化、家用电器等领域都需要电能变换，因此也都离不开电力电子技术。因为电能是优质的能源，所以在需要"节能"的地方，都有电力电子技术的用武之地。

总而言之，电力电子技术自诞生以来，经过半个多世纪的飞速发展，已使得人类对能量的精细控制能力（包括控制精度和响应速度）有了几个数量级的提升，从而使得人类通过驾驭能量来制造产品的复杂、精密程度得到了快速的更新换代，产品性能和质量、生产效率和能量使用效率都得到显著提升。很多人认为，随着电力电子技术在电能系统的普及，人类正在进入电能系统电子化的新时代。

因为电力电子技术的地位如此重要，所以它已成为电气工程、自动化类专业的一门重要的专业基础课程。本书是电力电子技术最基本的教材，有关具体的电力电子器件、电路、建模、控制、装置和各种应用详细、深入的专门知识在本教材中大都没有涉及。后续本科的课程可以选学电力拖动自动控制系统、开关电源或者电力系统电力电子技术等专业课之一，以帮助大家初步建立综合运用电力电子技术基础、控制理论、电机和电力系统知识和技能，去分析、解决电力电子技术典型应用领域实际问题的工程思维和能力。在研究生阶段设有"电力电子与电力传动"学科，大家将会学习到更加深入、详细的专门知识和技能。能够致力于电力电子技术的研究和开发既是一种历史的机遇，也是一种幸运。电力电子技术的飞速进步和光辉前景，必将给研究开发人员和相关技术人员提供巨大的用武之地和广阔的历史舞台。

实验 1　三相桥式全控整流电路的性能研究

1. 实验目的

熟悉三相桥式全控整流电路的接线、器件和保护情况；明确对触发脉冲的要求；观察在电阻负载、电阻电感负载和反电动势负载情况下电路的输出电压和电流的波形。

2. 实验内容

1）熟悉实验装置的电路结构和器件，检查连接主电路和触发电路的接插线，检查快速熔断器是否良好。电路见实验图 1，其中实验图 1a 为主电路，图中所接负载为电感电阻负载，实验中也可先接电阻负载；实验图 1b 所示为触发电路接口示意图，该触发电路输入信号为三相电压同步信号 u_{sa}、u_{sb}、u_{sc}，驱动电源供电信号和触发角 α 控制信号，输出信号为六路晶闸管触发信号。触发电路产生的触发信号用接插线与主电路各晶闸管相连接。

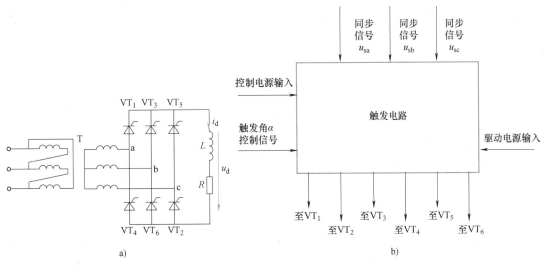

实验图 1　三相桥式全控整流主电路和触发电路

a）主电路　b）触发电路

2）熟悉实验中所用触发电路的原理、输入输出信号类型与变化范围。

3）测量主电路电源相序和同步电源相序，根据实验装置中触发电路同步电压输入端阻容滤波参数计算其移相角，并分析主电路电压与同步电压配合的合理性。注意示波器各通道电压探头之间"地"的处理方式，以及示波器触发方式的选择。

4）测量触发脉冲的宽度和幅值，校核双脉冲触发桥式全控电路的正确性，各晶闸管的触发脉冲间隔是否都是60°，若不是则设法调整好。

5）直流侧连接电阻负载时（100~200Ω、2A 变阻器），调节触发角控制信号，观察 α 从 0°~120°变化时输出电压波形，晶闸管两端电压波形，记录触发角 α 分别为 0°、30°、60°、90°、120°时电网电压 U_{2L}、触发脉冲、晶闸管两端电压 u_T 波形，以及 u_d 的波形与平均值。

6）直流侧连接电阻电感负载时（在 $\omega L>3R$ 情况下），通过调节变阻器的阻值 R（有条件的也可改变电感值 L）改变负载阻抗角 φ，对于不同的 φ，观察不同 α 时 u_d、i_d 和 u_T 的波形，注意电流临界连续时，α 与 φ 的配合情况。记录触发角 α 分别为 0°、30°、60° 和 90°时电网电压 U_{2L}、触发脉冲、晶闸管两端电压 u_T 波形，以及 u_d 的波形和平均值。

7）负载端接平波电抗器和直流他励电动机的电枢，合闸时必须注意使 $\alpha \approx 90°$ 和 $U_d \approx 0$，随后逐步调节触发角，观察 u_d、i_d、u_L 和电枢端 u_D 的波形，适量加载，并分别观察接上电抗器与短接电抗器时 i_d 的波形，注意电流断续时的现象。

3. 实验报告

1）估算实验电路参数并选择测试仪表。

2）分析触发器输出的双脉冲波形。

3）分别绘制出电阻负载、电阻电感负载时 U_d/U_{2L}-α 曲线。

4）不同负载时，不同 α 与 φ 时电流连续与断续的情况与分析。

5）讨论与分析实验结果，特别要注意对实验过程中出现的异常情况进行分析。

实验2　直流斩波电路的性能研究

1. 实验目的

熟悉降压斩波电路和升压斩波电路的工作原理，掌握这两种基本斩波电路的工作状态及波形情况。

2. 实验内容

1）熟悉实验装置的电路结构和主要元器件，检查实验装置输入和输出的线路连接是否正确，检查输入熔丝是否完好，以及控制电路和主电路的电源开关是否在"关"的位置。电路原理图见实验图 2。斩波电路的直流输入电压 u_i 由交流电经整流得到，如实验图 2a 所示；实验图 2b 和 c 分别为降压斩波主电路和升压斩波主电路；实验图 2d 为控制和驱动电路的原理图，控制电路以专用 PWM 控制芯片 SG3525 为核心构成，控制电路输出占空比可调的矩形波，其占空比受 u_r 控制。

2）接通控制电路电源，用示波器分别观察锯齿波和 PWM 信号的波形（实验装置应给出测量端，位置在图中已标出），记录其波形、频率和幅值。调节 u_r 的大小，观察 PWM 信号的变化情况。

3）斩波电路的输入直流电压 u_i 由低压单相交流电源经单相桥式二极管整流及电感电容

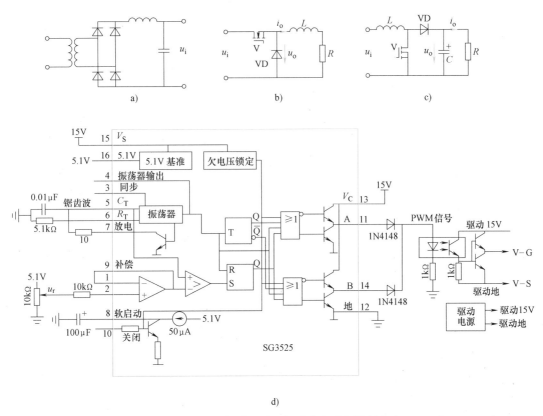

d)

实验图 2　降压斩波和升压斩波主电路及控制电路

a）直流供电电源　b）降压斩波主电路　c）升压斩波主电路　d）控制和驱动电路

滤波后得到。接通交流电源，观察 u_i 波形，记录其平均值。

4）斩波电路的主电路包括降压斩波电路和升压斩波电路两种，分别如实验图 2b、c 所示，电路中使用的器件为电力 MOSFET，注意观察其型号、外形等。

5）切断各处电源，将直流电源 u_i 与降压斩波主电路连接，断开升压斩波主电路。检查接线正确后，接通主电路和控制电路的电源。改变 u_r 值，每改变一次 u_r，分别观测 PWM 信号的波形、电力 MOSFET V 的栅源电压波形、输出电压 u_o 的波形、输出电流 i_o 的波形，记录 PWM 信号占空比 α，u_i、u_o 的平均值 U_i 和 U_o。

6）改变负载 R 的值，重复上述内容 5。

7）切断各处电源，将直流电源 u_i 与升压斩波主电路连接，断开降压斩波主电路。检查接线正确后，接通主电路和控制电路的电源。改变 u_r 值，每改变一次 u_r，分别观测 PWM 信号的波形、电力 MOSFET 管 V 的栅源电压波形、输出电压 u_o 的波形、输出电流 i_o 的波形，记录 PWM 信号占空比 α，u_i、u_o 的平均值 U_i 和 U_o。

8）改变负载 R 的值，重复上述内容 7。

3. 实验报告

1）分析实验图 2d 中产生 PWM 信号的原理。

2）分析实验图 2d 中的简易驱动电路的工作原理。

3）绘制降压斩波电路的 U_i/U_o-α 曲线，与理论分析结果进行比较，并讨论产生差异的原因。

4）绘制升压斩波电路的 U_i/U_o-α 曲线，与理论分析结果进行比较，并讨论产生差异的原因。

实验3　单相交流调压电路的性能研究

1. 实验目的

熟悉单相交流调压电路的工作原理，分析在电阻负载和电阻电感负载时不同的输出电压和电流的波形及相控特性。明确交流调压电路在电阻电感负载时其控制角 α 应限制在 $\pi \geqslant \alpha \geqslant \varphi$ 的范围内。

2. 实验内容

1）熟悉实验图3所示的实验电路，在额定电源电压情况下估算负载参数 R 和 L。

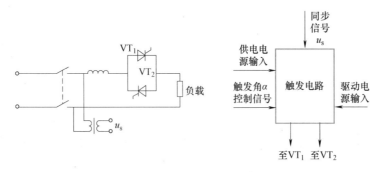

实验图3　单相交流调压主电路及触发电路

2）熟悉采用实验中所用触发电路的原理、输入输出信号类型与变化范围。

3）按实验电路要求接线，用示波器观察触发器输出脉冲移相的情况。

4）主电路接电阻负载（200Ω、1A 变阻器），用示波器观察不同 α 时输出电压和晶闸管两端的电压波形，并测出负载电压的有效值。为使读数便利，可取 α 为 0°、30°、60°、90°、120°和150°各特殊角进行观察和分析。

5）主电路改接电阻电感负载，在不同控制角 α 和不同阻抗角 φ 的情况下用示波器观察和记录负载电压和电流的波形。R 可在 100~200Ω 范围内调节、计算，确定阻抗角 $\varphi = 30°$ 和60°，分别观察并画出当 $\alpha > \varphi$、$\alpha \approx \varphi$ 和 $\alpha < \varphi$ 情况下负载电压和电流的波形，指出电流临界连续的条件并加以分析。

6）特别注意观察上述 $\alpha < \varphi$ 情况下会出现较大的直流分量，此时固定 L，加大 R 直至消除直流分量，在可能情况下改用宽脉冲或脉冲列，观察 $\alpha < \varphi$ 时，仍能获得对称连续的负载正弦波形的电流。

3. 实验报告

1）估算实验电路负载参数（R、L 等）以及选择测量仪表规格和量程。

2）电阻负载时作出 U-α 曲线（U 为负载 R 上的电压有效值）。

3）电阻电感负载时，作出在不同 α 和 φ 值情况下典型的负载电压和电流波形曲线。

4）讨论和分析实验结果，特别是对异常现象的分析。

实验4　单相交-直-交变频电路的性能研究

1. 实验目的

熟悉单相交-直-交变频电路的组成，重点熟悉其中的单相桥式 PWM 逆变电路中各元器件的作用、工作原理。对单相交-直-交变频电路在电阻负载、电阻电感负载时的工作情况及其波形作全面分析，并研究工作频率对电路工作波形的影响。

2. 实验内容

1）单相交-直-交变频电路的主电路如实验图 4a 所示，与实验 2 的直流斩波电路相同，本实验中主电路中间直流电压 u_d 也是由交流电整流而得到的，而逆变部分采用单相桥式 PWM 逆变电路。逆变电路中 IGBT 的驱动电路可参见图 9-9，实验图 4b 给出了 V_1 的驱动电路。V_4 的驱动电路与此相同，V_2、V_3 的驱动电路只需将输入的 PWM 信号改为 SPWM2 即可。另外，需要注意驱动电源之间的隔离。控制电路如实验图 4d 所示，以单片集成函数发生器 ICL8038 为核心组成，生成两路 PWM 信号，分别用于控制 V_1、V_4 和 V_2、V_3 两对 IGBT。ICL8038 的原理框图在实验图 4c 中给出，该芯片仅需很少的外部元件就可以正常工作，用于发生正弦波、三角波、方波等，频率范围 0.001Hz～500kHz。

2）观察正弦波发生电路输出的正弦信号 u_r 波形，测试其频率可调范围。

3）观察三角波载波 u_c 的波形，测出其频率，并观察 u_c 与 u_r 的对应关系。

4）观察对 V_1、V_4 进行控制的 PWM 信号（实验图 4d 中的 SPWM1）和对 V_2、V_3 进行控制的 PWM 信号（实验图 4d 中的 SPWM2），并分别观测施加于 V_1～V_4 的栅极与发射极间的驱动信号，判断驱动信号是否正常。在主电路不接通电源的情况下，对比 V_1 和 V_2 的驱动信号，以及 V_3 和 V_4 的驱动信号，仔细观测同一相上、下两管驱动信号之间的互锁延迟时间。

5）观察主电路的中间直流电压 u_d 的波形，并测量其平均值。

6）当负载为电阻时，观测负载电压的波形，记录其波形、幅值、频率。在信号波 u_r 的频率可调范围内，改变 u_r 的频率值多组，记录相应的负载电压波形、幅值和频率。

7）当负载为电阻电感时，观测负载电压和负载电流的波形，记录它们的波形、幅值、频率。在信号波 u_r 的频率可调范围内，改变 u_r 的频率值多组，记录相应的负载电压和负载电流的波形、幅值和频率。

3. 实验报告

1）绘制完整的实验电路原理图。

2）电阻负载时，列出数据和波形，并进行讨论分析。

3）电阻电感负载时，列出数据和波形，并进行讨论分析。

4）分析说明实验电路中的 PWM 控制是采用单极性方式还是双极性方式。

5）分析说明实验电路中的 PWM 控制是采用同步调制还是异步调制。

6）为使输出波形尽可能地接近正弦波，可以采取什么措施？

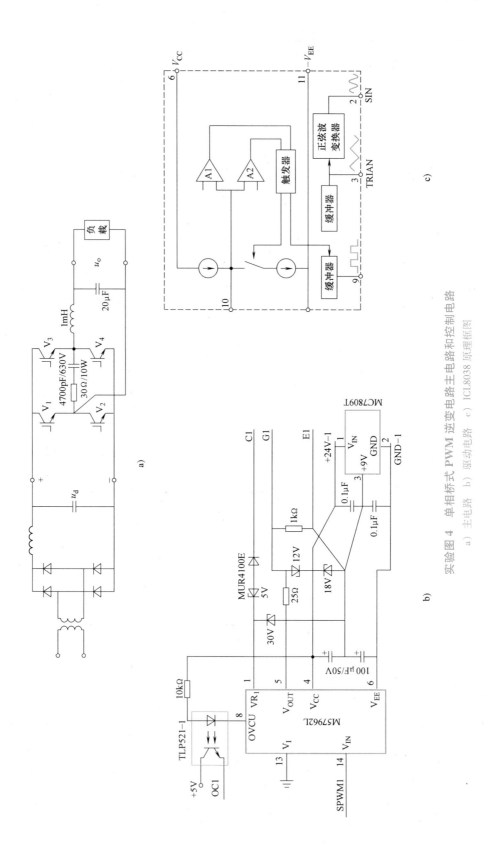

实验图 4 单相桥式 PWM 逆变电路主电路和控制电路

a) 主电路 b) 驱动电路 c) ICL8038 原理框图

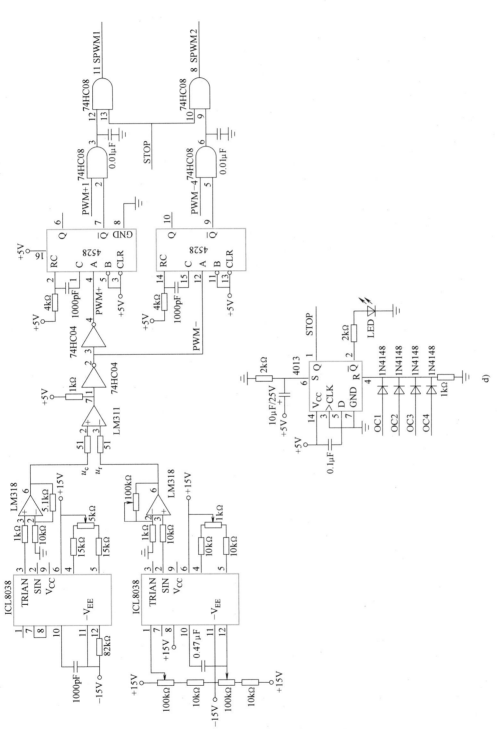

d) 控制电路

实验图 4 单相桥式 PWM 逆变电路主电路和控制电路（续）

285

实验5 半桥型开关稳压电源的性能研究

1. 实验目的

熟悉典型开关电源电路的结构、元器件和工作原理，要求主要了解以下内容：

1）主电路的结构和工作原理。

2）PWM 控制电路的原理和常用集成电路。

3）驱动电路的原理和典型的电路结构。

2. 实验内容

1）熟悉实验装置的电路结构和主要元器件，检查实验装置输入和输出的线路连接是否正确，检查输入熔丝是否完好，以及控制电路和主电路的电源开关是否在"关"的位置。电路原理图见实验图5，其中图 a 为主电路，图 b 为控制电路。主电路中采用的电力电子器件为美国 IR 公司生产的电力 MOSFET，其型号为 IRFP450，其主要参数为：额定电流 16A，额定电压 500V，通态电阻 0.4Ω。控制电路以 SG3525 为核心构成。SG3525 为美国 Silicon General 公司生产的专用 PWM 控制集成电路，它采用恒频脉宽调制控制方案，适合于各种开关电源、斩波器的控制。SG3525 其内部包含精密基准源、锯齿波振荡器、误差放大器、比较器、分频器等，实现 PWM 控制所需的基本电路，并含有保护电路。

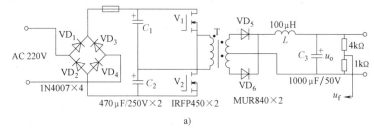

a)

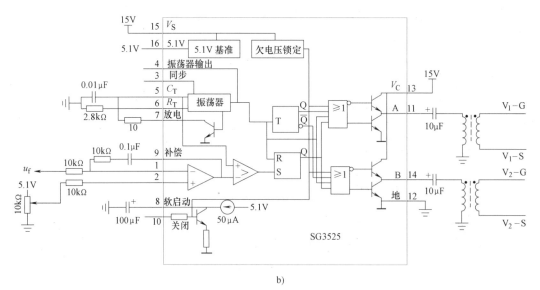

b)

实验图5 半桥型开关稳压电源主电路及控制电路

a）主电路 b）控制和驱动电路

2）接通控制电路电源，用示波器分别观察锯齿波和 A、B 两路 PWM 信号的波形，记录波形、频率和幅值。

3）分别观察两个 MOSFET 管 V_1、V_2 的栅极 G 与源极 S 间的电压波形，记录波形、周期、脉宽、幅值及上升、下降时间。

4）接通主电路电源，分别观察两个 MOSFET 的栅源电压波形和漏源电压波形，记录波形、周期、脉宽和幅值。

特别注意：不能用示波器同时观察两个 MOSFET 的波形，否则会造成短路，严重损坏实验装置。

5）观察负载电阻为 3Ω 和 300Ω 时输出整流二极管阳极和阴极间的电压波形，以及整流电路输出电压波形，记录波形、周期、脉宽和幅值。

特别注意：用示波器同时观察两个二极管波形时，要注意示波器探头的共地问题，否则会造成短路，并严重损坏实验装置。

6）观察主电路中变压器 T 的一次、二次电压波形，记录波形、周期、脉宽和幅值。

7）观察负载电阻为 3Ω 和 300Ω 时输出电源电压 u_o 中的纹波，记录波形、周期和幅值。

3. 实验报告

1）根据记录的变压器一次侧、二次侧波形，计算变压器电压比。

2）分析负载变化对电路工作的影响。

3）分析本实验电路输出稳压的原理。

4）若用示波器同时观察 V_1 和 V_2 漏源电压波形会产生什么后果？试详细分析。

5）若要同时观察 VD_5 和 VD_6 阳极阴极间电压波形，示波器的探头应当怎样接？错误的接法会产生什么后果？试详细分析。

附 录

附录 A 术语索引

1. 按中文汉语拼音排序

中文	章节	英文
电力变换，功率变换，变流技术	1.1	Power Conversion
电力电子积块	2.6	Power Electronics Building Block——PEBB
电力电子器件	2.1	Power Electronic Device
电力电子系统	2.1	Power Electronic System
电力电子学，电力电子技术	1.1	Power Electronics
电力二极管	2.2	Power Diode
电力晶体管	2.4.2	Giant Transistor——GTR
电流（源）型逆变电路	4.3	Current Source Inverter——CSI
电流断续模式	3.1.2, 5.1.1	Discontinuous Conduction Mode——DCM
电流可逆斩波电路	5.3.1	Current Reversible Chopper
电流连续模式	3.1.2, 5.1.1	Continuous Conduction Mode——CCM
电气隔离	2.1, 9.1	Electrical Isolation
电网换流	4.1.2	Line Commutation
电压（源）型逆变电路	4.2	Voltage Source Inverter——VSI
电压幅度暂低	10.6.4	Voltage Sag
（电压）闪变	10.6.4	Flicker
动态电压恢复器	10.6.4	Dynamic Voltage Restorer——DVR
断态（阻断状态）	2.1	Off-State（Blocking State）
多电平逆变电路	4.4.2	Multi-Level Inverter
二次击穿	2.4.2	Second（ary）Breakdown
负载点稳压器	10.4.1	Point of Load Regulator——POL
负载换流	4.1.2	Load Commutation
高强度放电灯	10.7.3	High Intensity Discharge lamp——HID
高压集成电路	2.6	High Voltage IC——HVIC
高压直流输电	10.6.1	High Voltage DC Transmission——HVDC
工厂自动化	10.3	Factory Automation——FA
功率集成电路	1.2	Power Integrated Circuit——PIC
功率模块	2.6	Power Module
功率因数	3.3	Power Factor—PF
功率因数校正	10.5	Power Factor Correction—PFC
固定电容器	10.6.2	Fixed Capacitor——FC
固态继电器	2.3.4	Solid State Relay——SSR
固态切换开关	10.6.4	Solid State Transfer Switch——SSTS
关断	2.1	Turn-Off
光控晶闸管	2.3	Light Triggered Thyristor——LTT

中文	章节	英文
开通	2.1	Turn-on
可关断晶闸管	2.3	Gate Turn-Off thyristor——GTO
快恢复二极管	2.2	Fast Recovery Diode——FRD
快恢复外延二极管	2.2	Fast Recovery Epitaxial Diode——FRED
快速晶闸管	2.3	Fast Switching Thyristor——FST
零电流开关	8.2	Zero Current Switching——ZCS
零电流开关 PWM	8.2	Zero Current Switching PWM——ZCS PWM
零电流转换 PWM	8.2	Zero Current Transition PWM——ZCT PWM
零电压开关	8.2	Zero Voltage Switching——ZVS
零电压开关 PWM	8.2	Zero Voltage Switching PWM——ZVS PWM
零电压转换 PWM	8.2	Zero Voltage Transition PWM——ZVT PWM
漏感	3.2	Leakage Inductance
脉冲宽度调制	7.1	Pulse Width Modulation——PWM
密勒电容	2.4.3	Miller Capacitance
密勒平台	2.4.3	Miller Plateau
能带	2.7	Energy Band
逆变	1.1	Inversion
逆导晶闸管	2.3	Reverse Conducting Thyristor——RCT
漂移区	2.2.1	Drift Region
普通二极管	2.2	General Purpose Diode
器件换流	4.1.2	Device Commutation
强迫换流	4.1.2	Forced Commutation
驱动电路	2.1，9.1	Driving Circuit
全波整流电路	5.2.6	Full-Wave Rectifier
全桥电路	5.2.4	Full-Bridge Circuit
全桥整流电路	5.2.6	Full-Bridge Rectifier
柔性交流输电系统，灵活交流输电系统	10.6.4	Flexible AC Transmission System——FACTS
软开关	8.1	Soft Switching
三相半波可控整流电路	3.1.5	Three-Phase Half-Wave Controlled Rectifier
三相桥式全控整流电路	3.1.6	Three-Phase Full-Bridge Controlled Rectifier
双极结型晶体管	2.4.2	Bipolar Junction Transistor——BJT
双向晶闸管	2.3	Triode AC Switch——TRIAC，Bi-Directional Triode Thyristor
特定谐波消去 PWM	7.2.1	Selective Harmonics Elimination PWM——SHEPWM
通态（导通状态）	2.1	On-State（Conducting State）

2. 按英文字母排序

英文	章节	中文
Soft Switching	8. 1	软开关
Solid State Relay——SSR	2. 3. 4	固态继电器
Solid State Transfer Switch——SSTS	10. 6. 4	固态切换开关
Static Compensator——STATCOM	10. 6. 2	静止补偿器
Static Induction Thyristor——SITH	2. 5	静电感应晶闸管
Static Induction Transistor——SIT	2. 5	静电感应晶体管
Static Synchronous Series Compensator——SSSC	10. 6. 4	静止同步串联补偿器
Static Var Compensator——SVC	10. 6. 2	静止型无功补偿装置
Static Var Generator——SVG	10. 6. 2	静止无功发生器
Substrate	2. 7	衬底
Switching Loss	8. 1. 1	开关损耗
Switching Mode Power Supply	10. 4	开关电源
Switching Noise	8. 1. 1	开关噪声
Sync Boost	10. 4. 1	同步 boost 变换器
Sync Buck	10. 4. 1	同步 buck 变换器
Synchronous Modulation	7. 2. 2	同步调制
Synchronous Rectifier	5. 2	同步整流电路
Three-Phase Full-Bridge Controlled Rectifier	3. 1. 6	三相桥式全控整流电路
Three-Phase Half-Wave Controlled Rectifier	3. 1. 5	三相半波可控整流电路
Thyristor (Silicon Controlled Rectifier——SCR)	2. 3	晶闸管（可控硅）
Thyristor Controlled Reactor——TCR	10. 6. 2	晶闸管控制电抗器
Thyristor Controlled Series Capacitor——TCSC	10. 6. 4	晶闸管控制串联电容器
Thyristor Switched Capacitor——TSC	10. 6. 2	晶闸管投切电容器
Thyristor Switched Series Capacitor——TSSC	10. 6. 4	晶闸管投切串联电容器
Total Harmonic Distortion for i——THDi	3. 3	谐波电流总畸变率
Trigger	2. 3	触发
Triggering Angle，Firing Angle	3. 1	触发角
Triggering Delay Angle	3. 1	触发延迟角
Triode AC Switch—TRIAC，Bi-Directional Triode Thyristor	2. 3	双向晶闸管
Turn-off	2. 1	关断
Turn-on	2. 1	开通
Unified Power Flow Controller——UPFC	10. 6. 4	统一潮流控制器
Uniform Sampling	7. 2. 3	规则采样
Uninterruptible Power Supply——UPS	10. 3	不间断电源
Universal Power Quality Controller——UPQC	10. 6. 4	通用电能质量控制器
Variable Frequency Inverter，Frequency Converter	10. 2	变频器

英文	章节	中文
Variable Voltage Variable Frequency——VVVF	10.2	变压变频
Voltage Sag	10.6.4	电压幅度暂低
Voltage Source Inverter——VSI	4.2	电压（源）型逆变电路
Zero Current Switching PWM——ZCS PWM	8.2	零电流开关 PWM
Zero Current Switching——ZCS	8.2	零电流开关
Zero Current Transition PWM——ZCT PWM	8.2	零电流转换 PWM
Zero Voltage Switching PWM——ZVS PWM	8.2	零电压开关 PWM
Zero Voltage Switching——ZVS	8.2	零电压开关
Zero Voltage Transition PWM——ZVT PWM	8.2	零电压转换 PWM

附录 B　与电力电子技术有关的学术组织及其主办的学术会议与期刊

1. 国际学术组织及其主办的学术会议与期刊

1.1　IEEE——The Institute of Electrical and Electronics Engineers

中文名称：电气电子工程师学会

简介：电气电子工程师学会（IEEE）于 1963 年由美国电气工程师学会（American Institute of Electrical Engineers—AIEE，1884 年成立）和无线电工程师学会（The Institute of Radio Engineers—IRE，1912 年成立）合并而成，其运行中心等主要机构设在美国。

网址：www.ieee.org

按照具体的专业领域，IEEE 又有许多专业技术协会。其中与电力电子技术直接对应的是电力电子协会，而与电力电子技术关系较为密切的还有工业应用协会、工业电子协会和电力与能源协会等。

1.1.1　PELS——Power Electronics Society

中文名称：电力电子协会

网址：www.ieee-pels.org

主要期刊：

（1）IEEE Transactions on Power Electronics（IEEE 电力电子学报）。

（2）IEEE Journal of Emerging and Selected Topics on Power Electronics（IEEE 电力电子新兴专题学报）。

（3）IEEE Open Journal of Power Electronics（IEEE 电力电子公开学报）。

主要学术会议：

（1）IEEE Energy Conversion Congress and Exposition——ECCE（IEEE 能量变换大会暨博览会），于 2009 年开始每年举办一次，由以前的 IEEE Power Electronics Specialists Conference——PESC（IEEE 电力电子专家会议）与 IEEE 工业应用协会年会中有关电力电子技术

的部分合并而来。

（2）IEEE Energy Conversion Congress and Exposition Asia——ECCE Asia（IEEE 亚洲能量变换大会暨博览会），由 IEEE 电力电子协会与中国电工技术学会、日本电气学会及韩国电力电子学会协作举办。

（3）IEEE Energy Conversion Congress and Exposition Europe——ECCE Europe（IEEE 欧洲能量变换大会暨博览会），由 IEEE 电力电子协会与欧洲电力电子学会合作主办。

（4）IEEE Applied Power Electronics Conference and Exposition——APEC（IEEE 应用电力电子会议暨博览会），由 IEEE 电力电子协会、IEEE 工业应用协会和北美电源制造商协会共同主办。

1.1.2　IEEE 的其他有关专业技术协会

IEEE 的专业技术协会中与电力电子技术关系较为密切的还有以下协会。

（1）IAS——Industry Applications Society。

中文名称：工业应用协会

网址：ias. ieee. org

（2）IES——Industrial Electronics Society。

中文名称：工业电子协会

网址：www. ieee-ies. org

（3）PES——Power and Energy Society。

中文名称：电力与能源协会

网址：www. ieee-pes. org

1.2　IET——The Institution of Engineering and Technology

中文名称：工程技术学会

网址：www. theiet. org

简介：工程技术学会（IET）于 2006 年由总部设在英国的电机工程师学会（The Institution of Electrical Engineers——IEE，1871 年成立）和企业工程师学会（Institution of Incorporated Engineers——IIE，1998 年成立）合并而成，其总部仍设在英国。

2. 国内学术组织及其主办的学术会议与期刊

2.1　中国电源学会

英文名称：CPSS——China Power Supply Society

网址：www. cpss. org. cn

简介：中国电源学会成立于 1983 年，是在国家民政部注册的国家一级社团法人，是我国电力电子与电源技术领域的重要学术组织，业务主管部门是中国科学技术协会，学会秘书处设在天津。中国电源学会的专业范围包括但不限于：通信电源、不间断电源（UPS）、光伏逆变电源、风力发电变流器、电能质量控制器、输配电系统变流器、LED 驱动电源、通用交流电源、通用直流电源、变频电源、特种电源、蓄电池、充电器、变压器、元器件和电源配套技术。中国电源学会下设直流电源、照明电源、特种电源、变频电源与电力传动、元器件、电能质量、电磁兼容、磁技术、新能源电能变换技术、信息系统供电技术、无线电能传输技术及装置、新能源车充电与驱动、电力电子化电力系统及装备、交通电气化等多个专业委员会。

主要期刊：

（1）电源学报。

（2）CPSS Transactions on Power Electronics and Applications（电力电子及应用学报），这是中国电源学会主办、IEEE 电力电子协会协办的英文期刊。

主要学术会议：

（1）中国电源学会学术年会。

（2）IEEE Power Electronics and Application Conference—PEAC（IEEE 电力电子及应用会议），由中国电源学会与 IEEE 电力电子协会合作主办，每四年举办一次。

（3）IEEE Power Electronics and Application Symposium—PEAS（IEEE 电力电子及应用研讨会），由中国电源学会与 IEEE 电力电子协会合作主办，每两年举办一次。

2.2 专业内容涵盖电力电子技术的其他国内学术组织

2.2.1 中国电工技术学会

英文名称：CES——China Electrotechnical Society

网址：www. ces. org. cn

相关主要期刊：

（1）电力电子技术。

（2）电工技术学报。

相关主要学术会议：

（1）中国电工技术学会电力电子专业委员会学术年会。

（2）International Power Electronics and Motion Control Conference——IPEMC（国际电力电子及运动控制大会），是中国电工技术学会发起主办的电力电子领域的国际学术会议，后与 IEEE 电力电子协会合作纳入到 IEEE 亚洲能量变换大会暨博览会（ECCE Asia）系列中。

2.2.2 中国电机工程学会

英文名称：CSEE——Chinese Society for Electrical Engineering

网址：www. csee. org. cn

相关主要期刊：

中国电机工程学报。

相关主要学术会议：

中国电机工程学会电力电子与直流输电专业委员会学术年会。

2.2.3 中国自动化学会

英文名称：CAA——Chinese Association of Automation

网址：www. caa. org. cn

相关主要期刊：

电气传动。

相关主要学术会议：

全国电气自动化与电控系统学术年会，是由中国自动化学会电气自动化专业委员会和中国电工技术学会电控系统与装置专业委员会联合举办的会议。

参 考 文 献

[1] 王兆安，刘进军. 电力电子技术 ［M］. 5 版. 北京：机械工业出版社，2009.

[2] 王兆安，黄俊. 电力电子技术 ［M］. 4 版. 北京：机械工业出版社，2000.

[3] 黄俊，王兆安. 电力电子变流技术 ［M］. 3 版. 北京：机械工业出版社，1993.

[4] 日本电气学会电力半导体变流方式调研专门委员会. 电力半导体变流电路 ［M］. 王兆安，张良金，译.
北京：机械工业出版社，1993.

[5] 黄俊，秦祖荫. 电力电子自关断器件及电路 ［M］. 北京：机械工业出版社，1991.

[6] 黄俊. 半导体变流技术实验与习题 ［M］. 北京：机械工业出版社，1989.

[7] 王兆安，刘进军，王跃，等. 谐波抑制和无功功率补偿 ［M］. 3 版. 北京：机械工业出版社，2015.

[8] 林渭勋. 现代电力电子技术 ［M］. 北京：机械工业出版社，2006.

[9] 陈伯时. 电力拖动自动控制系统 ［M］. 2 版. 北京：机械工业出版社，2005.

[10] 尹克宁. 电力工程 ［M］. 北京：中国电力出版社，2008.

[11] 邵丙衡. 电力电子技术 ［M］. 北京：中国铁道出版社，1997.

[12] 赵良炳. 现代电力电子技术基础 ［M］. 北京：清华大学出版社，1995.

[13] 李序葆，赵永健. 电力电子器件及其应用 ［M］. 北京：机械工业出版社，1996.

[14] 陈治明. 电力电子器件基础 ［M］. 北京：机械工业出版社，1992.

[15] 赵可斌，陈国雄. 电力电子变流技术 ［M］. 上海：上海交通大学出版社，1993.

[16] 张立，赵永健. 现代电力电子技术 ［M］. 北京：科学出版社，1992.

[17] 丁道宏. 电力电子技术 ［M］. 北京：航空工业出版社，1992.

[18] 马小亮. 大功率交-交变频调速及矢量控制 ［M］. 北京：机械工业出版社，1992.

[19] 叶家金. 现代电力电子器件——大功率晶体管的原理与应用 ［M］. 北京：中国铁道出版社，1992.

[20] 张立，黄两一. 电力电子场控器件及其应用 ［M］. 北京：机械工业出版社，1995.

[21] 张占松，蔡宣三. 开关电源的原理与设计 ［M］. 北京：电子工业出版社，1998.

[22] 张丕林，何蕴香. 静止型不间断电源装置的应用与维护 ［M］. 北京：中国电力出版社，1996.

[23] 王兆安，陈桥梁. 集成化是电力电子技术的发展趋势 ［J］. 变流技术与电力牵引，2006 (1)：2-6.

[24] 王兆安. 电力电子技术是电能质量控制的重要手段 ［J］. 电力电子技术，2004 (6)：1.

[25] 陈治明. 宽禁带电力电子器件研发新进展 ［J］. 机械制造与自动化，2005，34 (6)：1-3，6.

[26] 钱照明，陈恒林. 电力电子装置电磁兼容研究最新进展 ［J］. 电工技术学报，2007 (7)：1-11.

[27] 陈伯时，等. 交流传动系统的控制策略 ［C］// 第六届中国交流电机调速传动学术会议论文集，宜
昌，1999.

[28] 蔡宣三，钱照明，王正元. 电力电子学的发展战略调查研究报告 ［J］. 电工技术学报，1999 (增刊)：
1-21.

[29] 陈伯时. 电力电子技术是电气传动发展的"龙头" ［C］// 中国电工技术学会电力电子学会第五次全国
学术会议论文集. 1993.

[30] 王兆安，张明勋. 电力电子设备设计和应用手册 ［M］. 2 版. 北京：机械工业出版社，2002.

[31] 天津电气传动设计研究所. 电气传动自动化技术手册 ［M］. 2 版. 北京：机械工业出版社，2005.

[32] LORENZ L. Power semiconductors and application criteria ［C］// Course lecture notes of Xi'an Jiaotong
University，2019.

[33] BOSE B K. Power electronics and motor drives—advances and trends ［M］. Amsterdam：Elsevier Sci-
ence，2006.

［34］Infineon Technologies AG. Semiconductors ［M］. 2nd ed. Erlangen：Publicis Corporate Publishing，2004.

［35］MOHAN N，UNDELAND T M，ROBBINS W P. Power electronics—converters，applications，and design ［M］. 3rd ed. New Jersey：John Wiley & Sons，2003.

［36］BOSE B K. Modern power electronics and AC drives ［M］. New Jersey：Prentice Hall，2002.

［37］ERICKSON R，MAKSIMOVIC D. Fundamentals of power electronics［M］. 2nd ed. Amsterdam：Kluwer Academic Publishers，2001.

［38］AJRAWAL J P. Power electronic systems—theory and design ［M］. New Jersey：Prentice Hall，2001.

［39］RASHID M H. Power electronics ［M］. New Jersey：Prentice Hall，1988.

［40］KASSAKIAN J G. Principles of power electronics ［M］. New Jersey：Addison Wesley publishing company，1991.

［41］EMADI A，LEE Y J，RAJASHEKARA K. Power electronics and motor drives in electric，hybrid electric，and plug-In hybrid electric vehicles ［M］. IEEE Transactions on Industrial Electronics，2008，55（6）：2237-2245.

［42］DEDONCKER R M，MEYER C，LENKE R U，et al. Power electronics for future utility applications ［C］∥ Proceedings of 7th Power Electronics and Drive Systems（PEDS 2007），2007：1-8.

［43］BOSE B K. Power electronics—a technology review ［J］. Proceedings of IEEE，1992，80（8）：1303-1334.

［44］HARASHIMA F. Power electronics and motion control—a future perspective ［J］. Proceedings of IEEE，1994，82（8）：1107-1111.

［45］BOSE B K. Evaluation of modern power semiconductor devices and future trends of converters ［J］. IEEE Trans. on Industrial Applications，1992，28（2）.

［46］IEEE Task Force on Harmonic Impacts. Effects of harmonics on equipment ［J］. IEEE Trans Power Delivery，1993，8（2）：672-680.

［47］HUA G C，LEE F C. Evaluations of switched-mode power conversion technologies ［C］∥ Proceedings of IPEMC'94，Beijing，1994.

［48］MAO H，LEE F C. Review of power factor correction techniques ［C］∥ Proceedings of IPEMC'97，Hangzhou，1997.

［49］HUA G C，LEE F C. Soft-switching techniques in PWM converters ［J］. IEEE Trans. on Industrial Electronics，1995，42（6）：595-603.

［50］裴云庆，杨旭，王兆安. 开关稳压电源的设计和应用 ［M］. 2版. 北京：机械工业出版社，2020.

［51］杨旭，裴云庆，王兆安. 开关电源技术 ［M］. 北京：机械工业出版社，2007.

［52］孙向东，任碧莹，张琦，等. 太阳能光伏发电技术 ［M］. 北京：电子工业出版社，2014.

［53］RASHID M H. 电力电子学 电路、器件及应用 ［M］. 罗昉，裴雪军，梁俊睿，等译. 北京：机械工业出版社，2019.

［54］郝跃. 宽禁带与超宽禁带半导体器件新进展 ［R］. 纪念集成电路发明60周年学术会议报告. 北京，2018.

［55］WANG F，ZHANG Z. Overview of Silicon Carbide Technology：Device，Converter，System，and Application ［J］. CPSS Transactions on Power Electronics and Applications，2016，1（1）：13-32.

［56］DU S，DEKKA A，WU B，et al. Modular Multilevel Converters：Analysis，Control，and Application ［M］. New Jersey：Wiley，2018.

［57］LIU J，BURGOS R，MATTAVELLI P，et al. Small-Signal Stability and Subsystem Interactions in Distributed Power Systems with Multiple Converters（Ⅱ）：3-Phase AC Systems ［C］. Lecture notes of professional education seminar at the 33rd IEEE Applied Power Electronics Conference & Exposition（APEC 2018）. 2018.